高等职业教育建筑工程技术专业系列教材

建筑工程质量与安全管理

（第三版）

主　编　张瑞生　申海洋

副主编　郑超杰　宋志超

参　编　李淑青　李慧海

　　　　侯福刚　石宝铭

科学出版社

北　京

内 容 简 介

本书内容共两篇，上篇为建筑工程施工质量管理，下篇为建筑工程安全管理。本书根据国家标准《建筑工程施工质量验收统一标准》(GB 50300—2013)及相关专业验收规范等，以常见的分项工程检验批质量控制与检验、常见的建筑工程安全生产技术措施及要求等为主线进行编写，主要内容包括：建筑工程施工质量控制与检验的有关人员、检验的基本规则和验收程序；常见分部分项工程检验批质量控制与验收的标准、内容、方法和数量；常见的工程实际质量验收表格；单位工程施工质量控制与检验；建筑工程安全管理的技术措施；施工机械与安全用电管理；安全文明施工；建筑工程事故案例分析。

本书可作为高职高专建筑工程技术专业及相关专业的教学用书，也可作为建筑施工企业施工员、质量员、安全员等技术岗位的培训用书和从事建筑工程技术人员的参考用书。

图书在版编目 (CIP) 数据

建筑工程质量与安全管理/张瑞生，申海洋主编 . —3 版 . —北京：科学出版社，2025.3

高等职业教育建筑工程技术专业系列教材

ISBN 978-7-03-067808-9

I. ①建⋯ II. ①张⋯ ②申⋯ III. ①建筑工程-工程质量-质量管理-高等职业教育-教材 ②建筑工程-安全管理-高等职业教育-教材 IV. ①TU71

中国版本图书馆 CIP 数据核字(2020)第 270165 号

责任编辑：万瑞达　杨　昕 / 责任校对：马英菊
责任印制：吕春珉 / 封面设计：曹　来

科学出版社 出版

北京东黄城根北街 16 号
邮政编码：100717
http://www.sciencep.com

北京鑫丰华彩印有限公司印刷

科学出版社发行　　各地新华书店经销

*

2011 年 9 月第一版　　2025 年 3 月第十二次印刷
2016 年 5 月第二版　　开本：787×1092　1/16
2025 年 3 月第三版　　印张：24 1/2
字数：581 000

定价：69.00 元

(如有印装质量问题，我社负责调换)

销售部电话 010-62136230　编辑部电话 010-62135087（VA03）

高等职业教育建筑工程技术专业系列教材
编写指导委员会

顾　问：杜国城

主　任：胡兴福

副主任：赵　研　　危道军　　范柳先　　郝　俊

委　员：（以姓氏笔画为序）

王陵茜　　王洪健　　叶　琳　　刘晓敏

孙晓霞　　李仙兰　　何舒民　　张小平

张敏黎　　张瑞生　　周建郑　　周道君

赵朝前　　郭宏伟　　陶红林

《建筑工程质量与安全管理》（第三版）
编写人员名单

主　编：张瑞生（山西工程科技职业大学）

　　　　申海洋（山西工程科技职业大学）

副主编：郑超杰（山西五建集团有限公司）

　　　　宋志超（山西龙泰投资集团有限公司）

参　编：李淑青（山西工程科技职业大学）

　　　　李慧海（山西工程科技职业大学）

　　　　侯福刚（山西一建集团有限公司）

　　　　石宝铭（哈尔滨华美太古家居广场有限公司）

序

Preface

就业需求是职业教育的出发点。职业教育必须以就业需求为重要依据来确定自己的培养目标，以适应社会需求与社会发展。职业教育坚持"以就业为导向"，加速了高等职业教育领域方方面面的改革，加速了高等职业教育由"学科本位"向"能力本位"的改革步伐，使"能力本位"教学思想和理论在我国高等职业教育迅速发展的同时逐步确立起来，并由此促使我国的高等职业教育事业快速走上健康发展的良性轨道。

知识结构是形成能力的基础，也是终身学习的必备条件；能力是高等职业教育培养目标的核心。如何构建相互联系、相互交叉、彼此渗透、高度融合、"双轨共进"的理论课程体系和实践课程体系，以及与之相配套的师资队伍、教学组织方式、教学资源和教材建设，是高等职业教育在目前和今后一个时期内面临的重要任务。

遵循教材建设要以教学改革为先的编辑出版理念，科学出版社以国家级课题"高职高专教育土建类专业教学内容和实践教学体系研究"成果为依据，组织全国土建教育领域的资深专家和一线教育工作者，以教材作为实现"两个体系"的重要载体，开发了这套"高等职业教育建筑工程技术专业系列教材"。在编写过程中，本套教材的编写指导委员会和编写教师多次召开研讨会，就如何推动建筑工程技术专业教学改革和促进教学质量提高，对该专业人才培养目标及培养方案、课程体系进行研讨，确定了本套教材的课程名称、定位，并针对各门课程的性质、任务和类型确定了编写思路和编写模式。本套教材主要有以下特点：

1. 在课程体系上，既充分考虑建筑工程技术专业核心能力课程的共性，又兼顾全国各院校对该专业办学的特色；既能顾及我国高等职业教育的实际情况，又能符合高等职业教育的改革趋势，充分体现先进性与实用性。

2. 在内容选取上，依据建筑行业的现实和发展需要，将新的规范、标准和技术作为编写创新的第一着眼点，同时把职业标准、岗位证书要求融合贯穿于教材的内容之中，从多方面体现内容创新。

3. 在教材表现形式上，充分考虑教学对象的身心特点，用图、表或框图形象地表示工艺或操作流程，真正做到图文并茂。本套教材体系既完整又形象直观，可增加学生的阅读兴趣，提高教学效果。

4. 在相关配套资源上，本套教材同时配备教学课件、习题答案，以及其他助教、助学资源，教材与教学资源配套。将教材建设与精品课程建设结合起来，努力实现集成创新，真正做到方便教学、便于推广，为提高专业教学质量提供高水平的服务。

当然，我们也应该看到，高等职业教育的改革有一个不断发展和完善的过程。今天科学出版社组织出版的这套教材，仅仅是这个过程中阶段性成果的总结和推广。我们也坚信，随着课程改革的不断深入，这套教材也将不断提升和改进。

愿本套教材的出版能够为充满生机的土建类职业教育贡献一份力量。

高等职业教育建筑工程技术专业系列教材编写指导委员会

第三版前言

Foreword

近年来，我国建筑业迅猛发展，提高工程建设的质量与加强安全管理是工程建设活动中一项重要的工作。施工项目必须贯彻"安全第一""质量为本"的原则。安全为好的质量服务，质量需要安全作保证，抓好安全与质量这两个重要环节，工程项目就能顺利进行。然而，由于建筑业属于劳动密集型产业，特别是目前的从业人员中存在大量的农民工，这部分人大多数受教育程度低，质量安全意识淡薄，这与建筑业的蓬勃发展、科学技术的进步、日益激烈的市场竞争不协调，对促进建筑业的全面、协调和可持续发展产生了极大的影响。因此，要提高建筑企业的整体管理水平，除了要加强所有从业人员的职业道德、法治观念、质量安全意识外，还要尽快为建筑生产第一线培养一批懂技术、会管理的技术应用型人才，从而全面提高建筑行业中建筑工程质量与安全生产的水平。因此，在高职高专教育中，加强学生工程建设质量、安全管理知识的传授和能力培养工作就显得尤为重要。

本书根据2025年2月教育部发布的《职业教育专业数字标准—2025年修（制）订》（土木建筑大类）编写。本书以建筑施工企业施工员、质量员、安全员等技术岗位应具备的知识为基础，以专业理论知识"必需、够用"为度，以加强学生职业技能、提高学生的职业即素质、实现学生"零距离上岗"为目的，以建筑工程质量管理与建筑工程安全管理为基本内容进行编排，在第二版的基础上，依据现行法律、法规、标准和规范做了补充与修订。

本书由山西工程科技职业大学张瑞生、申海洋担任主编，山西五建集团有限公司郑超杰、山西龙泰投资集团有限公司宋志超担任副主编。山西工程科技职业大学李淑青、李慧海，山西一建集团有限公司侯福刚、哈尔滨华美太古家居广场有限公司石宝铭参与了编写工作。具体编写分工如下：张瑞生编写单元1及单元4；申海洋编写单元2及单元6；郑超杰编写单元3及单元7；宋志超编写单元5及单元8；李淑青编写单元9中的文明施工内容；李慧海编写单元9中的施工现场场容管理内容；侯福刚编写单元9中的施工现场消防安全管理内容；石宝铭编写单元9中的环境卫生与环境保护内容。

限于编者的水平和经验，书中难免存在疏漏和不足之处，敬请读者批评指正。

第一版前言

Foreword

近年来，我国建筑业迅猛发展，提高工程建设的质量与加强安全管理是工程建设活动中一项十分重要的工作。施工项目必须贯彻"安全第一""质量为本"的原则。安全为好的质量服务，质量需要安全作保证，抓好安全与质量这两个重要环节，工程项目就能顺利进行。然而，由于建筑业属于劳动密集型产业，特别是目前的从业人员中存在大量的农民工，这部分人大多数受教育程度低，质量安全意识淡薄，这与建筑业的蓬勃发展、科学技术的进步、日益激烈的市场竞争极不协调，对建筑业的全面协调和可持续发展产生了极大的影响。因此，要提高建筑企业的整体管理水平，除了要加强所有从业人员的职业道德、法治观念、质量安全意识外，还要尽快为建筑生产第一线培养一批懂技术、会管理的技术应用型人才，从而全面提高建筑行业中建筑工程质量与安全生产的水平。因此，在高职高专教育中，加强学生工程建设质量和安全管理知识的传授和能力培养工作就显得尤为重要。

本书根据教育部、住房和城乡建设部联合制定的高等职业教育建筑工程技术领域技能型紧缺人才培养、培训、指导方案编写。本书以建筑施工企业施工员、质量员、安全员等技术岗位应具备的知识为基础，以专业理论知识"必须、够用"为度，以加强学生职业技能和提高学生的职业素质以及实现学生"零距离上岗"为目的，以建筑工程质量管理与建筑工程安全管理为基本内容编排教材内容。

本书由山西建筑职业技术学院张瑞生担任主编，山西建筑职业技术学院申海洋担任副主编。具体编写分工为：张瑞生编写上篇的1～3、21及下篇的22～25、29、30；张瑞生、湖北城市建设职业技术学院詹亚民编写上篇的4～7；申海洋编写上篇的8～12及下篇的33；张瑞生、黑龙江建筑职业技术学院王作成编写上篇的17～20；山西六建集团有限公司李海俊编写上篇的13～16及下篇的31、32；中建一局华江建设有限公司石宝铭编写下篇的26～28。

限于编者的水平和经验，书中难免存在疏漏和不足之处，敬请读者批评指正。

目 录

Contents

单元 4　屋面工程质量控制与检验

下篇　建筑工程安全管理

单元 9 安全文明施工

上篇

建筑工程施工质量管理

本篇分为建筑工程质量管理基本知识、地基与基础工程质量控制与检验、主体工程质量控制与检验、屋面工程质量控制与检验、建筑装饰装修工程质量控制与检验5个单元，主要讲述质量管理的基本知识，建筑工程施工质量检查与验收的基本知识，原材料、构配件质量控制的基本知识，土方工程质量检验，地基及基础处理工程质量控制与检验，桩基工程，地下防水工程，钢筋工程质量检验，混凝土工程质量控制与检验，模板工程质量控制与检验，砌体工程质量控制与检验，钢结构工程质量控制与检验，屋面找平层工程质量控制与检验，屋面保温层质量控制与检验，屋面卷材防水质量控制与检验，楼地面工程施工质量控制与检验，抹灰工程质量控制与检验，门窗工程质量控制与检验，饰面工程质量控制与检验，建筑节能工程质量控制与检验。

单元 1

建筑工程质量管理基本知识

本单元主要介绍建筑工程质量管理的概念、体系要素、要求与特点及质量管理的相关法律法规；施工质量检查与验收的依据与标准、验收内容、组织与程序及质量事故的处理与验收；原材料、构配件的质量控制与常用建材的实验项目、取样方法。

1

质量管理的基本知识

【知识目标】

了解质量管理的概念、建筑工程质量管理的特点和质量控制主体；熟悉施工生产质量因素的控制和建筑工程质量管理阶段与质量管理过程；掌握建筑工程质量管理的原则与程序和施工工序的质量控制。

【能力目标】

能够运用质量管理的基本原理正确分析影响工程质量的因素；能够运用质量管理与质量控制的原则与方法对工程施工过程实施管理。

1.1 质量管理的基本概念

1.1.1 质量管理

《质量管理体系 基础和术语》(GB/T 19000—2016)对质量管理的定义是：关于质量的指挥和控制组织的协调活动。

质量管理的首要任务是制定质量方针、目标和职责，核心是建立有效质量管理体系，通过具体的四项基本活动：质量策划、质量控制、质量保证和质量改进确保质量方针、质量目标的实施和实现。

1.1.2 全面质量管理

全面质量管理(total quality management，TQM)是指在全社会的推动下，企业中所有部门、所有组织、所有人员都以产品质量为核心，把专业技术、管理技术、数理统计技术集合在一起，建立起一套科学、严密、高效的质量保证体系，控制生产过程中影响质量的因素，以优质的工作、经济的办法提供满足用户需要的产品的全部活动。全面质量管理的核心是"三全"管理，即全过程的质量管理、全员参与的质量管理、全企业的质量管理；全面质量管理的基本观点是全面质量的观点、为用户服务的观点、预防为主的观点、一切用数据说话的观点；全面质量管理的基本工作方法是 PDCA 循环法，即计划(plan)、实施(do)、检查(check)、处理(act)四个阶段。

1.1.3 工序质量管理

工程项目的施工过程，是由一系列相互关联、相互制约的工序所构成的。工序质量是基础，直接影响工程项目的整体质量。要控制工程项目施工过程的质量，首先必须控制工序的质量。

工序质量包含两方面的内容：一是工序活动条件的质量，二是工序活动效果的质量。从质量控制的角度来看，这两者是互相关联的：一方面要控制工序活动条件的质量，即每道工序投入品的质量（即人、材料、机械、方法和环境的质量）是否符合要求；另一方面要控制工序活动效果的质量，即每道工序施工完成的工程产品是否达到有关质量标准。

1.2　建立质量管理体系的程序

建立一个新的质量管理体系或更新、更完善的质量管理体系，一般有以下步骤。

(1)企业领导决策　企业主要领导要下决心走质量效益型的发展道路，有建立质量管理体系的迫切需要。建立质量管理体系是涉及企业内部多个部门的一项全面性工作，如果没有企业主要领导的亲自指导、亲自实践和统筹安排，这项工作是很难做好的。因此，领导真心实意地要求建立管理体系，是建立健全质量管理体系的首要条件。

(2)编制工作计划　工作计划包括培训教育、体系分析、职能分配、文件编制、配备仪器仪表设备等内容。

(3)分层次教育培训　组织学习《质量管理体系　基础和术语》(GB/T 19000—2016)和《质量管理体系　要求》(GB/T 19001—2016)，结合本企业的特点，了解建立质量管理体系的目的和作用，详细研究与本职工作有直接联系的要素，提出控制要素的办法。

(4)分析企业特点　结合建筑业企业的特点和具体情况，确定采取哪些要素和要素的使用程度。要素要对控制工程实体质量起主要作用，能保证工程的适用性、符合性。

(5)落实各项要素　企业在选好合适的质量管理体系要素后，要进行二级要素展开，制定实施二级要素所必需的质量活动计划，并把各项质量活动落实到具体部门或个人。

一般情况，企业在领导的带领下，合理分配各级要素、制定各项活动的衔接办法。分配各级要素与活动的一个重要原则就是只设置一个责任部门，但允许有若干个配合部门。

在各级要素和活动分配落实后，为了便于实施、检查和考核，还要把工作程序文件化，即把企业的各项管理标准、工作标准、质量责任制、岗位责任制形成与各级要素和活动相对应的有效运行文件。

(6)编制质量管理体系文件　质量管理体系文件按其作用可分为法规性文件和见证性文件。质量管理体系法规性文件是用以规定质量管理工作的原则，阐述质量管理体系的构成，明确有关部门和人员的质量职能，规定各项活动的目的要求、内容和程序的文件。质量管理体系的见证性文件是用以表明质量管理体系的运行情况和证实其有效性的文件（如质量记录、报告等）。这些文件记载了各质量管理体系要素的实施情况和工作实体质量的状态，是质量管理体系运行的见证。

(7)建筑业企业建立质量管理体系的程序　建筑业企业，因其性质、规模、活动、产品和服务的复杂性不同，其质量管理体系也与其他管理体系有所差异，但不论情况如何，组成质量管理体系的管理要素是相同的，建立质量管理体系的步骤也基本相同。

企业建立质量管理体系的一般步骤见表1-1-1。

表 1-1-1　企业建立质量管理体系的一般步骤

序号	阶段	主要内容	时间/d
1	准备阶段	(1)最高管理者决策; (2)任命管理者代表、建立组织机构; (3)提供资源保障(人、财、物、时间)	企业自定
2	人员培训	(1)内审员培训; (2)体系策划、文件编号培训	30～45
3	体系分析 与设计	(1)企业法律法规的符合性; (2)确定要素及其执行程度和证实程度; (3)评价现有的管理制度与 ISO 9001 的差距	
4	体系策划 和文件编号	(1)编写质量管理守则、程序文件、作业指导书; (2)文件修改一至两次并定稿	30～60
5	体系试运行	(1)正式颁布文件; (2)进行全员培训; (3)按文件的要求实施	90～180
6	内审及管理 评审	(1)企业组成审核组进行审核; (2)对不符合项进行整改; (3)最高管理者组织管理评审	15～30
7	模拟审核	(1)咨询机构对质量管理体系进行审核; (2)对不符合项提出整改建议; (3)协助企业做好正式审核的前期工作	7.5～30
8	认证审核准备	(1)选择确定认证审核机构; (2)提供所需文件及资料; (3)必要时接受审核机构预审	
9	认证审核	(1)审核机构现场审核; (2)企业对不符合项进行整改	15～30
10	颁发证书	(1)提交整改结果; (2)审核机构评审; (3)审核机构打印并颁发证书	

1.3　质量管理体系要素

1.3.1　建筑施工企业质量管理体系要素

质量管理体系要素是构成质量管理体系的基本单元。它是产生和形成工程产品的主要因素。质量管理体系的要素可以分为五个层次。

第一层次阐述了企业的领导职责,指出厂长、经理的职责是制定实施本企业的质量方针和质量目标,对建立有效的质量管理体系负责,是质量的第一责任人。质量第一责任人的管理职能就是负责质量方针的制定和实施。这是企业质量管理的第一步,也是最关键的一步。

第二层次阐述了展开质量体系的原理和原则，指出建立质量管理体系必须基于PDCA循环法，建立与质量体系相适应的组织机构，并明确有关人员和部门的质量责任和权限。

第三层次阐述了质量成本，从经济角度来衡量体系的有效性，这是企业的主要目的。

第四层次阐述了质量形成的各个阶段如何进行质量控制和内部质量保证。

第五层次阐述了质量形成过程中的间接影响因素。

1.3.2　建筑工程项目质量管理体系要素

项目是建筑施工企业的施工对象，企业要把质量管理的质量保证落实到工程项目上。一方面，要按企业质量管理体系要素的要求形成本工程项目的质量管理体系，并使之有效运行，达到提高工程质量和服务质量的目的；另一方面，工程项目要实现质量保证，特别是建设单位或第三方提出的外部质量保证要求，以赢得社会信誉，这也是企业进行质量管理体系认证的重要内容。

1.4　建筑工程质量管理的要求与特点

1.4.1　建筑工程质量管理的要求

建筑工程项目是指一个建筑物（房屋或构筑物）或是一组建筑物的组合，这些建筑物也可称为建筑产品。建筑产品的使用价值是指满足人们日常生活和生产活动中对建筑物的各种需求，也就是对建筑产品的质量要求。这些质量要求主要体现在以下几个方面。

(1)满足使用要求　任何建筑物首先要满足其使用要求。例如，民用建筑要满足人们工作、学习和生活的要求；工业建筑要满足产品生产要求；输水管线要满足供排水的要求；水电站要满足防洪、发电等的要求；码头要满足船舶停靠、装卸货物的要求。对于这些不同使用功能的建筑物，要保证其质量就应符合一系列专门的工业与民用建筑标准、规范等技术法规的要求。

(2)满足安全可靠要求　任何建筑物都必须坚实可靠，足以承担其所负荷的人和物的重量，以及风、雨、雪和自然灾害的侵袭。因此，针对不同类型的建筑结构的计算分析方法，应符合相关的标准、规范等技术法规的要求。

(3)满足耐久性要求　任何建筑物都要考虑满足其使用年限和防止水、火和腐蚀性物质的侵袭，所以建筑物布局、构造和使用的材料要满足防水、防火、防腐蚀等一系列标准、规范的要求，并达到相关指标规定。

(4)满足美观性要求　任何建筑物都要根据其特点和所处环境，为人们提供与环境协调、赏心悦目、丰富多彩的造型和景观，因此要求建筑物的规划、布局、体型、装饰、园林绿化等方面应满足一系列相关标准、规范的要求。

(5)满足经济性要求　当建筑物满足了适用、可靠、耐久、美观等各种要求以后，还应达到最佳的经济效益，要符合一系列定额、衡量标准、控制造价的指标。只有做到物美价廉，才能取得最大的经济效益。

1.4.2　建筑工程质量管理特点

建筑工程施工是一个复杂的形成建筑实体的过程，也是形成最终产品质量的重要阶段，在施工过程中对工程质量的控制是决定最终产品质量的关键，因此，要提高房屋建筑工程项目的质量，就必须狠抓施工阶段的质量管理。但是，由于项目施工涉及面广，且项目具有位置固定、生产流动性大、结构类型不一、质量要求不一、施工方法不一、体型大、整体性强、建设周期长、受自然条件影响大等特点，因此施工项目的质量比一般工业产品的质量更难控制，主要表现在以下几个方面。

(1)影响质量的因素多　如设计、水文地质、气象条件、材料、机械、工程地质、施工工艺、操作方法、技术措施、施工进度、投资、管理制度等，均直接影响施工项目的质量。

(2)容易产生质量变异　由于项目施工不像工业产品生产，前者没有固定的生产条件和流水线，没有规范化的生产工艺和完善的检测技术，没有成套的生产设备和稳定的生产环境，没有相同系列规格和相同功能的产品；同时，由于影响施工项目质量的偶然性因素和系统性因素都较多，因此，很容易产生质量变异。例如，材料性能微小的差异、机械设备正常的磨损、操作微小的变化、环境微小的波动等，均会引起偶然性因素的质量变异；使用材料的规格、品种有误，施工方法不妥，操作不按规程，机械故障，仪表失灵，设计计算错误等，都会引起系统性因素的质量变异，造成工程质量事故。因此，在施工中要严防出现系统性因素的质量变异，要把质量变异控制在偶然性因素范围内。

(3)容易产生判断错误　施工项目工序交接多，中间产品多，隐蔽工程多，若不及时检查实质，事后再看表面，就容易产生误判，即易将不合格的产品误认为是合格的产品。另外，若检查不认真，测量仪测量不准确，导致读数有误，也会产生误判。这些内容在进行质量检查验收时，应特别注意。

(4)质量检查不能解体、拆卸　一些分部、分项工程，单位工程完工后，不可能再拆卸或解体检查内在的质量或重新更换零件；即使发现质量问题，也很难推倒重建。

(5)质量要受投资、进度的制约　施工项目的质量受投资、进度的制约较大，如一般情况下，投资大、进度慢的项目，质量相对较好；反之，质量相对差些。因此，在项目施工过程中，还必须正确处理质量、投资、进度三者之间的关系，使其达到对立的统一。

1.5　建筑工程质量管理的原则与程序

1.5.1　建筑工程质量管理的原则

对施工项目而言，质量管理，就是为了确保项目符合合同约定、规范规定的质量标准，遵循所采取的一系列检测、监控措施的手段和方法。在施工项目质量管理过程中，应遵循以下几点原则。

(1)坚持"质量第一，用户至上"　一般商品经营的原则是"质量第一，用户至上"。建筑产品作为一种特殊的商品，使用年限较长，是"百年大计"，直接关系到人民的生命财产安全。因此，工程项目在施工中应自始至终把"质量第一，用户至上"作为质量管理的基本原则。

(2)坚持"以人为核心"　人是质量的创造者，质量管理必须"以人为核心"，把人作为控制的动力，调动人的积极性、创造性；增强人的责任感，树立"质量第一"的观念；提高人的素质，避免人为失误；以人的工作质量保工序质量、促工程质量。

(3)坚持"以预防为主" "以预防为主"，就是要从过去的对质量的事后检查把关，转向对质量的事前检查和事中检查；从对成品质量的检查，转向对工作质量的检查，对工序质量的检查，对中间产品质量的检查。这是确保现阶段施工项目的有效措施，也是现场施工质量验收规范的特点之一。

(4)坚持质量标准、严格检查，一切用数据说话 质量标准是评价产品质量的尺度，数据是质量管理的基础和依据。产品质量是否符合质量标准，必须通过严格检查，用数据说话。

(5)贯彻科学、公正、守法的职业规范 所有参建单位的有关人员，在处理质量问题的过程中，应尊重客观事实，尊重科学，正直公正；遵纪守法，杜绝不正之风；既要坚持原则、严格要求、秉公办事，又要谦虚谨慎、实事求是、以理服人、热情互助。

1.5.2 建筑工程质量管理的程序

在建筑施工过程中，项目管理者要对整个项目施工过程，按全面质量管理的方法进行全过程、全方位的监督、检查与管理。它不同于竣工验收，不是对最终产品的检查与验收，而是对生产过程的各环节或中间产品(如各检验批、分部、分项工程)进行监督、检查与验收，其程序见图1-1-1。

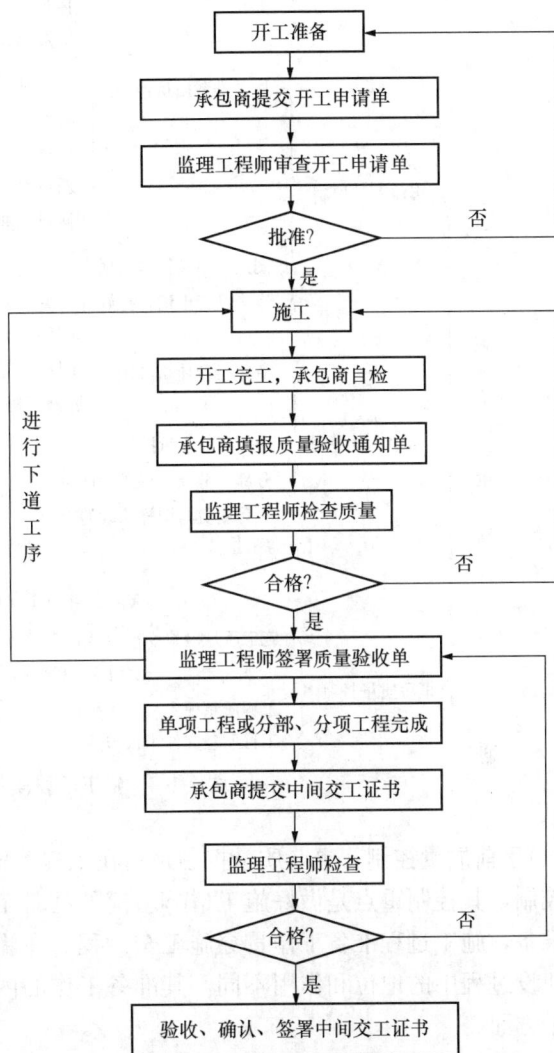

图 1-1-1　建筑工程质量管理程序简图

1.6 建筑工程质量管理阶段与管理过程

1.6.1 建筑工程质量管理阶段

建筑工程质量管理贯穿整个施工过程，为了加强对施工项目的质量管理，明确各施工现场阶段质量控制的重点，可把施工项目质量管理分为事前质量控制、事中质量控制和事后质量控制三个阶段。事实上，事前质量控制、事中质量控制和事后质量控制是一个有机的不可分割的整体,是既对立又统一的关系,三者缺一不可。施工阶段质量管理的具体内容如图 1-1-2 所示。

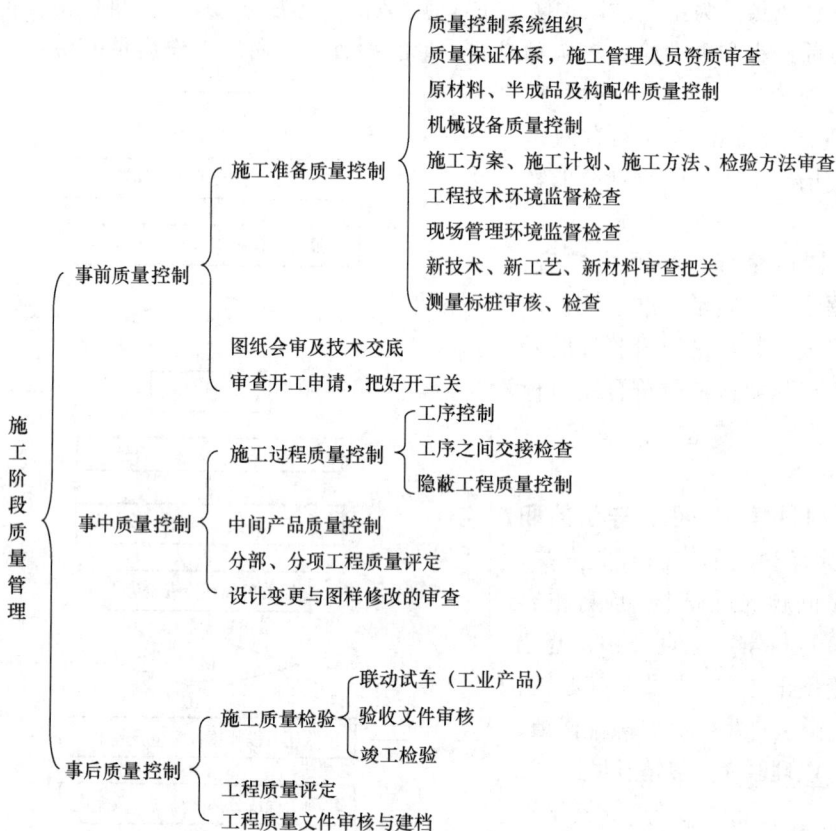

图 1-1-2 施工阶段质量管理

(1)事前质量控制 事前质量控制是指在工程正式开工前或某一项工作(作业)进行前的质量控制,其控制重点是做好施工(作业)前的准备工作。施工准备又分开工前准备和施工过程准备,施工过程准备工作贯穿施工全过程。在施工项目建设过程中,参建各方由于在项目建设过程中的地位和作用不同,其准备工作的内容也不同。总体上来讲可以归纳为以下几个方面。

施工准备的范围如下。

1)全场性施工准备,是以整个建设项目施工现场为对象进行的各项施工准备。

2)单位工程施工准备,是以一个建筑物或构筑物为对象进行的施工准备。

3)分部、分项工程施工准备,是以单位工程中一个分部、分项工程或特殊季节,采用新材料、新工艺、新方法、新机具等的施工为对象进行的施工准备。

4)开工前的施工准备,是在拟建项目或一个单位工程正式开工前所进行的一切施工准备。

5)开工后的施工准备,是在拟建项目或单位工程开工后,每个施工阶段正式施工前所进行的施工准备,如房屋建筑工程,通常分为地基与基础工程、主体结构工程、装饰装修工程、建筑节能工程以及安装工程等施工阶段,每个阶段的施工内容不同,其所需的物质技术条件、组织要求、机械设备、现场布置等也不尽相同,因此,必须做好相应的施工准备。

施工准备的内容如下。

1）技术准备，就施工企业来讲主要包括熟悉施工图纸；参加图纸会审；调查分析项目
建设地点的自然条件、技术经济条件等；编制项目施工组织设计，编制专项施工方
案，编制项目施工图预算和施工预算等。

2）物质准备，包括建筑材料准备，构配件和制品加工准备，施工机具准备，生产工艺
设备的准备等。

3）组织现场准备，包括建立项目组织机构，集结施工队伍，对施工队伍进行入场教育等。

4）施工现场准备，包括控制网的测设，施工现场"五通一平"（通水、通电、通路、通
信、通气、平整场地）准备情况的核查，围挡、道路、生产、生活临时设施、临时用
电、组织机具、材料进场等准备。

(2) 事中质量控制　事中质量控制是指对施工过程中所有与施工有关方面的质量进行控
制，也包括对施工过程中的中间产品（工序产品或分部、分项产品）的质量控制。各项工作
过程的检查、各道工序质量的检查以及中间产品的质量检查均属于事中质量控制的范畴。
例如，施工单位进行的自检、互检和交接检，以及监理工程师进行的监理旁站和施工过程
同时进场的平行检验等。

(3) 事后质量控制　事后质量控制是指在完成施工过程后进行的产品质量控制，其具体
工作内容如下。

1）组织联动试车。

2）按规定的质量评定标准和办法，对完成的检验项目、检验批、分项工程、分部工程、
单位工程规定的安全功能进行检测等。

3）准备竣工验收资料，组织单位工程和建设项目的自检和初步验收。

1.6.2　建筑工程质量管理过程

任何工程项目都是由分项工程、分部工程和单位工程组成的，工程项目的建设是通过
一道道工序完成的。因此，施工项目的质量控制是从工序质量到分项工程质量、分部工程
质量、单位工程质量的系统控制过程；也是一个由投入原材料质量控制开始，直到完成工
程质量检验为止的系统过程。建筑工程施工项目质量管理过程如图1-1-3、图1-1-4所示。

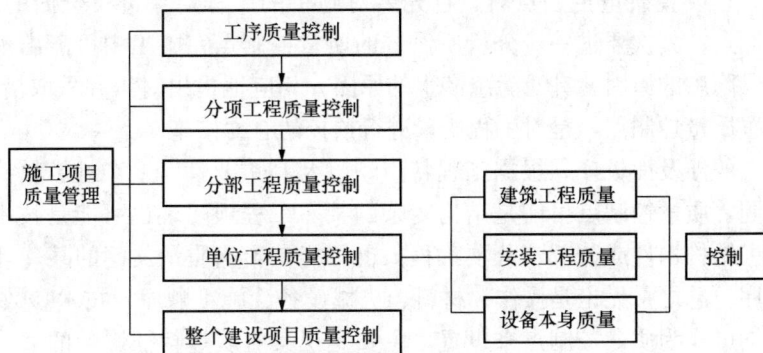

图 1-1-3　施工项目质量管理过程（一）

```
        ┌──────────────────┐
        │  施工项目质量管理  │
        └──────────────────┘
                  │
      ┌───────────┼───────────┐
┌─────────┐  ┌──────────┐  ┌─────────┐
│对投入产品的│  │施工及安装工艺│  │对产出品的│
│质量控制  │  │过程的质量控制│  │质量控制  │
└─────────┘  └──────────┘  └─────────┘
```

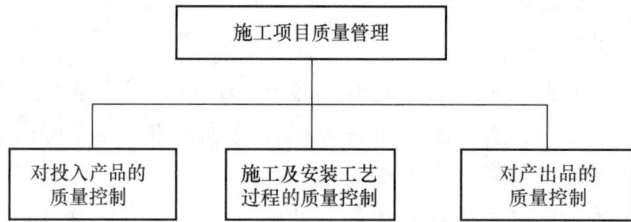

图 1-1-4　施工项目质量管理过程(二)

1.7　施工工序质量控制

1.7.1　工序质量控制的内容

进行工序质量控制时，应着重于以下四个方面的工作。

(1)严格遵守工艺规程　施工工艺和操作规程，是进行施工操作的依据和法规，是确保工序质量的前提，任何人都必须严格执行。

(2)主动控制工序活动条件的质量　工序活动条件包括的内容较多，主要是指影响质量的五大因素，即施工操作者、材料、施工机械设备、施工方法和施工环境等。只要切实有效地控制这些因素，确保工序投入品的质量，避免发生系统性因素变异，就能保证每道工序质量的正常、稳定。

(3)及时检验工序活动效果的质量　工序活动效果是评价工序质量是否符合标准的尺度。因此，必须加强质量检验工作，对质量状况进行综合统计与分析，及时掌握质量动态。一旦发现质量问题，随即研究处理，自始至终使工序活动效果的质量满足规范和标准的要求。

(4)设置工序质量控制点　控制点是指为了保证工序质量进行控制的重点或薄弱环节，以便在一定时期内、一定条件下进行强化管理，使工序处于良好的控制状态。

1.7.2　工序质量控制点的设置

质量控制点的设置是根据工程的重要程度，即质量特性值对整个工程质量的影响程度确定的。因此，在设置质量控制点时，首先要对施工的工程对象进行全面的分析、比较，以明确质量控制点；其次要进一步分析所设置的质量控制点在施工中可能出现的质量问题或可能造成质量隐患的原因，针对隐患产生的原因，相应地提出对策并采取措施予以预防。由此可见，设置质量控制点，是对工程质量进行预控的有力措施。

质量控制点的涉及面较广，根据工程特点，以及其重要性、复杂性、精确性、质量标准和要求的不同，质量控制点可能是结构复杂的某一工程项目，也可能是技术要求高、施工难度大的某一结构构件或分部、分项工程，也可能是影响质量关键的某一环节中的某一工序或若干工序。总之，无论是操作、材料、机械设备、施工顺序、技术参数、自然条件、工程环境等，均可作为质量控制点来设置，主要是视其对质量特征影响的大小及危害程度而定。质量控制点一般设在下列环节。

(1)容易出现人为失误的环节　某些工序或操作重点应控制人的行为，避免因人的失误造成质量问题，如高空作业、水下作业、危险作业、易燃易爆作业、重型构件吊装或多机抬吊等。

(2)重要的和关键性的施工环节 例如，隐蔽工程验收，深基坑的开挖、支护与检测等。

(3)质量不稳定、施工质量没有把握的施工工序或环节 例如，采用本施工企业不熟悉的施工方法、施工工艺的环节；以及根据以往经验，质量不稳定、施工质量没有把握的施工过程。

(4)施工技术难度大或施工条件困难的环节 例如，由于施工场地条件、工程的地质条件等的限制，无法采用常规的施工方法、施工工艺和施工机具设备等，给工程施工造成困难的情形。

(5)质量标准或质量精度要求高的施工内容和项目 例如，工程质量标准高于国家标准或企业标准，而本企业又没有相关施工管理经验的施工内容和项目。

(6)对后续施工或后续工序质量或安全有重要影响的施工工序或环节 例如，高层建筑垂直度的控制、楼面标高的控制、大模板施工等。

(7)采用新工艺、新技术、新材料的环节 当新工艺、新技术、新材料虽然已通过鉴定、试验，但是施工操作人员缺乏经验，且又是初次施工时，也必须将其工序操作作为重点严加控制。

(8)关键的操作环节 例如，预应力筋张拉，张拉程序为进行超张拉和持荷 2min 的测试。超张拉的目的是减少混凝土弹性压缩和徐变，减少钢筋的松弛、孔道摩阻力、锚具变形等原因所引起的应力损失；持荷 2min 的目的是加速钢筋松弛的早发展，减少钢筋松弛的应力损失。在操作中，如果不进行超张拉和持荷 2min 测试，就不能得到可靠的预应力值；若张拉应力控制不准，也不可能得到可靠的预应力值。这些均会严重影响预应力构件的质量。

(9)技术间隙环节 有些工序之间的技术间歇时间性很强，如果不严格控制也会影响质量。例如，分层浇筑混凝土，必须待下层混凝土初凝前将上层混凝土浇筑完毕；防水卷材屋面，必须待找平层干燥后才能刷冷底子油，待冷底子油干燥后，才能铺贴卷材；砖墙砌筑后，一定要有 6～10d 的时间让墙体充分沉陷、稳定、干燥，然后才能抹灰，抹灰层干燥后，才能喷白、刷浆等。

(10)重要的技术参数 有些技术参数与质量密切相关，也必须严格控制。例如，外加剂的掺量，混凝土的水灰比，沥青胶的耐热度，保温材料的导热系数，回填土、三合土的最佳含水量，灰缝的饱满度，防水混凝土的抗掺等级等，都将直接影响工程项目的强度、密实度、抗渗性和耐冻性。因此，重要的技术参数也应作为工序质量控制点。

(11)特殊土地基和特种结构 对于湿陷性黄土、液化土地基，膨胀土、红黏土等特殊土地基的处理，以及大跨度结构、高耸结构等技术难度较大的施工环节和重要部位，更应特别控制。

综上所述，设置质量控制点是保证施工过程质量的有力措施，也是进行质量控制的重要手段。

1.8 质量控制主体

施工质量控制过程既有施工承包方的质量控制职能，也有业主方、设计方、监理方、供应方及政府的工程质量监督部门的控制职能，它们各自处于不同的位置，有着不同的责任和作用。

(1) 自控主体 施工承包方和供应方在施工阶段是质量自控主体，不能因为监控主体的存在和监控责任的实施而减轻或免除其质量责任。

(2) 监控主体 业主、监理、设计单位及政府的工程质量监督部门，在施工阶段要依据法律和合同对自控主体的质量行为和效果实施监督控制。

自控主体和监控主体在施工全过程相互依存、各司其职，共同推动施工质量控制过程的发展和最终工程质量目标的实现。

施工方作为工程施工质量的自控主体，既要遵循本企业质量管理体系的要求，也要根据其在所承建工程项目质量控制系统中的地位和责任，通过具体项目质量计划的编排与实施，有效地实现自主控制的目标。一般情况下，对施工承包企业而言，无论工程项目的功能类型、结构类型及复杂程度存在着怎样的差异，其施工质量控制过程都可归纳为以下相互作用的八个环节。

1) 工程调研和项目承接：全面了解工程情况和特点，掌握承包合同中工程质量控制的合同条件。

2) 施工准备：图纸会审、施工组织设计、施工力量设备的配置等。

3) 材料采购。

4) 施工生产。

5) 验收与检验。

6) 工程功能检测。

7) 竣工验收。

8) 质量回访及保修。

1.9 建筑工程质量管理法律法规

1.9.1 《中华人民共和国刑法》对建筑工程质量管理的要求

第一百三十七条 建设单位、设计单位、施工单位、工程监理单位违反国家规定，降低工程质量标准，造成重大安全事故的，对直接责任人员，处五年以下有期徒刑或者拘役，并处罚金；后果特别严重的，处五年以上十年以下有期徒刑，并处罚金。

1.9.2 《中华人民共和国建筑法》对建筑工程质量管理的要求

第五十二条 建筑工程勘察、设计、施工的质量必须符合国家有关建筑工程安全标准的要求，具体管理办法由国务院规定。

有关建筑工程安全的国家标准不能适应确保建筑安全的要求时，应当及时修订。

第五十五条 建筑工程实行总承包的，工程质量由工程总承包单位负责，总承包单位将建筑工程分包给其他单位的，应当对分包工程的质量与分包单位承担连带责任。分包单位应当接受总承包单位的质量管理。

第五十八条 建筑施工企业对工程的施工质量负责。

建筑施工企业必须按照工程设计图纸和施工技术标准施工，不得偷工减料。工程设计的修改由原设计单位负责，建筑施工企业不得擅自修改工程设计。

第五十九条 建筑施工企业必须按照工程设计要求、施工技术标准和合同的约定，对建筑材料、建筑构配件和设备进行检验，不合格的不得使用。

第六十条 建筑物在合理使用寿命内，必须确保地基基础工程和主体结构的质量。

建筑工程竣工时，屋顶、墙面不得留有渗漏、开裂等质量缺陷；对已发现的质量缺陷，建筑施工企业应当修复。

第六十一条 交付竣工验收的建筑工程，必须符合规定的建筑工程质量标准，有完整的工程技术经济资料和经签署的工程保修书，并具备国家规定的其他竣工条件。

建筑工程竣工经验收合格后，方可交付使用；未经验收或者验收不合格的，不得交付使用。

第六十二条 建筑工程实行质量保修制度。

建筑工程的保修范围应当包括地基基础工程、主体结构工程、屋面防水工程和其他土建工程，以及电气管线、上下水管线的安装工程，供热、供冷系统工程等项目；保修的期限应当按照保证建筑物合理寿命年限内正常使用，维护使用者合法权益的原则确定。具体的保修范围和最低保修期限由国务院规定。

第六十三条 任何单位和个人对建筑工程的质量事故、质量缺陷都有权向建设行政主管部门或者其他有关部门进行检举、控告、投诉。

第六十九条 工程监理单位与建设单位或者建筑施工企业串通，弄虚作假、降低工程质量的，责令改正，处以罚款，降低资质等级或者吊销资质证书；有违法所得的，予以没收；造成损失的，承担连带赔偿责任；构成犯罪的，依法追究刑事责任。

工程监理单位转让监理业务的，责令改正，没收违法所得，可以责令停业整顿，降低资质等级；情节严重的，吊销资质证书。

第七十四条 建筑施工企业在施工中偷工减料的，使用不合格的建筑材料、建筑构配件和设备的，或者有其他不按照工程设计图纸或者施工技术标准施工的行为的，责令改正，处以罚款；情节严重的，责令停业整顿，降低资质等级或者吊销资质证书；造成建筑工程质量不符合规定的质量标准的，负责返工、修理，并赔偿因此造成的损失；构成犯罪的，依法追究刑事责任。

第七十五条 建筑施工企业违反本法规定，不履行保修义务或者拖延履行保修义务的，责令改正，可以处以罚款，并对在保修期内因屋顶、墙面渗漏、开裂等质量缺陷造成的损失，承担赔偿责任。

1.9.3 《建设工程质量管理条例》对质量管理的要求

第三条 建设单位、勘察单位、设计单位、施工单位、工程监理单位依法对建设工程质量负责。

第五条 从事建设工程活动，必须严格执行基本建设程序，坚持先勘察、后设计、再施工的原则。

县级以上人民政府及其有关部门不得超越权限审批建设项目或者擅自简化基本建设程序。

第二十六条 施工单位对建设工程的施工质量负责。

施工单位应当建立质量责任制，确定工程项目的项目经理、技术负责人和施工管理负责人。

建设工程实行总承包的，总承包单位应当对全部建设工程质量负责；建设工程勘察、设计、施工、设备采购的一项或者多项实行总承包的，总承包单位应当对其承包的建设工程或者采购的设备的质量负责。

第二十七条 总承包单位依法将建设工程分包给其他单位的，分包单位应当按照分包合同的约定对其分包工程的质量向总承包单位负责，总承包单位与分包单位对分包工程的质量承担连带责任。

第二十八条 施工单位必须按照工程设计图纸和施工技术标准施工，不得擅自修改工程设计，不得偷工减料。

施工单位在施工过程中发现设计文件和图纸有差错的，应当及时提出意见和建议。

第二十九条 施工单位必须按照工程设计要求、施工技术标准和合同约定，对建筑材料、建筑构配件、设备和商品混凝土进行检验，检验应当有书面记录和专人签字；未经检验或者检验不合格的，不得使用。

第三十条 施工单位必须建立、健全施工质量的检验制度，严格工序管理，作好隐蔽工程的质量检查和记录。隐蔽工程在隐蔽前，施工单位应当通知建设单位和建设工程质量监督机构。

第三十一条 施工人员对涉及结构安全的试块、试件以及有关材料，应当在建设单位或者工程监理单位监督下现场取样，并送具有相应资质等级的质量检测单位进行检测。

第三十二条 施工单位对施工中出现质量问题的建设工程或者竣工验收不合格的建设工程，应当负责返修。

第三十三条 施工单位应当建立、健全教育培训制度，加强对职工的教育培训；未经教育培训或者考核不合格的人员，不得上岗作业。

第三十九条 建设工程实行质量保修制度。

建设工程承包单位在向建设单位提交工程竣工验收报告时，应当向建设单位出具质量保修书。质量保修书中应当明确建设工程的保修范围、保修期限和保修责任等。

第四十一条 建设工程在保修范围和保修期限内发生质量问题的，施工单位应当履行保修义务，并对造成的损失承担赔偿责任。

第六十四条 违反本条例规定，施工单位在施工中偷工减料的，使用不合格的建筑材料、建筑构配件和设备的，或者有不按照工程设计图纸或者施工技术标准施工的其他行为的，责令改正，处工程合同价款百分之二以上百分之四以下的罚款；造成建设工程质量不符合规定的质量标准的，负责返工、修理，并赔偿因此造成的损失；情节严重的，责令停业整顿，降低资质等级或者吊销资质证书。

第六十五条 违反本条例规定，施工单位未对建筑材料、建筑构配件、设备和商品混凝土进行检验，或者未对涉及结构安全的试块、试件以及有关材料取样检测的，责令改正，处 10 万元以上 20 万元以下的罚款；情节严重的，责令停业整顿，降低资质等级或者吊销资质证书；造成损失的，依法承担赔偿责任。

　　第六十六条　违反本条例规定，施工单位不履行保修义务或者拖延履行保修义务的，责令改正，处 10 万元以上 20 万元以下的罚款，并对在保修期内因质量缺陷造成的损失承担赔偿责任。

　　第七十四条　建设单位、设计单位、施工单位、工程监理单位违反国家规定，降低工程质量标准，造成重大安全事故，构成犯罪的，对直接责任人员依法追究刑事责任。

　　第七十七条　建设、勘察、设计、施工、工程监理单位的工作人员因调动工作、退休等原因离开该单位后，被发现在该单位工作期间违反国家有关建设工程质量管理规定，造成重大工程质量事故的，仍应当依法追究法律责任。

复习思考题

1. 简述建筑工程质量管理的概念和特点。
2. 施工生产质量因素有哪些？如何进行控制？
3. 简述建筑工程质量管理的原则与程序。
4. 如何设置工序质量控制点？

2 建筑工程施工质量检查与验收的基本知识

【知识目标】

了解建筑工程施工质量检查与验收的主体；熟悉建筑工程施工质量检验标准与规范体系、建筑工程质量验收的组织与程序、建筑工程施工质量事故的处理及验收；掌握建筑工程施工质量验收的划分以及各验收层次质量合格的要求。

【能力目标】

能够规范填写施工现场质量管理检查记录表；具有对一般工程进行质量验收划分的能力；能够规范填写质量验收表格。

2.1 建筑工程施工质量检查与验收的依据与标准

2.1.1 建筑工程施工质量检查与验收的依据

建筑工程施工质量检查与验收的依据如下。

1)经审查批准的设计图纸和技术说明书等设计文件。

2)工程承包合同文件，包括施工承包合同、有关协议及洽商记录等。

3)有关工程材料、半成品和构配件质量控制方面的专门技术法规。

4)国家现行的有关规范、标准等技术规程。

5)质量控制资料和验收记录。

6)其他文件资料，如设计变更、图纸会审纪要等。

2.1.2 建筑工程施工质量检查与验收的标准

建筑工程施工涉及的专业众多，各个专业与施工工序差别很大，只有制定若干种相应的验收规范才能很好地适应实际工程验收的问题。根据我国施工管理传统技术发展的趋势，我国编制修订了 15 种专业验收规范和标准。此外，为解决各专业验收规范编制的标准与原则及其统一和协调问题，以及汇总各专业验收，进而进行单位工程的竣工验收，我国编制了一种起到基础性和指导性作用的标准，即《建筑工程施工质量验收统一标准》。这样，由 1 种建筑工程施工质量验收统一标准和 15 种专业验收规范和标准构成了我国现行的建筑工程施工质量验收规范体系。建筑工程质量验收标准、规范分列如下。

(1)《建筑工程施工质量验收统一标准》（GB 50300—2013） 该标准规定了以下内容。

1)建筑工程施工现场质量管理和质量控制的要求。

2)检验批质量检验的抽样方案要求。

3)建筑工程施工质量验收划分合格、判定及验收程序的原则。

4)各专业验收规范和标准编制的统一原则。

5)单位工程质量验收的内容、方法和程序等。

(2)专业验收规范和标准 15种专业验收规范和标准如下。

1)《建筑地基基础工程施工质量验收标准》(GB 50202—2018)。

2)《砌体结构工程施工质量验收规范》(GB 50203—2011)。

3)《混凝土结构工程施工质量验收规范》(GB 50204—2015)。

4)《钢结构工程施工质量验收标准》(GB 50205—2020)。

5)《木结构工程施工质量验收规范》(GB 50206—2012)。

6)《屋面工程质量验收规范》(GB 50207—2012)。

7)《地下防水工程质量验收规范》(GB 50208—2011)。

8)《建筑地面工程施工质量验收规范》(GB 50209—2010)。

9)《建筑装饰装修工程质量验收标准》(GB 50210—2018)。

10)《建筑给水排水及采暖工程施工质量验收规范》(GB 50242—2002)。

11)《通风与空调工程施工质量验收规范》(GB 50243—2016)。

12)《建筑电气工程施工质量验收规范》(GB 50303—2015)。

13)《电梯工程施工质量验收规范》(GB 50310—2002)。

14)《智能建筑工程质量验收规范》(GB 50339—2013)。

15)《建筑节能工程施工质量验收标准》(GB 50411—2019)。

专业验收规范和标准规定如下。

1)分项工程检验批的划分、主控项目和一般项目质量指标的设置和合格的判定。

2)建筑材料、构配件和设备的进场复检要求。

3)涉及结构安全和使用功能检测项目的要求。

2.2 建筑工程施工质量验收的划分

建筑工程一般施工周期长,从施工准备工作开始到竣工交付使用,要经过若干个工序、若干个工种之间的配合施工。所以一个工程质量的优劣,取决于各个施工工序和各工种的操作质量。为了便于控制、检查和评定每道施工工序,控制、检查和评定每个工序和工种的操作质量,建筑工程按单位(子单位)工程、分部(子分部)工程、分项工程、检验批四级进行质量验收。其具体划分的内容如下。

2.2.1 单位(子单位)工程的划分

(1)房屋建筑及构筑物单位工程的划分

1)具备独立施工条件并能形成独立使用功能的建筑物及构筑物为一个单位工程。例如,一栋住宅楼、一间锅炉房、一栋办公楼等均可称为一个单位工程。

2)对于建筑规模较大的单位工程,可将其能形成独立使用功能的部分划分为一个子单位工程。例如,一个公共建筑有26层塔楼及4层裙房,该建筑在裙房施工竣工后,具备使用功能,可计划先投入使用,该裙房就可以先以子单位工程进行验收。

(2)室外单位工程的划分　为了加强室外工程的管理和验收，促进室外工程质量的提高，根据专业类别和工程规模将室外工程划分为室外建筑环境和室外安装两个室外单位工程，并又分为附属建筑、室外环境、给水排水与采暖和电气子单位工程，见表 1-2-1。

表 1-2-1　室外单位(子单位)工程、分部分项工程的划分表

单位工程	子单位工程	子分部工程
室外建筑环境	附属建筑	车棚、围墙、大门、挡土墙、垃圾收集站
	室外环境	建筑小品、道路、亭台、连廊、花坛、场坪绿化
室外安装	给水、排水与采暖	室外给水系统、室外排水系统、室外供热系统
	电气	室外供电系统、室外照明系统

2.2.2　分部(子分部)工程的划分

分部工程的划分应按专业性质、工程部位确定。当分部工程较大或较复杂时，可按材料种类、施工特点、施工程序、专业系统及类别将分部工程划分为若干子分部工程。

建筑物(构筑物)的单位工程，目前最多由 10 个分部组成，即地基与基础、主体结构、屋面、装饰装修 4 个建筑及结构分部工程，建筑给水排水及采暖、建筑电气、通风与空调、电梯和智能建筑 5 个建筑设备安装分部工程和建筑节能分部工程。有的单位工程中，不一定具备所有这些分部工程，有的可能没有装饰、装修分部工程，有的可能没有通风与空调及电梯安装分部工程。

2.2.3　分项工程的划分

分项工程应按主要工种、材料、施工工艺、设备类别等进行划分，如瓦工的砌砖工程，钢筋工的钢筋绑扎工程，木工的木门窗安装工程，油漆工的混色油漆工程等。

建筑及结构分部(子分部)工程、分项工程见《建筑工程施工质量验收统一标准》(GB 50300—2013)，建筑节能工程分项工程划分见《建筑节能工程施工质量验收标准》(GB 50411—2019)。

2.2.4　检验批的划分

检验批可根据施工、质量控制和专业验收需要，按工程量楼层、施工段、变形缝等进行划分。将分项工程划分成检验批进行验收，有助于及时发现问题、确保工程质量，也符合施工的实际需要。分项工程可由一个或若干个检验批组成，通常在多层及高层建筑工程中，主体分部的分项工程可按楼层或施工段来划分检验批，单层建筑工程中的分项工程可按变形缝等划分检验批；地基与基础分部工程中的分项工程一般划分为一个检验批，有地下室的基础工程可按不同地下室划分检验批；屋面分部工程中的分项工程，不同楼层屋面可划分为不同的检验批；其他分部工程中的分项工程，一般按楼层划分检验批；对于工程量较少的分项工程可统一划分为一个检验批；安装工程一般按一个设计系统或设备组别划分为一个检验批；室外工程统一划分为一个检验批；散水、台阶、明沟等含在地面检验批中。

2.3 建筑工程质量验收的组织与程序

为了落实建设参与各方、各级的质量责任，规范施工质量验收程序，工程质量的验收均应在施工单位自行检查评定的基础上，按施工的顺序进行：检验批—分项工程—分部（子分部）工程—单位（子单位）工程。

(1)建筑工程质量验收的组织及参加人员 建筑工程质量验收的组织及参加人员表见表1-2-2。

表 1-2-2 建筑工程质量验收的组织及参加人员表

序号	验收表的名称	质量自检人员	质量检查评定人员		质量验收人员
			验收组织人	参加验收人员	
1	施工现场质量管理检查记录	项目经理	项目经理	项目技术负责人 分包单位负责人	总监理工程师
2	检验批质量验收记录	班组长	项目专业质量检查员	班组长 分包项目技术负责人 项目技术负责人	监理工程师 （建设单位项目专业技术负责人）
3	分项工程质量验收记录	班组长	项目专业技术负责人	班组长 分包项目技术负责人 项目专业质量检查员	监理工程师 （建设单位项目专业技术负责人）
4	分部、子分部工程质量验收记录	项目经理分包单位项目经理	项目经理	项目专业技术负责人 分包项目技术负责人 勘察、设计单位项目负责人 建设单位项目专业负责人	总监理工程师 （建设单位项目负责人）
5	单位、子单位工程质量竣工验收记录	项目经理	建设单位	项目经理 分包单位项目经理 设计单位项目负责人 企业技术、质量部门负责人 总监理工程师	总监理工程师 （建设单位项目负责人）
6	单位、子单位工程质量控制资料核查记录	项目技术负责人	项目经理	分包单位项目经理 监理工程师 项目技术负责人 企业技术、质量部门负责人	总监理工程师 （建设单位项目负责人）
7	单位、子单位工程安全和功能检验资料核查及主要功能抽查记录	项目技术负责人	项目经理	分包单位项目经理 项目技术负责人 监理工程师 企业技术、质量部门负责人	总监理工程师 （建设单位项目负责人）
8	单位、子单位工程观感质量检查记录	项目技术负责人	项目经理	分包单位项目经理 项目技术负责人 监理工程师 企业技术、质量部门	总监理工程师 （建设单位项目负责人）

(2)检验批和分项工程的质量验收组织与程序 检验批、分项工程完成后由施工单位的项目质量(技术)负责人组织对检验批、分项工程施工质量进行自检,达到设计要求和验收规范的合格标准后,施工单位填写检验批/分项工程的验收记录(属隐蔽工程的,还应填写隐蔽工程检查验收记录),并由项目专业质量检查员和项目专业技术负责人分别在检验批和分项工程质量验收记录的相关栏目中签字,并向专业监理工程师(建设单位项目专业技术负责人)报检,然后由监理工程师(建设单位项目专业技术负责人)组织有关人员进行检验。检验批和分项工程的质量检验应体现以下内容。

1)检验批和分项工程验收突出监理工程师和施工者负责的原则。

2)监理工程师拥有对每道施工工序的施工检查权,并根据检查结果决定是否允许进行下道工序的施工。对于不符合规范和质量标准的验收批,有权并应要求施工单位停工整改或返工。

3)在分项工程施工过程中,应对关键部位随时进行抽查。所有分项工程施工,施工单位应在自检合格后,填写分项工程报检申请表,并附上分项工程评定表。属隐蔽工程的,还应将隐蔽工程检查验收单报监理单位,监理工程师必须组织施工单位的工程项目负责人和有关人员,严格按每道工序进行检查验收。合格后,签发分项工程验收单。

(3)分部工程的质量验收组织与程序 分部工程完工后,由施工单位项目负责人组织对分部工程施工质量进行自检,达到设计要求和验收规范的标准,填写验收报告并提交总监理工程师(建设单位项目负责人)。总监理工程师(建设单位项目负责人)再组织施工单位项目负责人和技术、质量负责人等进行验收。由于地基基础、主体结构技术性能要求严格,技术性强,关系到整个工程的安全,因此规定,地基基础分部工程相关的勘察、设计单位工程项目负责人和施工单位技术、质量部门负责人也应参加相关的分部工程验收(政府质量监督部门对验收过程进行监督)。主体结构分部工程相关的设计单位工程项目负责人和施工单位技术、质量部门负责人也应参加相关的分部工程验收(政府质量监督部门对验收过程进行监督)。

(4)单位工程质量验收的组织与程序 单位工程质量验收的组织和程序如下。

1)单位工程完工后,施工单位应自行组织有关人员进行检查评定并向建设单位提交工程验收报告。

2)单位工程竣工后应由建设单位负责人组织施工单位(含分包单位)、设计单位、监理单位等的负责人,技术、质量负责人及总监理工程师进行竣工验收。

3)单位工程由分包单位施工时,分包单位对所承包的工程项目应按标准规定的程序检验评定,总包单位应参加检验评定。合格后,分包单位将工程有关资料交总包单位。

根据中华人民共和国住房和城乡建设部2013年12月2日印发的《房屋建筑和市政基础设施工程竣工验收规定》第六条规定,工程竣工验收应当按以下程序进行:

1)工程完工后,施工单位向建设单位提交工程竣工报告,申请工程竣工验收。实行监理的工程,工程竣工报告须经总监理工程师签署意见。

2)建设单位收到工程竣工报告后,对符合竣工验收要求的工程,组织勘察、设计、施工、监理等单位组成验收组,制定验收方案。对于重大工程和技术复杂工程,根据需要可邀请有关专家参加验收组。

3) 建设单位应当在工程竣工验收 7 个工作日前将验收的时间、地点及验收组名单书面通知负责监督该工程的工程质量监督机构。

4) 建设单位组织工程竣工验收。

① 建设、勘察、设计、施工、监理单位分别汇报工程合同履约情况和在工程建设各个环节执行法律、法规和工程建设强制性标准的情况；

② 审阅建设、勘察、设计、施工、监理单位的工程档案资料；

③ 实地查验工程质量；

④ 对工程勘察、设计、施工、设备安装质量和各管理环节等方面作出全面评价，形成经验收组人员签署的工程竣工验收意见。

参与工程竣工验收的建设、勘察、设计、施工、监理等各方不能形成一致意见时，应当协调提出解决的方法，待意见一致后，重新组织工程竣工验收。

2.4 建筑工程质量检查与验收的要求

建筑工程质量验收时，一个单位工程最多可划分为 6 个层次，即单位工程、子单位工程、分部工程、子分部工程、分项工程和检验批。对于每一个验收层次的验收，国家标准只给出了合格条件，没有给出优良标准。也就是说，现行国家质量验收标准为强制性标准，对于工程质量验收只设一个"合格"质量等级，工程质量在被评定合格的基础上，希望有更高质量等级评定的，可按照另外制定的推荐性标准执行。

2.4.1 建筑工程质量验收的要求

建筑工程质量验收应按下列要求进行。

1) 工程质量验收均应在施工单位自检合格的基础上进行。

2) 参加工程施工质量验收的各方人员应具备相应的资格。

3) 检验批的质量应按主控项目和一般项目验收。

4) 对涉及结构安全、节能、环境保护和主要使用功能的试块、试件及材料，应在进场时或施工中按规定进行见证检验。

5) 隐蔽工程在隐蔽前应由施工单位通知监理单位进行验收，并应形成验收文件，验收合格后方可继续施工。

6) 对涉及结构安全、节能、环境保护和使用功能的重要分部工程应在验收前按规定进行抽样检验。

7) 工程的观感质量应由验收人员现场检查，并应共同确认。

2.4.2 检验批的质量验收

(1) 检验批质量验收的规定 检验批是分项工程中最基本的单元，是分项工程验收的基础。检验批的合格质量应符合下列规定：主控项目的质量经抽样检验均应合格；一般项目的质量经抽样检验合格；具有完整的施工操作依据、质量检查记录。

主控项目 是指对检验批的质量有决定性影响的检验项目，主要包括以下内容。

1）重要建筑材料、构配件、成品、半成品、设备性能及附件的材质和技术性能等，检查出厂证明、检测报告，并按要求进场复验。

2）涉及结构安全、使用功能的检测、抽查项目，如混凝土、砂浆试块的强度，构件的刚度、挠度、承载力，钢结构焊缝强度，电气的绝缘性能，接地电阻的要求等。

3）一些重要的允许偏差项目必须控制在允许范围之内。

主控项目必须达到设计和验收规范的要求，其中所有子项目必须符合各专业验收规范所规定的质量指标，方能判定该主控项目合格。否则，该主控项目即被判定为不合格，其所在的检验批也被判定为不合格。

一般项目　是指除主控项目以外的，对检验批项目有一定影响的检验项目。这些项目虽然不像主控项目那样重要，但是对工程安全、使用功能、美观效果都有较大的影响，因此验收时，这些检测项目绝大多数抽查处（件），其质量指标都必须达到要求。其合格的判定条件：抽查样本的 80% 及以上（个别项目为 90% 以上，如混凝土规范中梁、板构件上部纵向受力钢筋保护层厚度等）符合各专业验收规范规定的质量指标，其余 20% 的样本的缺陷可以放宽，但不超过规定允许偏差值的 1.5 倍（个别规范规定为 1.2 倍，如钢结构验收规范等）。

一般项目的规范规定的"合格范围""允许超偏范围"举例如下。

《钢结构工程施工质量验收标准》（GB 50205—2020）：合格范围为 80%；允许超偏范围为 120%。

《建筑地面工程施工质量验收规范》（GB 50209—2010）：合格范围为 80%；允许超偏范围为 150%。

《屋面工程质量验收规范》（GB 50207—2012）：合格范围为 100%；允许超偏范围为 100%。

《地下防水工程质量验收规范》（GB 50208—2011）：合格范围为 100%；允许超偏范围为 100%。

《建筑装饰装修工程质量验收标准》（GB 50210—2018）：合格范围为 80%；允许超偏范围为 150%。

检验批的合格质量主要取决于对主控项目和一般项目的检验结果。主控项目是对检验批的基本质量起决定性影响的检验项目，因此必须全部符合有关专业工程验收规范的规定。这意味着主控项目不允许有不符合要求的检验结果，即这种项目的检查具有否决权。鉴于主控项目对基本质量的决定性影响，要对其从严要求。

具有完整的施工操作依据和质量检查记录　检验批合格的质量要求，除主控项目和一般项目的质量经抽样检验合格外，其施工操作依据的技术标准应符合设计、验收规范的要求。采用企业标准的不能低于国家标准、行业标准。质量控制资料反映了检验批从原材料到最终验收的各施工工序的操作依据、检查情况以及质量保证所必需的管理制度等。有关质量检查的内容、数据、评定，由施工单位项目专业质量检查员填写完整，检验批验收记录及结论由监理单位监理工程师填写完整。对检验批完整性的检查，实际是对其质量过程的确认，这是检验批合格的前提。

上述两项均符合要求，该检验批质量判定为合格。若其中一项不符合要求，则该检验批质量判定为不合格。

(2)检验批质量检查验收记录表格 检验批是验收评定工程质量的最小单位，是确定工程质量的基础，是施工资料中量最大而又重要的内容。不同的分项工程检验批有不同的内容，分项工程检验批质量验收记录表格式见表1-2-3。

表 1-2-3   (   )工程检验批质量验收记录表

单位(子单位) 工程名称			分部(子分部) 及部位		
施工单位			项目负责人		
施工依据			检验批容量		
施工质量验收规程规定			施工单位检查记录		
主控项目	1	(施工质量验收规程中定性检查内容)		(文字表达检查情况)	
	2				
	3				
一般项目	1	(施工质量验收规程中定性检查内容)		(文字表达检查情况)	
	2	(施工质量验收规程中定量检查内容)	(允许偏差)	(实际偏差统计结果)	
	3				
施工单位检查结果	施工班组长： 专业施工员： 项目专业质检员： 　　　　　　　年 月 日		监理(建设)单位验收结论	专业监理工程师： (建设单位项目专业技术负责人) 　　　　　　　年 月 日	

2.4.3 分项工程质量验收

(1)分项工程质量验收的规定 分项工程是由一个或几个检验批组成的，分项工程的验收是在其包含的检验批验收合格的基础上进行的。分项工程质量验收合格应符合下列规定。

1)分项工程所含检验批的质量均应验收合格。

2)分项工程所含的检验批的质量验收记录应完整。

分项工程是由所含内容、性质一样的检验批汇集而成，分项工程的验收是在检验批的基础上进行的，通常起着归纳整理的作用。因此，只要构成分项工程的各检验批的验收资料文件完整，并且均已验收合格，则分项工程验收合格。

(2)分项工程质量检查验收记录表格　分项工程质量验收记录表格式见表 1-2-4。

表 1-2-4　(　　　　　)分项工程质量验收记录表

单位(子单位)工程		分部(子分部)工程		分项工程数量	
				检验批数量	
施工单位		项目负责人		项目技术负责人	
分包单位		分包项目负责人		分包项目内容	
序号	检验批部位、区段(容量)		施工单位检查结果	监理(建设)单位验收意见	
备注：					
检查结论	项目专业技术负责人： 　　　　年　月　日		验收结论	专业监理工程师： (建设单位项目专业技术负责人) 　　　　年　月　日	

分项工程质量验收是在检验批验收合格的基础上进行的，验收记录通常起归纳整理作用，是一个统计表，没有实质性验收内容。但要注意三点：一是检查检验批是否完整覆盖整个分项工程，是否有漏掉的部位；二是检查有混凝土、砂浆强度要求的检验批，到龄期后是否达到规范规定的要求；三是将检验批的资料统一，依次进行登记整理，方便管理。

2.4.4　分部工程质量验收

(1)分部工程质量验收的规定　分部工程是由若干个分项工程组成的，分部工程验收是在分项工程验收的基础上进行的。这种关系类似于分项工程与检验批的关系，均是具有相同或相近的性质，故分项工程验收合格且具有完整的质量控制资料，是分部工程合格的前提。但是由于各分部工程的性质不尽相同，因此分部工程的质量验收就不能像验收分项工程那样主要靠检验批资料的汇总。在分部工程验收时，增加了如下两个方面的内容。

 1)对涉及建筑物安全和使用功能的地基与基础、主体结构两个分部，以及对建筑设备安装分部涉及安全、重要使用功能的分部，要进行有关见证取样试验或抽样试验。

 2)对观感质量的质量验收，须由有关方面人员参加观感质量综合评价。这类检查往往难以定量，只能以观察、触摸或简单量测的方式进行，并由个人的主观印象判断，检查结果并不给出"合格"或"不合格"的结论，而是综合各检查人员的意见给出"好""一般""差"的质量评价。对于"差"的检查点应通过返修处理及时补救。

考虑以上因素，分部工程验收时，分部(子分部)工程质量验收合格应符合下列规定。

1)分部(子分部)工程所含分项工程的质量均应验收合格。

2)质量控制资料应完整。

3)有关安全、节能、环境保护和主要使用功能的抽样检验结果应符合相应规定。

4)观感质量验收应符合要求。

(2)分部工程质量检查验收记录表格 分部(子分部)工程质量验收记录表格式见表1-2-5。

表1-2-5 分部(   )(子分部)工程质量验收记录表

单位(子单位)工程		分部(子分部)工程		子分部工程数量	
				分项工程数量	
施工单位		项目负责人		质量部门、技术部门负责人	
分包单位		分包单位项目负责人		分包项目内容	

序号	子分部工程名称	分项工程名称	检验批数	施工单位检查结果	验收结论

续表

质量控制资料核查			
安全和使用功能(实体检验)检测结果			
观感质量验收结果			
说明			

综合验收结论				
分包单位	施工单位	勘察单位	设计单位	监理(建设)单位
项目负责人	项目负责人	项目负责人	项目负责人	总监理工程师 (建设单位项目负责人)
年　月　日	年　月　日	年　月　日	年　月　日	年　月　日

分部工程质量验收,除了分项工程的核查外,还有质量控制资料核查,安全、功能项目的检测;观感质量的验收等。

分部(子分部)工程应由施工单位将自行检查评定合格的表填写完整后,由项目经理交监理单位或建设单位验收。由总监理工程师组织施工项目经理及有关勘察(地基基础与主体结构部分)、设计单位项目负责人进行验收,并按表的要求进行记录。

2.4.5　单位(子单位)工程质量验收

(1)单位工程质量验收的规定　单位工程验收也称竣工验收,是建筑工程投入使用前的最后一次验收,也是全面检查工程建设是否符合设计要求和施工验收标准的最重要的一次验收。对单位工程进行资料、安全与使用功能、外观质量等的全面检查,一是保证验收质量,二是保证工程质量。单位(子单位)工程质量验收合格应符合下列规定。

1)单位(子单位)工程所含分部(子分部)工程的质量均应验收合格。

2)质量控制资料应完整。

3)所含分部工程中有关安全、节能、环境保护和主要使用功能的检验资料应完整。

4)主要功能项目的抽查应符合相关专业质量验收规范的规定。

5)观感质量验收应符合要求。

单位(子单位)工程是由若干个分部工程组成的,单位(子单位)工程验收合格的前提是构成单位(子单位)工程的各个分部的工程质量必须合格且质量控制资料完整。

涉及安全和使用功能的分部工程应进行检验资料的复查。不仅要全面检查其完整性(不得有漏检缺项),而且要对分部工程验收时补充进行的见证试验报告进行复核。这种强化验收的手段体现了对工程的安全和主要使用功能的重视。

此外,使用功能的检查是对土建工程和设备安装工程最终质量的综合检验。因此,在分项、分部工程验收合格的基础上,竣工验收时再作全面检查,对主要使用功能还须进行检查。抽查项目是在检查资料文件的基础上由参加验收的各方人员商定并随机抽样确定检查部位(地点)，检查要求按有关的专业工程质量验收规范进行。最后，还须参加验收的各方人员共同对观感质量进行综合评价。检验的方法、内容、结论等同分部工程。

(2)单位(子单位)工程竣工验收表格 单位(子单位)工程质量竣工验收记录表的格式见表 1-2-6。

表 1-2-6 单位(子单位)工程质量竣工验收记录表

工程名称		结构类型		层数/建筑面积	
施工单位		技术、质量负责人		开工日期	年 月 日
项目负责人		项目技术负责人		竣工日期	年 月 日
序号	项目	验收记录		验收结论	
1	分部工程验收	共 分部，经查符合设计及标准规定 分部			
2	质量控制资料核查	共 项，经核查符合规定 项			
3	安全和使用功能核查及抽查结果	共核查 项，符合规定 项 共抽查 项，符合规定 项 经返工处理符合规定 项			
4	观感质量验收	共抽查 项，达到"好"和"一般"的 项，经返修处理符合要求的 项			
5	综合验收结论				
参加验收单位	建设单位 （公章） 项目负责人 年 月 日	监理单位 （公章） 总监理工程师 年 月 日	施工单位 （公章） 单位负责人 年 月 日	设计单位 （公章） 项目负责人 年 月 日	勘察单位 （公章） 项目负责人 年 月 日

单位(子单位)工程质量验收由五部分组成，每一部分内容都有专门的验收记录表，单位(子单位)工程质量竣工验收记录是一张综合性表格，是各项验收合格后填写的。

单位(子单位)工程由建设单位(项目)负责人组织施工单位(含分包单位)、设计单位、监理单位(项目)负责人进行验收。单位(子单位)工程质量竣工验收记录表由参加验收的单位盖公章，并由单位负责人签字。表 1-2-7～表 1-2-9 由施工单位项目经理和总监理工程师(建设单位项目负责人)签字。

单位(子单位)工程质量控制资料核查记录表的格式见表 1-2-7。

表 1-2-7　单位(子单位)工程质量控制资料核查记录表

工程名称				施工单位				
序号	项目	资料名称	份数	施工单位		监理单位		
				核查意见	核查人	核查意见	核查人	
1	建筑与结构	图纸会审记录、设计变更通知单、工程洽商记录						
2		工程定位测量、放线记录						
3		原材料出厂合格证书及进场检验、试验报告						
4		施工试验报告及见证检测报告						
5		隐蔽工程验收记录						
6		施工记录						
7		地基、基础、主体结构检验及抽样检测资料						
8		分项、分部工程质量验收记录						
9		工程质量事故调查处理资料						
10		新技术论证、备案及施工记录						
11								

(3)工程安全和主要使用功能核查及抽查　单位(子单位)工程安全和主要使用功能检验资料核查及抽查记录表的格式见表 1-2-8。

表 1-2-8　单位(子单位)工程安全和主要使用功能检验资料核查及抽查记录表

工程名称				施工单位			
序号	项目	安全和功能检查项目	份数	核查意见	抽查结果	检查(抽查)人	
1	建筑与结构	地基承载力检验报告					
2		柱基承载力检验报告					
3		混凝土强度试验报告					
4		砂浆强度试验报告					
5		主体结构尺寸、位置抽查记录					
6		建筑物垂直度、标高、全高测量记录					
7		屋面淋水或蓄水试验记录					
8		地下室渗漏水检测记录					
9		有防水要求的地面蓄水试验记录					
10		抽气(风)道检查记录					
11		外窗气密性、水密性、耐风压检测报告					
12		幕墙气密性、水密性、耐风压检测报告					
13		建筑物沉降观测测量记录					
14		节能、保温测试记录					
15		室内环境检测报告					
16		土壤氡气浓度检测报告					
17							

(4)观感质量验收 单位(子单位)工程观感质量检查记录表的格式见表1-2-9。

表1-2-9 单位(子单位)工程观感质量检查记录表

工程名称				施工单位					
序号	项目		施工单位自评			验收抽查记录	验收质量评价		
			好	一般	差		好	一般	差
1	建筑与结构	主体结构外观							
2		室外墙面							
3		变形缝、雨水管							
4		屋面							
5		室内墙面							
6		室内顶棚							
7		室内地面							
8		楼梯、踏步、护栏							
9		门窗							
10		雨罩、台阶、坡道、散水							
11									

2.5 房屋建筑工程施工质量事故处理后的验收及保修

2.5.1 工程质量事故处理后的验收

施工中出现的工程质量事故,可按下列规定处理。

1)经返工重做或更换器具、设备的检验批,应重新进行验收。

返工重做是指对该检验批的全部或局部推倒重来,或更换设备、器具等的处理。处理或更换后,应重新按程序进行验收。例如,砖砌体施工时,发现砌体的垂直度、平整度超过规范要求,推倒后重新进行砌筑,其砖砌体工程的质量重新按程序进行验收。

重新验收质量时,要对该检验批重新抽样、检查和验收,并重新填写检验批质量验收记录表。

2)经有资质的检测单位检测鉴定,能够达到设计要求的检验批,应予以验收。

该规定一般是指留置的试块失去代表性,或因故缺少试块的情况,以及试块试验报告缺少某项有关内容,也包括对试块或试验结果有怀疑时,经有资质的检测单位对工程进行检测测试。其结果达到设计图纸要求的应予以验收。

3)经有资质的检测单位检测鉴定达不到设计要求,但经原设计单位核算认可能够满足结构安全和使用功能的检验批,可予以验收。

该规定是指某项质量指标达不到设计图纸的要求,如留置的试块失去代表性,或是因故缺少试块以及试块试验报告有缺陷,不能有效证明该项工程的质量情况,或是检测单位对该试验报告有怀疑时，要求对工程实体质量进行检测。经有资质的检测单位检测鉴定达不到设计图纸要求，但经原设计单位进行验算，认为仍可满足结构安全和使用功能，并出具正式的认可证明，有注册结构工程师签字，加盖单位公章的，可予以验收。

4) 经返修或加固处理的分项、分部工程，虽改变外形尺寸但仍能满足安全使用要求的，可按技术处理方案和协商文件进行验收。

该规定是指某项质量指标达不到设计图纸的要求，经有资质的检测单位检测鉴定也未达到设计图纸要求，且设计单位经过验算，的确达不到原设计要求的，经过分析，找出了事故原因，分清了质量责任，同时经过建设单位、施工单位、设计单位、监理单位等协商，同意进行加固补强，协商好加固费用的处理、加固后的验收等事宜。由原设计单位出具加固技术方案，如果改变了建筑构件的外形尺寸，或留下永久性缺陷，包括改变工程的用途在内，按协商文件进行验收，这是有条件的验收，由责任方承担经济损失或赔偿等。

5) 通过返修或加固处理仍不能满足安全使用要求的分部(子分部)工程、单位(子单位)工程，严禁验收。

2.5.2　房屋建筑工程质量保修

(1) 房屋建筑工程质量保修基本内容　房屋建筑工程质量保修是指对房屋建筑工程竣工验收后，在保修期限内出现的质量缺陷予以修复。质量缺陷是指房屋建筑工程的质量不符合工程建设强制性标准以及合同的约定。房屋建筑工程在保修范围和保修期限内出现质量缺陷，施工单位应当履行保修义务。房屋建筑工程保修期从工程竣工验收合格之日起计算。

房屋建筑工程若在保修期限内出现质量缺陷，建设单位或者房屋建筑所有人应当向施工单位发出保修通知。施工单位接到保修通知后，应当到现场核查情况，在保修书约定的时间内予以保修。发生涉及结构安全或者严重影响使用功能的紧急抢修事故，施工单位在接到保修通知后，应当立即到达现场抢修。发生涉及结构安全的质量缺陷，建设单位或者房屋建筑所有人应当立即向当地建设行政主管部门报告，采取安全防范措施，由原设计单位或者具有相应资质等级的设计单位提出保修方案，施工单位实施保修，原工程质量监督机构负责监督。保修完后，由建设单位或者房屋建筑所有人组织验收。涉及结构安全的，应当报当地建设行政主管部门备案。

(2) 房屋建筑工程的最低保修期限　在正常使用情况下，房屋建筑工程的最低保修期限如下。

1) 地基基础和主体结构工程，为设计文件规定的该工程的合理使用年限。

2) 屋面防水工程和有防水要求的卫生间、房间和外墙面的防渗漏，为5年。

3) 供热与供冷系统，为2个采暖期、供冷期。

4) 电气系统、给排水管道、设备安装为2年。

5) 装修工程为2年。

6) 其他项目的保修期限由建设单位和施工单位约定。

下列情况不属于规定的保修范围。

1) 因使用不当或者第三方造成的质量缺陷。

2)因不可抗力造成的质量缺陷。

保修费用由质量缺陷的责任方承担。

在保修期内，因房屋建筑工程质量缺陷造成房屋所有人、使用人或者第三方的人身、财产损害的，房屋所有人、使用人或者第三方可以向建设单位提出赔偿要求。建设单位向造成房屋建筑工程质量缺陷的责任方追偿。因保修不及时造成新的人身、财产损害的，由造成拖延的责任方承担赔偿责任。

复习思考题

1. 建筑工程质量验收划分为哪几个等级？具体内容是什么？
2. 建筑工程施工质量验收包括哪几个层次？各层次有什么不同？
3. 简述建筑工程施工质量验收程序与组织。
4. 参与建筑工程质量检验的主体有哪些？
5. 建筑工程施工质量验收的依据是什么？有何要求？
6. 建筑工程施工质量验收标准由哪些内容组成？各自对哪些内容做出了规定？
7. 对施工员、质量员的工作职责和专业技能有哪些要求？

3 原材料、构配件质量控制的基本知识

【知识目标】

　　了解原材料、构件和配件质量控制的必要性；熟悉原材料、构件和配件质量控制要点和材料质量控制的内容；掌握常用建筑材料的进场验收和常用建筑材料的取样方法。

【能力目标】

　　具有常用建筑材料进场外观质量检查能力和质量证明文件阅读审查的能力；能够独立进行现场取样送检工作；具有阅读审查质量检验报告的能力。

3.1　原材料、构配件质量控制

3.1.1　原材料、构配件质量控制的必要性

　　原材料、成品、半成品是形成建筑物的物质基础。如果使用的材料不合格，轻则影响建筑物的外表及观感、使用功能和使用寿命，重则危及整个结构的安全或使用安全。因此对构成建筑物的原材料、成品、半成品应严格把关，避免不合格材料混入。这是一项艰巨的任务，需要设计单位、施工单位、监理单位、建设单位、各材料供应部门等共同努力完成。施工单位是建筑材料的直接使用者，全体施工人员特别是施工管理人员必须树立质量意识，重视材料质量控制工作。

3.1.2　原材料、构配件质量控制的要点

　　(1)掌握材料信息，合理组织材料供应　掌握材料质量、价格、供货能力的信息，选择好供货厂家，就可获得质量好、价格低的材料资源，从而确保工程质量，降低工程造价。因此，主要材料、设备及构配件在订货前，应向监理工程师申报，经监理工程师论证同意后，方可订货。公司材料部门、项目经理部应合理科学地组织材料的采购、加工、储备、运输，建立严密的计划、调度、管理体系，加快材料的周转，减少材料的占用量，按质、按量、如期地满足建设需要。这是提高供应效益，确保正常施工的关键环节。

　　(2)加强原材料、构配件检查验收，严把质量关

　　1)对用于工程的主要材料，进场时必须具备正式的出厂合格证和材质化验单。如果不具备或对检验证明有怀疑，则应补作检验。

　　2)工程中所有构件，必须具有厂家批号和出厂合格证。钢筋混凝土和预应力钢筋混凝

土构件，应按规定的方法进行抽样检验。由于运输、安装等原因出现的构件质量问题，应对其进行分析研究，经处理鉴定后方能使用。

3) 凡标志不清或被认为质量有问题的材料；质量保证资料不真实或与合同约定不符的一般材料；由工程重要程度决定，应进行一定比例试验的材料；需要进行追踪检验，以控制和保证其质量的材料等，均应进行抽检。对于进口的材料设备和重要工程或关键施工部位所用的材料，则应进行全部检验。

4) 材料质量抽样和检验的方法，应符合建筑材料质量标准与管理规程，要能反映该批材料的质量性能。对于重要构件或非均质的材料，还应酌情增加采样的数量。

5) 对在现场配制的材料，如混凝土、砂浆、防水材料、防腐材料、绝缘材料、保温材料等的配合比，应先提出试配要求，经试配检验合格后才能使用。

6) 对进口材料、设备，应会同商品检验机构进行检验，如核对凭证中出现的问题，取得供方和商品检验人员签署的商务记录，按期提出索赔。

7) 高压电缆、电压绝缘材料要进行耐压试验。

8) 凡是用于重要结构、部位的材料，使用时必须仔细地核对、认证其材料的品种、规格、型号、性能有无错误，是否适合工程特点和满足设计要求。

9) 新材料的应用，必须通过试验和鉴定；代用材料使用前必须通过计算和充分的论证，并要符合结构构造的要求。

10) 材料认证不合格时，不得用于工程中。一些不合格的材料，如过期受潮的水泥是否能够降级使用，也须结合工程的特点予以论证，但绝不允许用于重要的工程或部位。

(3) 材料进场后要妥善保管　材料进场入库后，应根据各类材料的物理化学性能、体积等不同要求，按施工组织设计分类堆放、分类管理，现场材料保管要保证物资安全。要做到"十不"，即不潮、不锈、不霉、不变、不冻、不坏、不腐、不漏、不混、不燃爆等。

3.1.3　材料质量控制的内容

(1) 材料质量标准　材料质量标准是用以衡量材料质量的尺度，不同的材料有不同的质量标准，施工管理人员、材料采购供应人员、材料管理人员、监理人员等应了解常用材料的质量标准。这样有利于审查材料的质量保证资料和试验报告，并作出正确判断。

(2) 材料的检(试)验　材料的检验包括以下几方面的内容。

材料质量检验的目的　材料质量检验的目的，是通过一系列的检测手段，将所取得的材料数据与材料的质量标准相比较，借以判断材料质量的可靠性，判断其能否用于工程中；同时，还有利于掌握材料信息。

材料质量检验的方法　材料质量检验的方法包括 4 个方面。

书面检验　对提供的材料质量保证资料、试验报告等进行审核。

外观检验　从品种、规格、标志、外形尺寸等方面对材料进行直观检查，看其有无质量问题。

理化检验　借助试验设备和仪器对材料样品的化学成分、机械性能等进行科学的鉴定。

无损检验　在不破坏材料样品的前提下，利用超声波、X 射线、表面探伤仪等进行检测。

材料质量检验的程度　材料质量检验分为三种程度。

免检　免去质量检验过程。对有足够质量保证的一般材料，以及实践证明质量长期稳定且资料齐全的材料，可予以免检。

抽检　按随机抽样的方法对材料进行抽样检验。当对材料的性能不清楚，或对质量保证资料有怀疑，或对成批生产的构配件质量有怀疑时，均应按一定比例对其进行抽样检验。

全检验　凡是进口的材料、设备和重要工程部位的材料，以及贵重的材料，应进行全部检验，以确保材料和工程的质量。

材料质量检验的项目　检验项目分为以下两类。

一般项目　通常进行的试验项目。

其他试验项目　根据需要进行的试验项目。

材料质量检验的取样　材料质量检验的取样必须有代表性，即所采取的样品质量应能代表该批材料的质量。当采取试样时，必须按规定的部位、数量及采选的操作要求进行。

3.2　常用建材的试验项目

常用建材的试验项目表见表 1-3-1。

表 1-3-1　常用建材的试验项目表

序号	名称		一般试验项目	其他试验项目
1	水泥		标准稠度、凝结时间、抗压和抗折强度	细度、体积安定性
2	钢材	热轧钢筋、冷拉钢筋、型钢、扁钢和钢板、冷拔低碳素钢丝、碳素钢丝和刻痕钢丝	拉力、冷弯、反复弯曲	冲击、硬度、焊接及力学性能
3	木材		含水率	顺纹抗压、抗拉、抗弯、抗剪等强度
4	砖	普通黏土砖、承重黏土空心砖、硅酸盐砖	抗压、抗折	抗冻
5	黏土及水泥平瓦		抗折荷载、吸水重量	抗冻
6	天然石材		密度、孔隙率、抗压强度	抗冻
7	混凝土用砂石	砂	颗粒级配、实际密度、堆积密度、孔隙率、含水率、含泥量	有机物含量、三氧化硫含量、云母含量
		石		针状和片状颗粒、软弱颗粒
8	混凝土		坍落度或工作度、表观密度、抗压强度	抗折、抗弯强度、抗冻、抗渗、干缩
9	砌筑砂浆		流动度（沉入度）、抗压强度	
10	石油沥青		针入度、延伸度、软化点	
11	沥青防水卷材		不透水性、耐热度、吸水性、抗拉强度	柔度

序号	名称		一般试验项目	其他试验项目
12	沥青胶（沥青玛琋脂）		耐热度、柔韧性、粘结力	
13	保温材料		表观密度、含水率、导热系数	抗折强度、抗压强度
14	耐火材料		表观密度、耐火度、抗压强度	吸水率、重烧线收缩、荷重软化温度
15	水			pH、油、糖含量
16	耐酸材料	耐酸瓷砖	耐酸度、外观质量、规格	
		水玻璃	模数比［二氧化硅含量/氧化钠含量）×1.032］	
		氟硅酸钠	纯度、游离酸含量、含水率、筛余	
		耐酸粉料	耐酸度、细度	
		耐酸骨料	颗粒级配、含水率	
17	塑料		马丁耐热性、低温对折、导热系数、透水性、抗拉强度及相对伸长率	线膨胀系数、静弯曲强度、抗压强度
18	陶粒		堆积密度、颗粒密度、孔隙率、容器强度、吸水率（30min）	
19	水硬性耐热混凝土		耐热度、表观密度、混凝土强度等级	荷重软化点、残余变形、线膨胀系数、耐急冷急热性
20	耐酸混凝土		耐酸或耐碱度、表观密度、3d和28d的抗压强度	
21	焦渣混凝土		坍落度或工作度、表观密度、抗压强度	抗折强度、抗弯强度、抗冻、抗渗、干缩
22	石膏		标准稠度、凝结时间、抗压、抗拉	
23	石灰		产浆量、活氧化钙和活性氧化镁含量	细度、未消化颗粒含量
24	回填土		干密度、含水率、最佳含水率和最大干密度	
25	灰土		含水率、干密度	

3.3　常用建材的取样方法

常用建材的取样表见表1-3-2。

表 1-3-2　常用建材的取样表

材料名称		取样单位	取样数量	取样方法
水泥		同一厂家、同一等级、同一品种、同一批号袋装不超过 200t 为一批，散装不超过 500t	送检水泥取样数量应不少于 12kg	袋装水泥随机选择 20 个以上不同的部位，散装水泥从不少于 3 个车罐不同部位提取水泥样品
砂、卵石、碎石		每 400m² 为一批，不满按一批	做品质鉴定时，砂 30～50kg；进行混凝土配合比试验时，砂 100kg、石 200kg	分别在上、中、下三个部位抽取若干数量拌和均匀，按四分法缩分提取
砖（烧结普通砖、烧结多孔砖、蒸压灰砂砖、煤渣砖、烧结空心砖、粉煤灰砖）		(1)烧结普通砖按 15 万块为一批；(2)烧结多孔砖按 5 万块为一批；(3)蒸压灰砂砖按 10 万块为一批；(4)煤渣砖按 10 万块为一批；(5)烧结空心砖和空心砌块按 3 万块为一批；(6)粉煤灰砖按 10 万块为一批	外观质量 50 块，尺寸偏差 20 块，强度 10 块，泛霜、石灰爆裂、冻融、抗风化性能各 5 块	外观质量检验的试样采用随机抽样法，在每一检验批的产品堆垛中抽出。尺寸偏差检验的样品用随机抽样法从外观质量检验后的样品中抽出。其他检验项目的样品用随机抽样法从外观质量检验后的样品中抽出
石灰		每 60t 为一批，不足一批	不少于 10kg	从石灰堆面的 20～30cm 处去除表层，抽取约 25kg 混合均匀，用四分法提取
石膏		同一生产厂，同一批进场的为一取样单位	不少于 5kg	在每一批上、下两部抽出 10 袋，在每袋中取出 1kg，混合均匀，按四分法提取
沥青		同一批出厂的同一规格牌号的 20t	不少于 1kg	从不同部位的 5 处或总桶数的 5%～10%的桶中取样
防水卷材		500 卷为一批，不足按一批	取 2%但不少于两卷检查外观	从外观检查合格的一卷中距端头 1m 以外处，截取 1.5m 长作材性试验
沥青胶		同一批配料	不少于 1kg	从不同部位的 5 处抽取
塑料	板材	同一颜色，每批不大于 5t	10%	
	薄膜	同一颜色，同一品种，用一批树脂制得者	从每批的 3 包中取样	
	电缆料	同一牌号和颜色，不超过 10t 为一批	从一批的 5%包件（不少于 3 包）、每个包件中取 1kg	
水		用非饮用水拌和水泥、混凝土，须在取水点取样	不少于 1kg	有水的隧道环境，水至多每 50m 取样分析一次，桥涵环境水应在河岸及河心水面以下 0.5～1.0m 处分别取样分析。水样应用干净容器密封，24h 以内送检

材料名称	取样单位	取样数量	取样方法
木材	锯材以 50m² 为一批，圆木以 100m² 为一批	从中均取 3 个含水率试样，强度试样根据设计施工要求确定	木材厚度大于35mm 时，在距端头不少于 0.5m 处取样，小于 35mm 时，在距端头不少于 0.25m 处取样
耐酸瓷砖	3 万块为一组，余者不足 5000 块者不再分组	外观检查每组抽取 50 块，材性试验每项抽两块	
硅酸钠	两桶以下时全部取样，3~10 桶在桶数 1/2 中取样，多于 10 桶时，多余桶数每 4 桶取一组试样	不少于 1kg	用厚壁玻璃管插入桶的 1/2 深度取样，把取自各桶的试样放在一起拌匀，抽取送检，如果分桶使用，应分桶取样
氟硅酸钠	每批重量不超过 15t	从每批的总件数中等差选取 10%，并不得少于两件，取出的样品不少于 2kg	均匀抽取
耐酸粉料	每批不大于 20t	5kg	从 10 处以上部位抽取 20kg，混合拌匀后提取
耐酸骨粉	每批不大于 50m²	砂子取 5kg，石子取 20~30kg	从每批中不少于 5 处的部位各取 20~30kg，用四分法取样
陶粒	每批不大于 200m²		参照混凝土粗骨料取样法
平瓦	以 1 万块为一批，不足 20t 者也为一批	6 块	每捆或每堆一块
钢材(对钢号不明的钢材)	以 20t 为一批，不足 20t 者也为一批	3 根	任意抽取，分别在每根上截取一段进行拉伸、冷弯试验，化学分析试件送两根，截取时再将每根端头弃去 10cm
砌筑砂浆	按每楼层或 250m³ 砌体提取	每种强度的砂浆做一组强度试块	从施工现场抽取试样
普通混凝土	(1)每拌制 100 盘且不超过 100m³ 的同配合比的混凝土，取样不得少于一次； (2)每工作班拌制的同一配合比的混凝土不足 100 盘时，取样不得少于一次； (3)当一次连续浇筑超过 1000m³ 时，同一配合比的混凝土每 200m³ 取样不得少于一次； (4)每一楼层、同一配合比的混凝土，取样不得少于一次	每次取样应至少留置一组标准养护试件，每组不少于 3 个试件；同条件养护试件的留置组数	在浇灌地点从同一罐或同一车(容器)中均匀采取，其数量不少于试块所需量的 1.5 倍

续表

材料名称	取样单位	取样数量	取样方法
耐酸耐碱混凝土	按每一工程取样	有工程即做一组(6块)	从施工地点均匀取样
耐热混凝土		一组(12块)	从施工地点均匀取样
焦渣混凝土	每 50m³ 为一组	一组(6块)	

复习思考题

1. 试述原材料进场检验的原则与要求。

2. 如何进行砌筑材料的抽样及检验?

3. 钢筋原材料的抽样方法及检验要求有哪些?

4. 如何进行钢筋焊接连接和机械连接的抽样及检验?

5. 混凝土原材料的抽样方法及检验要求有哪些?

6. 混凝土的抽样方法及检验要求有哪些?

7. 常用卷材防水材料的抽样方法及检验要求有哪些?

8. 装饰材料的基本要求有哪些?

9. 试述常用保温材料的抽样方法和检验要求。

10. 某住宅楼建筑面积 5200m²,是一栋 12 层"一"字形平面建筑。一层、二层为商店,三层以上为住宅。一层、二层层高 3.6m,三层以上层高 2.8m,总高 35.2m,基础为钢筋混凝土柱下独立基础,上部为现浇钢筋混凝土梁、板、柱的框架结构体系,主体结构采用 C30 混凝土,加气混凝土砌块填充墙。在主体结构施工过程中,工地试验室出现问题,最后在对混凝土试块进行强度检验时发现,四层混凝土部分试块强度达不到设计要求,因此,须进一步对实体强度进行检测,检测结构实际强度能够达到原设计要求。

请回答如下问题。

(1)该质量问题是否需要处理? 为什么?

(2)如果该混凝土强度经测试达不到要求,需要进行处理,可采用什么处理方法? 处理后应满足哪些要求?

(3)根据工程质量事故的性质和严重程度,工程质量事故分成哪两类? 是如何规定的? 如果该质量问题需要处理,所造成的经济损失为 5 万元,则该事故属于哪一类事故?

单元 2

地基与基础工程质量控制与检验

本 单元主要介绍土方开挖、土方回填工程的质量控制与检验；灰土、砂及砂石、水泥土搅拌桩地基和水泥粉煤灰碎石桩复合地基的质量控制与检验；钢筋混凝土预制桩、钢筋混凝土灌注桩、防水混凝土工程、卷材防水工程与涂料防水工程的质量控制与检验。

4 土方工程质量检验

【知识目标】

理解土方工程施工特点；熟悉土方工程施工过程的质量控制；掌握土方（子分部）分项工程质量验收标准和验收方法。

【能力目标】

能够规范填写检验批检查验收记录；能够依据设计要求和施工质量检验标准，对土方工程的施工前期准备、定位放线、土方开挖、土方回填的材料和施工质量进行质量检查、控制及验收等。

4.1 土方开挖工程质量控制与检验

4.1.1 土方开挖工程的施工质量控制

（1）土方工程施工前的准备工作 土方工程施工前的准备工作是一项非常重要的基础性工作，准备工作充分与否，对土方工程施工能否顺利进行起着决定性作用。土方工程施工前的准备工作概括起来主要有以下几个方面的内容。

工程定位与放线的控制与检查 建设单位应当以文件形式向施工单位提交城市坐标基准点（平面基准点和高程基准点）；施工单位应根据建设单位提供的坐标基准点或建筑物的相对位置，将基准点引测到施工现场，按照建筑施工测量有关规范和标准的要求设置基准点桩及水准点桩，并采取相应的保护措施，以防基准点桩及水准点桩在施工活动中遭到损坏。平面和高程控制网建立并自检合格后向监理工程师报验，经验收合格后才能投入使用，同时还要定期进行复检和检验。

施工现场及其周围环境因素的调查 施工前，应对施工区域内的工程地质、地下水位、地上及地下各种管线、文物、建（构）筑物以及周边取（弃）土等情况进行调查。

编制土方开挖方案 土方工程开挖前，应根据建设工程的特点和要求结合建筑施工企业的具体情况，制定切实可行的土方施工方案，基坑（槽）开挖深度超过 5m（含 5m）时，还应单独制定土方开挖安全专项施工方案（凡深度超过 5m 的基坑或深度未超过 5m，但地质情况和周围环境较复杂的基坑，开挖前须经过专家论证后方可施工）。

土方施工放线 土方开挖施工时，应按建筑施工图和测量控制网进行测量放线，开挖前应按设计平面图，认真检查建筑物或构筑物的定位桩或轴线控制桩；按基础平面图和放坡宽度，对基坑的灰线进行轴线和几何尺寸的复核，并认真核查工程的朝向、方位是否符合图纸内容；办理工程定位测量记录、基槽验线记录。

地面排水和地下水位 在挖方前，应做好地面排水和降低地下水位的工作。平整场地的表面坡度应符合设计要求，当设计无要求时，应向排水沟方向做成不小于2‰的坡度。

(2)土方开挖过程中质量控制 土方开挖过程中的质量控制应注意以下几方面。

书面保障 土方工程开始前，应逐级进行书面的安全与技术交底，并按规定履行签字手续。

十六字原则 土方开挖时应遵循"开槽支撑，先撑后挖，分层开挖，严禁超挖"的原则，检查开挖的顺序，平面位置、水平标高和边坡坡度。

防止建筑物下沉、位移 土方开挖时，要注意保护标准定位桩、轴线桩、标准高程桩。要防止邻近建筑物的下沉，应预先采取防护措施，并在施工过程中进行沉降和位移观测。

机械开挖 机械开挖时，要配合一定程度的人工清土，将机械挖不到的地方的弃土运到机械作业的半径内，由机械运走。机械开挖到接近槽底时，用水准仪控制标高，预留20～30cm土层进行人工开挖，以防止超挖。

测量和校核 开挖过程中，应经常测量和校核土方的平面位置、水平标高、边坡坡度，并随时观测周围的环境变化，对地面排水和降低地下水位的工作情况进行检查和监控。

雨期、冬期施工的注意事项 雨期施工时，要加强对边坡的保护。可适当放缓边坡或设置支护，同时在坑外侧围挡土堤或开挖水沟，防止地面水流入。冬期施工时，要防止地基受冻。

挖到设计深度后的工作 按测量人员在土壁上给定的标高控制桩引测下来，拉通线进行清底整平。

基坑(槽)挖深 要注意减少对基土的扰动。若基础不能及时施工，则可预留200～300mm土层不挖，待作基础时再挖。

4.1.2 土方开挖工程施工质量检验

(1)验槽 基坑(槽)开挖完成并钎探后，应组织有关单位进行验槽。验槽时应注意以下几个方面。

表面检查验收 观察土的分布、走向情况是否符合勘探报告和设计；是否挖到原(老)土，槽底土颜色是否均匀一致，并结合地基钎探情况进行分析，如有异常应会同设计单位等进行处理。

基坑(槽)的验收 主要检查基坑(槽)位置、基坑(槽)尺寸(特别是基地尺寸)、地基标高、地基平整度、地基土质、基土是否受扰动、地下水位情况、探孔深度以及边坡(支护)稳定性等。

检查钎探记录 钎探孔应进行编号，钎探深度应达到设计要求，统一表格内应分别注明每300mm的锤击数和总锤击数，并应绘制钎探平面图。验槽时，应检查过硬(300mm锤击数或总锤击数明显偏多)或过软(300mm锤击数或总锤击数明显偏少)钎探孔的位置，钎探孔深度及钎探孔有无遗漏。最后垫层施工前还应检查钎探孔灌砂密实程度等。

填写记录 验槽完成后应填写地基验槽检查记录、地基处理记录、地基验收记录等。

(2)土方开挖工程质量检验标准与检验方法 土方开挖工程质量检验标准、检验方法和检验数量见表2-4-1。

表 2-4-1　土方开挖工程质量检验标准、检验方法和检验数量表

项目	序号	检验项目	允许偏差或允许值/mm					检验方法	检验数量
			柱基、基坑、基槽	挖方场地平整		管沟	地（路）面基层		
				人工	机械				
主控项目	1	标高	0 −50	±30	±50	0 −50	0 −50	水准测量	标高检查点为每 100m² 取 1 点，且不应少于 10 点
	2	长度、宽度（由设计中心线向两边量）	+200 −50	+300 −100	+500 −150	+100 0	设计值	平面几何尺寸（长度、宽度等）用全站仪或用钢尺测量	全数检查
	3	坡率	设计值					目测法或用坡度尺测量	每 20m 取 1 点，且每边不应少于 1 点
一般项目	1	表面平整度	±20	±20	±50	±20	±20	用 2m 靠尺和楔形塞尺检查	每 100m² 取 1 点，且不应少于 10 点
	2	基底土性	设计要求					目测法或土样分析	全数检查

注：地（路）面基层的偏差只适用于直接在挖、填方上做地（路）面的基层。

所列数值适用于附近无重要建（构）筑物或重要公共设施，且暴露时间不长的条件。

土方开挖应保证平面几何尺寸（长度、宽度等）达到设计要求，土方开挖平面边界尺寸受支护结构控制时，如排桩、板桩、咬合桩、地下连续墙、SMW 工法等支护的基坑土方开挖，不受本条件限制，支护结构的施工质量与允许偏差应符合设计文件和相关专业标准要求。

4.1.3　土方开挖工程常见的质量问题

(1)超挖　在挖土过程中，标高控制措施不力，挖土深度超过设计深度，原状土被扰动。

(2)边坡失稳　边坡坡度与土质、土中含水量等不协调，弃土距基坑过近或弃土堆积过多或垂直向下切坡脚以及掏挖等使边坡塌方，见图 2-4-1。

(3)支护结构失稳、倾覆　支护结构实际受力值小于支护受力的设计值，支护结构失效，见图 2-4-2。

图 2-4-1　边坡失稳

图 2-4-2　支护结构失稳

(4)管涌 基坑内的土壤颗粒被渗流带走的现象，见图2-4-3。

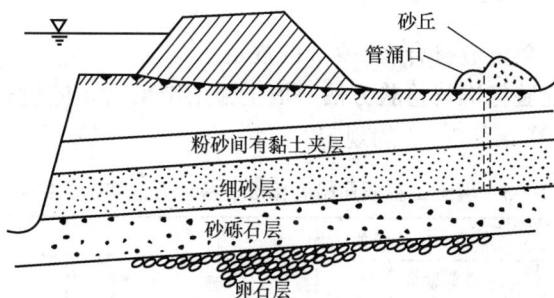

图2-4-3 管涌现象

4.2 土方回填工程质量控制与检验

4.2.1 土方回填工程质量控制

(1)原材料质量控制 原材料质量控制包括以下两方面。

土料 填方土料应符合设计要求，土料宜采用就地挖出的黏性土及塑性指数大于4的粉土；土内不得含有松软杂质和冻土，不得使用梗植土；土料使用前应过筛，其颗粒不应大于15mm。回填土含水率应符合压实要求，含水率过大，应采取翻松、晾晒、风干、换土、掺入干土等措施；含水率过小，应洒水湿润。

碎石类土、砂土和爆破石渣 可用于表层以下的填料，其最大颗粒不大于50mm。

(2)施工过程质量控制 施工过程质量控制应注意以下几方面。

杂物、积水、淤泥的处理 土方回填前应清除基底的垃圾、树根等杂物，基地有积水、淤泥时应将其抽除。例如，在松土上填方，应在基底压(夯)实后进行。

填土前应检验土料含水率 土料含水率一般以"手握成团、落地开花"为宜。

填筑及压实 土方回填过程中，填筑厚度及压实遍数应根据土质、压实系数及所用机具确定。如果无试验依据，则应符合表2-4-2的规定。

表2-4-2 填土施工时的分层厚度及压实遍数

压实机具	分层厚度/mm	每层压实遍数
平碾	250～300	6～8
振动压实机	250～350	3～4
柴油打夯机	200～250	3～4
人工打夯	小于200	3～4

基坑(槽)回填 应在相对两侧或四周同时进行回填和夯实。

回填管沟 应通过人工作业方式先将管道周围的填土回填夯实，并应从管道两边同时进行，直到管顶0.5m以上。此时，在不损坏管道的前提下，方可用机械填土回填夯实。管道下方若夯填不实，易造成管道受力不匀而使其折断、渗漏。

冬期和雨期施工 要制定相应的专项施工方案，防止基坑灌水、塌方及基土受冻。

4.2.2　土方回填工程质量检验

(1)检验数量　检验数量应符合表 2-4-3 的规定。

(2)填土工程质量检验标准与检验方法　填土施工结束后，应检查标高、边坡坡度、压实程度等，检验标准应符合表 2-4-3 的规定。

表 2-4-3　填土工程质量检验标准、检验方法和检验数量表

项目	序号	检验项目	允许偏差或允许值/mm					检验方法	检验数量
			柱基、基坑、基槽	场地平整填方		管沟	地(路)面基础层		
				人工	机械				
主控项目	1	标高	0 −50	±30	±50	0 −50	0 −50	水准测量	同土方开挖工程
	2	分层压实系数	不小于设计值					环刀法、灌水法、灌砂法	采用环刀法取样时，基坑和室内回填，每层按 100～500m² 取样 1 组，且每层不少于 1 组；柱基回填，每层抽样数量为柱基总数的 10%，且不少于 5 组；基槽或管沟回填，每层按长度 20～50m 取样 1 组，且每层不少于 1 组；室外回填，每层按 400～900m² 取样 1 组，且每层不少于 1 组，取样部位应在每层压实后的下半部。采用灌砂或灌水法取样时，取样数量可较环刀法适当减少，但每层不少于 1 组
一般项目	1	回填土料	设计要求					取样检查或直接鉴别	全数检查
	2	分层厚度	设计值					水准测量及抽样检查	全数检查
	3	含水量	最优含水量±2%	最优含水量±4%		最优含水量±2%		烘干法	取样的频率宜为 5000m³ 取 1 次，或土质发生变化时取样
	4	表面平整度	±20	±20	±30	±20		用 2m 靠尺	表面平整度检查点为每 100m² 取 1 点，且不应少于 10 点
	5	有机质含量	≤5%					灼烧减量法	全数检查
	6	辗迹重叠长度	500～1000					用钢尺量	全数检查

4.2.3　土方回填工程常见的质量问题

(1)压实系数或干密度不符合要求　土方分层回填时，上层土回填后发现下层压实系数或干密度不符合要求。

(2)冬期回填的土第二年出现下沉　冬期施工时回填了较大且比较集中的冻土块，融化后导致回填土下沉，见图2-4-4。

(3)出现橡皮土　橡皮土指的是土的含水量达到或接近液限含水量，而且土体受扰动，产生浅层剪切破坏挤出现象。

图 2-4-4　回填土下沉

复习思考题

1. 土方工程施工前应进行哪些方面的检查？

2. 土方回填工程质量检验标准与检验方法的主要内容是什么？

3. 试述土方回填的质量控制要点。

4. 试述回填土取样的方法与步骤。

5. 试述验槽的主要内容。施工中应采取哪些措施确保这些验收内容合格？验槽通常有哪些单位参加？

6. 编写土方开挖工程和土方回填工程的施工技术方案。（提示：①施工准备；②质量要求；③施工工艺；④安全要求；⑤施工计划；⑥验收要求；⑦应急措施等。）

5 地基及基础处理工程质量控制与检验

【知识目标】

理解地基及基础处理工程施工特点和常见地基及基础处理工程施工阶段的材料要求；熟悉地基及基础处理工程施工过程的质量控制和地基及基础处理工程质量验收的内容；掌握常见地基及基础处理工程质量验收标准和验收的要求与方法。规范填写检验批检查验收记录。

【能力目标】

能够对灰土、砂石等不同地基类型的材料和施工过程质量进行控制；具有参与编制专项施工方案的能力；能够根据不同的工程特点，独立地进行施工技术和安全技术交底；具有进行地基及基础处理工程检验的能力，能够规范填写相应的检查验收记录。

5.1 灰土、砂及砂石地基质量控制与检验

5.1.1 灰土、砂及砂石地基施工质量控制

(1)原材料质量控制 不同原材料，其质量控制要求也不同。

土料 优先采用就地挖出的黏土及塑性指数大于 4 的粉土。土内不得含有块状黏土、松软杂质等；土料应过筛，其颗粒不应大于 15mm，含水量应控制在最优含水量的±2%范围内。严禁采用冻土、膨胀土和盐渍土等活动性较强的土料及地表耕植土。

石灰 应用Ⅲ级以上新鲜的块灰，氧化钙、氧化镁含量越高越好，使用前 1～2d 消解并过筛，其颗粒不得大于 5mm，且不应夹有未熟化的生石灰块及其他杂质，也不得含有过多水分。达到松散而滑腻(粉粒细，不应呈膏状)的要求。质量符合《建筑生石灰》(JC/T 479—2013)的规定。

采用生石灰粉代替熟化石灰时，在使用前，应按体积比例，预先与黏土拌和洒水堆放 8h 后方可铺设。生石灰粉进场时应有生产厂家的产品质量证明书。

灰土 石灰、土过筛后，应按设计要求严格控制配合比。灰土拌和应均匀一致，至少应翻 2～3 次，达到颜色一致。

碎石 宜选用自然级配的砂砾石(或碎石、卵石)混合物，粒径不应大于 50mm，砂砾石含量应在 50%以内，不含植物残体、垃圾等杂质。砂砾石的含泥量应小于 5%。

砂 宜选用颗粒级配良好、质地坚硬的中砂、粗砂、砾砂或石屑，粒径小于 2mm 的部分不应超过总重的 45%，当使用粉细砂或石粉(粒径小于 0.075mm 的部分不超过总重的 9%)时，应掺入占总重 25%～35%的碎石或卵石。砂的含泥量应小于 5%，兼作排水垫层

时，含泥量不超过 3%；石屑应经筛分分类，含粉量不得大于 10%，含泥量应小于 5%。

(2)施工过程质量控制

1)灰土及砂石地基施工前，应按规定对原材料进行进场取样检验，土料、石灰、砂、石等原材料质量、配合比应符合设计要求。

2)冬期施工时，砂石材料中不得夹有冰块，并应采取措施防止砂石内水分冻结。

3)施工前应检查灰土以及砂、石拌和均匀程度。

4)铺设前应先验槽，将基底表面浮土、淤泥、杂物等清理干净，地基槽底如果有孔洞、沟、井、墓穴等，应先填实，确认基底无积水。槽应有一定坡度，防止振捣时塌方。

5)灰土配合比应符合设计规定，一般采用石灰与土的体积比 3∶7 或 2∶8。

6)灰土或砂石各层摊铺后用木耙子或拉线找平，并按对应标高控制桩进行厚度检查。

7)施工过程中应严格控制分层铺设的厚度，并检查分段施工时，上下两层的搭接长度、夯压遍数、压实参数。灰土分层厚度见表 2-5-1。

表 2-5-1　灰土分层厚度

序号	夯实机具	质量/t	厚度/mm	备注
1	石夯、木夯	0.04～0.08	200～250	人力送夯、落距 400～500mm，每夯搭接半夯
2	轻型夯实机械	—	200～250	蛙式或柴油打夯
3	压路机	6～10	200～300	双轮

砂和砂石地基每层铺筑厚度、最优含水量及施工说明见表 2-5-2。

表 2-5-2　砂和砂石地基每层铺筑厚度、最优含水量及施工说明

序号	压实方法	每层铺筑厚度/mm	施工时的最优含水量/%	施工说明	备注
1	平振法	200～250	15～20	用平板式振捣器往复振捣	不宜使用干、细砂或含泥量较大的砂所铺筑的砂地基
2	插振法	振捣器插入深度	饱和	(1)用插入式振捣器； (2)插入点间距可根据机械振幅大小决定； (3)不应插至下卧黏性土层； (4)插入振捣完毕后，所留的孔洞应用砂填实	不宜使用细砂或含泥量较大的砂所铺筑的砂地基
3	水撼法	250	饱和	(1)注水高度应超过每次铺筑的面层； (2)用钢叉摇撼捣实，插入点间距为 100mm； (3)钢叉分四齿，齿间距 80mm，长 300mm，木柄长 90mm	

续表

序号	压实方法	每层铺筑厚度/mm	施工时的最优含水量/%	施工说明	备注
4	夯实法	150～200	饱和	(1)用木夯或机械夯； (2)木夯重40kg，落距400～500mm； (3)一夯压半夯全面夯实	
5	碾压法	250～350	8～12	6～12t压路机往复碾压	适用于大面积施工的砂和砂石地基

注：在地下水位以下的地基，其最下层的铺筑厚度可比表中的增加50mm。

8)灰土地基分段施工时，不得在墙角、柱基及承重墙下接缝，上下两层的接缝间距不得小于500mm，接缝处应夯密压实，并做成直槎。当地基高度不同时，应做成阶梯形，每阶宽不少于500mm。

9)砂石地基分段施工时，接缝处应做成阶梯形，梯边留斜坡，上下两层的接缝间距不得小于500mm，接缝处应夯密压实。

10)灰土基层有高低差时，台阶上下层间压槎宽度应不小于灰土地基厚度。

11)灰土最优含水量可通过击实试验确定，一般为14%～18%，以"手握成团、落地开花"为好。

12)用蛙式打夯机夯打灰土时，要求是后行压前行的半行，循序渐进。用压路机碾压灰土，应使后遍轮压前遍轮印的半轮，循序渐进。

13)灰土回填每层夯(压)实后，应根据规范进行环刀取样，测出灰土的质量密度，达到设计要求时，才能进行第二层灰土的铺摊。

14)每铺好一层垫层，经检验合格后方可进行第二层施工。

15)垫层铺设完毕，应立即进行下道工序的施工，严禁人员及车辆在砂石层面上行走，必要时应在垫层上铺板行走。

5.1.2　灰土及砂石地基质量检验

(1)检验数量　检验数量应符合相关要求，见表2-5-3和表2-5-4。

(2)检验标准与方法　灰土地基质量检验标准与检验方法见表2-5-3，砂和砂石地基质量检验标准与检验方法见表2-5-4。

表2-5-3　灰土地基质量检验标准、检验方法和检验数量表

项目	序号	检验项目	允许偏差或允许值	检验方法	检验数量
主控项目	1	地基承载力	不小于设计值	静载试验	地基承载力的检验数量每300m² 不应少于1点，超过3000m² 部分每500m² 不应少于1点。每单位工程不应少于3点
	2	配合比	设计值	检查拌和时的体积比	每工作班至少检查两次

项目	序号	检验项目	允许偏差或允许值	检验方法	检验数量
主控项目	3	压实系数	不小于设计值	环刀法	采用环刀法检验换土垫层的施工质量时，取样点位于每层厚度的2/3深度处。检验点数量，对大基坑每50～100m²不应少于1个检验点；对基槽每10～20m不应少于1个检验点；每个独立柱基不应少于1个检验点，采用贯入仪或动力触探检验灰土垫层的施工质量时，每分层检验点间距应小于4m
一般项目	1	石灰粒径	≤5mm	筛析法	基坑每50～100m²取1个检验点，基槽每10～20m取1个检验点，均不少于5个检验点；每个独立柱基不少于1个检验点
	2	土料有机质含量	≤5%	灼烧减量法	
	3	土颗粒粒径	≤15mm	筛析法	
	4	含水量	最优含水量±2%	烘干法	
	5	分层厚度	±50mm	水准测量	

表 2-5-4　砂和砂石地基质量检验标准、检验方法和检验数量表

项目	序号	检验项目	允许偏差或允许值	检验方法	检验数量
主控项目	1	地基承载力	不小于设计值	静载试验	每300m²不应少于1点，超过3000m²部分每500m²不应少于1点。每单位工程不应少于3点
	2	配合比	设计值	检查拌和时的体积比或重量比	每工作班至少检查两次
	3	压实系数	不小于设计值	灌砂法、灌水法	采用环刀法检验换土垫层的施工质量时，取样点位于每层厚度的2/3深度处。检验点数量，对大基坑每50～100m²不应少于1个检验点；对基槽每10～20m不应少于1个检验点；每个独立柱基不应少于1个检验点，采用贯入仪或动力触探检验灰土垫层的施工质量时，每分层检验点间距应小于4m
一般项目	1	砂石料有机质含量	≤5%	灼烧减量法	基坑每50～100m²取1个检验点，基槽每10～20m取1个检验点，均不少于5个检验点；每个独立柱基不少于1个检验点
	2	砂石料含泥量	≤5%	水洗法	
	3	砂石料粒径	≤50mm	筛析法	
	4	分层厚度	±50mm	水准测量	

5.1.3 灰土及砂石地基常见的质量问题

(1)砂窝 由于砂石级配不良或拌和不匀造成的砂或石局部堆积现象。

(2)密实度不符合要求 分层铺筑过厚，碾压遍数不够，含水量控制不当等造成的压实效果不符合设计要求的现象。

(3)局部下沉 由于砂石地基边缘和转角处夯打不实、砂石中含有冻块、留接槎处没按规定搭接和夯实造成的局部沉陷。

(4)留、接槎不符合规定 当灰土、砂和砂石地基基础分层分段施工时，接槎的形状、位置、尺寸及接槎方法不符合要求。

(5)垫层、基础拱裂 由于没有认真过筛，颗粒过大的生石灰块熟化不良，造成颗粒遇水熟化、体积膨胀将上层垫层或基础拱裂。

(6)灰土地基软硬不一致 土料和熟石灰没有认真过标准斗，灰土配合比不准确或将石灰粉撒在土的表面，拌和也不均匀，造成灰土地基软硬不一。

(7)灰土水泡、冻胀 冬、雨期施工时，没有制定好或没有认真落实冬、雨期施工方案，造成灰土被水泡或受冻。

5.2 水泥土搅拌桩地基质量控制与检验

水泥土搅拌桩地基是利用水泥作为固体剂，通过搅拌机械将其与地基土强制搅拌，硬化后与桩间土和褥垫层构成的复合地基，桩是主要的施工和检验对象。

5.2.1 水泥土搅拌桩地基质量控制

(1)原材料质量控制 水泥土搅拌桩地基的原材料质量控制包括水泥和外掺剂检验。

水泥 宜采用32.5级的普通硅酸盐水泥。水泥进场时，应检查产品标签、生产厂家、产品批号、生产日期等，并按批量、批号取样送检。出厂日期不得超过3个月。

外掺剂 所采用外掺剂须具备合格证与质保单，满足设计的各项参数要求。

(2)施工过程质量控制

1)施工前应检查水泥及外掺剂的质量、桩位，搅拌机的工作性能及各种计量设备的完好程度(主要是水泥浆流量计及其他计量装置)。

2)施工现场事先应予以平整，必须清除地上、地下一切障碍物。

3)复核测量放线结果。

4)水泥土搅拌桩工程施工前必须先施打试桩，根据试桩确定施工工艺。

5)作为承重的水泥土搅拌桩施工时，设计停灰(浆)面应高出基础设计地面标高300～500mm(基础埋深大取小值，反之取大值)。在开挖基坑时，施工质量较差段应用手工挖除，防止发生桩顶与挖土机械碰撞出现断桩现象。

6)水泥土搅拌桩对水泥压力量要求较高，必须在施工机械上配置流量控制仪表，以保证水泥用量。

7)施工过程中必须随时检查施工记录和计量记录(拌浆、输浆、搅拌等应有专人记录，桩深记录误差不大于100mm，时间记录不大于5s)，并对照规定的施工工艺对每根桩进行质量评定。检查重点是搅拌机头转数和提升速度、水泥或水泥浆用量、搅拌桩长度和标高、复搅转数和复搅深度、停浆处理方法等(水泥土搅拌桩施工过程中,为确保搅拌充分,桩体质量均匀,搅拌机头提速不宜过快,否则会使搅拌桩体局部水泥量不足或水泥不能均匀地拌和在土中,导致桩体强度不一,因此机头的提升速度是有规定的)。

8)应随时检测搅拌刀头片的直径是否磨损,磨损严重时应及时加焊,防止桩径偏小。

9)施工时因故停浆,应将搅拌头下沉至停浆点500mm以下。

10)施工结束后,应检查桩体强度、桩体直径及地基承载力。进行强度检验时,对承重水泥土搅拌桩应取90d后的试样;对支护水泥土搅拌桩应取28d后的试样。

11)强度检验取90d的试样是根据水泥土特性而定的,根据工程需要,如作为围护结构用的水泥搅拌桩受施工的影响因素较多,故检查数量略多于一般桩基。

12)施工中固化剂应严格按预定的配合比拌制,并应有防离析措施。起吊应保证起吊设备的平整度和导向架的垂直度。成桩要控制搅拌机的提升速度和次数,使其连续均匀,以控制注浆量,保证搅拌均匀,同时泵送必须连续。

13)搅拌机预搅下沉时,不宜冲水;当遇到较硬土层下沉太慢时,可适量冲水,但应考虑冲水成桩对桩身强度的影响。

5.2.2 水泥土搅拌桩地基质量检验

(1)检验数量 检验数量应符合规定,见表2-5-5。

(2)检验标准与方法 水泥土搅拌桩地基为复合地基,桩是主要施工对象,首先应检验桩的质量,检查方法可按《建筑基桩检测技术规范》(JGJ 106—2014)的规定执行。

水泥土搅拌桩地基质量检验标准与检验方法应符合规定,见表2-5-5。

桩体强度的检查方法,各地有其他成熟的方法。例如,用轻便触探器检查均匀程度、用对比法判断桩身强度等,可参照《建筑地基处理技术规范》(JGJ 79—2012)。

表2-5-5 水泥土搅拌桩地基质量检验标准、检验方法和检验数量表

项目	序号	检验项目	允许偏差或允许值	检验方法	检验数量
主控项目	1	复合地基承载力	不小于设计值	静载试验	复合地基承载力检验数量不应少于总桩数的0.5%,且不应少于3点。有单桩承载力或桩身强度检验要求时,检验数量不应少于总桩数的0.5%,且不应少于3根
	2	单桩承载力	不小于设计值	静载试验	
	3	水泥用量	不小于设计值	查看流量表	可按检验批抽样。复合地基中增强体的检验数量不应少于总数的20%
	4	搅拌叶回转直径	±20mm	用钢尺量	
	5	桩长	不小于设计值	测钻杆长度	
	6	桩身强度	不小于设计值	28d试块强度或钻芯法	

项目	序号	检验项目	允许偏差或允许值	检验方法	检验数量
一般项目	1	水胶比	设计值	实际用水量与水泥等胶凝材料的重量比	可按检验批抽样。复合地基中增强体的检验数量不应少于总数的20%
	2	提升速度	≤5%	测机头上升距离及时间	
	3	下沉速度	≤50mm	测机头下沉距离及时间	
	4	桩位	条基边桩沿轴线≤1/4D	全站仪或用钢尺量	
			垂直轴线≤1/6D		
			其他情况≤2/5D		
	5	桩顶标高	±200mm	水准测量，最上部500mm浮浆层及劣质桩体不计入	
	6	导向架垂直度	≤1/150	经纬仪测量	
	7	褥垫层夯填度	≤0.9	水准测量	

注：D为设计桩径(单位：mm)。

5.2.3　水泥土搅拌桩常见的质量问题

(1)桩位偏差大　桩体位置偏离设置位置，超过规范要求。

(2)桩径偏差大　桩体直径偏差(一般出现负偏差)超过规范要求。

(3)桩体局部水泥量不足或偏多　水泥与土搅拌不均匀而出现水泥在桩体中分布不匀的现象。

(4)桩头质量差　桩头水泥土中水泥含量少、强度低或水泥与土搅拌不均匀。

(5)桩体强度低　承重水泥土搅拌桩90d后的试样试验表明桩体强度低于设计要求。

5.3　水泥粉煤灰碎石桩复合地基质量控制与检验

5.3.1　水泥粉煤灰碎石桩复合地基质量控制

水泥粉煤灰碎石(cement fly-ash grave，CFG)桩是用长螺旋钻机钻孔或沉管桩机成孔后，将水泥、粉煤灰及碎石混合搅拌后，经泵压或经下料斗投入孔内，构成密实的桩体。水泥粉煤灰碎石桩、桩间土、褥垫层构成的是一种复合地基。

(1)原材料质量控制　水泥粉煤灰碎石桩复合地基的原材料质量控制包括以下四个方面。

水泥　应选用32.5级及以上普通硅酸盐水泥，材料进场时，应检查产品标签、生产厂家、产品批号、生产日期、有效期限等，并取样送检，检验合格后方能使用。

粉煤灰　若用振动沉管灌注成桩和长螺旋钻孔灌注成桩施工，则桩体配比中采用的粉煤灰可选用电场收集的粗灰；当用长螺旋钻孔管内泵压混合料灌注成桩时，为增加混合料的和易性和可泵性，宜选用细度不大于 45% 的 Ⅲ 级或 Ⅲ 级以上等级的粉煤灰(0.045mm 方孔筛筛余百分比)。

砂或石屑　中、粗砂粒径 0.5~1mm 为宜，石屑粒径 2.5~10mm 为宜，含泥量不大于 5%。

碎石　质地坚硬，粒径不大于 20~50mm，含泥量不大于 5%，且不得含泥块。

(2)施工过程质量控制

1)施工前应对水泥、粉煤灰、砂及碎石等原材料进行检验。

2)桩机就位必须平整、稳固。待桩机就位后，调整沉管与地面垂直，确保垂直度偏差不大于 1.5%。

3)水泥、粉煤灰、砂及碎石等原材料应符合设计要求，施工时按实验室提供的配合比配置混合料(采用商品混凝土时，应有符合设计要求的商品混凝土出厂合格证)。施工时要严格控制混合料或商品混凝土的坍落度，长螺旋钻孔，管内压混合料成桩施工的混合料坍落度宜为 160~200mm，振动沉管桩所需的混合料坍落度宜为 30~50mm。

4)施工前应进行成桩工艺和成桩质量试验。确定工艺参数，包括水泥粉煤灰碎石混合物的填充量、钻杆提管速度、电动机工作电流等。

5)在施工过程中必须随时检查施工记录和计量记录，并对照规定的施工工艺对每根桩进行质量评定。检查重点是桩身混合物的配合比、坍落度和提拔钻杆速度(或提拔套管速度)、成孔深度、混合物灌入量等。

6)提拔钻杆(或套管)的速度必须与泵入混合物的速度相配，遇到饱和砂土和饱和粉土不得停机待料，否则容易产生缩颈、断桩或爆管现象(长螺旋钻孔，管内压混合物成桩施工时，当混凝土泵停止泵灰后，应降低拔管速度)，而且不同土层中提拔的速度不一样，砂性土、砂质黏土、黏土中提拔的速度为 1.2~1.5m/min；在淤泥质土中应当放慢。桩顶标高应高出设计标高 0.5m。由沉管方法成孔后，应注意新施工桩对已成桩的影响，避免挤桩。

7)长螺旋钻孔，管内压混合物成桩施工时，桩顶标高应低于钻机工作面标高，以避免在机械清理停机面的余土时碰撞桩头造成断桩。

8)成桩过程中，应按规定留置试块。

9)施工结束后，应对桩顶标高、桩位、桩体质量、地基承载力以及褥垫层的质量做检查。复合地基检验应在桩体强度符合试验荷载条件时进行，一般宜在施工结束后 2~4 周后进行。

5.3.2　水泥粉煤灰碎石桩复合地基质量检验

(1)检验数量　检验数量应符合规定，见表 2-5-6。

(2)检验标准与方法　水泥粉煤灰碎石桩地基为复合地基，桩是主要施工对象，首先应检验桩的质量，检查方法可按《建筑基桩检测技术规范》(JGJ 106—2014)的规定执行。水泥粉煤灰碎石桩地基质量检验标准与检验方法见表 2-5-6。

表 2-5-6　水泥粉煤灰碎石桩地基质量检验标准、检验方法和检验数量表

项目	序号	检验项目	允许偏差或允许值	检验方法	检验数量
主控项目	1	复合地基承载力	不小于设计值	静载试验	复合地基承载力检验数量不应少于总桩数的0.5%，且不应少于3点。有单桩承载力或桩身强度检验要求时，检验数量不应少于总桩数的0.5%，且不应少于3根
	2	单桩承载力	不小于设计值	静载试验	
	3	桩长	不小于设计值	测桩管长度或用测绳测孔深	可按检验批抽样。复合地基中增强体的检验数量不应少于总数的20%
	4	桩径	+500mm	用钢尺量	
	5	桩身完整性	—	低应变检测	
	6	桩身强度	不小于设计要求	28d试块强度	
一般项目	1	桩位	条基边桩沿轴线≤1/4D 垂直轴线≤1/6D 其他情况≤2/5D	全站仪或用钢尺量	可按检验批抽样。复合地基中增强体的检验数量不应少于总数的20%
	2	桩顶标高	±200mm	水准测量，最上部500mm劣质桩体不计入	
	3	桩垂直度	≤1/100	经纬仪测桩管	
	4	混合料坍落度	160～220mm	坍落度仪	
	5	混合料充盈系数	≥1.0	实际灌注量与理论灌注量的比	
	6	褥垫层夯填度	≤0.9	水准测量	

注：D 为设计桩径（单位：mm）。

5.3.3　水泥粉煤灰碎石桩工程常见的质量问题

(1)桩位偏差不符合要求　桩体位置偏离设置位置，超过规范要求。

(2)桩径偏差不符合要求　桩体直径偏差(一般出现负偏差)超过规范要求。

(3)桩身完整性差　用低应变法判断桩身完整性时出现Ⅲ类或Ⅳ类桩。

(4)桩身强度低　28d试块强度试验报告表明，桩身强度低于设计要求。

(5)桩头质量差　桩头强度明显低于桩身强度。

复习思考题

1. 灰土、砂和砂石地基竣工后的地基强度或承载力检验数量是如何确定的？

2. 灰土、砂和砂石地基施工时的压实系数如何检查、控制？

3. 试述灰土、砂和砂石地基的施工质量控制要点。

4. 试述水泥搅拌土桩地基质量控制要点。

5. 水泥粉煤灰碎石桩复合地基施工过程质量控制的要点有哪些?

6. 水泥粉煤灰碎石桩复合地基施工常见的质量问题有哪些? 应如何避免?

7. 编写水泥粉煤灰碎石桩的施工技术方案。

6

桩基工程

【知识目标】

　　理解桩基工程施工特点和桩基工程施工阶段的材料要求；熟悉桩基工程施工过程的质量控制要点和桩基工程质量验收内容；掌握桩基工程质量验收标准和验收方法。

【能力目标】

　　能够控制各种桩基的材料和施工过程质量；具有参与编制专项施工方案的能力；能够根据不同的工程特点，独立地进行桩基工程施工技术和安全技术交底；具有进行桩基工程质量检验的能力，能够规范填写相应的检查验收记录。

6.1　钢筋混凝土预制桩质量控制与检验

6.1.1　预制桩工程质量控制

(1)原材料质量控制　混凝土预制桩可在工厂生产，也可在现场支模预制。桩体在现场预制时，原材料质量应符合下列要求。

粗骨料　应采用质地坚硬的卵石、碎石，其粒径宜用5～40mm连续级配，含泥量不大于2%，无垃圾及杂物。

细骨料　应选用质地坚硬的中砂，含泥量不大于3%，无有机物、垃圾、泥块等杂物。

水泥　宜用强度等级为32.5、42.5的硅酸盐水泥或普通硅酸盐水泥，使用前必须有出厂质量证明书和水泥现场取样复试试验报告，合格后方准使用。

钢筋　应具有出厂质量证明书和钢筋现场取样复试试验报告，合格后方准使用。

拌和用水　一般饮用水或洁净的自然水。

混凝土配合比　用现场材料，按设计要求强度和经试验室试配后出具的混凝土配合比进行配合。

(2)成品桩质量要求　成品桩质量应符合下列要求。

钢筋骨架　钢筋混凝土预制柱钢筋骨架应符合相关规定，见表2-6-1。

成品桩检查　采用工厂生产的成品桩时，桩进场后应进行外观及尺寸检查，要有产品合格证书，成品桩在运输过程中容易碰坏，因此，桩进场后应进行外观及尺寸检查。

表 2-6-1 钢筋混凝土预制桩钢筋骨架质量检验标准

项目	序号	检验项目	允许偏差或允许值/mm	检验方法
主控项目	1	主筋距桩顶距离	±5	用钢直尺测量
	2	多节桩锚固钢筋位置	5	
	3	多节桩预埋铁件	±3	
	4	主筋保护层厚度	±5	
一般项目	1	主筋间距	±5	
	2	桩尖中心线	10	
	3	箍筋间距	±20	
	4	桩顶钢筋网片	±10	
	5	多节桩锚固钢筋长度	±10	

(3)施工过程质量控制 施工过程质量控制包括以下几方面。

1)做好桩定位放线检查复核工作,施工过程中应对每根桩进行桩位复核(特别是定位桩的位置),桩位的放样允许偏差为群桩20mm、单排桩10mm。

2)认真编制和审查钢筋混凝土预制桩的专项施工方案,施工时应认真逐级进行施工技术和安全技术交底。

3)压桩用压力表必须标定合格方能使用,压桩时的压力数值是判断桩基承载力的依据,也是指导压桩施工的一项重要参数。

4)压桩施工前,应先施打工艺桩,以确定打桩工艺(在施工中选择合适的顺序及打桩速率,特别注意检查当桩距小于 4D 或桩的规格不同时的沉桩顺序)。布桩密集的基础工程应有必要的措施来减少沉桩的挤土影响。

5)打桩时,对于桩尖进入坚硬土层的端承桩,以控制贯入度为主,桩尖进入持力层深度或桩尖标高为参考;桩尖位于软土层中的摩擦型桩,应以控制桩尖设计标高为主,贯入度可作为参考。

6)打桩时,采用重锤低速击桩和进行软桩垫施工,以减少锤击应力。打桩时,在已有建、构筑屋群中、地下管线和交通道路边施工时,应采取防止造成损坏的措施。

7)在采用静力压桩法施工前,应了解施工现场土层土质情况,检查装机设备,以免压桩时中途中断,造成土层固结,使压桩困难。压桩过程如必须停歇时,应停在软土层中,以使压桩启动阻力不至于过大。

8)静力压桩,当压桩至接近设计标高时,不可过早停压,应使压桩一次成功,以免造成压不下或超压现象。

9)在施工过程中必须随时检查施工记录,并对照规定的施工工艺对每根桩进行质量检查。检查重点是压力值、接桩间歇时间、桩体垂直度、沉桩情况、桩顶完整状况、接桩质量等。电焊接桩,重要工程应做 10% 的焊缝探伤检查。

10)要保证桩体垂直度,就要认真检查桩机就位的情况,保证桩架稳定垂直。在现场应安装测量设备(经纬仪和水准仪),随时观测沉桩的垂直度。

11)施工机组要在打桩施工记录中详细记录沉桩情况、桩顶完整状况。

12)接桩时,由于电焊质量较差,从而使接头在锤击过程中易断开,尤其当接头对接的两端面不平整时,电焊更不容易保证质量。因此,对重要工程做 X 射线拍片检查是完全必要的。

13)硫磺胶泥接桩时宜选用半成品硫磺胶泥,检查浇注温度在 140~150℃ 范围内。

14)施工结束后,应检验承载力及桩体质量。

15)混凝土桩的龄期对抗裂性有影响,这是经过长期试验得出的结果,对长桩或总锤击数超过 500 击的锤击桩,应符合桩体强度及 28d 龄期的双控条件才能锤击。对于短桩,锤击数不多,满足强度要求一项应是可行的。有些工程进度较急,桩又不是长桩,可以采用蒸养法以求短期内达到强度,即可开始沉桩。

6.1.2　钢筋混凝土预制桩质量检验

(1)检验数量　检验数量应符合规定,见表 2-6-2 和表 2-6-3。

(2)检验方法　钢筋混凝土预制桩工程质量检验标准和检验方法见表 2-6-2 和表 2-6-3。

表 2-6-2　钢筋混凝土预制桩工程质量检验标准、检验方法和检验数量表(主控项目)

项目	序号	检验项目	允许偏差或允许值	检验方法	检验数量
主控项目	1	承载力	不小于设计值	静载试验、高应变法等	设计等级为甲级或地质条件复杂时,应采用静载试验的方法对桩基承载力进行检验,检验桩数不应少于总桩数的 1%,且不应少于 3 根,当总桩数少于 50 根时,不应少于 2 根。在有经验和对比资料的地区,设计等级为乙级、丙级的桩基可采用高应变法对桩基进行竖向抗压承载力检测,检测数量不应少于总桩数的 5%,且不应少于 10 根
	2	桩身完整性	—	低应变法	工程桩的桩身完整性的抽检数量不应少于总桩数的 20%,且不应少于 10 根。每根柱子承台下的桩抽检数量不应少于 1 根

表 2-6-3　钢筋混凝土预制桩工程质量检验标准、检验方法和检验数量表(一般项目)

项目	序号	检验项目		允许值或允许偏差	检验方法	检验数量
一般项目	1	成品桩质量		表面平整,颜色均匀,掉角深度小于10mm,蜂窝面积小于总面积的0.5%	查产品合格证	抽查总桩数的20%,且不少于10根
	2	桩位偏差	带有基础梁的桩 垂直基础梁的中心线	≤100+0.01H	全站仪或用钢尺量	
			带有基础梁的桩 沿基础梁的中心线	≤150+0.01H		
			承台桩 桩数为1~3根桩基中的桩	≤100+0.01H		
			承台桩 桩数≥4根桩基中的桩	≤1/2桩径+0.01H 或1/2边长+0.01H		
	3	接桩:焊缝质量	电焊条质量	设计要求	查产品合格证	
	4		咬边深度	≤0.5mm	焊缝检查仪	
	5		加强层高度	≤2mm		
	6		加强层宽度	≤3mm		
	7	焊缝电焊质量外观		无气孔,无焊瘤,无裂缝	目测法	
	8	焊缝探伤检验		设计要求	超声波或射线探伤	
	9	焊接结束后停歇时间	锤击预制桩	≥8(3)min	用表计时	
			静压预制桩	≥6(3)min	用钢尺量	
	10	上下节平面偏差		≤10mm	用钢尺量	
	11	节点弯曲矢高		同桩体弯曲要求	用钢尺量	
	12	锤击预制桩收锤标准				
	13	静压预制桩	终压标准	设计要求	现场实测或查沉桩记录	
			混凝土灌芯	设计要求	查灌注量	
	14	桩顶标高		±50mm	水准仪测量	
	15	垂直度		≤1/100	经纬仪测量	

注:H 为施工现场地面标高与桩顶设计标高的距离。

6.1.3　钢筋混凝土预制桩工程常见的质量问题

(1)打入桩工程常见的质量问题　打入桩工程常见的质量问题如下。

桩标注不清　在桩身上没有标明桩的断面或直径(管桩要标注适于静压)、长度、编号制作日期等信息。

贯入度剧变　锤击打入桩时,贯入度突然增大或减小。

桩身突然发生倾斜、位移或有严重回弹　锤击打入桩时,突然发生倾斜、位移或有严重回弹。

严重裂缝或破碎 预制桩在运输、起吊、堆放打入过程中出现裂缝、断裂或破碎的现象。

(2)静压桩工程常见的质量问题 静压桩工程常见的质量问题如下。

大幅的位移或倾斜 桩被压入时，突然出现较大幅度的位移、倾斜。

大幅下沉或倾斜 桩被压入时，突然出现较大幅度的下沉、倾斜。

压桩阻力值剧变 桩被压入时，桩端阻力值突然增大或减小。

自然下沉 桩在无压力状态下，自然下沉。

6.2 钢筋混凝土灌注桩质量控制与检验

6.2.1 灌注桩质量控制

(1)原材料质量控制 灌注桩的原材料质量控制包括以下几方面。

粗骨料 应采用质地坚硬的卵石、碎石，其粒径宜用5～40mm连续级配，含泥量不大于2%，无垃圾及杂物。

细骨料 应选用质地坚硬的中砂，含泥量不大于3%，无有机物、垃圾、泥块等杂物。

水泥 宜用强度等级为32.5、42.5的硅酸盐水泥或普通硅酸盐水泥，使用前必须有出厂质量证明书和水泥现场取样复试试验报告，合格后方准使用。

钢筋及钢筋骨架 预制桩钢筋应具有出厂质量证明书和钢筋现场取样复试试验报告，合格后方准使用。

拌和用水 一般饮用水或洁净的自然水。

混凝土配合比 用现场材料，按设计要求强度和经试验室试配后出具的混凝土配合比进行配合。

(2)施工过程质量控制 施工过程的质量控制包括以下几方面。

1)施工前，施工单位应根据工程具体情况编制专项施工方案；监理单位应编制确实可行的监理实施细则。

2)灌注桩每道工序开始前，应逐级做好安全技术和施工技术交底，并认真履行签字手续。

3)灌注桩施工，应先做好建筑物的定位和测量放线工作，施工过程中应对每根桩位进行复查(特别是定位桩的位置)，以确保桩位。在具体操作中，一般采取施工单位自检及监理人员复检、验收相结合的措施，严格控制其偏差在设计或规范允许的范围内。

4)施工前应对水泥、砂、石子(如现场搅拌)、钢材等原材料进行检查，也应对进场的机械设备、施工组织设计中制定的施工顺序、监测手段(包括仪器、方法)进行检查。

5)桩施工前，应进行"试成孔"检查。一般试孔桩的数量每个场地不少于2个。通过试成孔检查核对地质资料、施工参数及设备运转情况是否符合工程实际，否则应进行相应的调整。

6)试孔结束后应检查孔径、垂直度、孔壁稳定性、沉渣厚度等是否符合要求。

7) 泥浆护壁成孔桩的成孔过程要检查钻机就位的垂直度和平面位置，开孔前应对钻头直径和钻具长度进行测量，并记录备查，检查护壁泥浆的比重及成孔后沉渣的厚度。影响钻孔灌注桩成桩质量的泥浆的性能指标主要是比重和黏度。若泥浆过稀，则携渣能力不够；若泥浆过稠，则孔壁会形成一层厚厚的泥皮，无形之中减少了桩径。泥浆的比重、黏度应根据地下水位高低和地层稳定情况等进行确定，如果地下水位较高，容易坍塌，泥浆比重、黏度可大些，否则应适当小些。此外，沉渣厚度应在钢筋笼放入后，混凝土浇筑前测定。成孔结束后，放钢筋笼、混凝土导管都会造成土体跌落，增加沉渣厚度，因此，沉渣厚度应是二次清孔后的结果。沉渣厚度的检查目前均用重锤，有些地方用较先进的沉渣仪，这种仪器应预先做标定。人工挖孔桩一般对持力层有要求，而且到孔底查看土性是有条件的。

8) 放置钢筋笼。钢筋笼宜分段制作，连接时，50%的钢筋接头应予以错开焊接，对钢筋笼立焊的质量要特别加强检查控制，确保钢筋接头质量。钢筋笼入孔时，应保持垂直状态，对准孔位徐徐轻放，严禁强制性下放钢筋笼，造成钢筋笼变形，孔壁塌孔。钢筋笼就位后，还应将钢筋笼上端焊固在护筒上，可减缓混凝土上升时的顶托力，防止其上升。

9) 孔壁坍塌控制。孔壁坍塌一般是因预先未料到的复杂的不良地质情况、钢护筒未按规定埋设、泥浆黏度不够、护壁效果不佳、孔口周围排水不良或下钢筋笼及升降机具时碰撞孔壁等因素造成的，易造成埋、卡钻事故，应高度重视并采取相应措施予以解决。

10) 扩径和缩径控制。扩径、缩径都是由于成孔直径不规则出现扩孔或缩孔及其他不良地质现象引起的，扩孔一般是由钻头振动过大、偏位或孔壁坍塌造成的，缩孔是由于钻头磨损过甚、焊接不及时或地层中有遇水膨胀的软土、黏土泥岩造成的。为避免扩径的出现，施工人员应检查钻机是否固定、平稳，要求减压钻进，防止钻头摆动或偏位，在成孔过程中还应要求徐徐钻进，以便形成良好的孔壁，要始终保持适当的泥浆比重和足够的孔内水位，确保孔内泥浆对孔壁有足够的压力，成孔尤其是清孔后应督促施工单位尽快灌注水下混凝土，尽可能减少孔壁在小比重泥浆中的浸泡时间；为避免缩径的出现，钻孔前施工人员应详细了解地质资料，判别有无遇水膨胀等不良地质条件的土层，如果有，则应采用失水率适当的优质泥浆进行护壁，并经常对钻头的直径进行校正。

11) 混凝土坍落度控制。混凝土的坍落度对成桩质量有直接影响，坍落度合理的混凝土可有效地保证混凝土的灌注性、连续性和密实性。混凝土坍落度一般应控制在18~22cm。

12) 导管埋深控制。导管底端在混凝土面以下的深度是否合理关系到成桩质量，必须予以严格控制。施工人员在开浇时，料斗必须储足一次下料能保证导管埋入混凝土达1.0m以上的混凝土初灌量，以免因导管下口未被埋入混凝土内造成管内反混浆现象，导致开浇失败；在浇注过程中，要经常探测混凝土面实际标高、计算混凝土面上升高度、导管下口与混凝土面相对位置，及时拆卸导管，保持导管合理埋深，严禁将导管拔出混凝土面，导管埋深一般应控制在1~6m，过大或过小都会在不同外界条件下出现不同形式的质量问题，直接影响桩的质量。

6.2.2 钢筋混凝土灌注桩质量检验

(1)混凝土灌注桩钢筋笼 混凝土灌注桩钢筋笼应符合相关规定，见表 2-6-4。

(2)混凝土灌注桩的平面位置和垂直度的允许偏差 灌注桩的平面位置和垂直度的允许偏差的规定见表 2-6-5。

表 2-6-4 混凝土灌注桩钢筋笼质量检验标准

项目	序号	检验项目	允许偏差或允许值	检验方法	检验数量
一般项目	1	主筋间距	±10mm	用钢尺量	每个桩均全数检查
	2	长度	±100mm	用钢尺量	每个桩均全数检查
	3	钢筋材质检验	符合设计要求	抽样送检	见相关规范要求
	4	箍筋间距	±20mm	用钢尺量	每个桩均全数检查
	5	直径	±10mm	用钢尺量	每个桩均全数检查
	6	钢筋笼安装深度	+1000mm	用钢尺量	每个桩均全数检查

表 2-6-5 灌注桩的平面位置和垂直度的允许偏差

序号	成孔方法		桩径允许偏差/mm	垂直度允许偏差/mm	桩位允许偏差/mm
1	泥浆护壁钻孔桩	$D<1000mm$	≥0	≤1/100	≤70+0.01H
		$D≥1000mm$			≤100+0.01H
2	套管成孔灌注桩	$D<500mm$	≥0	≤1/100	≤70+0.01H
		$D≥500mm$			≤100+0.01H
3	干成孔灌注桩		≥0	≤1/100	≤70+0.01H
4	人工挖孔桩		≥0	≤1/200	≤50+0.005H

注：H 为施工现场地面标高与桩顶设计标高的距离，D 为设计桩径。

(3)混凝土灌注桩质量检验标准 混凝土灌注桩质量检验标准、检验方法和检验数量见表 2-6-6。

表 2-6-6 混凝土灌注桩质量检验标准、检验方法和检验数量

项目	序号	检验项目	允许偏差或允许值	检验方法	检验数量
主控项目	1	承载力	不小于设计值	静载试验	设计等级为甲级或地质条件复杂时，应采用静载试验的方法对桩基承载力进行检验，检验桩数不应少于总桩数的1%，且不应少于3根，当总桩数少于50根时，检验桩数不应少于2根。在有经验和对比资料的地区，设计等级为乙级、丙级的桩基可采用高应变法对桩基进行竖向抗压承载力检验，检验数量不应少于总桩数的5%，且不应少于10根

项目	序号	检验项目		允许偏差或允许值	检验方法	检验数量
主控项目	2	孔深		不小于设计值	用测绳或井径仪测量	每个桩均全数检查
	3	桩身完整性		—	钻芯法、低应变法、声波透射法	工程桩的桩身完整性的抽检数量不应少于总桩数的20%，且不应少于10根。每根柱子承台下的桩抽检数量不应少于1根
	4	混凝土强度		不小于设计值	28d试块强度或钻芯法	灌注桩混凝土强度检验的试件应在施工现场随机抽取。来自同一搅拌站的混凝土，每浇筑50m²必须至少留置1组试件；当混凝土浇筑量不足50m³时，每连续浇筑12h必须至少留置1组试件。对单柱单桩，每根桩应至少留置1组试件
一般项目	1	垂直度		见表2-6-5	用超声波或井径仪测量	
	2	桩位		见表2-6-5	全站仪或用钢尺量，开挖前量护筒，开挖后量桩中心	
	3	混凝土坍落度	干作业	90～150mm	坍落度仪	
			水下	180～220mm		
	4	泥浆面标高（高于地下水位）		0.5～1.0m	目测法	
	5	泥浆指标	比重（黏土或砂性土中）	1.10～1.25	用比重计测，清孔后在距孔底500mm处取样	除第3项混凝土坍落度的检测按50m³一次或一根桩或一台班不少于1次进行外，其余项目均为全数检查
			含砂率	≤8%	细砂瓶	
			黏度	18～28s	黏度计	
	6	沉渣厚度	端承桩	≤50mm	用沉渣仪或重锤测	
			摩擦桩	≤150mm		
	7	混凝土充盈系数		≥1.0	实际灌注量与计算灌注量之比	
	8	桩顶标高		+30mm −50mm	水准测量，须扣除桩顶浮浆层及劣质桩体	

6.2.3 混凝土灌注桩工程常见的质量问题

(1)孔底沉渣 由于泥浆性能不符合要求，携渣能力不够，造成孔底残渣堆积。

(2)扩径和缩径 成孔直径不规则，导致出现扩孔或缩孔现象。

(3)孔壁坍塌 钻进过程中，发现排出的泥浆中不断出现气泡，或泥浆突然漏失，则表示有孔壁坍陷迹象。

(4)护筒冒水 护筒外壁冒水，严重的会引起地基下沉，护筒倾斜和移位，会造成钻孔偏斜，甚至无法施工。

(5)钻孔偏斜 成孔后桩孔出现较大垂直偏差或弯曲。

(6)卡管 水中灌注混凝土过程中，无法连续进行。

(7)钢筋笼上浮 钢筋笼的位置高于设计位置。

(8)断桩 混凝土凝固后不连续，中间被冲洗液等疏松体及泥土填充形成断桩。

复习思考题

1. 钢筋混凝土预制桩桩体质量检验数量如何确定？

2. 钢筋混凝土预制桩施工过程的质量控制要点是什么？

3. 混凝土灌注桩如何检查成孔质量？

4. 混凝土灌注桩的质量检验标准和检验方法是什么？

5. 某高层住宅，地上部分33层，分A、B两个塔楼；地下部分两层，并附带有裙楼，裙楼为地上2层，地下2层。主楼建筑面积66 810.34m²，裙楼建筑面积12 184.60m²，总建筑面积78 994.94m²。主楼地基为泥浆护壁成孔灌注桩地基，基础为筏式基础，主体为剪力墙结构。地下室层高4.20m，1～33层高2.90m，电梯机房层层高2.70m，室内外高差1.20m，檐口标高95.70m，楼顶标高98.40m，单个塔楼南北向长为33.20m，东西向长为33.80m。裙楼地基为泥浆护壁成孔灌注桩(摩擦型)地基，基础为独立基础，主体为框架结构，层高4.20m，檐口标高6.00m，长度66.50m。

主楼墙下布桩，单楼182根，桩径700mm，桩长要求不低于18.00m，且深入中风化岩层700mm，间距2.10m，裙楼每个独立基础下有两根桩，共172根，桩径700mm，桩长16.00m，混凝土强度等级C30，现场搅拌混凝土。

请回答如下问题。

(1)泥浆护壁成孔灌注桩的材料质量有何要求？如何控制？

(2)泥浆护壁成孔灌注桩施工过程质量控制要点是什么？

(3)该工程如何进行泥浆护壁成孔灌注桩承载力的质量检验？

(4)该工程如何进行泥浆护壁成孔灌注桩桩身完整性的质量检验？

(5)该工程如何进行泥浆护壁成孔灌注桩桩身混凝土的质量检验？

7

地下防水工程

【知识目标】

　　理解地下防水工程施工特点和地下防水工程施工阶段的材料要求；熟悉地下防水工程施工过程的质量控制和地下防水子分部工程质量验收的内容；掌握地下防水工程质量验收的标准和方法，规范填写检验批检查验收记录。

【能力目标】

　　能够对地下防水工程的施工过程进行质量控制；具有参与编制专项施工方案的能力；能够独立地进行施工技术和安全技术交底；具有进行地下防水工程检验的能力；能够规范填写相应的检查验收记录。

　　地下防水工程是地基与基础分部工程的子分部工程。根据地下防水工程类型的不同，地下防水工程可以划分防水混凝土、水泥砂浆防水层、卷材防水层、涂料防水层、细部构造等分项工程。

7.1 防水混凝土工程质量控制与检验

7.1.1 防水混凝土工程施工质量控制

(1)原材料质量控制　防水混凝土工程的原材料质量控制包括以下几方面。

水泥　水泥品种应按设计要求选择，强度等级不低于32.5级，不得使用过期或结块水泥。水泥应抗水性好、泌水性小、水化热低，并具有一定的抗侵蚀性。

骨料　石子采用碎石或卵石，粒径宜为5~40mm，含泥量不得大于1.0%，泥块含量不得大于0.5%；砂宜用中砂，含泥量不得大于3.0%，泥块含量不得大于1.0%。

水　应使用饮用水或不含有害物质的洁净水。

外加剂　应根据粗细骨料级配、抗渗等级要求等具体情况而定，外加剂的技术性能应符合国家或行业标准一等品及以上的质量要求。

掺和料　掺和料的掺量应符合设计要求。

(2)施工过程的质量控制　施工过程的质量控制包括以下几方面。

配合比控制　施工配合比应通过试验确定，抗渗等级应比设计要求的试配要求提高一级(0.2MPa)。

技术指标控制　水泥用量不得少于300kg/m³；掺有活性掺和料时，水泥用量不得少于280/m³。砂率宜为35%~45%，灰砂比宜为1:(2~2.5)。水灰比不大于0.55。普通防水混凝土坍落度不宜大于 50mm，泵送时，入泵坍落度宜为 100～140mm。

坍落度控制 混凝土浇筑地点的坍落度检验，每工作班应不少于 2 次，其允许偏差应符合表 2-7-1 的规定。

表 2-7-1 混凝土坍落度允许偏差 （单位：mm）

要求坍落度	允许偏差	要求坍落度	允许偏差
≤40	±10	≥90	±20
50～90	±15		

防水混凝土的搅拌时间 防水混凝土应用机械搅拌，搅拌时间不应少于 2min。掺外加剂的应根据外加剂的技术要求确定搅拌时间。

防水混凝土的振捣 防水混凝土必须采用机械振捣，振捣时间宜为 10～30s，以开始泛浆、不冒泡为准，应避免漏振、欠振和过振。

防水混凝土的浇筑 防水混凝土应连续浇筑，宜少留施工缝，当留设施工缝时，其防水构造形式应符合防水技术规范的规定，并遵守下列规定。

1）底板不得留施工缝，顶板不宜留施工缝。

2）墙板不宜留设垂直施工缝，如果必须留设，应避开地下水和裂隙水较多地段，并宜与变形缝相结合。

3）墙板的水平施工缝不应留在剪力与弯矩最大处或底板与侧墙板的交接处，应位于高出底板面 300mm 的墙体上。当墙体有预留孔洞时，施工缝距孔洞边不应小于 300mm。

施工缝的施工 施工缝的施工应符合下列规定。

1）水平施工缝浇灌混凝土前，应将表面浮浆和杂物清除，先铺净浆，再铺 1∶1 水泥砂浆或涂刷混凝土界面处理剂，并及时浇灌混凝土。

2）垂直施工缝浇灌前，应将其表面清理干净，可以先对基面凿毛（每平方米多于 300 点），涂刷水泥净浆或混凝土界面处理剂，并及时浇灌混凝土。

3）选用的遇水膨胀止水条应具有缓胀性能，无论是涂刷缓膨胀剂还是制成缓膨胀型的止水条，其 7d 的膨胀率应不大于最终膨胀率的 60%。

4）采用中埋式止水带时，应确保位置正确，固定牢靠。钢板止水带宜镀锌处理。

5）遇水膨胀止水条应牢固地安装在缝表面或预留槽内。

防水混凝土的试块 防水混凝土试块的留置试件应在浇筑地点制作，采用标准条件下养护混凝土抗渗试件；每连续浇筑 500m³ 应留置一组（一组为 6 个试件），且每项工程不得少于 2 组。采用预拌混凝土的抗掺试件留置组数，视结构的规模要求而定。

防水混凝土的养护 防水混凝土终凝后立即进行养护，养护时间不少于 14d，始终保持混凝土表面湿润，顶板、底板尽可能蓄水养护，侧墙应淋水养护，并应遮盖湿土工布，夏天谨防太阳直晒。

大体积混凝土的养护 大体积混凝土应采取措施，防止因干缩、温差等原因产生裂缝，应采取以下措施。

1）在设计许可的情况下，可采用混凝土 60d 强度作为设计强度。

2）采用低热或中热水泥，掺加粉煤灰、磨细矿渣粉等掺和料。

3）掺入减水剂、缓凝剂、膨胀剂等外加剂。

4）在炎热季节施工时，应采取降低原材料温度、减少混凝土运输时吸收外界热量等降温措施。

5）混凝土内部预埋管道，进行冷水散热。

6）应采取保温保湿养护。混凝土中心温度与表面温度的差值不应大于25℃，混凝土表面温度与大气温度的差不应大于25℃。混凝土浇筑体降温速率不宜大于20℃/d。养护时间不应少于14d。

7.1.2　防水混凝土质量检验

(1)防水混凝土质量检验标准与检验方法　防水混凝土施工质量检验标准与检验方法见表2-7-2。

表 2-7-2　防水混凝土施工质量检验标准与检验方法

项目	序号	检验项目	允许偏差或允许值	检验方法
主控项目	1	原材料、配合比及坍落度	符合设计要求	检查出厂合格证、质量检验报告、计量措施和材料进场检验报告
	2	抗压强度和抗渗性能	符合设计要求	混凝土抗压强度、抗渗性能检验报告
	3	施工缝、变形缝、后浇带、穿墙管、埋设件等设置和构造	符合设计要求	观察检查和检查隐蔽验收记录
一般项目	1	防水混凝土结构表面	应坚实、平整，不得有露筋、蜂窝等缺陷	观察和用尺测量检查
		埋设件位置	正确	
	2	结构表面的裂缝宽度/mm	≤0.2mm，且不得贯通	用刻度放大镜检查
	3	防水混凝土结构厚度≥250mm	+8mm，−5mm	观察检查和检查隐蔽验收记录
		主体结构迎水面钢筋保护层厚度≥50mm	±5mm	

(2)防水混凝土施工质量检验数量　按混凝土外露面积每100m²抽查1处，每处10m²，且不得少于3处，细部构造全数检查。每连续浇筑混凝土500m³，应留1组抗渗试件(6个试件)，且每项工程不得少于2组。采用预拌混凝土的抗渗试件留置组数，视结构的规模要求而定。配合比和坍落度每工作班检查应不少于2次。

7.1.3　混凝土防水工程常见的质量问题

混凝土防水工程常见质量问题包括以下方面。

1）随意加大水灰比、分层浇筑厚度大、漏振、欠振或过振。

2）墙柱固定模板的对拉丝(铁丝或螺钉)处渗水。

3）变形缝、施工缝、后浇带、穿墙管道、预埋件等处漏水。

4）混凝土漏筋，蜂窝、麻面处渗水。

7.2 卷材防水工程质量控制与检验

卷材防水层一般采用高聚物改性沥青防水卷材和合成高分子防水卷材。利用胶粘剂等配套材料粘结在一起，在建筑物地下室外围(结构主体底板垫层至墙体顶端)形成封闭的防水层。适用于受侵蚀性介质或受振动作用的地下工程主体迎水面的防水层。

7.2.1 卷材防水层施工质量控制

(1)原材料质量控制 卷材防水层应选用高聚物改性沥青类或合成高分子类防水卷材，并符合下列规定。

1)卷材外观质量、品种规格应符合现行国家标准或行业标准；卷材及其胶粘剂应具有良好的耐水性、耐久性、耐刺穿性、耐腐蚀性和耐菌性；防水卷材及配套材料的主要性能应符合现行防水工程材料标准，见表2-7-3。

2)所选用的基层处理剂、胶粘剂、密封材料等配套材料，均应与铺贴的卷材材性相容。卷材及胶粘剂种类繁多、性能各异。胶粘剂有溶剂型、水乳型、单组分、多组分等，各类不同的卷材都应有与之配套(相容)的胶粘剂及其他辅助材料。不同种类卷材的配套材料不能相互混用，否则有可能发生腐蚀侵害或达不到粘结质量标准。

3)材料进场应提供质量证明文件，并按规定现场随机取样进行复检，复检合格方可用于工程。

表 2-7-3 卷材材料标准

类别	标准名称	标准号
防水卷材	聚氯乙烯(PVC)防水卷材	GB 12952—2011
	氯化聚乙烯防水卷材	GB 12953—2003
	改性沥青聚乙烯胎防水卷材	GB 18967—2009
	高分子防水材料(第1部分：片材)	GB 18173.1—2012
	弹性体改性沥青防水卷材	GB 18242—2008
	塑性体改性沥青防水卷材	GB 18243—2008

(2)施工过程质量控制 施工过程质量控制包括如下几方面。

卷材厚度 为确保地下工程在防水层合理使用年限内不发生渗漏，除卷材的材性、材质因素外，卷材的厚度是最重要的因素。卷材厚度由设计确定，当设计无具体要求时，防水卷材厚度选用应符合表2-7-4的规定。

表 2-7-4 防水卷材厚度

防水等级	设防道数	合成分子防水卷材	高聚物改性沥青防水卷材
1级	三道或三道以上设防	单层：不应小于1.5mm；双层：每层不小于1.2mm	单层：不应小于4mm；双层：每层不小于3mm
2级	二道设防		

防水等级	设防道数	合成分子防水卷材	高聚物改性沥青防水卷材
3级	一道设防	不应小于1.5mm	不应小于4mm
	复合设防	不应小于1.2mm	不应小于3mm

卷材防水层基层 卷材防水层的基层应平整牢固、清洁干燥，无起砂、空鼓等缺陷。

涂刷处理剂 铺贴前应在基层上涂刷基层处理剂，目前大部分合成高分子卷材只能采用冷粘法、自粘法铺贴，为保证其在较潮湿基面上的粘结质量，当基面较潮湿时，应涂刷湿固化型胶粘剂或潮湿界面隔离剂。可采用喷涂或涂刷法施工，喷涂应均匀一致、不露底，待表面干燥后方可铺贴卷材。

基层阴阳角 基层阴阳角处应做成圆弧或45°(135°)折角，在转角处、阴阳角等特殊部位，应增贴1~2层相同的卷材，宽度不宜小于500mm。

地下防水卷材铺贴方法 建筑工程地下防水的卷材铺贴方法，主要采用冷粘法和热熔法。底板垫层混凝土平面部位的卷材宜采用空铺法、点粘法或条粘法，其他与混凝土结构相接触的部位应采用满铺法。两幅卷材短边和长边的搭接宽度均不应小于100mm。采用多层卷材时，上下两层和相邻两幅卷材的接缝应错开1/3幅宽，且两层卷材不得相互垂直铺贴。

冷粘法铺贴卷材 冷粘法铺贴卷材的施工，胶粘剂的涂刷对保证卷材防水施工质量关系极大，应符合下列规定。

1)胶粘剂涂刷应均匀，不露底，不堆积。

2)铺贴卷材时应控制胶粘剂涂刷与卷材铺贴的间隔时间，排除卷材下面的空气，并辊压粘结牢固，不得有空鼓。

3)铺贴卷材应平整、顺直，搭接尺寸正确，不得有扭曲、褶皱。

4)接缝口应用密封材料封严，其宽度不应小于10mm。

热熔法铺贴卷材 热熔法铺贴卷材的施工，加热是关键，应符合下列规定。

1)火焰加热器加热卷材应均匀，不得过分加热或烧穿卷材；厚度小于3mm的高聚物改性沥青防水卷材，严禁采用热熔法施工。

2)卷材表面热熔后应立即滚铺卷材，排除卷材下面的空气，并辊压粘结牢固，不得有空鼓、褶皱。

3)滚铺卷材时，接缝部位必须溢出沥青热熔胶，并应随即刮封接，使接缝粘结严密。

4)铺贴后的卷材应平整、顺直，搭接尺寸正确，不得有扭曲。

5)铺贴卷材严禁在雨天、雪天施工；五级风及以上时不得施工；冷粘法施工，气温不宜低于5℃，热熔法施工气温不宜低于−10℃。

7.2.2 卷材防水层施工质量检验

(1)检验数量 卷材防水层施工质量检验的检验数量见表2-7-5。

(2)检验标准与方法 卷材防水层施工质量检验标准与检验方法见表2-7-5。

表 2-7-5　卷材防水层施工质量检验标准、检验方法和检验数量表

项目	序号	检验项目		检验标准	检验方法	检验数量
主控项目	1	卷材防水层所用卷材及其配套材料		符合设计要求	检查产品合格证、性能检测报告和材料进场检验报告	按铺贴卷材面积每 100m² 抽查 1 处，每处 10m²，且不少于 3 处
	2	防水层在转角处、变形缝、施工缝、穿墙管等部位做法		符合设计要求	观察检查和检查隐蔽验收记录	
一般项目	1	搭接缝		应粘贴或焊接牢固，密封严密，不得有扭曲、褶皱、翘边和起泡等缺陷	观察检查	按铺贴卷材面积每 100m² 抽查 1 处，每处 10m²，且不少于 3 处
	2	采用外防外贴法铺贴卷材防水层时，立面卷材接槎的搭接宽度	高聚物改性沥青类卷材	150mm	观察和尺量检查	
			合成高分子类卷材	100mm		
			上层卷材与下层卷材	应盖过		
	3	侧墙卷材防水层的保护层与防水层		应结合紧密，保护层厚度应符合设计要求		
	4	卷材搭接宽度		—10mm		

7.2.3　卷材防水工程常见的质量问题

(1)相容性差　基层处理剂、卷材粘结剂与卷材相容性差。

(2)接头搭接不良　卷材接头位置、同层及上下层之间搭接长度不满足规范要求；接头粘结不牢固。

(3)起鼓、翘边　卷材在墙身、墙柱收头部位边缘翘起，如图 2-7-1 所示。

图 2-7-1　卷材翘边

(4)转角处渗漏水　卷材防水在阴阳角特别是阴角部位开裂并渗漏水。

(5)粘结剂涂刷不均匀　粘结剂有堆积或漏涂现象。

(6)漏水　在穿墙管道、预埋件、变形缝、施工缝等部位漏水。

(7)卷材被烧伤或烧穿　卷材出现被烧伤或烧穿问题。

7.3 涂料防水工程质量控制与检验

7.3.1 涂料防水层施工质量控制

(1)原材料质量控制 原材料质量控制包括如下几方面。

1)涂料防水层材料分有机防水涂料和无机防水涂料。前者宜用于结构主体迎水面，后者宜用于结构主体的背水面。其材质标准见表2-7-6。

表 2-7-6 防水涂料材质标准

类别	标准名称	标准号
防水涂料	聚氨酯防水涂料	GB/T 19250—2013
	聚合物乳液建筑防水涂料	JC/T 864—2023
	聚合物水泥防水涂料	GB/T 23445—2009

2)涂料防水层所选用的涂料性能应具有良好的耐水性、耐久性、耐腐蚀性及耐菌性，并且无毒、难燃、低污染，同时应具有良好的湿干粘结性和抗刺穿性及较好的延伸性和较强的适应基层变形能力。

3)无机防水涂料应具有良好的湿干粘结性、耐磨性和抗刺穿性；有机防水涂料应具有较好的延伸性及较强的适应基层变形能力。

4)防水涂料及配套材料的主要性能应符合要求。

(2)施工过程质量控制

涂刷时应严格控制涂膜厚度 涂刷的防水涂料固化后形成有一定厚度的涂膜，如果涂膜厚度太薄，就起不到防水作用且很难达到合理使用年限的要求，涂膜厚度由设计确定，设计无要求时，各类防水涂料的涂膜厚度见表2-7-7。

表 2-7-7 防水涂料厚度 (单位：mm)

防水等级	设防道数	有机涂料			无机涂料	
		反应型	水乳型	聚合物型	水泥基	水泥基渗透结晶型
1级	三道或三道以上设防	1.2～2.0	1.2～1.5	1.5～2.0	1.5～2.0	≥0.8
2级	二道设防	1.2～2.0	1.2～1.5	1.5～2.0	1.5～2.0	≥0.8
3级	一道设防	—	—	≥2.0	≥2.0	—
	复合设防	—	—	≥1.5	≥1.5	—

基层表面质量控制 涂刷施工前，基层表面的气孔、凹凸不平、蜂窝、缝隙、起砂等，应修补处理，基面必须干净、无浮浆、无水珠、不渗水。

基层阴阳角质量控制 涂料施工前，基层阴阳角应做成圆弧形（阴角直径宜大于50mm，阳角直径宜大于10mm）；涂料施工前应先对阴阳角、预埋件、穿墙管道等部位进行密封或加强处理。

基层处理剂　涂料涂刷前应先在基面上涂一层与涂料相容的基层处理剂。

涂膜　涂膜应多遍完成(不论是厚质涂料还是薄质涂料均不得一次成膜)，每遍涂刷应均匀，不得有露底、漏刷和堆积现象。多遍涂刷时，应待涂层干燥成膜后(常温环境下一般经 4h 以上且手触不粘为宜)方可涂刷第二遍涂料；两涂层施工间隔时间不宜过长，否则会形成分层。每遍涂刷时应交替改变涂刷方向，同层涂膜的先后搭槎宽度宜为 30～50mm。

涂料防水层施工缝　涂料防水层的施工缝(甩槎)应注意保护，搭槎缝宽度应大于100mm，接涂前应将其甩槎表面处理干净。

涂刷顺序　涂刷顺序应先做转角处、穿墙管道、变形缝等部位的涂料加强层，后进行大面积涂刷。

胎体层　涂料防水层中铺贴胎体增强材料时，应使胎体层充分浸透防水涂料，不得有白槎及褶皱，同层相邻的搭接宽度应大于 100mm，上下层接缝应错开 1/3 幅宽。

防水涂料　防水涂料的配制及施工，必须严格按涂料的技术要求进行。

7.3.2　涂料防水层施工质量检验

(1)检验数量　涂料防水施工质量检验的检验数量见表 2-7-8。

(2)检验标准与方法　涂料防水施工质量检验标准与检验方法见表 2-7-8。

表 2-7-8　涂料防水施工质量检验标准、检验方法和检验数量表

项目	序号	检验项目	检验标准	检验方法	检验数量
主控项目	1	涂料防水层所用的材料及配合比	符合产品标准和设计要求	检查出厂合格证、性能检测报告、计量措施和材料进场检验报告	按涂料防水层面积每 100m² 抽查 1处，每处 10m²，且不少于 3 处
	2	涂料防水层的平均厚度和最小厚度	平均厚度符合设计要求，最小厚度不得低于设计厚度的 90%	针测法检测	
	3	涂料防水层在转角处、变形缝、施工缝、穿墙管等部位做法	符合设计要求	观察检查和检查隐蔽验收记录	
一般项目	1	涂料防水层应与基层粘结	牢固、涂刷均匀，不得流淌、鼓泡、露槎		
	2	涂层间夹铺胎体增强材料	防水涂料浸透胎体覆盖完全，不得有胎体外露现象	观察检查	
	3	侧墙涂料防水层的保护层与防水层	粘结牢固，结合紧密，保护层厚度应符合设计要求		

7.3.3　涂料防水工程常见的质量问题

(1)涂膜　涂膜厚薄不均、流淌、褶皱、鼓起、露胎体和翘边等缺陷。

(2)涂层开裂　受基层开裂的影响，涂层开裂。

(3)渗漏　涂料防水层及其转角处、变形缝、穿墙管道等细部渗漏。

复习思考题

1. 防水混凝土的抗渗能力如何检查?

2. 卷材防水层的施工过程质量控制的要点是什么?

3. 涂料防水施工质量检验标准与检验方法的基本内容有哪些?

4. 防水砂浆有哪几类? 其施工质量如何控制?

5. 某通信枢纽楼长 76.20m,宽 29.30m,结构形式为框架地上 5 层、地下 1 层,局部 6 层。地下 1 层层高 3.60m,1、5 层层高 4.30m,2、3、4 层层高 4.60m,总高度为 23.00m。建筑面积为 12 254.80m²。基础采用有梁式筏片基础,混凝土强度等级 C35。地下部分墙身防水等级为二级,混凝土抗渗等级为 S8,采用氯化聚乙烯防水卷材,防水砂浆三道防水设防。

请回答如下问题。

(1)防水材料质量检查控制的要点和内容是什么?

(2)施工中如何确保防水工程的质量?

(3)混凝土抗渗等级应该如何检查?

(4)该防水工程的质量检验内容包含哪几部分? 具体内容有哪些?

(5)普通防水砂浆 5 遍做法各层配比有何要求,施工中质量控制的要点是什么?

单元 3

主体工程质量控制与检验

本 单元主要介绍钢筋原材料及加工、钢筋连接与安装工程质量控制与检验；混凝土原材料及配合比、混凝土工程施工与现浇混凝土结构工程质量控制与检验；模板安装工程与拆除工程质量控制与检验；砖砌体工程与填充墙工程的质量控制与检验；钢结构工程原材料、钢零件及钢部件、钢结构焊接工程、钢结构高强度螺栓连接质量控制与检验。

8

钢筋工程质量检验

【知识目标】

理解钢筋分项工程的材料要求；熟悉钢筋分项工程施工过程的质量控制；掌握钢筋分项工程的质量验收方法。

【能力目标】

能够依据设计要求和施工质量检验标准，对钢筋的材料、连接、加工、安装工程等施工质量进行检查、控制和验收；具有参与编制钢筋工程专项施工方案的能力；能够编制钢筋工程施工技术交底；能够对钢筋工程施工质量进行检验和验收，能够规范填写检验批检查验收记录。

钢筋工程质量检验包括钢筋进厂、钢筋加工、钢筋连接、钢筋安装等一系列检验。施工过程中应重点检查：原材料进场合格证和复试报告、成型加工质量、钢筋连接试验报告及操作者上岗合格证。钢筋安装质量要求包括纵向、横向钢筋的品种、规格、数量、位置、连接方式、锚固和接头位置、接头数量、接头面积百分率、搭接长度、几何尺寸、间距、保护层厚度，预埋

钢筋冷拉

件的规格、数量、位置及锚固长度，箍筋间距、数量及其弯钩角度和平直长度等要求。验收合格并按有关规定检查或填写有关质量验收记录文件。

8.1 钢筋原材料及加工质量控制与检验

8.1.1 钢筋原材料及加工质量控制

(1)原材料的质量控制 钢筋原材料的质量控制包括如下几方面。

钢筋力学性能检验 钢筋进场时，应按《钢筋混凝土用钢 第2部分：热轧带肋钢筋》(GB 1499.2—2024)的规定抽取试件做力学性能检验，检查内容包括检查产品合格证、出厂检验报告、进场复验报告；钢筋的品种、规格、型号、化学成分、力学性能等，并且必须满足设计要求和有关现行国家标准的规定。

钢筋外观质量检查 钢筋使用前应全数检查其外观质量，钢筋表面标志应清晰明了，标志包括强度级别、厂名(汉语拼音字头表示)和直径(mm)数字。钢筋外表不得有裂纹、折叠、结疤及杂质。盘条允许有压痕及局部凸块、凹块、划痕、麻面，但其深度或高度(从实际尺寸算起)不得大于0.20mm；带肋钢筋表面凸块，不得超过横肋高度，钢筋表面上其他

缺陷的深度和高度不得大于所在部位尺寸的允许偏差；冷拉钢筋不得有局部缩颈；钢筋表面氧化皮（铁锈）重量占比不大于 16kg/t。

钢筋标牌检查　进场的钢筋均应有标牌（标明生产厂、生产日期、钢号、炉罐号、钢筋级别、直径等标记），应按炉罐号、批次及直径分批验收，分别堆放整齐，严防混料，并应对其检验状态进行标识，防止混用。

钢筋复验　对钢筋按进场的批次和产品的抽样检验方案确定抽样复验，钢筋复验报告结果应符合现行国家标准。进场复验报告是判断材料能否在工程中应用的依据。

检查现场复验报告　检查现场复验报告时，对于有抗震设防要求的框架结构，其纵向受力钢筋的强度应满足设计要求；当设计无具体要求时，对一级、二级、三级抗震等级中的纵向受力钢筋应采用 HRB400E、HRB500E 级钢筋，检验所得的强度实测值应符合下列规定。

1）钢筋的抗拉强度实测值与屈服强度实测值的比值不应小于 1.25。

2）钢筋的屈服强度实测值与强度标准值的比值不应大于 1.3。32 钢筋最大伸长率不应小于 9%。

常规复检项目见表 3-8-1。

表 3-8-1　常规复检项目表

牌号	下屈服强度 R_{eL}/MPa	抗拉强度 R_m/MPa	断后伸长率 A/%	最大力总延伸率 A_{gt}/%	R_m^0/R_{eL}^0	R_{eL}^0/R_{eL}
			不小于			不大于
HRB400 HRBF400	400	540	16	7.5	—	—
HRB400E HRBF400E			—	9.0	1.25	1.30
HRB500 HRBF500	500	630	15	7.5	—	—
HRB500E HRBF500E			—	9.0	1.25	1.30
HRB600	600	730	14	7.5		

注：R_m^0 为钢筋实测抗拉强度；R_{eL}^0 为钢筋实测下屈服强度。

其他检验　当发现钢筋脆断、焊接性能不良或力学性能显著不正常等现象时，应对该批钢筋进行化学成分检验或其他专项检验。

（2）钢筋加工过程的质量控制　钢筋加工过程的质量控制包括以下几方面。

1）仔细查看结构施工图，了解不同结构件的配筋数量、规格、间距、尺寸等（注意处理好接头位置和接头百分率问题）。

2）钢筋的表面应洁净。油渍、漆污和用锤敲击时能剥落的浮皮、铁锈等应在使用前清除干净。在焊接前，焊点处的水锈应清除干净。

3）钢筋调直宜采用机械方法，也可采用冷拉方法。当采用冷拉方法调直钢筋时，HPB300 级钢筋的冷拉率不宜大于 4%，HRB400 级和 RRB400 级钢筋的冷拉率不宜大于 1%。

4）钢筋切断时，将同规格钢筋根据不同长度搭配，统筹排料；一般先断长料，后断短料，减少短头，减少损耗。断料时应避免用短尺量长料，防止在量料中产生累计误差。

5）在切断过程中，如果发现钢筋劈裂、缩头或严重弯头，必须切除。若发现钢筋的硬度与该钢种有较大出入，应向有关人员报告，查明情况。钢筋的端口，不得为马蹄形或出现起弯现象。

6）钢筋加工过程中，检查钢筋冷拉的方法和控制参数；检查钢筋翻样图及配料单中钢筋的尺寸、形状是否符合设计要求，加工尺寸偏差是否符合规定；检查受力钢筋加工时的弯钩和弯折形状及弯曲半径；检查箍筋末端的弯钩形式。

7）钢筋加工过程中，若发现钢筋脆断、焊接性能不良或力学性能显著不正常，则应立即停止使用，并对该批钢筋进行化学成分检验或其他专项检验，按检验结果进行技术处理。如果发现力学性能或化学成分不符合要求，必须做退货处理。

8.1.2 钢筋原材料及加工质量检验

(1)检验数量 钢筋原材料及加工质量检验数量见表 3-8-2。

(2)检验标准和方法 钢筋原材料及加工质量检验标准和检验方法见表 3-8-2。

表 3-8-2 钢筋原材料及加工质量检验标准、检验数量和检验方法表

项目	序号	检验项目	质量检验标准或允许偏差	检验数量	检验方法
主控项目	1	钢筋原材料进场	应按《钢筋混凝土用钢 第 2 部分：热轧带肋钢筋》(GB 1499.2—2024)等的规定抽取试件做力学性能检验，其质量必须符合有关标准的规定	按进场的批次和产品的抽样检验方案确定	检查产品合格证、出厂检验报告和进场复验报告
	2	有抗震设防要求的框架结构的纵向受力钢筋强度	满足设计要求，或：①钢筋的抗拉强度实测值与屈服强度实测值的比值不应小于 1.25；②钢筋的屈服强度实测值与屈服强度标准值的比值不应大于 1.3；③钢筋最大伸长率不应小于 9%	按进场的批次和产品的抽样检验方案确定	检查进场复验报告
	3	钢筋脆断、焊接性能不良或力学性能不正常	应对该批钢筋进行化学成分检验或其他专项检验。如果力学性能或化学成分不符合要求，应停止使用，做退货处理	对发现有异常的钢筋按批次抽样检查	检查化学成分或其他专项检验

项目	序号	检验项目	质量检验标准或允许偏差	检验数量	检验方法
主控项目	4	受力钢筋的弯钩和弯折	①HPB300级钢筋末端应做180°弯钩,其弯弧内直径≥2.5d(d为钢筋直径),弯钩的弯后平直部分长度≥3d。②HRB400级按设计要求须做135°弯钩,其弯弧内直径≥4d,弯钩的弯后平直部分长度应符合设计要求。③做不大于90°的弯折时,其弯弧内直径≥5d	按每工作班同一类型钢筋、同一加工设备抽样不少于3件	钢尺检查
	5	箍筋的加工	箍筋的末端应做弯钩,弯钩的形式应符合设计要求;当设计无具体要求时,应符合下列规定。①箍筋弯钩的弯弧内直径除应满足上一条的规定外,还应不小于受力钢筋直径。②箍筋弯折的弯折角度,一般结构,不应小于90°;对有抗震等要求的结构,应为135°。③箍筋弯后平直部分长度,一般结构,不宜小于箍筋直径的5倍;对有抗震等要求的结构,不应小于箍筋直径的10倍和75mm的较大值		
一般项目	1	钢筋外观	钢筋应平直、无损伤,表面不得有裂纹、油污颗粒状或片状锈蚀	全数检查	观察检查
	2	钢筋调直宜采用机械方法,也可采用冷拉方法	采用冷拉方法时,HPB300级冷拉率不宜大于4%;HRB400级和RRB400级冷拉率不宜大于1%	按每工作班同一类型钢筋、同一加工设备抽样不应少于3件	观察检查、钢尺检查
	3	钢筋加工的形状、尺寸允许偏差	受力钢筋顺长度方向全长的净尺寸允许偏差为±10mm		钢尺检查
			弯起钢筋的弯折位置允许偏差为±20mm		
			箍筋的内净尺寸允许偏差为±5mm		

8.1.3 原材料及加工常出现的质量问题

原材料及加工常出现的质量问题包括:直条钢筋弯曲;钢筋下料切断尺寸不准,断口不平;钢筋成型尺寸不准确(图3-8-1);钢筋弯曲内弧直径不符合要求;钢筋在调直机上调直后,严重擦伤;钢筋重新调直和弯曲后做受力筋使用。

图 3-8-1 钢筋成型尺寸不准确

8.2 钢筋连接工程质量控制与检验

8.2.1 钢筋连接工程质量控制

钢筋连接工程质量控制包括以下几方面。

(1)安全技术交底 钢筋连接操作前应进行安全技术交底,并履行相关手续。

(2)钢筋连接的质量控制 机械连接、焊接(应注意闪光对焊、电渣压力焊的适用范围)、绑扎搭接是钢筋连接的主要方法,纵向受力钢筋的连接方式应符合设计要求。在施工现场应按国家现行标准的规定,对钢筋的机械接头、焊接接头外观质量和力学性能抽取试件进行检验,其质量必须符合要求。绑扎接头应重点查验搭接长度,特别注意钢筋接头百分率对搭接长度的修正;闪光对焊的焊接质量的判别对于缺乏此项经验的人员来说比较困难。因此,具体操作时,在焊接人员、设备、焊接工艺和焊接参数等的选择与质量验收时应予以特别重视。

(3)操作人员持证上岗 钢筋机械连接和焊接的操作人员必须持证上岗。焊接操作工只能在其上岗证规定的施焊范围实施操作。

(4)钢筋连接所用材料要求 钢筋连接所用的焊(条)剂、套筒等材料必须符合技术检验认定的技术要求,并具有相应的出厂合格证。

(5)工艺参数 钢筋机械连接和焊接操作前应首先抽取试件,以确定钢筋连接的工艺参数。

(6)接头位置、接头百分率 在同一构件中钢筋机械连接接头或焊接接头的设置宜相互错开,接头位置、接头百分率应符合规范要求。同一构件相邻纵向受力钢筋的绑扎搭接接头宜相互错开,纵向受拉钢筋搭接接头面积百分率应符合设计要求;绑扎搭接接头中钢筋的横向净距不应小于钢筋直径,且不应小于 25mm。同时钢筋接头宜设置在受力较小处,同一纵向受力钢筋不宜设置两个或两个以上接头。接头末端至弯起点的距离不应小于钢筋直径的 10 倍。

(7)电弧焊 帮条焊适用于焊接直径 $d10\sim40$mm 的热轧光圆钢筋及带肋钢筋、直径 $d10\sim25$mm 的余热处理钢筋,帮条长度应符合表 3-8-3 的规定。搭接焊适用焊接的钢筋与帮条焊相同。电弧焊接头外观质量检查应注意以下几点。

1)焊缝表面应平整,不得有凹陷或焊瘤。

2)焊接接头区域不得有肉眼可见的裂纹。

3)咬边深度、气孔、夹渣等缺陷允许值应符合相关规定。

4)坡口焊、熔槽帮条焊和窄间隙焊接头的焊缝余高应为 2～4mm,且应平缓过渡至钢筋表面。

表 3-8-3 帮条长度

钢筋类别	焊接形式	帮条长度	钢筋类别	焊接形式	帮条长度
热轧光圆钢筋	单面焊	≥8d	热轧带肋钢筋及余热处理钢筋	单面焊	≥10d
	双面焊	≥4d		双面焊	≥5d

(8)钢筋电渣压力焊　适用于焊接直径 14～40mm 的 HPB300 级、HRB400 级钢筋。焊机容量应根据钢筋直径选定。电渣压力焊应用于柱、墙、烟囱等现浇混凝土结构中竖向钢筋或斜向(倾斜度不大于 10°)钢筋的连接,不得用于梁、板等构件中的水平钢筋连接。

(9)钢筋气压焊　适用于焊接直径 14～40mm 的热轧光圆钢筋及带肋钢筋。当焊接直径不同的钢筋时,两直径之差不得大于 7mm。气压焊等压法、二次加压法、三次加压法等工艺应根据钢筋直径等条件选用。

(10)电阻点焊、闪光对焊、电渣压力焊、埋弧压力焊　进行电阻点焊、闪光对焊、电渣压力焊、埋弧压力焊时,应随时观察电源电压的波动情况。当电源电压下降大于 5%、小于 8% 时,应采取提高焊接变压器级数的措施;当大于或等于 8% 时,不得进行焊接。钢筋电渣压力焊接头外观质量检查应注意以下几点。

1)四周焊包突出钢筋表面的高度不得小于 4mm。

2)钢筋与电极接触处,应无烧伤缺陷。

3)接头处的弯折角不得大于 3°。

4)接头处的轴线偏移不得大于钢筋直径的 0.1 倍,且不得大于 2mm。

(11)带肋钢筋套筒挤压连接　挤压操作应符合下列要求。

1)钢筋插入套筒内深度应符合设计要求。

2)钢筋端头离套筒长度中心点距离不宜超过 10mm。

3)先挤压一端钢筋,插入连接钢筋后,再挤压另一端套筒,挤压宜从套筒中部开始,依次向两端挤压,挤压机与钢筋轴线保持垂直。

(12)钢筋锥螺纹连接　钢筋锥螺纹的锥度、螺距必须与套筒的锥度、螺距一致。对准轴线将钢筋拧入套筒内,接头拧紧值应满足规定的力矩。

8.2.2　钢筋连接工程质量检验

(1)钢筋连接工程质量检验数量　根据《钢筋机械连接技术规程》(JGJ 107—2015)、《钢筋焊接及验收规程》(JGJ 18—2012)有关规定,一般机械连接时,应按同一施工条件采用同一批材料的同等级、同型式、同规格接头,以 500 个为一个检验批,不足 500 个也作为一个检验批,随机抽取 3 个试件;焊接连接时,按同一工作班、同一焊接参数、同一接头形式、同一级别钢筋,以 300 个焊接接头为一个检验批[闪光对焊一周内不足 300 个、电弧焊每一至二层中不足 300 个、电渣压力(气压)焊同一层中不足 300 个接头仍按一批计算]。闪光对焊接头应从每批成品中随机切取 6 个试件,3 个试件做拉伸试验,3 个试件做弯曲试验。电弧焊及电渣压力焊接头应从每批接头成品随机切取 3 个试件做拉伸试验。气压焊接头应从每批接头成品中随机切取 3 个试件做拉伸试验,在梁、板的水平钢筋连接中,另外切取 3 个接头试件做弯曲试验。

(2)钢筋连接工程质量检验标准和方法　钢筋连接工程质量检验标准和检验方法见表 3-8-4。

表 3-8-4 钢筋连接工程质量检验标准、检验数量和检验方法表

项目	序号	检验项目	质量标准或允许偏差	检验数量	检验方法
主控项目	1	纵向受力钢筋的连接方式	符合设计要求	全数检查	观察检查
	2	钢筋机械连接接头、焊接接头力学性能	应按《钢筋机械连接技术规程》(JGJ 107—2015)、《钢筋焊接及验收规程》(JGJ 18—2012)的规定抽样检验钢筋接头力学性能,其质量应符合相关规定	按有关规定确定	检查产品合格证、接头力学性能试验报告
一般项目	1	钢筋接头的设置	宜设置在受力较小处。同一纵向受力钢筋不宜设置两个或两个以上的接头(指一跨中)。接头末端至弯起点的距离不应小于钢筋直径的 10 倍	全数检查	观察检查、钢直尺检查
	2	钢筋接头的外观检查	应按《钢筋机械连接技术规程》(JGJ 107—2015)、《钢筋焊接及验收规程》(JGJ 18—2012)的规定进行外观检查,其质量应符合相关规定		观察检查
	3	钢筋机械连接接头或焊接接头在同一构件中的设置	接头宜相互错开。纵向受力钢筋接头连接区段的长度为 $35d$(d 为纵向受力钢筋的较大直径)且不小于 500mm,同一区段内,接头面积百分率(为该区段有接头的纵向受力钢筋截面面积和与全部纵向受力钢筋截面面积的百分比)应符合设计要求。当设计无要求时应符合以下规定。①在受拉区不宜大于 50%。②接头不宜设置在有抗震设防要求的框架梁端、柱端的箍筋加密区;当无法避免时,对等强度高质量机械连接接头,不宜大于 50%。③直接承受动力荷载的结构中,不宜采用焊接接头;当采用机械连接接头时,接头面积百分率不应大于 50%	在同一检验批内,对梁、柱和独立基础,应抽查构件数量的 10%,且不少于 3 件;对墙和板,应按有代表性的自然间抽查 10%,且不少于 3 件;对大空间结构,墙可按相邻轴线间高度 5m 左右划分检查面,板可按纵、横轴线划分检查面,抽查 10%,且均不少于 3 件	观察检查、钢直尺检查
	4	同一构件相邻纵向受力钢筋的绑扎搭接接头设置	搭接接头宜相互错开。同一区段内,纵向受拉钢筋搭接接头面积百分率应符合设计要求;当设计无具体要求时,应符合下列规定。①对梁、板及墙类构件,不宜大于 25%。②柱类构件,不宜大于 50%。③当工程中确有必要增大接头面积百分率时,对梁构件不应大于 50%;对其他构件,可根据实际情况适当放宽。④纵向受力钢筋绑扎搭接接头的最小长度应符合《混凝土结构工程施工质量验收规范》(GB 50204—2015)附录 B 的规定		钢直尺检查
	5	梁、柱类构件的纵向受力钢筋搭接长度范围内箍筋的设置	应按设计要求配置箍筋。当设计无具体要求时,应符合下列规定。①箍筋直径不应小于搭接钢筋较大直径的 0.25 倍。②受拉搭接区段的箍筋间距不宜大于搭接钢筋较小直径的 5 倍,且不应大于 100mm。③受压搭接区段的箍筋间距不应大于搭接钢筋较小直径的 10 倍,且不应大于 200mm。④当柱中纵向受力钢筋直径大于 25mm 时,应在搭接接头两个端面外 100mm 范围内设两个箍筋,其间距宜为 50mm		

8.2.3 钢筋连接工程常见的施工质量缺陷

(1)闪光对焊焊接常见缺陷 闪光对焊常见的异常现象、焊接缺陷具体如下。

1)烧化过分剧烈，并产生强烈的爆炸声。

2)接头中有氧化膜、未焊透或夹渣。

3)焊缝金属过烧或热影响区过热。

4)接头区有裂纹。

5)钢筋表面微熔及烧伤。

6)接头弯折或轴线偏移。

(2)电渣压力焊焊接常见缺陷 电渣压力焊焊接缺陷常见的有：轴线偏移、弯折、咬边、未焊合、焊包不匀、气孔、烧伤等。

8.3 钢筋安装工程质量控制与检验

8.3.1 钢筋安装工程质量控制

钢筋安装工程质量控制包括以下几方面。

(1)安全技术交底 钢筋安装前，应进行安全技术交底，并履行有关手续。

(2)落实细节信息 钢筋安装前，应根据施工图核对钢筋的品种、规格、尺寸和数量，并落实钢筋安装工序。

(3)检查绑扎 钢筋安装时检查钢筋骨架、钢筋网绑扎方法是否正确、是否牢固可靠。

(4)最小搭接长度 当纵向受拉钢筋的绑扎搭接接头面积百分率不大于25%时，其最小搭接长度应符合规定，见表3-8-5。

表3-8-5 纵向受拉钢筋的最小搭接长度

钢筋类型		最小搭接长度			
		强度等级 C15	强度等级 C20～C25	强度等级 C30～C35	≥强度等级 C40
光圆钢筋	HPB300 级	$45d$	$35d$	$30d$	$25d$
带肋钢筋	HRB400 级、RRB400 级	—	$45d$	$40d$	$35d$

注：1)两根直径不同钢筋的搭接长度，以较细钢筋的直径计算。受压钢筋绑扎接头的搭接长度应为表中数值的0.7倍。

2)当纵向受拉钢筋搭接接头面积百分率大于25%，但不大于50%时，其最小搭接长度应按本表中的数值乘以系数1.2取用；当面积百分率大于50%时，应按相应数值乘以系数1.35取用。

(5)纵向受拉钢筋的搭接长度 在任何情况下，纵向受拉钢筋的搭接长度不应小于300mm，受压钢筋搭接长度不应小于200mm。在绑扎接头的搭接长度范围内，应采用铁丝绑扎三点。

(6)绑扎钢筋用钢丝规格 绑扎钢筋用钢丝规格为20～22号镀锌钢丝或20～22号钢丝(火烧丝)。绑扎楼板钢筋网片时，一般用单根22号钢丝；绑扎梁柱钢筋骨架时，则用双根22号钢丝。

(7)钢筋混凝土梁、柱、墙板钢筋安装　钢筋混凝土梁、柱、墙板钢筋安装时要注意的控制点如下。

1)框架结构节点核心区、剪力墙结构暗柱与连梁交接处，梁与柱的箍筋设置是否符合要求。

2)框架剪力墙结构或剪力墙结构中连梁箍筋在暗柱中的设置是否符合要求。

3)框架梁、柱箍筋加密区长度和间距是否符合要求。

4)框架梁、连梁在柱、墙、梁中的锚固方式和锚固长度是否符合设计要求(工程中往往存在部分钢筋水平段锚固不满足设计要求的现象)。

5)框架柱在基础梁、板或承台中的箍筋设置(类型、根数、间距)是否符合要求。

6)剪力墙结构跨高比小于等于2时，检查连梁中交叉加强钢筋的设置是否符合要求。

7)剪力墙竖向钢筋搭接长度是否符合要求(注意搭接长度的修正，通常是接头百分率的修正)。

8)框架柱特别是角柱箍筋间距、剪力墙暗柱箍筋型式和间距是否符合要求。

9)钢筋接头质量、位置和百分率是否符合设计要求。

10)注意在施工时，由于施工方法等原因可能形成短柱或短梁。

11)注意控制基础梁柱交界处、阳角放射筋部位的钢筋保护层质量。

12)框架梁与连系梁钢筋的相互位置关系必须正确，特别注意悬臂梁与其支撑梁钢筋位置的相互关系。

13)当剪力墙钢筋直径较细时，注意控制钢筋的水平度与垂直度，应当采取适当措施(如增加梯子筋数量等)确保钢筋位置正确。

14)当剪力墙钢筋直径较细时，剪力墙钢筋往往"跑位"，通常可在剪力墙上口采用水平梯子筋加以控制。

15)柱中钢筋根数、直径变化处以及构件截面发生变化处的纵向受力钢筋的连接和锚固方式应予以关注。

(8)剪力墙中的拉筋加工　工程实践中为便于施工，剪力墙中的拉筋加工往往是一端加工成135°弯钩，另一端暂时加工成90°弯钩，待拉筋就位后再将90°弯钩弯折成形。这样，如果加工措施不当，往往会出现拉筋变形使剪力墙筋骨架减小的情况，钢筋安装时应予以控制。

(9)预留洞口加强筋设置　注意控制预留洞口加强筋的设置是否符合设计要求。

(10)防止墙柱钢筋错位　工程中常常出现墙柱钢筋固定措施不合格，导致下柱(墙)钢筋位置偏离设计要求的现象，隐蔽工程验收时应查验防止墙柱钢筋错位的措施是否得当。

(11)检查梁、柱、箍筋弯钩处　钢筋安装时，检查梁、柱箍筋弯钩处是否沿受力钢筋方向相互错开放置，绑扎扣是否按变换方向进行绑扎。

(12)检查钢筋保护层　钢筋安装完毕后，检查钢筋保护层垫块、马镫等是否根据钢筋直径、间距和设计要求正确放置。

(13)检查受力钢筋放置位置　钢筋安装时，检查受力钢筋放置的位置是否符合设计要求，特别是梁、板、悬挑构件的上部纵向受力钢筋。

8.3.2　钢筋安装工程质量检验

(1)钢筋安装工程质量检验数量　钢筋安装工程质量检验数量见表3-8-6。

(2)钢筋安装质量工程检验标准和方法　钢筋安装质量工程质量检验标准和检验方法见表 3-8-6。

表 3-8-6　钢筋安装工程质量检验标准、检验数量和检验方法表

项目	序号	检验项目		允许偏差	检验数量	检验方法
主控项目	1	受力钢筋的牌号、规格、数量		符合设计要求	全数检查	观察、尺量检查
	2	钢筋安装，受力钢筋的安装位置、锚固方式		应牢固，符合设计要求		
一般项目	1	钢筋安装位置	绑扎钢筋网　长、宽	±10mm	在同一检验批内，对梁、柱和独立基础，应抽查数量的 10%，且不少于 3 个；对墙和板，应按有代表性的自然间抽查 10%，且不少于 3 个；对大空间结构，墙可按相邻轴线间高度 5m 左右划分检查面，板可按纵、横轴线划分检查面，抽查 10%，且不少于 3 个	尺量检查
			绑扎钢筋网　网眼尺寸	±20mm		尺量连续三档，取最大偏差值
			绑扎钢筋骨架　长	±10mm		尺量检查
			绑扎钢筋骨架　宽、高	±5mm		尺量检查
			纵向受力钢筋　锚固长度	−20mm		尺量检查
			纵向受力钢筋　间距	±10mm		尺量连续三档，取最大偏差值
			纵向受力钢筋　排距	±5mm		
			纵向受力钢筋及箍筋混凝土保护层厚度　基础	±10mm		尺量检查
			纵向受力钢筋及箍筋混凝土保护层厚度　柱、梁	±5mm		尺量检查
			纵向受力钢筋及箍筋混凝土保护层厚度　板、墙、壳	±3mm		尺量检查
			绑扎箍筋、横向钢筋间距	±20mm		尺量两端、中间各一点，取最大偏差值
			钢筋弯起点位置	20mm		尺量检查
			预埋件　中心线位置	5mm		尺量检查
			预埋件　水平高差	+3mm，0mm		塞尺测量

8.3.3　钢筋安装工程常见的质量问题

钢筋安装工程常见的质量问题包括以下几方面。

1)平板中钢筋的混凝土保护层不准。

2)墙、柱的水平钢筋、竖向钢筋错位。

3)同一连接区段内接头过多。

4)露筋。

5)上部钢筋(负弯矩筋)向构件截面中部移位或向下沉落。

6)梁柱节点核心区柱箍筋未加密。

7)钢筋接头位置、接头百分率不符合要求。

8)纵向受力钢筋锚固方式、锚固长度不符合要求。

9)构件之间纵向受力钢筋间相对位置关系错误。

10)柱中钢筋根数、直径变化处以及构件截面发生变化处的纵向受力钢筋的连接和锚固

方式错误。

11)剪力墙竖向钢筋搭接长度不符合要求。

复习思考题

1. 钢筋原材料进场检查的检查内容有哪些？如何划分检验批？

2. 钢筋加工时主要检查哪些方面的内容？

3. 有抗震设防要求的框架结构的纵向受力钢筋的强度应满足什么要求？

4. 箍筋加工时的质量检验标准是什么？

5. 在同一构件中钢筋接头的设置要求是什么？钢筋接头质量检验批如何划分？

6. 钢筋安装工程一般有哪些质量隐患？如何控制钢筋安装工程的质量？

9 混凝土工程质量控制与检验

【知识目标】

理解混凝土分项工程的材料要求；熟悉混凝土分项工程施工过程的质量控制；掌握混凝土分项工程质量验收的要求和方法。

【能力目标】

能够依据设计要求和施工质量检验标准，对混凝土的施工质量进行检查、控制和验收；具有参与编制混凝土工程专项施工方案的能力；能够参考有关资料独立编制混凝土工程施工技术交底；能够对混凝土工程施工质量进行检验和验收，能够规范填写检验批检查验收记录。

混凝土分项工程是指从水泥、砂、石、水、外加剂、矿物掺和料等原材料进场检验、混凝土配合比设计及称量、拌制、运输、浇筑、养护、试件制作直至混凝土达到预定强度等一系列技术工作和完成实体的总称。混凝土分项工程所含的检验批可根据施工工序和验收的需要确定。

9.1 混凝土原材料及配合比的质量控制与检验

9.1.1 混凝土原材料及配合比的质量控制

(1)水泥 水泥的质量控制包括以下几方面。

1)水泥进场时必须有产品合格证、出厂检验报告。进场同时还要对水泥品种、级别、包装或散装仓号、出厂日期等进行检查验收；对其强度、安定性及其他必要的性能指标进行复试，其质量必须符合《通用硅酸盐水泥》(GB 175—2023)及其修改单①的规定。

2)水泥进场时，应有序存放，以免造成混料错批。

3)钢筋混凝土结构、预应力混凝土结构中，严禁使用含氯化物的水泥。

4)水泥在运输和储存时，应有防潮、防雨措施，防止水泥受潮凝结结块强度降低。

5)当使用中对水泥的质量有怀疑或水泥出厂超过3个月(快硬水泥超过一个月)时，应进行复验，并按复验结果使用。

---

① 三份修改单分别为 XG1—2009、XG2—2015、XG3—2018。

6)冬期施工混凝土用水泥应根据养护条件等选择水泥品种、最小水泥用量,水灰比应满足要求。

(2)骨料 骨料的质量控制包括以下方面。

1)混凝土中用的骨料有细骨料(砂)、粗骨料(碎石、卵石)。其质量必须符合《普通混凝土用砂、石质量及检验方法标准》(JGJ 52—2006)的规定。

2)骨料进场时,必须进行复验,按进场的批次和产品的抽样检验方案,检验其颗粒级配、含泥量及粗细骨料的针片状颗粒含量,必要时还应检验其他质量指标。

3)骨料在生产、采集、运输与储存过程中,严禁混入煅烧过的白云石或石灰块等影响混凝土性能的有害物质;骨料应按品种、规格分别堆放,不得混杂。

(3)水 拌和混凝土宜采用饮用水;当采用其他水源时,应进行水质试验,水质应符合《混凝土用水标准》(JGJ 63—2006)的规定。不得使用海水拌和钢筋混凝土和预应力混凝土;不宜用未经处理的海水拌和有饰面要求的素混凝土。

(4)外加剂 外加剂质量控制包括以下几方面。

1)混凝土中掺用外加剂的质量及应用技术应符合《混凝土外加剂》(GB 8076—2008)、《混凝土外加剂应用技术规范》(GB 50119—2013)等和有关环境保护的规定。

2)混凝土中掺用的外加剂应有产品合格证、出厂检验报告,并按进场的批次和产品的抽样检验方案进行复验。

3)预应力混凝土结构中,严禁使用含氯化物的外加剂。

(5)掺和料 掺和料质量控制包括以下几方面。

1)混凝土中掺用矿物掺和料的质量应符合《用于水泥和混凝土中的粉煤灰》(GB/T 1596—2017)等的规定。矿物掺和料的掺量应通过试验确定(混凝土掺和料的种类主要有粉煤灰、粒化高炉矿渣粉、沸石粉、硅灰和复合掺和料等)。

2)进场的矿物掺和料应有出厂合格证,并应按进场的批次和产品的抽样检验方案进行复验。

(6)配合比 配合比的质量控制包括以下几方面。

1)混凝土的配合比应根据现场采用的原材料进行配合比设计,再按普通混凝土拌和物性能试验方法等标准进行试验、试配,以满足混凝土强度、耐久性和和易性的要求,不得采用经验配合比。

2)施工前应审查混凝土配合比设计是否满足设计和施工要求,并应经济合理。

3)首次使用的混凝土配合比应进行开盘鉴定,其工作性应满足设计配合比的要求。开始生产时至少留置一组标准养护试件,作为验证配合比的依据。

4)混凝土拌和前,应测定砂、石的含水率并根据测试结果调整材料用量,提出施工配合比。

5)混凝土现场搅拌时应对原材料的计量进行检查,并经常检查坍落度,控制水灰比。

9.1.2 混凝土工程原材料及配合比质量检验

(1)混凝土原材料及配合比检验数量 混凝土原材料及配合比检验数量见表 3-9-1。

(2)混凝土原材料及配合比检验标准和方法 混凝土原材料及配合比检验质量标准和检验方法见表 3-9-1。

表 3-9-1　混凝土原材料及配合比检验质量标准、检验数量和检验方法表

项目	序号	检验项目	质量标准及要求	检验数量	检验方法
主控项目	1	进场水泥	应对其品种、代号、强度等级、包装或散装仓号、出厂日期等进行检查，并对水泥的强度、安定性和凝结时间进行检验	按同一厂家、同一品种、同一代号、同一强度、同一批号且连续进场的水泥，袋装不超过200t为1个检验批，散装不超过500t为1个检验批	检查产品合格证、出厂检验报告和进场复试报告
	2	进场混凝土外加剂	应对其品种、性能、出厂日期等进行检查，并对外加剂的相关性能指标进行检验，其结果应符合《混凝土外加剂》(GB 8076—2008)、《混凝土外加剂应用技术规范》(GB 50119—2013)的规定	按同一厂家、同一品种、同一性能、同一批号且连续进场的混凝土外加剂，不超过50t为一批，每批抽样数量不应少于一次	检查产品合格证、出厂检验报告和进场复试报告
	3	混凝土中氯离子含量和碱总含量	应符合《混凝土结构设计规范(2015年版)》(GB 50010—2010)的规定及设计要求	同一配合比的混凝土检查不应少于一次	检查原材料试验报告
	4	首次使用的混凝土配合	应进行开盘鉴定，其原材料、强度、凝结时间、稠度应满足设计配合比的要求。		检查开盘鉴定资料和强度试验报告
一般项目	1	混凝土中矿物掺和料	应对其品种、技术指标、出厂日期等进行检查，并应对矿物掺和料的相关技术指标进行检验，其结果应符合国家现行有关标准和规定	按同一厂家、同一品种、同一技术指标、同一批号且连续进场的矿物掺和料，粉煤灰、石灰石粉、磷渣粉和钢铁渣粉不超过200t为一批，粒化高炉矿渣粉和复合矿物掺和料不超过500t为一批，沸石粉不超过120t为一批，硅灰不超过30t为一批，每批抽样数量不应少于一次	检查产品合格证、出厂检验报告和进场复试报告

项目	序号	检验项目	质量标准及要求	检验数量	检验方法
一般项目	2	混凝土原材料中的粗骨料、细骨料	应符合《普通混凝土用砂、石质量及检验方法标准》(JGJ 52—2006)的规定,使用经过净化处理的海砂应符合《海砂混凝土应用技术规范》(JGJ 206—2010)的规定,再生混凝土骨料应符合《混凝土用再生粗骨料》(GB/T 25177—2010)和《混凝土和砂浆用再生细骨料》(GB/T 25176—2010)的规定	按《普通混凝土用砂、石质量及检验方法标准》(JGJ 52—2006)的规定确定	检查复试报告
	3	混凝土拌制及养护用水	应符合《混凝土用水标准》(JGJ 63—2006)的规定,采用饮用水作为混凝土用水时,可不检验;采用中水、搅拌站清洗水、施工现场循环水等其他水源时,应对其成分进行检验	同一水源检测不少于一次	检查水质检测报告

9.2 混凝土工程施工质量控制与检验

9.2.1 混凝土工程质量控制

(1)混凝土的运输 混凝土施工前应检查混凝土的运输设备是否良好、道路是否畅通,保证混凝土的连续浇筑和良好的混凝土和易性。运至浇筑地点时的混凝土坍落度应符合规定要求。

(2)混凝土现场搅拌 混凝土现场搅拌时应对原材料的计量进行检查,并经常检查坍落度,严格控制水灰比。检查混凝土搅拌的时间,并在混凝土搅拌后和浇筑地点分别抽样检测混凝土的坍落度,每班至少检查2次,评定时应以浇筑地点的测值为准。

(3)泵送混凝土 泵送混凝土时应注意以下几个方面的问题。

1)操作人员应持证上岗,应有高度的责任感和职业素质,并能及时处理操作过程中出现的故障。

2)泵与浇筑地点联络畅通。

3)泵送前应先用水灰比为0.7的水泥砂浆湿润管道,同时要避免将水泥砂集中浇筑。

4)泵送过程严禁加水,需要增加混凝土的坍落度时,应加入与混凝土相同品种的水泥和水灰比相同的水泥浆。

5)应配专人巡视管道,发现异常及时处理。

6)在梁、板上铺设的水平管道泵送时振动大,应采取相应的防止损坏钢筋骨架(网片)的措施。

(4)冬期施工注意事项 冬期施工,混凝土宜优先使用预拌混凝土,混凝土用水泥应根据养护条件等选择水泥品种,其最小水泥用量、水灰比应符合要求,预拌混凝土企业必须制定冬期混凝土生产和质量保证措施；供货期间，施工单位、监理单位、建设单位应加强对混凝土厂家生产状况的随机抽查，并重点抽查预拌混凝土原材料质量和外加剂相容性试验报告、计量配比单、上料电子称量、坍落度出厂测试情况。

(5)模板处理　混凝土浇筑前检查模板表面是否清理干净，防止拆模时混凝土表面粘模出现麻面。木模板应浇水湿润，防止出现木模板吸水粘结或脱模过早，拆模时缺棱、掉角导致露筋。

(6)检查控制混凝土浇筑的质量和方法　混凝土施工中检查控制混凝土浇筑的质量和方法如下。

1)防止浇筑速度过快，避免在钢筋上面和墙与板、梁与柱交界处出现裂缝。

2)防止浇筑不均匀，或接槎处处理不好，易形成裂缝。混凝土浇筑应在混凝土初凝前完成，浇筑高度不宜超过 2m，竖向结构不宜超过 3m，否则应检查是否采取了相应措施。控制混凝土一次浇筑的厚度，并保证混凝土的连续浇筑。浇筑与墙、柱连成一体的梁和板时，应在墙、柱浇筑完毕 1～1.5h 后，再浇筑梁和板；梁和板宜同时浇筑混凝土。

(7)施工缝留设位置　浇筑混凝土时，施工缝的留设位置应符合有关规定。

(8)混凝土振捣　混凝土浇筑时应检查混凝土振捣的情况，保证混凝土振捣密实、均匀。防止振捣棒撞击钢筋，使钢筋移位。合理使用混凝土振捣机械，掌握正确的振捣方法，控制振捣的时间。

(9)施工缝、后浇带的处理　混凝土施工前应审查施工缝、后浇带处理的施工技术方案。检查施工缝、后浇带留设的位置是否符合规范和设计要求，其处理应按施工技术方案执行。混凝土施工缝不应随意留置，其位置应事先在施工技术方案中确定。

(10)混凝土养护试件　混凝土施工过程中应对混凝土的强度进行检查，在混凝土浇筑地点随机留取标准养护试件和同条件养护试件，其留取的数量应符合要求。同条件试件必须与其代表的构件一起养护。

(11)混凝土养护　混凝土浇筑后应检查是否按施工技术方案进行养护，并对养护的时间进行检查落实。

(12)冬期施工方案　冬期施工方案必须有针对性，方案中应明确所采用的混凝土养护方式(如蓄热法、综合蓄热法、暖棚法等)；避免混凝土受冻所需的热源方式(如火炉、焦炭、碘钨灯等)；混凝土覆盖所需的保温材料(如塑料布、草帘子、棉毯等)；各部位覆盖层数；用于测量温度的用具(测温管、温度计等)的数量。

所有冬期施工所需要的保温材料，必须按照方案配置，并堆放在楼层中，经监理单位对保温材料的种类和数量检查验收后，符合冬期施工方案计划才可进行混凝土浇筑。

(13)加强各项指标的控制　加强混凝土强度等级、坍落度、入模温度、外加剂掺量及种类、早强剂、缓凝剂、防冻剂等的控制，其中外加剂应符合《混凝土外加剂》(GB 8076—2008)、《混凝土外加剂应用技术规范》(GB 50119—2013)等有关环境保护的规范规定。

(14)混凝土养护时间　混凝土的养护是在混凝土浇筑完毕后 12h 内进行，养护时间一般为 14～28d。混凝土浇筑后应对养护的时间进行检查落实。

9.2.2　混凝土施工工程质量检验

(1)混凝土施工工程检验批划分方法　混凝土施工工程检验批可根据施工及质量控制和专业验收的需要，按工作班、楼层、施工段、变形缝等进行划分，即每层、段可按基础、柱、剪力墙、梁板梯等结构构件等进行划分。

(2)试件的抽取　用于检查结构构件混凝土强度的试件，应在混凝土的浇筑地点随机抽取。取样与留置应符合表 1-3-2 的规定。

(3)混凝土施工工程质量验收标准及检验方法　混凝土施工工程质量检验标准、检验方法和检验数量见表 3-9-2。

表 3-9-2　混凝土施工工程质量检验标准、检验数量和检验方法表

项目	序号	检验项目	质量标准及要求	检验数量	检验方法
主控项目	1	混凝土的强度等级	符合设计要求	混凝土强度的试件留置符合规定	检查施工记录及混凝土强度试验报告
	2	抗渗混凝土等级	符合设计要求	同一工程、同一配合比的混凝土，取样不少于1次，留置组数可根据实际需要确定	检查试件抗渗试验报告
	3	混凝土运输、输送、浇筑及间歇时间	不应超过初凝时间，同一施工段的混凝土应连续浇筑，并应在底层混凝土初凝之前将上层混凝土浇筑完毕，否则应按施工技术方案的要求对施工缝进行处理。混凝土运输、输送、浇筑过程中严禁加水	全数检查	观察、检查施工记录
一般项目	1	后浇带、施工缝	后浇带的留设位置应符合设计要求，后浇带和施工缝的留设方法应符合施工方案要求	全数检查	观察
	2	混凝土养护措施	应按施工方案及时采取有效养护措施，并应符合以下规定。①应在浇筑完毕后的12h内对混凝土进行覆盖保湿养护。②混凝土浇水养护要求为：采用硅酸盐和矿渣硅酸盐水泥制作的混凝土，不得少于7d；对掺缓凝剂型外加剂或有抗渗要求的混凝土，不得少于14d；当日平均气温低于5℃时，不得浇水，大体积混凝土应有控温措施。③浇水次数应能保持混凝土处于湿润状态；用与拌和时用水相同。④采用塑料布覆盖养护的混凝土，其敞露的全部表面应覆盖严密，并应保持塑料布内有凝结水；也可刷养护剂养护。⑤在混凝土强度达到 1.2N/mm² 前，不得在其上踩踏或安装模板及支架	全数检查	观察，检查混凝土养护记录

9.3　现浇混凝土结构工程质量控制与检验

9.3.1　现浇混凝土结构工程质量控制

(1)混凝土外观质量检查　现浇混凝土结构待强度达到一定程度拆模后，应及时对混凝土外观质量进行检查(严禁未经检查擅自处理混凝土缺陷)，对影响结构性能、使用功能或耐久性的严重缺陷，应由施工单位根据缺陷的具体情况提出技术处理方案，处理后，对经处理的部位应重新检查验收。

(2)现浇混凝土结构、混凝土设备的检查注意事项　现浇混凝土结构不应有影响结构性能和使用功能的尺寸偏差，混凝土设备基础不应有影响结构性能和设备安装的尺寸偏差。现浇结构的外观质量不应有严重缺陷。

(3)现浇混凝土结构外形尺寸偏差的检查方法　对于现浇混凝土结构外形尺寸偏差检查主要轴线、中心线位置时，应沿纵横两个方向测量，并取其中的较大值。

9.3.2　现浇混凝土结构工程质量检验

(1)检验数量　现浇混凝土结构工程的检验数量见表 3-9-3。

(2)检验标准及方法　现浇混凝土结构外观质量和尺寸偏差检验标准及检验方法见表 3-9-3。

表 3-9-3　现浇混凝土结构外观质量及尺寸偏差检验标准、检验数量和检验方法表

项目	序号	检验项目	质量标准或允许偏差	检验数量	检验方法
主控项目	1	现浇混凝土结构的外观质量	不应有严重缺陷，对已出现的严重缺陷，应由施工单位提出技术处理方案，并经监理单位认可后进行处理。对裂缝、连接部位出现的严重缺陷及其他影响结构安全的严重缺陷，技术处理方案尚应经设计单位认可。对经处理的部位，应重新检查验收	全数检查	观察，检查处理方案和记录
	2	结构和设备安装尺寸	对超过尺寸允许偏差且影响结构性能或安装、使用功能的部位，应由施工单位提出技术处理方案，并经监理、设计单位认可后进行处理。对经处理的部位应重新验收	全数检查	量测，检查处理记录

项目	序号	检验项目			质量标准或允许偏差	检验数量	检验方法
一般项目	1	现浇混凝土结构的外观质量一般缺陷			外观质量不应有一般缺陷，对已经出现的一般缺陷，应由施工单位按技术处理方案进行处理，对经处理的部位应重新检查验收	全数检查	观察，检查处理记录
	2	现浇结构位置和尺寸允许偏差/mm	轴线位置	整体基础	15	全数检查	经纬仪、尺量
				独立基础	10		
				墙、柱、梁	8		尺量
	3		垂直度	柱、墙层高 ≤6m	10		经纬仪或吊线、尺量
				柱、墙层高 >6m	12		
				全高 $H \leqslant 300m$	$H/30\ 000+20mm$		经纬仪、尺量
				全高 $H > 300m$	$H/10\ 000$ 且 $\leqslant 80mm$		
	4		标高	层高	±10		水准仪或拉线、尺量
				全高	±30		
	5		截面尺寸	基础	+15，−10		尺量
				梁、柱	+10，−5		
				板、墙	+10，−5		
				楼梯相邻踏步高差	6		
	6		电梯井	中心位置	10		
				长、宽尺寸	+25，0		
	7		表面平整度		8		2m靠尺和塞尺测量
	8		预埋件中心位置	预埋板	10		尺量
				预埋螺栓	5		
				预埋管	5		
				其他	10		
	9		预留洞、孔中心线位置		15		
	10		坐标位置		20		经纬仪及尺量
	11		不同平面标高		0，−20		水准仪或拉线、尺量
	12		平面外形尺寸		±20		尺量
	13		凸台上平面外形尺寸		0，−20		
	14		凹槽尺寸		+20，0		

续表

项目	序号	检验项目			质量标准或允许偏差	检验数量	检验方法
一般项目	15	现浇设备基础位置和尺寸允许偏差/mm	平面水平度	每米	5	全数检查	水平尺、塞尺量测
				全长	10		水准仪或拉线、尺量
	16		垂直度	每米	5		经纬仪或吊线、尺量
				全高	10		
	17		预埋地脚螺栓	中心位置	2		尺量
				顶标高	+20, 0		水准仪或拉线、尺量
				中心距	±2		尺量
				垂直度	5		吊线、尺量
	18		预埋地脚螺栓孔	中心线位置	10		尺量
				断面尺寸	+20, 0		
				深度	+20, 0		
				垂直度	$H/100$，且≤10mm		吊线、尺量
	19		预埋活动地脚螺栓锚板	中心线位置	5		尺量
				标高	+20, 0		水准仪或拉线、尺量
				带槽锚板平整度	5		直尺、塞尺量测
				带螺纹孔锚板平整度	2		

9.3.3　现浇混凝土结构常见的外观质量缺陷

现浇混凝土结构常见的外观质量缺陷见表 3-9-4、图 3-9-1～图 3-9-3。

表 3-9-4　现浇混凝土结构外观质量缺陷

名称	现象	严重缺陷	一般缺陷
露筋	构件内钢筋未被混凝土包裹而外露，见图 3-9-1	纵向受力钢筋有外露	其他钢筋有少量外露
蜂窝	混凝土表面缺少水泥砂浆而形成石子外露，见图 3-9-2	构件主要受力部位有蜂窝	其他部位有少量蜂窝
孔洞	混凝土中孔穴深度和长度均超过保护层厚度，见图 3-9-3	构件主要受力部位有孔洞	其他部位有少量孔洞
夹渣	混凝土中夹有杂物且深度超过保护层厚度	构件主要受力部位有夹渣	其他部位有少量夹渣
疏松	混凝土中局部不密实	构件主要受力部位有疏松	其他部位有轻微疏松

名称	现象	严重缺陷	一般缺陷
裂缝	裂缝从混凝土表面延伸至混凝土内部	构件主要受力部位有影响结构性能或使用功能的裂缝	其他部位有少量不影响结构性能或使用功能的裂缝
连接部位缺陷	构件连接处混凝土缺陷及连接钢筋、连接件松动	构件连接部位有影响结构传力性能的缺陷	连接部位有基本不影响结构传力性能的缺陷
外形缺陷	缺棱掉角、棱角不直、翘曲不平、飞边凸肋等	清水混凝土构件有影响使用功能或装饰效果的外形缺陷	其他混凝土构件有不影响使用功能的外形缺陷
外表缺陷	构件表面麻面、掉皮、起砂、沾污等	具有重要装饰效果的清水混凝土构件有外表缺陷	其他混凝土构件有不影响使用功能的外表缺陷

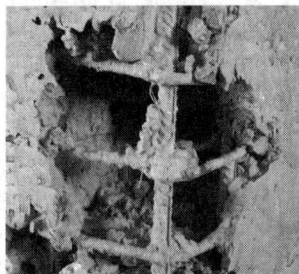

图 3-9-1　露筋

图 3-9-2　蜂窝

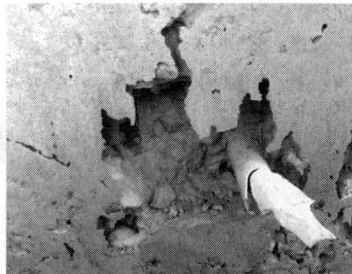

图 3-9-3　孔洞

复习思考题

1. 混凝土施工过程中的质量检查项目有哪些？
2. 用于检查结构构件混凝土强度的试件如何留置？
3. 现浇混凝土结构外观质量缺陷的标准是什么？
4. 现浇混凝土施工工程中存在哪些质量隐患？应如何控制？
5. 混凝土施工工程中如何进行质量控制？
6. 结合工程实际，编制一个框架结构混凝土工程(商品混凝土)的施工技术交底资料。

10

模板工程质量控制与检验

【知识目标】

理解模板分项工程的材料要求；熟悉模板分项工程施工过程的质量控制和模板分项工程质量验收的内容；掌握模板分项工程的质量验收的要求和方法。

【能力目标】

能够依据设计要求和施工质量检验标准，对模板工程的施工质量进行检查、控制和验收；具有参与编制模板工程专项施工方案的能力；能够参考有关资料独立编制模板工程施工技术交底；能够对模板工程施工质量进行检验和验收，能够规范填写检验批检查验收记录。

10.1　模板安装工程质量控制与检验

10.1.1　模板安装工程质量控制

(1)原材料的质量控制　混凝土结构模板可采用木模板、钢模板、铝合金模板、木胶合板模板、竹胶合板模板、塑料和玻璃钢模板等。常用的模板主要有木模板、钢模板、竹胶合板模板等。模板材料选用应符合《建筑施工模板安全技术规范》(JGJ 162—2008)的要求。

(2)模板安装工程施工质量控制　模板安装工程施工质量控制包括以下几方面。

1)施工前应对模板及其支架的设计、制作、安装和拆除等全过程编制详细的施工方案，并附设计计算书。模板及其支架应具有足够的承载能力、刚度和稳定性，能可靠地承受浇筑混凝土的重量、侧压力以及施工荷载。对于达到一定规模的模板工程，还应根据《危险性较大的分部分项工程安全管理规定》(住房和城乡建设部令第37号)进行专家论证。

2)墙柱模板安装时应先弹好建筑轴线、楼层的墙身线、门窗洞口位置线及标高线(楼层50线)。施工过程中应随时检查测量、放样、弹线工作是否按施工技术方案进行，并进行复核记录。

3)模板及其支架使用的材料规格尺寸，应符合模板设计要求。

4)安装模板前应把模板板面清理干净，刷好隔离剂(不允许在模板就位后刷隔离剂，防止污染钢筋及混凝土接触面，应涂刷均匀，不得漏刷)。

5)一般情况下，模板自下而上地安装。在安装过程中要注意模板的稳定，设临时支撑稳住模板，安装完毕且校正无误后方可固定牢固。安装过程中要多检查，注意垂直度、中心线、标高及各部分的尺寸，保证结构部分的几何尺寸和相对位置正确。

6) 合模前检查钢筋、水电预埋管件、门窗洞口模板、穿墙套管是否遗漏，位置是否准确，安装是否牢固，削弱断面是否过多等。模板的接缝应严密不漏浆。在浇筑混凝土前，木模板应浇水湿润，但模板内不应有积水。

7) 为防止墙柱模板下口跑浆，安装模板前应抹好砂浆找平层，但找平层不能伸入墙(柱)身内。

8) 防渗(水)混凝土墙使用的对拉螺栓或对拉片应有防水措施。

9) 泵送混凝土对模板的要求与常规作业不同，必须通过混凝土侧压力计算，采取增强模板支撑，将对销螺栓加密、截面加大，减少围檩间距或增大围檩截面等措施，防止模板变形。

10) 安装现浇结构的上下层模板及其支架时，下层楼板应具有承受上层荷载的承载能力或架设支架支撑，确保有足够的刚度和稳定性；多层楼板支架系统的立柱应上下对齐，安装在同一条直线上。

11) 检查防止模板变形的控制措施。基础模板为防止变形，必须支撑牢固；墙和柱模板下端要做好定位基准；墙柱与梁板同时安装时，应先安装墙柱模板，再在其上安装梁模板。当梁、板跨度大于或等于 4m 时，梁、板应按设计起拱；当设计无具体要求时，起拱高度宜为跨度的 1‰～3‰，起拱不得减少构件的截面高度。

12) 检查模板的支撑体系是否牢固可靠。模板及支撑系统应连成整体，竖向结构模板(墙、柱等)应加设斜撑和剪刀撑，水平结构模板(梁、板等)应加强支撑系统的整体连接，对木支撑纵横方向应加拉杆，采用钢管支撑时，应扣成整体排架。所有可调节的模板及支撑系统在模板验收后，不得任意改动。

13) 模板与混凝土的接触面应清理干净并涂刷隔离剂，严禁隔离剂污染钢筋和混凝土接槎处。混凝土浇筑前，检查模板内的杂物是否清理干净。

14) 模板安装完后，应检查梁、柱、板交叉处，楼梯间墙面间隙接缝处等，防止有漏浆、错台现象。办理完模板工程预检验收，方准浇筑混凝土。

15) 模板安装和浇筑混凝土时，应对模板及其支架进行观察和维护。发生异常情况时，应按施工技术方案及时进行处理。模板及其支架拆除的顺序及安全措施应按施工技术方案执行。

10.1.2 模板安装工程质量检验

(1) 检验数量　现浇结构模板安装工程质量检验数量见表 3-10-1。

(2) 检验标准和方法　现浇结构模板安装工程质量检验标准和检验方法见表 3-10-1。

表 3-10-1　现浇结构模板安装工程质量检验标准、检验数量和检验方法表

项目	序号	检验项目	质量标准或允许偏差	检验数量	检验方法
主控项目	1	模板及支架用材料	技术指标应符合国家现行有关标准的规定。进场时应抽样检验模板和支架材料的外观、规格和尺寸	按国家现行有关标准的规定确定	检查质量证明文件；观察，尺量
	2	现浇混凝土结构的模板及支架安装	应符合国家现行有关标准的规定和施工方案的要求	按国家现行有关标准的规定确定	按国家现行有关标准的规定执行

续表

项目	序号	检验项目	质量标准或允许偏差	检验数量	检验方法
主控项目	3	后浇带	模板及支架应独立设置	全数检查	观察
	4	支架竖杆和竖向模板安装在土层上	应符合下列规定。①土层应坚实、平整，其承载力或密实度应符合施工方案的要求。②应有防水、排水措施；对冻胀性土，应有预防冻融措施。③支架竖杆下应有垫板或底座	全数检查	观察；检查土层密实度检测报告、土层承载力验算或现场检测报告
一般项目	1	模板安装质量	应符合下列要求：①模板的接缝应严密；②模板内不应有杂物、积水或冰雪等；③模板与混凝土的接触面应平整、清洁；④用作模板的地坪、胎膜等应平整光洁，不应产生影响构件质量的下沉、裂缝、起砂或起鼓；⑤对清水混凝土及装饰混凝土构件，应使用能达到设计效果的模板	全数检查	观察
	2	隔离剂	品种和涂刷方法应符合施工方案的要求。隔离剂不得影响结构性能及装饰施工，不得沾污钢筋、预应力筋、预埋件和混凝土接槎处，不得对环境造成污染	全数检查	检查质量证明文件；观察
	3	模板的起拱	应符合《混凝土结构工程施工规范》（GB 50666—2011）的规定，并应符合设计及施工方案的要求	在同一检验批内，对梁，跨度大于18m时应全数检查，跨度不大于18m时应抽查构件数量的10%，且不应少于3件；对板，按有代表性的自然间抽查10%，且不应少于3间；对大空间结构，板可按纵、横轴线划分检查面，抽查10%，且均不应少于3面	水准仪或尺量
	4	现浇混凝土结构多层连续支模	应符合施工方案的规定。上、下层模板支架的竖杆宜对准。竖杆下垫板设置应符合施工方案的要求	全数检查	观察

项目	序号	检验项目			质量标准或允许偏差	检验数量	检验方法
一般项目	5	预埋件、预留孔洞	预埋板中心线位置		3mm	在同一检验批内，对梁、柱和独立基础，应抽查构件数量的10%，且不应少于3件；对墙和板，应按有代表性的自然间抽查10%，且不应少于3间；对大空间结构，墙可按相邻轴线间高度5m左右划分检查面，板可按纵、横轴线划分检查面，抽查10%，且均不应少于3面	观察，尺量
			预埋管、预留孔中心线位置		3mm		
			插筋	中心线位置	5mm		
				外露长度	0～10mm		
			预埋螺栓	中心线位置	2mm		
				外露长度	0～10mm		
			预留洞	中心线位置	10mm		
				尺寸	0～10mm		
	6	现浇结构模板安装	轴线位置		5mm		尺量
			底模上表面标高		±5mm		水准仪或拉线，尺量
			模板内部尺寸	基础	±10mm		尺量
				柱、墙、梁	±5mm		尺量
				楼梯相邻踏步高差	5mm		尺量
			柱、墙垂直度	层高≤6m	8mm		经纬仪或吊线，尺量
				层高＞6m	10mm		
			相邻模板表面高差		2mm		尺量
			表面平整度		5mm		2m靠尺和塞尺测量

10.1.3　模板安装工程常见的施工质量缺陷

模板安装工程常见的施工质量缺陷包括以下几方面。

1）模板及支撑系统垮塌。

2）墙（柱）出现"涨模"现象。

3）板模入墙（柱）、梁过深，或墙（柱）、梁模入板中过深。

4）梁、板模下挠。

5）板模四角标高偏差大。

6）梁、墙（柱）板角及其交界处漏浆、墙柱底烂根。

7）楼梯间、梁柱上下层交界处错台、烂根。

8）墙（柱）身超厚。

9）门窗洞口混凝土变形。

10.2　模板拆除工程质量控制与检验

10.2.1　模板拆除工程质量控制

模板拆除工程质量控制包括以下几方面。

1）模板及其支架的拆除时间和顺序应事先在施工技术方案中确定，拆除必须按顺序进行。重大复杂的模板拆除，如框支结构、结构转换层等模板的拆除，事先要制定拆模方案。施工中应随时检查拆模方案在模板拆除时执行的情况。

2）底模拆除时，检查混凝土强度是否符合规范及设计要求。只有达到规范和设计规定的混凝土强度才能拆除。

3）多层建筑施工，当上层楼板正在浇筑混凝土时，下一层的楼板支架不得拆除，再下一层楼板的支架，仅可部分拆除，通常采用"三层托二层"的方式进行。

4）拆除时应清理脚手架上的杂物，再拆除连接构件，经检查安全可靠后可按顺序拆除。拆除时要文明施工，要有专人指挥、专人监护、设置警戒区；拆下的物品应及时清运，避免在梁板上施加过大的荷载。

5）拆模后，必须清除模板上遗留的混凝土残浆后，再刷分型剂；严禁用废机油作为分型剂。分型剂材料选用原则应为：既便于脱模又便于混凝土表面装饰。分型剂涂刷后，应在短期内及时浇筑混凝土，以防隔离层遭受破坏。

6）后浇带模板的拆除和支顶方法应按施工技术方案执行。

10.2.2　模板拆除工程的质量检验

（1）模板拆除时，可采取先支的后拆、后支的先拆，先拆非承重模板、后拆承重模板的顺序，并应从上而下进行拆除。

（2）底模及支架应在混凝土强度达到设计要求后再拆除；当设计无具体要求时，同条件养护的混凝土立方体试件抗压强度应符合表 3-10-2 的规定。

表 3-10-2　底模拆除时的混凝土强度要求

构件类型	构件跨度/m	达到设计混凝土强度等级值的百分率/%
板	≤2	≥50
	>2m，≤8	≥75
	>8	≥100
梁、拱、壳	≤8	≥75
	>8	≥100
悬臂结构		≥100

（3）当混凝土强度能保证其表面及棱角不受损伤时，方可拆除侧模。

（4）多个楼层间连续支模的底层支架拆除时间，应根据连续支模的楼层间荷载分配和混凝土强度的增长情况确定。

（5）快拆支架体系的支架立杆间距不应大于 2m。拆模时，应保留立杆并顶托支承楼板，拆模时的混凝土强度可按表 3-10-2 中构件跨度为 2m 的规定确定。

(6)后张预应力混凝土结构构件,侧模宜在预应力筋张拉前拆除;底模及支架不应在结构构件建立预应前拆除。

(7)拆下的模板及支架杆件不得抛掷,应分散堆放在指定地点,并应及时清运。

(8)模板拆除后应将其表面清理干净,对变形和损伤部位应进行修复。

10.2.3 模板拆除工程质量缺陷

模板拆除工程质量缺陷包括以下几方面。

1)墙柱表面缺棱掉角。

2)梁、板拆模后下挠、开裂。

3)集中堆放,模板、支架处构件出现裂缝。

复习思考题

1. 如何检查模板支撑体系的可靠性?

2. 模板安装工程质量检验标准中的主控项目有哪些?如何检查?

3. 模板拆除工程质量检验标准和检查方法是什么?

4. 模板拆除有哪些规定?

5. 什么是危险性重大的模板工程?

11

砌体工程质量控制与检验

【知识目标】

理解砌体工程的材料要求；熟悉砌体工程施工过程的质量控制；掌握砌体工程质量验收的要求和方法。

【知识目标】

能够依据设计要求和施工质量标准，对砌体原材料、施工过程质量进行控制；具有参与编制砌体工程专项施工方案的能力；能够参考有关资料独立编制砌体工程施工技术交底；能够依据有关规范标准对砌体工程施工质量进行检验和验收，能够规范填写检验批检查验收记录。

11.1 砖砌体工程质量控制与检验

11.1.1 原材料质量控制

(1)进场检验 砖进场应按要求进行取样试验，并出具试验报告，合格后方可使用。砖的品种、强度等级必须符合设计要求。用于清水墙、柱表面的砖，应边角整齐、色泽均匀。

(2)砂浆材料 砂浆材料的质量控制包括以下几方面。

水泥 水泥的强度等级应根据设计要求进行选择。水泥砂浆采用的水泥，其强度等级不宜大于 32.5；水泥混合砂浆采用的水泥，其强度等级不宜大于 42.5。水泥进场使用前，应分批对其强度、安定性进行复验。检验批应以同一生产厂家、同一编号为一批。当在使用中对水泥质量有怀疑或水泥出厂超过 3 个月(快硬性硅酸盐水泥超过 1 个月)时，应复查试验，并按其结果使用。不同品种、强度等级的水泥不得混合使用。

砂 砂宜用过筛中砂，其中毛石砌体宜用粗砂。砂的含泥量应为，对水泥砂浆和强度等级不小于 M5 的水泥混合砂浆不应超过 5%，强度等级小于 M5 的水泥混合砂浆，不应超过 10%。

石灰膏 生石灰熟化成石灰膏时，应用孔径不大于 3mm×3mm 的网过滤，熟化时间不得少于 7d；磨细生石灰粉的熟化时间不得少于 2d。沉淀池中储存的石灰膏，应采取防止干燥、冻结和污染的措施。配制水泥石灰砂浆时，不得采用脱水硬化的石灰膏。

外加剂 凡在砂浆中掺入有机塑化剂、早强剂、缓凝剂、防冻剂等，应在检验和试配符合要求后，方可使用。有机塑化剂应有砌体强度的型式检验报告。

水 水质应符合《混凝土用水标准》(JGJ 63—2006)的规定。

(3)砂浆要求 砂浆应符合以下要求。

1)砂浆的品种、强度等级必须符合设计要求。

2)水泥砂浆中水泥用量不应小于200kg/m³;水泥混合砂浆中水泥和掺加料总量宜为300～350kg/m³。

3)具有冻融循环次数要求的砌筑砂浆,经冻融试验后,重量损失率不得大于5%,抗压强度损失率不得大于25%。

4)水泥混合砂浆不得用于基础等地下潮湿环境中的砌体工程。

(4)钢筋 钢筋的质量控制包括以下几方面。

1)用于砌体工程的钢筋品种、强度等级必须符合设计要求,并应有产品合格证书和性能检测报告,进场后应进行复验。

2)设置在潮湿环境或有化学侵蚀性介质的环境中的砌体灰缝内的钢筋应采取防腐措施。

11.1.2 施工过程质量控制

施工过程质量控制包括以下几方面。

1)砌筑前检查测量放线的测量结果并进行复核。标志板、皮数杆设置位置准确牢固。

2)砂浆配合比、和易性应符合设计及施工要求。砂浆应随拌随用。水泥砂浆和水泥混合砂浆必须分别在拌成后3h和4h内使用完毕;当施工期间最高气温超过30℃时,必须分别在拌成后2h和3h内使用完毕。对掺用缓凝剂的砂浆,其使用时间可根据具体情况延长。

3)检查砂浆拌和的质量。砂浆的拌和必须均正确控制投料顺序和搅拌时间,防止出现"欠搅"或"过搅"现象。

4)砂浆拌成后和使用时,均应盛入储灰器中。如果砂浆出现泌水现象,应在砌筑前再次拌和。

5)检查砖的含水率。砌筑砖砌体时,砖应提前1～2d浇水湿润。烧结普通砖、多孔砖含水率宜为10%～15%;灰砂砖、粉煤灰砖含水率宜为8%～12%。现场检验砖含水率的简易方法可采用断砖法,当砖截面四周融水深度为15～20mm时,视为符合要求的适宜含水率。

6)施工中应在砂浆拌和地点留置砂浆强度试块,各类型及强度等级的砌筑砂浆每一检验批不超过250m³的砌体,每台搅拌机应至少制作一组试块(每组6块),其标准养护试块28d的抗压强度应满足设计要求。

7)施工过程随时检查砌体的组砌形式,保证上下皮砖至少错开1/4的砖长,避免产生通缝;砌体在砌筑时,随时检查墙体平整度和垂直度,并应采取"三皮一吊、五皮一靠"的检查方法,保证墙面横平竖直;检查砂浆的饱满度,水平灰缝饱满度应达到80%,竖向灰缝不得出现透明缝、瞎缝和假缝。

8)施工过程中应检查转角处和交接处的砌筑及接槎的质量。检查时要注意砌体的转角处和交接处应同时砌筑,严禁无可靠措施的内外墙分砌施工。抗震设防区应按规定在转角和交接部位设置拉接钢筋(拉接筋的设置应予以特别的关注)。

9)设计要求的洞口、管线、沟槽,应在砌筑时按设计留设或预埋。宽度超过300mm的洞口上部应设过梁,不得随意在墙体上开洞、凿槽,尤其严禁开凿水平槽。

10)砌体中的预埋件应做防腐处理。

11)在砌体上预留的施工洞口，其洞口侧边距墙端不应小于500mm，洞口净宽不应超过1m，并在洞口设过梁。

12)检查脚手架眼的设置是否符合要求。在下列位置不得留设脚手架眼：半砖厚墙、料石清水墙和砖柱；过梁上，与过梁成60°的三角形范围，及过梁净跨1/2的高度范围内；门窗洞口两侧200mm及转角450mm范围内的砖砌体；宽度小于1m厚的窗间墙；梁及梁垫下及其左右500mm范围内。

13)检查构造柱的设置、施工(构造柱与圈梁交接处箍筋间距不均匀是常见的质量缺陷)是否符合设计及施工规范的要求。

14)砌体的伸缩缝、沉降缝、防震缝中，不得有混凝土、砂浆块、砖块等杂物。

15)240mm厚承重墙的每层墙的最上一皮砖，砖砌体的台阶水平面上及挑出层，应整砖丁砌。

11.1.3 砖砌体工程质量检验

(1)检验数量 砖砌体工程质量检验数量见表3-11-1。

(2)检验标准和方法 砖砌体工程质量检验标准和检验方法见表3-11-1。

表3-11-1 砖砌体工程质量检验标准、检验数量和检验方法表

项目	序号	检验项目	质量标准或允许偏差	检验数量	检验方法
主控项目	1	砖规格、品种、性能、强度等级	符合设计要求和产品标准	烧结普通砖、混凝土实心砖每15万块，烧结多孔砖、混凝土多孔砖、蒸压灰砂砖及蒸压粉煤灰砖每10万块各为1个验收批，不足上述数量时按1批计，抽检数量为1组	检查进场试验报告、出厂合格证及检验报告
		砂浆材料规格、品种、性能、配合比及强度等级	符合设计要求	250m³砌体	检查砂浆试块检验报告
	2	砂浆饱满度	砖墙水平灰缝的砂浆饱满度不得低于80%，砖柱水平灰缝和竖向灰缝饱满度不得低于90%	每检验批抽查不应少于5处	百格网检查砖底面与砂浆的黏结痕迹面积。每处检测3块砖，取其平均值

项目	序号	检验项目	质量标准或允许偏差	检验数量	检验方法
主控项目	3	砌体的转角处和交接处	应同时砌筑，严禁无可靠措施的内外墙分砌施工。在抗震设防烈度为8度及8度以上地区，对不能同时砌筑而又必须留置的临时间断处应砌成斜槎，普通砖砌体斜槎水平投影长度不应小于高度的2/3，多孔砖砌体的斜槎长高比不应小于1/2，斜槎高度不得超过一步脚手架的高度	每检验批抽查不应少于5处	观察检查
	4	临时间断处	非抗震设防及抗震设防烈度为6度、7度的地区，当不能留斜槎时，除转角处外，可留直槎，但直槎必须做成凸槎，且应加设拉结钢筋，每120mm墙厚放1ϕ6拉结钢筋（120mm厚墙放2ϕ6拉结钢筋），间距沿墙高不应超过500mm且竖向间距偏差不应超过100mm；埋入长度从留槎处算起每边不应小于500mm，对抗震设防烈度为6度、7度的地区，不应小于1000mm；末端应有90°弯钩		观察和尺量检查
一般项目	1	组砌方法	方法应正确，内外搭砌，上、下错缝；砖柱不得采用包心砌法	每检验批抽查不应少于5处	观察检查
	2	水平灰缝	横平竖直，厚薄均匀，厚度及竖向灰缝宽度宜为10mm，但不应小于8mm，也不应大于12mm		水平灰缝厚度用尺量10皮砖砌体高度折算。竖向灰缝宽度用尺量2m砌体长度折算
	3	轴线位移	10mm	承重墙、柱全数检查	用经纬仪和尺或用其他测量仪器检查
	4	基础、墙、柱顶面标高	±15mm	不少于5处	用水准仪和尺检查

项目	序号	检验项目		质量标准或允许偏差	检验数量	检验方法
一般项目	5	墙面垂直度	每层	5mm	不少于5处	用2m托线板检查
			全高 ≤10m	10mm	外墙全部阳角	用经纬仪、吊线和尺或用其他测量仪器检查
			>10m	20mm		
	6	表面平整度	清水墙、柱	5mm	不少于5处	用2m靠尺和楔形塞尺检查
			混水墙、柱	8mm		
	7	水平灰缝平直度	清水墙	7mm		拉5m线和尺检查
			混水墙	10mm		
	8	门窗洞口高、宽(后塞口)		±10mm		用尺检查
	9	外墙上下窗口偏移		20mm		以底层窗口为准,用经纬仪或吊线检查
	10	清水墙游丁走缝		20mm		以每层第一皮砖为准,用吊线和尺量检查

11.1.4 砖砌体工程施工常见的质量问题

砖砌体工程施工常见的质量问题包括以下几方面。

1)砂浆饱满度不满足要求,存在透明缝、瞎缝和假缝,见图3-11-1和图3-11-2。

图3-11-1 砂浆不饱满

图3-11-2 瞎缝

2)通缝——上下皮砖错开小于1/4的砖长,见图3-11-3。

3)清水墙面游丁走缝——大面积的清水墙面出现丁砖竖缝歪斜、宽窄不匀,丁不压中(丁砖在下层顺砖上不居中),清水墙窗台部位与窗间墙部位的上下竖缝发生错位、移位等现象,见图3-11-4。

图 3-11-3　通缝　　　　　　　　　　图 3-11-4　清水墙面游丁走缝

4）外墙上下窗口偏移。

5）漏放墙体拉结筋或放置根数、入墙长度不符合要求，见图 3-11-5。

6）随意在墙体上开洞、凿槽，特别是开凿水平槽，见图 3-11-6。

图 3-11-5　墙体未设拉结筋　　　　　图 3-11-6　墙体上随意开洞

7）构造柱与圈梁交接处箍筋间距不均匀。

8）由于构造柱根部垃圾不清理、漏浆、振捣不密实等产生烂根和孔洞等。

9）砂浆同条件试块用标准方法养护。

11.2　填充墙砌体工程质量控制与检验

11.2.1　填充墙砌体工程质量控制

(1)原材料质量控制　填充墙砌体工程质量控制包括以下几方面。

1）蒸压加气混凝土砌块、轻骨料混凝土小型空心砌块砌筑时，其产品龄期应超过 28d。查看产品出厂合格证书及产品性能检测报告。

2）空心砖、蒸压加气混凝土砌块、轻骨料混凝土小型空心砌块等的运输、装卸过程中，考虑以上几种材料强度不高，碰撞易碎，吸湿性相对较大，因此要求严禁抛掷和倾倒；进场后应按品种、规格分别堆放整齐，堆置高度不宜超过 2m；加气混凝土砌块应防止雨淋。

3）为避免砌筑时产生砂浆流淌或为保证砂浆不至失水过快，应控制小砌块的含水率，并应与砌筑砂浆稠度相适应。空心砖含水率宜为 10%～15%；轻骨料混凝土小砌块宜为 5%～8%。加气混凝土砌块含水率宜控制在小于 15%，对粉煤灰加气混凝土砌块宜小于 20%。

4）加气混凝土砌块不得砌于以下部位：建筑屋±0.000 以下部位；易浸水及潮湿环境中；经常处于 80℃ 以上高温环境及受化学介质侵蚀的环境中。

(2)施工过程质量控制　填充墙砌体工程施工过程质量控制包括以下几方面。

1）施工前要求填充墙砌体砌筑块材应提前 2d 浇水湿润，以便保证砌筑砂浆的强度及砌体的整体性。蒸压加气混凝土砌块砌筑时，应向砌筑面喷水湿润。

2）施工中用轻骨料混凝土小型空心砌块或蒸压加气混凝土砌块砌筑墙体时，考虑轻骨料混凝土小砌块和加气混凝土砌块的强度及耐久性，且考虑其不宜剧烈碰撞，以及吸湿性大等因素，要求墙底部应砌烧结普通砖或多孔砖，或普通混凝土小型空心砌块，或现浇混凝土坎台等，其高度不宜小于 200mm。

3）空心砖填充墙底部须根据已弹出的窗门洞口位置墨线，核对门窗间墙的长度尺寸是否符合排砖模数，若不符合模数，则要考虑好砍砖及排放计划（空心砖则应考虑局部砌红砖），用于错缝和转角处的七分头砖应用切砖机切，不允许砍砖，所切的砖或丁砖应排在窗口中间或其他不明显的部位。空心砖不允许切割。

4）砌块的垂直灰缝厚度以 15mm 为宜，不得大于 20mm，水平灰缝厚度可根据墙体与砌块高度确定，但不得大于 15mm，也不应小于 10mm，灰缝要求横平竖直，砂浆饱满。

5）填充墙砌至接近梁、板底时，应留一定空隙，待填充墙砌筑完并应至少间隔 14d 后，再用烧结砖补砌挤紧。

6）填充墙砌体留置的拉结钢筋或网片的位置应与块体皮数相符合。将其置于灰缝中，埋置长度应符合设计要求，竖向位置偏差不应超过一皮高度。

7）加气混凝土砌块墙上不得留脚手眼。

8）填充墙砌筑中不允许有混砌现象。

11.2.2　填充墙工程质量检验标准和检验方法

(1)检验数量　填充墙工程质量检验数量见表 3-11-2。

(2)检查标准和方法　填充墙工程质量检验标准和检验方法见表 3-11-2。

表 3-11-2　填充墙工程质量检验标准、检验数量和检验方法表

项目	序号	检验项目	质量标准或允许偏差	检验数量	检验方法
主控项目	1	块材强度等级	符合设计要求和产品标准	烧结空心砖每 10 万块为 1 验收批，小砌块每 1 万块为 1 验收批，不足上述数量时按 1 批计，抽检数量为 1 组	检查进场复验报告

项目	序号	检验项目			质量标准或允许偏差	检验数量	检验方法
主控项目	2	砂浆的强度等级			符合设计要求和产品标准	每1检验批且不超过250m³砌体的各类、各强度等级的普通砌筑砂浆，每台搅拌机应至少抽检一次。验收批的预拌砂浆、蒸压加气混凝土砌块专用砂浆，抽检可为3组	检查砂浆试块检验报告
	3	与主体结构的连接			其连接构造应符合设计要求，未经设计同意，不得随意改变连接构造方法。每一填充墙与柱的拉结筋的位置超过一皮块体高度的数量不得多于一处	每检验批抽查不应少于5处	观察检查
	4	植筋			当采用化学锚栓时，应进行实体检测	按规范确定	原位试验检查
一般项目	1	轴线位移			10mm	每检验批抽查不应少于5处	用尺检查
		垂直度（每层）	≤3m		5mm		用2m托线板或吊线、尺检查
			>3m		10mm		
	2	表面平整度			8mm		用2m靠尺和楔形尺检查
	3	门窗洞口高、宽（后塞口）			±10mm		用尺检查
	4	外墙上、下窗口偏移			20mm		用经纬仪、吊线检查
	5	砂浆饱满度	空心砖砌体	水平	≥80%		采用百格网检查块材底面或侧面砂浆的黏结痕迹面积
				垂直	填满砂浆，不得有透明缝、瞎缝、假缝		
			蒸压加气混凝土砌块、轻骨料混凝土小型空心砌块砌体	水平	≥80%		
				垂直	≥80%		

续表

项目	序号	检验项目	质量标准或允许偏差	检验数量	检验方法
一般项目	6	拉结钢筋、网片位置和埋置长度	应与块体皮数相符合。拉结钢筋或网片应置于灰缝中，埋置长度应符合设计要求，竖向位置偏差不应超过一皮高度	每检验批抽查不应少于5处	观察或用尺量检查
	7	搭砌长度	应错缝搭砌，蒸压加气混凝土砌块搭砌长度≥1/3砌块长度，轻骨料混凝土小型空心砌块的搭砌长度不应小于90mm，竖向通缝不应大于2皮		观察检查
	8	水平灰缝厚度和竖向灰缝宽度	烧结空心砖、轻骨料混凝土小型空心砌块灰缝应为8～12mm；蒸压加气混凝土砌块砌体采用水泥砂浆、水泥混合砂浆或蒸压加气混凝土砌块采用砌筑砂浆时，水平灰缝厚度和竖向灰缝宽度不应超过15mm；蒸压加气混凝土块砌体采用蒸压加气混凝土块粘结砂浆时，水平灰缝厚度和竖向灰缝宽度宜为3～4mm		水平灰缝厚度用尺量5皮小砌块高度折算。竖向灰缝宽度用尺量2m砌体长度折算

11.2.3　填充墙砌体工程施工常见的质量问题

填充墙砌体工程施工常见的质量问题包括以下几方面。

1) 不同块材混砌。

2) 拉结钢筋遗漏、错放和生锈。

3) 灰缝偏大、过小、不饱满以及通缝。

4) 墙顶与梁、板底间缝隙过大。

5) 块材破损、缺棱掉角。

6) 灰缝砂浆强度低。

复习思考题

1. 砖和砂浆的检验批如何划分？

2. 如何检查砌筑砂浆的拌和质量？

3. 砖砌体的转角处和交接处如何进行砌筑？

4. 砖砌体质量检验标准的内容有哪些？

5. 砌筑工程常见的质量隐患有哪些？应如何防治？

6. 填充墙砌体工程检验批如何划分？

7. 填充墙为什么不能一次砌到顶？

8. 填充墙砌体工程常见的质量隐患有哪些？应如何防治？

9. 填充墙砌体工程施工过程的质量控制要点是什么？

12

钢结构工程质量控制与检验

【知识目标】

理解钢结构的原材料质量要求；熟悉钢结构加工工程施工过程的质量控制；掌握钢结构加工工程的质量验收要求和方法。

【能力目标】

能够依据设计要求和施工质量标准，对钢结构的原材料质量和零部件加工、钢结构焊接、钢结构高强螺栓连接等质量进行控制；具有参与编制钢结构工程专项施工方案的能力；能够参考有关资料独立编制钢结构工程施工技术交底；能够依据有关规范标准对钢结构工程施工质量进行检验和验收，能够规范填写检验批检查验收记录。

12.1　钢结构工程原材料质量控制与检验

12.1.1　钢结构原材料质量控制

钢结构原材料质量控制包括以下几方面。

1)工程中所有的钢构件必须有出厂合格证和有关的质量证明文件。

2)钢材、钢铸件、焊接材料、连接用紧固件、焊接球、螺栓球、封板、锥头和套筒、涂装材料等的品种、规格、性能等应符合现行国家产品标准和设计要求，使用前必须检查产品质量合格证明文件、中文标志和检验报告；进口的材料应进行商检，其产品的质量应符合设计和合同约定标准的要求。如果不具备或对证明材料有疑义时，应抽样复检，只有试验结果达到国家标准规定和技术文件的要求后方可使用。

3)高强度大六角头螺栓连接副和扭剪型高强度螺栓连接副出厂时应分别随箱带有转矩系数和紧固力(与拉力)的检验报告，并应检查复验报告。

4)凡标志不清或怀疑有质量问题的材料、钢结构构件、重要钢结构主要受力构件所采用的钢材和焊接材料、高强度螺栓、须进行追踪检验的以控制和保证质量可靠性的材料和钢结构等，均应进行抽检。材料质量抽样和检验方法，应符合国家有关标准和设计要求，且要能反映该批材料的质量特性。对于重要的构件应按设计规定增加采样数量。

5)充分了解材料的性能、质量标准、适用范围和对施工的要求。

6)材料的代用必须获得设计单位的认可。

7)焊接材料必须分类堆放，并且明显标明不得混放；高强度螺栓存放应防潮、防雨、防粉尘，并按类型、规格、批号分类存放保管。

12.1.2 钢结构原材料质量检验

(1)检验批划分 钢结构分项工程是按照主要工种、材料、施工工艺等进行划分的,钢结构分项工程检验批划分遵循以下原则。

1)单层钢结构按变形缝划分。

2)多层及高层钢结构按楼层或施工段划分。

3)压型金属板工程可按屋面、墙板、楼面等划分。

4)对于原材料及成品进场时的检验批,原则上应与各分项工程检验批一致,也可以根据工程规模及进料实际情况合并或分解检验批。

(2)钢材质量检验 钢材质量检验标准、检验数量和检验方法见表3-12-1。

表 3-12-1 钢材质量检验标准、检验数量和检验方法表

项目	序号	检验项目		检验标准	检验数量	检验方法
主控项目	1	钢结构用主要材料、零(部)件、成品件、标准件等产品的品种、规格、性能	钢板	应符合国家现行标准的规定并满足设计要求	质量证明文件全数检查,抽样数量按进场批次和产品的抽样检验方案确定	检查质量证明文件和抽样检验报告
			型材、管材			
			铸钢件			
			拉索、拉杆、锚具			
	2	原材料进场应进行抽样复验钢材			全数检查	见证取样送样,检查复验报告
一般项目	1	截面尺寸、厚度、连接端口的几何尺寸等	钢板	应满足其产品标准和设计文件的要求	每批同一品种、规格的钢板抽检10%,且不应少于3张,每张检测3处	用游标卡尺或超声波测厚仪量测
			型材、管材	应满足其产品标准的要求	每批同一品种、规格的型材或管材抽检10%,且不应少于3根,每根检测3处	用钢尺、游标卡尺及超声波测厚仪量测
			铸钢件	应符合国家现行标准的规定并满足设计要求	全数检查	用钢尺、游标卡尺、角度仪、全站仪等量测
			拉索、拉杆、锚具	应满足其产品标准和设计的要求		用钢尺、游标卡尺及拉线量测

续表

项目	序号	检验项目		检验标准	检验数量	检验方法
一般项目	2	平整度、外形尺寸、粗糙度	钢板	应满足其产品标准的要求	每批同一品种、规格的钢板抽检10%，且不应少于3张，每张检测3处	用拉线、钢尺和游标卡尺量测
			型材、管材		每批同一品种、规格的型材或管材抽检10%，且不应少于3根	用拉线和钢尺量测
			铸钢件	应符合现行产品标准的规定并满足设计要求，对有超声波探伤要求的表面的粗糙度应达到探伤工艺的要求	每批抽检10%，且不应少于3件	用粗糙度计测定
	3	表面外观质量	钢板、型材、管材	除应符合国家现行标准的规定外，尚应符合下列规定：1)当钢材的表面有锈蚀、麻点或划痕等缺陷时，其深度不得大于该钢板厚度允许负偏差值的1/2，且不应大于0.5mm；2)钢材表面的锈蚀等级应符合《涂覆涂料前钢材表面处理　表面清洁度的目视评定　第1部分：未涂覆过的钢材表面和全面清除原有涂层后的钢材表面的锈蚀等级和处理等级》(GB/T 8923.1—2011)规定的C级及C级以上等级；3)钢材端边或断口处不应有分层、夹渣等缺陷。	全数检查	观察检查
			铸钢件	铸钢件表面应清理干净，修正飞边、毛刺，去除补贴、粘砂、氧化铁皮、热处理锈斑，清除内腔残余物等，不应有裂纹、未熔合和超过允许标准的气孔、冷隔、缩松、缩孔、夹砂及明显凹坑等缺陷		
			拉索、拉杆、锚具	表面应光滑，不应有裂纹和目视可见的折叠、分层、结疤和锈蚀等缺陷		

(3)焊接材料质量检验 焊接材料质量检验标准、检验数量和检验方法见表3-12-2。

表 3-12-2　焊接材料质量检验标准、检验数量和检验方法表

项目	序号	检验项目	检验标准	检验数量	检验方法
主控项目	1	焊接材料的品种、规格、性能	应符合国家现行标准的规定并满足设计要求	质量证明文件全数检查,抽样数量按进场批次和产品的抽样检验方案确定	检查质量证明文件和抽样检验报告
	2	重要钢结构采用的焊接材料		全数检查	见证取样送样,检查复验报告
一般项目	1	焊钉及焊接瓷环的规格、尺寸及允许偏差	应符合国家现行标准的规定	按批量抽查1%,且不应少于10套	用钢尺和游标卡量测
	2	焊钉机械性能和焊接性能复验	应符合国家现行标准的规定,并满足设计要求	每个批号进行一组复验,且不应少于5个拉伸和5个弯曲试验	见证取样送样,检查复验报告
	3	焊条外观	不应有药皮脱落、焊芯生锈等缺陷;焊剂不应受潮结块	按批量抽查1%,且不应少于10包	观察检查

(4)连接用紧固标准件质量检验 连接用紧固标准件质量检验标准、检验数量和检验方法见表3-12-3。

表 3-12-3　连接用紧固标准件质量检验标准、检验数量和检验方法表

项目	序号	检验项目	检验标准	检验数量	检验方法
主控项目	1	钢结构连接用高强度大六角头螺栓连接副、扭剪型高强度螺栓连接副、钢网架用高强度螺栓、普通螺栓、铆钉、自攻螺钉、拉铆钉、射钉、锚栓(机械型和化学试剂型)、地脚锚栓等紧固标准件及螺母、垫圈等标准配件	产品符合现行国家标准的规定并满足设计要求,高强度大六角头螺栓连接副和扭剪型高强度螺栓连接副出厂时应分别随箱带有扭矩系数和紧固轴力(预拉力)的检验报告	全数检查	检查质量证明文件、抽样检验报告等
	2	高强度大六角头螺栓连接副	符合《钢结构工程施工质量验收标准》(GB 50205—2020)附录B的规定	按《钢结构工程施工质量验收标准》(GB 50205—2020)附录B执行	见证取样送样,检查复验报告
	3	对建筑结构安全等级为一级或跨度60m及以上的螺栓球节点钢网架、网壳结构,其连接高强度螺栓	按《钢网架螺栓球节点用高强度螺栓》(GB/T 16939—2016)进行拉力载荷试验	按规格抽查8只	拉力试验机测定

项目	序号	检验项目	检验标准	检验数量	检验方法
一般项目	1	高强度螺栓连接副、扭剪型高强度螺栓连接副	应按包装箱配套供货,包装箱上应标明批号、规格、数量及生产日期。螺栓、螺母、垫圈外观表面应涂油保护,不应出现生锈和沾染脏物,螺纹不应损伤	按包装箱数抽查5%,且不应少于3箱	观察检查
	2	热浸镀锌高强度螺栓镀层厚度	应满足设计要求。当设计无要求时,镀层厚度不应小于40μm	按规格抽查8只	点接触测厚计测定
	3	螺栓球节点钢网架、网壳结构用高强度螺栓	进行表面硬度检验,检验结果应满足其产品标准的要求	按规格抽查8只	硬度计测定
	4	普通螺栓、自攻螺钉、铆钉、拉铆钉、射钉、锚栓(机械型和化学试剂型)、地脚锚栓等紧固标准件及螺母、垫圈等	其品种、规格、性能等应符合国家现行产品标准的规定并满足设计要求	全数检查	检查产品的质量合格证明文件、中文产品标志及检验报告等

(5) 球节点材料质量检验 球节点材料质量检验标准、检验数量和检验方法见表 3-12-4。

表 3-12-4 球节点材料质量检验标准、检验数量和检验方法表(主控项目)

项目	序号	检验项目	检验标准	检验数量	检验方法
主控项目	1	制作螺栓球所采用的原材料	其品种、规格、性能等应符合国家现行产品标准的规定并满足设计要求	全数检查	检查产品质量合格证明文件、中文产品标志及检验报告
	2	制作封板、锥头和套筒所采用的原材料			
	3	制作焊接球所采用的钢板			

(6) 压型金属板质量检验 压型金属板质量检验标准、检验数量和检验方法见表 3-12-5。

表 3-12-5 金属压型板质量标准、检验数量和检验方法表

项目	序号	检验项目	检验标准	检验数量	检验方法
主控项目	1	压型金属板及制作压型金属板所采用的原材料(基板、涂层板)	其品种、规格、性能等应符合国家现行产品标准的规定并满足设计要求	全数检查	检查产品的质量合格证明文件、中文产品标志及检验报告等
	2	泛水板、包角板、屋脊盖板及制造泛水板、包角板及屋脊盖板的原材料	其品种、规格、性能等应符合国家现行产品标准的规定并满足设计要求		

项目	序号	检验项目	检验标准	检验数量	检验方法
一般项目	1	压型金属板	其规格尺寸及允许偏差、表面质量、涂层质量等应符合国家现行产品标准的规定并满足设计要求	每种规格抽查5%，且不应少于10件	基板厚度采用测厚仪测量，涂镀层厚度采用称重法测量

注：压型金属板包括单层压型金属板、保温板、扣板等屋面、墙面围护板材及零配件，作为成品进场质量验收项目。

(7)涂装材料质量检验 涂装材料质量检验标准、检验数量和检验方法见表 3-12-6。

表 3-12-6 涂装材料质量标准、检验数量和检验方法表

项目	序号	检验项目	检验标准	检验数量	检验方法
主控项目	1	钢结构防腐涂料、稀释剂和固化剂	其品种、规格、性能等应符合国家现行标准的规定并满足设计要求	全数检查	检查产品的质量合格证明文件、中文产品标志及检验报告等
	2	钢结构防火涂料	其品种和技术性能应满足设计要求，并应经法定的检测机构检测，检测结果应符合国家现行标准的规定		
一般项目	1	防腐涂料和防火涂料	其型号、名称、颜色及有效期应与其质量证明文件相符。开启后，不应存在结皮、结块、凝胶等现象	按桶数抽查5%，且不应少于3桶	观察检查

(8)其他材料质量检验 其他材料质量检验标准、检验数量和检验方法见表 3-12-7。

表 3-12-7 其他材料质量标准、检验数量和检验方法表

项目	序号	检验项目	检验标准	检验数量	检验方法
主控项目	1	钢结构用支座、橡胶垫	其品种、规格、性能等应符合国家现行标准的规定并满足设计要求	全数检查	检查产品的质量合格证明文件、中文产品标志及检验报告等
	2	钢结构工程所涉及的其他材料和成品			

12.1.3 钢结构原材料常见的质量缺陷

钢结构原材料常见的质量缺陷包括以下几方面。

1)钢材端部或断口处有分层、夹渣等缺陷。

2)结构用钢材表面有锈蚀、麻点或划痕等缺陷。

3)焊条有药皮脱落、焊芯生锈等缺陷。

4）焊接球表面存在明显波纹及局部凹凸不平。

5）螺栓球过烧、裂纹及褶皱；螺栓球直径、圆度、相邻两螺栓孔中心线夹角等尺寸偏差不符合要求。

6）压型金属板的规格、板厚、标高质量、涂层、防水密封材料不符合要求。

7）钢结构防火涂料的品种、规格、性能等不符合国家现行标准的规定且不满足设计要求。

8）防腐涂料和防火涂料型号及有效期与其质量证明文件不相符。

12.2　钢零件及钢部件工程质量控制与检验

12.2.1　钢零件及钢部件材料质量控制

主要控制钢材切割面或剪切面的平面度、割纹和缺口的深度、边缘缺棱、型钢端部垂直度、构件几何尺寸偏差、矫正工艺、矫正尺寸及偏差、控制温度、弯曲加工及成型、刨边允许偏差和粗糙度、螺栓孔质量（包括精度、直径、圆度、垂直度、孔距、孔边距等）、管和球的加工质量等均应符合设计和规范要求。

12.2.2　切割加工质量检验

切割加工质量检验标准、检验数量和检验方法见表 3-12-8。

表 3-12-8　切割加工质量检验标准、检验数量和检验方法表

项目	序号	检验项目		检验标准允许偏差	检验数量	检验方法
主控项目	1	钢材切割面或剪切面		应无裂纹、夹渣、分层和毛刺	全数检查	观察或用放大镜检查，有疑义时进行渗透、磁粉或超声波探伤检查
一般项目	1	气割的允许偏差	零件宽度、长度	±3.0mm	按切割面数抽查 10%，且不应少于 3 个	观察检查或用钢尺、塞尺检查
			切割面平面度	$0.05t$（t 为切割面厚度），且不大于 2.0mm		
			割纹深度	0.3mm		
			局部缺口深度	1.0mm		
	2	机械剪切的允许偏差	零件宽度、长度	±3.0mm		
			边缘缺棱	1.0mm		
			型钢端部垂直度	2.0mm		

12.2.3 矫正和成型加工质量检验

矫正和成型加工质量检验标准、检验数量和检验方法见表 3-12-9～表 3-12-11。

表 3-12-9 矫正和成型加工材料质量标准、检验数量和检验方法表

项目	序号	检验项目	检验标准	检验数量	检验方法
主控项目	1	冷矫正和冷弯曲	碳素结构钢在环境温度低于－16℃、低合金结构钢在环境温度低于－12℃时，不应进行冷矫正和冷弯曲	全数检查	检查制作工艺报告和施工记录
	2	热轧碳素结构钢和低合金结构钢	采用热加工成型或加热矫正时，加热温度、冷却温度等工艺应符合《钢结构工程施工规范》(GB 50755—2012)的规定		
一般项目	1	矫正后的钢材表面	不应有明显的凹面或损伤，划痕深度不得大于 0.5mm 且不应大于该钢材厚度允许负偏差的 1/2	全数检查	观察检查和实测检查
	2	冷矫正的最小曲率半径和最大弯曲矢高	应符合表 3-12-10 的规定	按冷矫正的件数抽查 10%，且不应少于 3 个	
	3	钢材矫正后的允许偏差	应符合表 3-12-11 的规定	按矫正件数抽查 10%，且不应少于 3 个	

表 3-12-10 冷矫正和冷弯曲的最小曲率半径和最大弯曲矢高 （单位：mm）

钢材类别	图例	对应轴	冷矫正	
			最小 r	最大 f
钢板扁钢		x-x	$50t$	$\dfrac{l^2}{400t}$
		y-y（仅对扁钢轴线）	$100b$	$\dfrac{l^2}{800b}$
角钢		x-x	$90b$	$\dfrac{l^2}{720b}$

续表

钢材类别	图例	对应轴	冷矫正	
			最小 r	最大 f
槽钢		x-x	$50h$	$\dfrac{l^2}{400h}$
		y-y	$90b$	$\dfrac{l^2}{720b}$
工字钢、H 型钢		x-x	$50h$	$\dfrac{l^2}{400h}$
		y-y	$50b$	$\dfrac{l^2}{400b}$

注：r 为曲率半径；f 为弯曲矢高；l 为弯曲弦长；t 为钢板厚度；h 为型钢高度；b 为型钢宽度。

表 3-12-11　钢材矫正后的允许偏差

项目		允许偏差	图例
钢板的局部平面度	$t \leqslant 6\text{mm}$	3.0mm	
	$6\text{mm} < t \leqslant 14\text{mm}$	1.5mm	
	$t > 14\text{mm}$	1.0mm	
型高弯曲矢高		$l/1000$ 且不应大于 5.0mm	
角钢肢的垂直度		$b/100$ 双肢栓接角钢的角度不得大于 90°	
槽钢翼缘对腹板的垂直度		$b/80$	
工字钢、H 型钢翼缘对腹板的垂直度		$b/100$ 且不大于 2.0mm	

12.2.4　边缘加工质量检验

边缘加工质量检验标准、检验数量和检验方法见表 3-12-12。

表 3-12-12　边缘加工质量检验标准、检验数量和检验方法表

项目	检验项目		检验标准	检验数量	检验方法
主控项目	气割或机械剪切的零件，需要进行边缘加工时		其刨削量不应小于 2.0mm	全数检查	检查工艺报告和施工记录
一般项目	边缘加工允许偏差	零件宽度、长度	±0.1mm	按加工面数抽查 10%，且不应少于 3 个	观察检查和实测检查
		加工边直线度	$l/3000$ 且不应大于 2.0mm		
		加工面垂直度	$0.025t$，且不应大于 0.5mm		
		加工面表面粗糙度	$Ra \leqslant 50\ \mu m$		

注：l 为加工边长度；t 为加工面的厚度。

12.2.5　球节点加工质量检验

球节点加工质量检验标准、检验数量和检验方法见表 3-12-13。

表 3-12-13　球节点加工质量检验标准、检验数量和检验方法表

项目	序号	检验项目	检验标准	检验数量	检验方法
主控项目	1	螺栓球成型后	表面不应有裂纹、褶皱和过烧	每种规格抽查 5%，且不应少于 3 个	用 10 倍放大镜观察检查或表面探伤
	2	封板、锥头、套筒	表面不得有裂纹、过烧及氧化皮		
	3	封板、锥头与杆件连接焊缝质量	应满足设计要求，当设计无要求时应符合《钢结构工程施工质量验收标准》(GB 50205—2020) 第 5 章规定的二级焊缝质量等级标准	每种规格抽查 5%，且不应少于 3 根	超声波探伤或检查检验报告
	4	焊接球的半球质量	焊接球的半球由钢板压制而成，钢板压成半球后，表面不应有裂纹、褶皱，焊接球的两半球对接处坡口宜采用机械加工，对接焊缝表面应打磨平整	每种规格抽查 5%，且不应少于 3 个	用 10 倍放大镜观察检查或表面探伤
	5	焊接球的焊缝质量	应满足设计要求，当设计无要求时应符合《钢结构工程施工质量验收标准》(GB 50205—2020) 第 5 章规定的二级焊缝质量等级标准		超声波探伤或检查检验报告
一般项目	1	螺栓球螺纹尺寸	应符合《普通螺纹　基本尺寸》(GB/T 196—2003) 的规定，螺纹公差应符合《普通螺纹　公差》(GB/T 197—2018) 中 6H 级精度的规定		用标准螺纹量规检查

续表

项目	序号	检验项目	检验标准		检验数量	检验方法
一般项目	2	螺栓球加工的允许偏差	球直径/mm	$D \leqslant 120$　$+2.0$ -1.0	每种规格抽查5%，且不应少于3个	用卡尺和游标卡尺检查
				$D > 120$　$+3.0$ -1.5		
			球圆度/mm	$D \leqslant 120$　1.5		
				$120 < D \leqslant 250$　2.5		
				$D > 250$　3.5		
			同一轴线上两铣平面平行度/mm	$D \leqslant 120$　0.2		用百分表V形块检查
				$D > 120$　0.3		
			铣平面距球中心距离/mm	± 0.2		用游标卡尺检查
			相邻两螺栓孔中心线夹角/(′)	± 30		用分度头检查
			两铣平面与螺丝孔轴线垂直度/mm	$0.005r$		用百分表检查
	3	焊接球表面	应光滑平整，局部凹凸不平不应大于1.5mm			用弧形套模、卡尺和观察检查
	4	焊接球加工的允许偏差/mm	球直径	$D \leqslant 300$　± 1.5		用卡尺和游标卡尺检查
				$300 < D \leqslant 500$　± 2.5		
				$500 < D \leqslant 800$　± 3.5		
				$D > 800$　± 4.0		
			球圆度	$D \leqslant 300$　1.5		
				$300 < D \leqslant 500$　2.5		
				$500 < D \leqslant 800$　3.5		
				$D > 800$　4.0		
			壁厚减薄量	$t \leqslant 10$　$0.18t$，且不大于1.5		用卡尺和测厚仪检查
				$10 < t \leqslant 16$　$0.15t$，且不大于2.0		
				$16 < t \leqslant 22$　$0.12t$，且不大于2.5		
				$22 < t \leqslant 45$　$0.11t$，且不大于3.5		
				$t > 45$　$0.08t$，且不大于4.0		
				$t \leqslant 20$　1.0		用套膜和游标卡尺检查
				$20 < t \leqslant 40$　2.0		
				$t > 40$　3.0		
	5	焊缝余高	$0 \sim 1.5$mm			用焊缝量规检查

注：D 为螺栓球外径；r 为铣平面半径；t 为焊接球壁厚。

12.2.6   制孔加工质量检验

制孔加工质量检验标准、检验数量和检验方法见表 3-12-14。

表 3-12-14   制孔加工质量检验标准、检验数量和检验方法表

项目	序号	检验项目	检验标准允许偏差				检验数量	检验方法
主控项目	1	A、B 级螺栓孔（Ⅰ类孔）	应具有 H12 的精度，孔壁表面粗糙度 Ra 不应大于 12.5 μm	螺栓公称直径、螺栓孔直径 /mm	螺栓公称直径允许偏差 /mm	螺栓孔直径允许偏差 /mm	按钢构件数量抽查 10%，且不应少于 3 件	用游标卡尺或孔径量规检查
				10～18	0.00～0.18	0.00～ +0.18		
				18～30	0.00 −0.21	+0.21 0.00		
				30～50	0.00 −0.25	+0.25 0.00		
		C 级螺栓孔（Ⅱ类孔）	孔壁表面粗糙度 Ra 不应大于 25 μm	直径	+1.0 0.0			
				圆度	2.0			
				垂直度	0.03t，且不应大于 2.0			
一般项目	1	螺栓孔孔距的允许偏差	螺栓孔孔距范围	≤500	501～ 1200	1201～ 3000	>3000	按钢构件数量抽查 10%，且不应少于 3 件	用钢直尺检查
			同一组内任意两孔间距离	±1.0	±1.5	—	—		
			相邻两组的端孔间距离	±1.5	±2.0	±2.5	±3.0		
	2	螺栓孔孔距的偏差	超过上述规定的允许偏差时，应采用与母材材质相匹配的焊条补焊后重新制孔					全数检查	观察检查

注：1）在节点中连接板与一根杆件相连的所有螺栓孔为一组。

2）对接接头在拼接板一侧的螺栓孔为一组。

3）在两相邻节点或接头间的螺栓孔为一组，但不包括上述两款所规定的螺栓孔。

4）受弯构件翼缘上的连接螺栓孔，每米长度范围内的螺栓孔为一组。

5）t 为钢板厚度。

12.2.7   钢零件及钢部件加工常见的质量问题

钢零件及钢部件加工常见的质量问题包括以下方面。

1）钢结构件尺寸精度不满足要求、偏差过大。

2）螺栓孔距、孔径、位置偏差过大。

3）下料尺寸宽窄不一、板边有明显的凹陷、拼板边缘切割不垂直、拼接错边等超标。

4）构件变形、碰伤和污染。

5）螺栓孔孔壁表面粗糙度不达标。

12.3　钢结构焊接工程质量控制与检验

12.3.1　钢构件焊接工程质量控制

钢构件焊接工程质量控制包括以下几方面。

1）焊接材料应存放在通风干燥、温度适宜的仓库内，存放时间超过 1 年的，原则上应进行焊接工艺及机械性能复验。

2）焊工必须经考试合格并取得合格证书。持证焊工必须在其考试合格项目及其认可范围内施焊。

3）钢结构手工焊接用焊条的质量，应符合《非合金钢及细晶粒钢焊条》(GB/T 5117—2012)或《热强钢焊条》(GB/T 5118—2012)的规定。

4）自动焊接或半自动焊接采用的焊丝和焊剂，应与母材强度相适应，焊丝应符合《熔化焊用钢丝》(GB/T 14957—1994)的规定。

5）焊条、焊丝、焊剂、电渣焊熔嘴等焊接材料，与母材的匹配应符合设计及规范要求。焊条、焊剂、药芯焊丝、熔嘴等在使用前，应按其产品说明书及焊接工艺文件的规定进行烘焙和存放。

6）设计要求全焊透的一、二级焊缝应采用超声波探伤进行内部缺陷的检验，超声波探伤不能对缺陷做出判断时，应采用射线探伤，其内部缺陷分级及探伤方法应符合《焊缝无损检测　超声检测　技术、检测等级和评定》(GB/T 11345—2023)或《焊缝无损检测　射线检测　第 1 部分：X 和伽玛射线的胶片技术》(GB/T 3323.1—2019)的规定。

7）焊缝表面不得有裂纹、焊瘤等缺陷。一级、二级焊缝不得有表面气孔、夹渣、弧坑裂纹、电弧擦伤等缺陷。且一级焊缝不许有咬边、未焊满、根部收缩等缺陷。

8）焊缝尺寸、探伤检验、缺陷、热处理、工艺试验等，均应符合设计规范要求。

9）碳素结构应在焊缝冷却到环境温度、低合金结构钢应在完成焊接 24h 以后，进行焊缝探伤检验。

10）钢结构一旦出现裂纹，焊工不得擅自处理，应及时通知有关单位人员，进行分析处理。

12.3.2　钢构件焊接工程质量检验

(1)检验批划分　钢构件焊接工程可按相应的钢结构制作或安装工程检验批划分为一个或若干个检验批。

(2)检验标准、方法和数量　钢构件焊接工程质量检验标准、检验数量和检验方法见表 3-12-15～表 3-12-18 及图 3-12-1。

表 3-12-15　钢构件焊接工程质量检验标准、检验数量和检验方法表

项目	序号	检验项目	检验标准	检验数量	检验方法
主控项目	1	焊接材料与母材的匹配	应符合设计文件的要求及国家现行标准的规定。焊接材料在使用前，应按其产品说明书及焊接工艺文件的规定进行烘焙和存放	全数检查	检查质量证明书和烘焙记录
	2	持证焊工	必须在其焊工合格证书规定的认可范围内施焊，严禁无证焊工施焊		检查焊工合格证及其认可范围、有效期
	3	施工单位焊接工艺评定	应按《钢结构焊接规范》(GB 50661—2011)的规定进行焊接工艺评定，根据评定报告确定焊接工艺，编写焊接工艺规程并进行全过程质量控制		检查焊接工艺评定报告，焊接工艺规程，焊接过程参数测定、记录
	4	设计要求的一、二级焊缝	应进行内部缺陷的无损检测，一、二级焊缝的质量等级和检测要求应符合表 3-12-16 的规定		检查超声波或射线探伤记录
	5	焊缝内部缺陷的无损检测	1)采用超声波检测时，超声波检测设备、工艺要求及缺陷评定等级应符合《钢结构焊接规范》(GB 50661—2011)的规定； 2)当不能采用超声波探伤或对超声波检测结果有疑义时，可采用射线检测验证，射线检测技术应符合《焊缝无损检测 射线检测 第1部分：X和伽玛射线的胶片技术》(GB/T 3323.1—2019)或《焊缝无损检测 射线检测 第2部分：使用数字化探测器的X和伽玛射线技术》(GB/T 3323.2—2019)的规定，缺陷评定等级应符合《钢结构焊接规范》(GB 50661—2011 的规定)； 3)焊接球节点网架、螺栓球节点网架及圆管T、K、Y节点焊缝的超声波探伤方法及缺陷分级应符合国家和行业现行标准的有关规定		检查超声波或射线探伤记录
	6	T形接头、十字接头、角接接头等要求焊透的对接和角接组合焊缝	其加强焊脚尺寸 h_k 不应小于 $t/4$ 且不大于 10mm，其允许偏差为 0~4mm。见图 3-12-1	资料全数检查，同类焊缝抽查 10%，且不应少于 3 条	观察检查，用焊缝量规抽查测量

续表

项目	序号	检验项目	检验标准	检验数量	检验方法
一般项目	1	焊缝外观质量	应符合表 3-12-17 的规定	承受静荷载的二级焊缝每批同类构件抽查 10%，承受静荷载的一级焊缝和承受动荷载的焊缝每批同类构件抽查 15%，且不应少于 3 件；被抽查构件中，每一类型焊缝应按条数抽查 5%。且不应少于 1 条；每条应抽查 1 处，总抽查数不应少于 10 处	观察检查或使用放大镜、焊缝量规和钢尺检查，当有疲劳验算要求时，采用渗透或磁粉探伤检查
	2	焊缝外观尺寸要求	应符合表 3-12-18 的规定		用焊缝量规检查
	3	对于需要进行预热或后热的焊缝	其预热温度或后热温度应符合国家现行标准的规定或通过焊接工艺评定确定	全数检查	检查预热或后热施工记录和焊接工艺评定报告

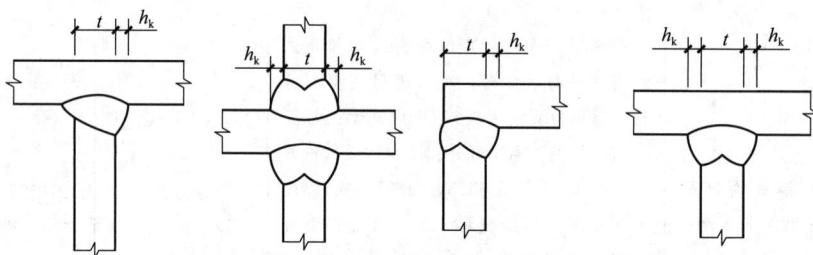

图 3-12-1　焊脚尺寸

表 3-12-16　一级、二级焊缝质量等级及无损检测要求

焊缝质量等级		一级	二级
内部缺陷超声波探伤	评定等级	Ⅱ	Ⅲ
	检验等级	B 级	B 级
	探伤比例	100%	20%
内部缺陷射线探伤	评定等级	Ⅱ	Ⅲ
	检验等级	B 级	B 级
	探伤比例	100%	20%

注：二级焊缝检测比例的计数方法应按以下原则确定：工厂制作焊缝按照焊缝长度计算百分比，且探伤长度不小于 200mm；当焊缝长度小于 200mm 时，应对整条焊缝探伤；现场安装焊缝应按照同一类型、同一施焊条件的焊缝条数计算百分比，且不应少于 3 条焊缝。

表 3-12-17　钢构件各焊缝质量等级的外观质量要求

检验项目		质量要求		
		一级	二级	三级
无疲劳验算要求	裂纹	不允许	不允许	不允许
	未焊满		$\leqslant 0.2\text{mm}+0.02t$ 且 $\leqslant 1\text{mm}$，每 100mm 长度焊缝内未焊满累积长度 $\leqslant 25\text{mm}$	$\leqslant 0.2\text{mm}+0.04t$ 且 $\leqslant 2\text{mm}$，每 100mm 长度焊缝内未焊满累积长度 $\leqslant 25\text{mm}$
	根部收缩		$\leqslant 0.2\text{mm}+0.02t$ 且 $\leqslant 1\text{mm}$，长度不限	$\leqslant 0.2\text{mm}+0.04t$ 且 $\leqslant 2\text{mm}$，长度不限
	咬边		$\leqslant 0.05t$ 且 $\leqslant 0.5\text{mm}$，连续长度 $\leqslant 100\text{mm}$，且焊缝两侧咬边总长 $\leqslant 10\%$ 焊缝全长	$\leqslant 0.1t$ 且 $\leqslant 1\text{mm}$，长度不限
	电弧擦伤		不允许	允许存在个别电弧擦伤
	接头不良		缺口深度 $\leqslant 0.05t$ 且 $\leqslant 0.5\text{mm}$，每 1000mm 长度焊缝内不得超过 1 处	缺口深度 $\leqslant 0.1t$ 且 $\leqslant 1\text{mm}$，每 1000mm 长度焊缝内不得超过 1 处
	表面气孔		不允许	每 50mm 长度焊缝内允许存在直径 $<0.4t$ 且 $\leqslant 3\text{mm}$ 的气孔 2 个，孔距应 $\geqslant 6$ 倍孔径
	表面夹渣			深 $\leqslant 0.2t$，长 $\leqslant 0.5t$ 且 $\leqslant 20\text{mm}$
有疲劳验算要求	裂纹	不允许		不允许
	未焊满		不允许	$\leqslant 0.2\text{mm}+0.02t$ 且 $\leqslant 1\text{mm}$，每 100mm 长度焊缝内未焊满累积长度 $\leqslant 25\text{mm}$
	根部收缩			$\leqslant 0.2\text{mm}+0.02t$ 且 $\leqslant 1\text{mm}$，长度不限
	咬边		$\leqslant 0.05t$ 且 $\leqslant 0.3\text{mm}$，连续长度 $\leqslant 100\text{mm}$，且焊缝两侧咬边总长 $\leqslant 10\%$ 焊缝全长	$\leqslant 0.1t$ 且 $\leqslant 0.5\text{mm}$，长度不限
	电弧擦伤		不允许	允许存在个别电弧擦伤
	接头不良			缺口深度 $\leqslant 0.05t$ 且 $\leqslant 0.5\text{mm}$，每 1000mm 长度焊缝内不得超过 1 处
	表面气孔		不允许	直径小于 1.0mm，每米不多于 3 个，间距不小于 20mm
	表面夹渣			深 $\leqslant 0.2t$，长 $\leqslant 0.5t$ 且 $\leqslant 20\text{mm}$

注：t 为接头较薄件母材厚度。

表 3-12-18 钢构件各焊缝质量等级的外观尺寸允许偏差

项目			外观尺寸允许偏差	
			一级、二级	三级
无疲劳验算要求的钢结构对接焊缝与角焊缝	对接焊缝余高 C		$B<20mm$ 时，C 为 $0\sim3.0mm$；$B\geqslant20mm$ 时，C 为 $0\sim4.0mm$	$B<20mm$ 时，C 为 $0\sim3.5mm$；$B\geqslant20mm$ 时，C 为 $0\sim5.0mm$
	对接焊缝错边 Δ		$\Delta<0.1t$，且 $\leqslant2.0mm$	$\Delta<0.15t$，且 $\leqslant3.0mm$
	角焊缝余高 C		$h_f\leqslant6mm$ 时，C 为 $0\sim1.5mm$；$h_f>6$ 时，C 为 $0\sim3.0mm$	
	对接和角接组合焊缝余高 C		$h_k\leqslant6$ 时，C 为 $0\sim1.5mm$；$h_k>6$ 时，C 为 $0\sim3.0mm$	
有疲劳验算要求的钢结构焊缝	焊脚尺寸	对接和角接组合焊缝 h_k	0 +2.0mm	
		角焊缝 h_f	−1.0mm +2.0mm	
		手工焊角焊缝 h_f（全长的 10%）	−1.0mm +3.0mm	
	焊缝高低差	角焊缝	$\leqslant2.0mm$(任意 25mm 范围高低差)	
	余高	对接焊缝	$\leqslant2.0mm(B\leqslant20mm)$	
			$\leqslant3.0mm(B>20mm)$	
	余高铲磨后表面	横向对接焊缝	表面不高于母材 0.5mm	
			表面不低于母材 0.3mm	
			粗糙度 50μm	

注：B 为焊缝宽度；t 为对接接头较薄件母材厚度。

12.3.3 钢构件焊接工程常见的质量问题

钢构件焊接工程常见的质量问题包括以下方面。

1)钢结构焊接变形过大。

2）焊缝未焊透、未焊满（或有弧坑）、焊脚高度不符合要求。

3）表面有气孔、夹渣、咬边、出现焊瘤。

12.4　钢结构高强度螺栓连接质量控制与检验

12.4.1　钢结构高强度螺栓连接质量控制

钢结构高强度螺栓连接的质量控制包括以下几方面。

1）钢结构连接用高强度大六角头螺栓连接副、扭剪型高强度连接副的品种、规格、性能等应符合国家现行产品标准和设计要求。高强度大六角头螺栓连接副终拧完成 1h 后、48h 内应进行终拧转矩检查。

2）高强度大六角头螺栓连接副和扭剪型高强度螺栓连接副出厂时应分别随箱带有转矩系数和紧固轴力（预拉力）的检验报告。高强度大六角头螺栓连接副转矩系数、扭剪型高强度螺栓连接副预拉力、符合《钢结构工程施工质量验收标准》（GB 50205—2020）的规定。复验螺栓连接副的预拉力平均值和标准偏差应符合规定，见表 3-12-19。

表 3-12-19　扭剪型高强度螺栓紧固轴力平均值和标准偏差

螺栓型号	M16	M20	M22	M24	M27	M30
紧固轴力的平均值 $\overline{P}$/kN	100～121	155～187	190～231	225～270	290～351	355～430
标准偏差 σ_p/kN	≤10.0	≤15.4	≤19.0	≤22.5	≤29.0	≤35.4

3）检查合格证是否与材料相符、品种规格是否符合设计，检验盖章是否齐全。

4）高强度螺栓连接应按设计要求对构件摩擦面进行喷砂（丸）、砂轮打磨或酸洗加工处理，其处理质量必须符合设计要求。

5）经表面处理的构件、连接件摩擦面，应进行摩擦系数测定，其数值必须符合设计要求。安装前应逐组复验摩擦系数，复验合格方可安装。

6）高强度螺栓应顺畅插入孔内，不得强行敲打，在同一连接面上穿入方向宜一致，以便于操作；对连接构件不符合的孔，应用钻头或绞刀扩孔或修孔，符合要求后，方可进行安装。

7）安装用临时螺栓可用普通螺栓，亦可直接用高强度螺栓，其穿入数量不得少于安装孔总数的 1/3，且不少于两个螺栓。

8）安装时先在安装临时螺栓余下的螺孔中投满高强度螺栓，并用扳手扳紧，然后将临时普通螺栓逐一换成高强度螺栓，并用扳手扳紧。

9）高强度螺栓的固定，应分二次拧紧（即初拧和终拧），每组拧紧顺序应从节点中心开始逐步向边缘两端施拧。整体结构的不同连接位置或同一节点的不同位置有两个连接构件时，应先拧紧主要构件，后拧紧次要构件。

10）高强度螺栓紧固宜用电动扳手进行。扭剪型高强度螺栓初拧一般用 60%～70% 轴力控制，以拧掉尾部梅花卡头为终拧结束。不能使用电动扳手的部位，则用测力扳手紧固，初拧扭矩值不得小于终拧扭矩值的 30%，终拧扭矩值，应符合设计要求。

11）螺栓初拧和终拧后，要做出不同标记，以便识别，避免重拧或漏拧。高强度螺栓终拧后外露丝扣不得小于 2 扣。

12）当日安装的螺栓应在当日终拧完毕，以防构件摩擦面、螺纹沾污、生锈和螺栓漏拧。

13）高强度螺栓紧固后要求进行检查和测定。例如，发现欠拧、漏拧时，应补拧；超拧时应更换。处理后的扭矩值应符合设计规定。

14）扭剪型高强度螺栓连接副终拧后，除因构造原因无法使用专用扳手终拧掉梅花头者外，未在终拧中拧掉梅花头的螺栓数不应大于该节点螺栓数的 5%。对所有梅花头未拧掉的扭剪型高强度螺栓连接副应采用转矩法或转角法终拧并标记。

15）高强度螺栓应自由穿入螺栓孔。高强度螺栓孔不应采用气割扩孔，扩孔数量应征得设计同意，扩孔后的孔径不应超过 $1.2d$（d 为螺栓直径）。

16）螺栓球节点网架总拼完成后，高强度螺栓与球节点应紧固连接，高强度螺栓拧入螺栓球内的螺纹长度不应小于 $1.0d$（d 为螺栓直径），连接处不应出现间隙、松动等未拧紧情况。

12.4.2　钢结构高强度螺栓连接质量检验

钢结构高强度螺栓连接工程质量检验见表 3-12-20。

表 3-12-20　钢结构高强度螺栓连接工程质量标准、检验数量和检验方法表

项目	序号	检验项目	检验标准	检验数量	检验方法
主控项目	1	抗滑移系数试验和复验	应符合《钢结构工程施工质量验收标准》(GB 50205—2020)附录 B.0.7 的规定，分别进行现场处理的构件摩擦面应单独进行摩擦面抗滑移系数试验，其结果应满足设计要求	符合《钢结构工程施工质量验收标准》(GB 50205—2020)附录 B.0.7 的规定	检查摩擦面抗滑移系数试验报告和复验报告
	2	高强度螺栓连接副终拧扭矩检查	检查结果应符合《钢结构工程施工质量验收标准》(GB 50205—2020)附录 B.0.4 的规定	按节点数抽查 10%，且不少于 10 个，每个被抽查到的节点，按螺栓数抽查 10%，且不少于 2 个	观察检查及按《钢结构工程施工质量验收标准》(GB 50205—2020)附录 B 执行
	3	扭剪型高强度螺栓连接副终拧后	检查结果应符合《钢结构工程施工质量验收标准》(GB 50205—2020)附录 B.0.2 的规定	按节点数抽查 10%，但不应少于 10 个节点，被抽查节点中梅花头未拧掉的扭剪型高强度螺栓连接副全数进行终拧转矩检查	

项目	序号	检验项目	检验标准	检验数量	检验方法
一般项目	1	高强度螺栓连接副的施拧顺序和初拧、终拧扭矩	应符合设计要求和《钢结构高强度螺栓连接技术规程》(JGJ 82—2011)	全数检查资料	检查扭矩扳手标定记录和螺栓施工记录
	2	高强度螺栓连接副终拧外观质量	螺栓丝扣外露应为 2 扣～3 扣,其中允许有 10% 的螺栓丝扣外露 1 扣或 4 扣	按节点数抽查 5%,且不应少于 10 个	观察检查
	3	高强度螺栓连接摩擦面外观	应保持干燥、整洁,不应有飞边、毛刺、焊接飞溅物、焊疤、氧化铁皮、污垢等,除设计要求外,摩擦面不应涂漆	全数检查	

12.4.3　钢结构高强度螺栓连接常见的质量问题

钢结构高强度螺栓连接常见的质量问题包括以下几方面。

1)装配摩擦面不符合要求。

2)连接板拼装不严、接触面有间隙。

3)螺栓丝扣损伤。

4)转矩达不到要求。

5)紧固件连接达不到要求。

复习思考题

1. 简述钢结构原材料质量控制要点。

2. 试述钢材的质量检验标准与检验方法。

3. 试述焊接材料的质量检验标准与检验方法。

4. 试述连接用紧固标准件的质量检验标准与检验方法。

5. 试述钢构件焊接工程质量检验标准和检验方法。

6. 试述钢构件焊接工程质量控制要点。

7. 试述切割加工的质量检验标准与检验方法。

8. 试述钢结构高强度螺栓连接质量控制要点。

9. 试述钢结构高强度螺栓连接工程质量标准和检验方法。

单元 4

屋面工程质量控制与检验

本 单元主要介绍屋面找平、屋面保温、屋面卷材防水的质量控制、检验及常见质量问题。

13

屋面找平层工程质量控制与检验

【知识目标】

理解屋面找平层原材料的材料要求；熟悉屋面找平层施工过程质量控制要点和质量验收的内容；掌握屋面找平层施工质量检验标准及验收方法。

【能力目标】

能够依据设计要求和施工质量标准，对屋面找平层工程的原材料质量、施工过程质量进行控制；能够参考有关资料独立编制屋面找平层工程施工技术交底；能够依据有关规范标准对屋面找平层工程施工质量进行检验和验收，能够规范填写检验批检查验收记录。

13.1 屋面找平层质量控制

13.1.1 原材料质量控制

原材料质量控制包括如下几方面。

(1)文件检验 材料进厂应具有产品出厂合格证、质量检验报告。

(2)原材料进场验收 屋面找平层所用材料必须进场验收，并按要求对各类材料进行复验。其质量、技术性能必须符合设计、施工及质量验收规范的规定。

(3)材料具体质量要求

水泥 不低于32.5级的硅酸盐水泥、普通硅酸盐水泥。

砂 宜用中砂、级配良好的碎石，含泥量不大于3%，不含有机杂质。

石 粒径0.5～1.5cm，含泥量不大于1.0%，级配良好。

水 拌用水宜采用饮用水。当采用其他水源时，水质应符合《混凝土用水标准》(JGJ 63—2006)的规定。

沥青 沥青砂浆找平层采用1∶8(沥青∶砂)质量比；沥青可采用10号、30号的建筑石油沥青或其熔合物，具体材质及配合比应符合设计要求。

粉料 可采用矿渣、页岩粉、滑石粉等。

13.1.2 施工过程质量控制

施工过程质量控制包括如下几方面。

(1)找平层厚度和技术要求 找平层的厚度和技术要求见表4-13-1。

(2)排水坡 找平层的排水坡度应符合设计要求。平屋面采用结构找坡不应小于3%，采用材料找坡宜为 2%；天沟、檐沟纵向找坡不应小于 1%，沟底水落差不得超过 200mm。

表 4-13-1　找平层厚度和技术要求

找平层分类	实用的基层	厚度/mm	技术要求
水泥砂浆	整体现浇混凝土板	15～20	1∶2.5 水泥砂浆
	整体材料保温层	20～25	
细石混凝土	装配式混凝土板	30～35	C20 混凝土，宜加钢筋网片
	板状材料保温板		C20 混凝土

(3)基层处理　在铺设找平层前，应对基层(即下一基层表面)进行处理，清扫干净。当找平层下有松散填充料时，应予以铺平振实。

(4)水落口检查　检查水落口周围的坡度是否准确。水落口杯与基层接触处应留宽 20mm、深 20mm 的凹槽，密封材料嵌填天沟。

(5)圆弧半径　基层与突出屋面结构(女儿墙、山墙、天窗壁、变形缝、烟囱等)的交接处和基层的转角处，找平层均应做成圆弧形，圆弧半径应符合表 4-13-2 的要求。内部排水的水落口周围，找平层应做成略低的凹坑。

表 4-13-2　转角处圆弧半径

卷材种类	圆弧半径/mm
沥青防水卷材	100～150
高聚物改性沥青防水卷材	50
合成高分子防水卷材	20

(6)分格缝　分格缝的留设应符合规范和设计要求。找平层宜设分格缝，并嵌填密封材料。分格缝应留设在板端缝处，其纵横缝的最大间距为：水泥砂浆或细石混凝土找平层，不宜大于 6m；沥青砂浆找平层，不宜大于 4m。

(7)控制找平层质量　不得有空鼓、开裂、脱皮、起砂等缺陷。找平层的材料质量及配合比，必须符合设计要求。施工前基层表面必须清理干净、水泥砂浆找平层施工前先用水湿润，找平层平整度应严格控制，保证找平层的厚度基本一致，加强成品养护，防止表面开裂。

(8)沥青砂浆找平层　沥青砂浆找平层应符合下列规定。

1)检查屋面板等基层安装牢固程度，不得有松动之处，屋面应平整，找好坡度并清扫干净。

2)基层必须干燥，然后满涂冷底子油 1～2 道，涂刷要薄而均匀，不得有气泡和空鼓，涂刷后表面保持清洁。

3)冷底子油干燥后可铺设沥青砂浆，其虚铺厚度约为压实后厚度的 1.30～1.40 倍。

4)待砂浆刮平后，即用火滚进行滚压(夏天温度较高时，筒内可不生火)。滚压至平整、密实、表面没有蜂窝、不出现压痕为止。滚筒应保持清洁，表面可涂刷柴油。滚压不到之处可用烙铁烫压平整，施工完毕后避免在上面踩踏。

5)施工缝应留成斜槎，继续施工时接槎处应清理干净并刷热沥青一遍，然后铺沥青砂浆，用火滚或烙铁烫平。

6) 雾、雨、雪天不得施工。一般不宜在气温 0℃ 以下施工。若在严寒地区，且必须在气温 0℃ 以下施工时，应采取相应的技术措施，如分层分段流水施工要采取保温措施等。

7) 滚筒内的炉火及灰烬不得外泄在沥青砂浆面上。

8) 沥青砂浆铺设后，最好在当天铺第一层卷材，否则要用卷材盖好，防止雨水、露气浸入。

(9) 水泥砂浆找平层　水泥砂浆找平层应符合下列规定。

1) 砂浆配合比要称量准确，搅拌均匀，底层为塑料薄膜隔离层、防水层或不吸水保温层，宜在砂浆中加减水剂并严格控制稠度。砂浆铺设应按由远到近、由高到低的程序进行，最好在每一分格内一次连续抹成，严格掌握坡度。

2) 砂浆稍收水后，用抹子抹平、压实、压光(砂浆表面不允许撒干水泥或水泥浆压光)，使表面坚固、平整；水泥砂浆终凝前轻轻取出嵌缝木条，完工后注意成品保护；水泥砂浆终凝后，采取浇水、覆盖浇水或喷养护剂、涂刷冷底子油等方法充分养护，保护砂浆中的水泥充分水化，以确保找平层质量。

3) 注意气候变化，如气温在 0℃ 以下，或终凝前可能下雨时，不宜施工。若必须施工，应有技术措施，保证找平层质量。

4) 找平层硬化后，应用密封材料嵌填分格缝。

13.2　屋面找平层质量检验

(1) 检验批划分　按一个施工段(或变形缝)作为一个检验批，全部进行检验。

(2) 检验数量　屋面找平层检验数量包括以下两方面。

1) 细部构造根据分项工程的内容，应全部进行检查。

2) 其他主控项目和一般项目应按屋面面积每 $100m^2$ 抽查一处，每处 $10m^2$，且不得少于 3 处。

(3) 检验标准和方法　屋面找平层质量检验标准与检验方法见表 4-13-3。

表 4-13-3　屋面找平层质量检验标准与检验方法

项目	序号	检验项目	检验标准	检验方法
主控项目	1	材料质量及配合比	应符合设计要求	检查出厂合格证、质量检验报告和计量措施
	2	排水坡度	应符合设计要求，结构边坡不应小于3%，材料找坡宜为2%；天沟、檐沟纵向找坡不应小于1%，沟底落差不得超过200mm	坡度尺检查
一般项目	1	找平层	应抹平、压光，不得有疏松、起砂、起皮现象；卷材防水层的基层与突出屋面结构的交接处以及基层的转角处、找平层应做成圆弧形，且应整齐平顺	观察检查
	2	分格缝的宽度和间距	均应符合设计要求	观察和尺量检查
	3	表面平整度	允许偏差为5mm	2m靠尺和塞尺检查

13.3 屋面找平层常见的质量问题

屋面找平层常见的质量问题包括以下几方面。

1)找坡不准，排水不畅。

2)找平层起砂、起皮。

3)找平层空鼓、开裂。

4)沥青砂浆找平层有蜂窝、压痕。

复习思考题

1. 试述屋面水泥砂浆找平层施工过程质量控制要点。

2. 试述屋面找平层原材料的质量控制要点。

3. 屋面找平层的质量要求有哪些？

4. 屋面找平层开裂的原因是什么？如何防治？

5. 屋面找平层排水坡度有何要求？应如何检查？

6. 屋面找平层对分格缝有何要求？应如何检查？

14

屋面保温层质量控制与检验

【知识目标】

理解屋面保温层原材料的材料要求；熟悉屋面保温层施工过程质量控制要点和质量验收的内容；掌握屋面保温层施工质量检验标准及验收方法。

【能力目标】

能够依据设计要求和施工质量标准，对屋面保温层工程的原材料质量、施工过程质量进行控制；能够参考有关资料独立编制屋面保温层工程施工技术交底；能够依据有关规范标准对屋面保温层工程施工质量进行检验和验收，能够规范填写检验批检查验收记录。

14.1 屋面保温层质量控制

14.1.1 原材料质量控制

(1)文件检验 材料进厂应具有产品出厂合格证、质量检验报告。材料外表或包装物应有明显标志，标明材料生产厂家、材料名称、生产日期、执行标准、产品有效期等。材料进场后，应按规定抽样复验，并提交试验报告。不合格材料，不得使用。

(2)抽样数量 进场的材料抽样数量，应按使用的数量确定，每批材料至少应抽样1次。

(3)保温材料的物理性能检验 进场后的保温材料物理性能应检验下列项目。

1)板状保温材料：表观密度、导热系数、吸水率、抗压强度。

2)现喷硬质聚氨酯泡沫塑料应先在实验室试配，达到要求后再进行现场施工。现喷硬质聚氨酯泡沫塑料的表观密度应为 35～40kg/m³，导热系数应小于 0.030W/(m·K)，抗压强度应大于 150kPa，闭孔率应大于 92%。

(4)松散保温材料质量 松散保温材料质量要求见表 4-14-1。

表 4-14-1 松散保温材料质量要求

项目	膨胀蛭石	膨胀珍珠岩
粒径	3～5mm	≥0.15mm，<0.15mm 的含量不大于 8%
堆积密度	≤300kg/m³	≤120kg/m³
导热系数	≤0.14W/(m·K)	≤0.07W/(m·K)

(5)板状保温材料质量　板状保温材料质量要求见表 4-14-2。

表 4-14-2　板状保温材料质量要求

项目	聚苯乙烯泡沫塑料类		硬质聚氨酯泡沫塑料	泡沫玻璃	微孔混凝土类	膨胀蛭石(珍珠岩)制品
	挤压	模压				
表观密度/(kg/m³)	≥32	15～30	≥30	≥150	500～700	300～800
导热系数[W/(m·K)]	≤0.03	≤0.041	≤0.027	≤0.062	≤0.22	≤0.26
抗压强度/MPa	—	—	—	≥0.4	≥0.4	≥0.3
在 10%形变下的压缩应力/MPa	≥0.15	≥0.06	≥0.15	—	—	—
70℃，48h 后尺寸变化率/%	≤2.0	≤5.0	≤5.0	≤0.5	—	—
吸水率/%	≤1.5	≤6	≤3	≤0.5	—	—
外观质量	板的外形基本平整，无严重凹凸不平；厚度允许偏差为 5%，且不大于 4mm					

14.1.2　施工过程质量控制

保温层工程质量的重点是控制含水率，因为保温材料的干湿程度与导热系数关系很大。封闭式保温层的含水率，应相当于该材料在当地自然风干状态下的平衡含水率。铺设保温层应注意以下几方面。

保温层的基层　铺设保温层的基层应平整、干燥和干净。

保温层功能　保温层功能应符合设计要求，避免出现保温材料表观密度过大、铺设前含水量大、未充分晾干等现象。施工选用的材料应达到技术标准，要控制保温材料导热系数、含水量和铺实密度，保证保温的功能效果。

铺设保温层　保温层铺设时应认真操作，拉线找坡，铺顺平整，操作中避免材料在屋面上堆积二次倒运，保证铺设均匀及表面平整，铺设厚度应满足设计要求。

板状保温材料施工　板状保温材料施工，采用干铺法时保温材料应紧贴基层表面，多层设置的板块上下层接缝要错开，板缝间隙嵌填密实；当采用胶结剂粘贴时，板块相互之间与基层之间应满涂胶结材料，保证相互粘牢；当采用水泥砂浆粘贴板桩保温材料时，板缝间隙应采用保温灰浆填实并勾缝。

松散保温材料　松散保温材料施工时应分层铺设，每层虚铺厚度不宜大于 150mm，压实的程度与厚度必须经试验确定，压实后不得直接在保温层上行车或堆物。施工人员宜穿软底鞋进行操作。保温层施工完成后，应及时进行找平层和防水层的施工；雨期施工时，保温层应采取遮盖措施。

整体现浇(喷)保温层质量　整体现浇(喷)保温层质量的关键，是表面平整和厚度满足设计要求。施工应符合下列规定。

1)沥青膨胀蛭石、沥青膨胀珍珠岩宜用机械搅拌，并应色泽一致，无沥青团；压实程度根据试验确定，其厚度应符合设计要求，表面应平整。

2)硬质聚氨酯泡沫塑料应按配比准确计量，发泡厚度均匀一致。

施工要求　严禁屋面保温层在雨天、雪天和五级风及以上风力时施工。屋面保温层施工环境气温要求见表4-14-3。施工完成后应及时进行找平层和防水层的施工。同时要求屋面保温层进行隐蔽验收，施工质量应验收合格，质量控制资料应完整。

表 4-14-3　屋面保温层施工环境气温要求

项目	施工环境气温
黏结保温层	热沥青不低于－10℃；水泥砂浆不低于5℃

14.2　屋面保温层质量检验

(1)检验批划分　按一栋、一个施工段(或变形缝)作为一个检验批，全部进行检验。

(2)检验数量　屋面保温层质量检验的检验数量要注意以下两方面。

1)细部构造根据分项工程的内容，应全部进行检查。

2)其他主控项目和一般项目，应按屋面面积每100m² 抽查一处，每处10m²，且不得少于3处。

(3)检验标准和方法　屋面保温层工程质量检验标准和检验方法见表4-14-4。

表 4-14-4　屋面保温层工程质量检验标准与检验方法

项目	序号	检验项目		检验标准	检验方法
主控项目	1	材料质量或配合比	板状材料、纤维材料	应符合设计要求	检查出厂合格证、质量检验报告和进场检验报告
			喷涂硬泡聚氨酯、现浇泡沫混凝土		检查出厂合格证、质量检验报告和计量措施
	2	厚度	板状材料	应符合设计要求，其正偏差应不限，负偏差应为5%，且不得大于4mm	钢针插入或尺量检查
			纤维材料	应符合设计要求，其正偏差应不限，毡不得有负偏差，板负偏差应为4%，且不得大于3mm	
			喷涂硬泡聚氨酯	应符合设计要求，其正偏差应不限，不得有负偏差	
			现浇泡沫混凝土	应符合设计要求，其正负偏差应为5%，且不得大于5mm	
	3	屋面热桥部位处理		应符合设计要求	观察检查

项目	序号	检验项目		检验标准	检验方法
一般项目	1	保温层铺设	板状材料	应紧贴基层，铺平垫稳，拼缝应严密，粘贴应牢固	观察检查
			纤维材料	应紧贴基层，拼缝应严密，表面应平整	
			喷涂硬泡聚氨酯	应分遍喷涂，粘结应牢固，表面应平整，找坡应正确	
			现浇泡沫混凝土	应分层施工，粘结应牢固，表面应平整，找坡应正确	
	2	表面平整度	板状材料	允许偏差为 5mm	2m 靠尺和塞尺检查
			纤维材料	表面应平整	观察和尺量检查
			喷涂硬泡聚氨酯	允许偏差为 5mm	2m 靠尺和塞尺检查
			现浇泡沫混凝土		

复习思考题

1. 对保温层的材料有何具体要求？
2. 简述屋面保温层的质量要求。
3. 试述屋面保温层施工质量控制要点。
4. 简述屋面保温层质量检验的内容。
5. 如何控制保温层的保温隔热效果？
6. 如何控制保温层的铺设厚度？

15

屋面卷材防水质量控制与检验

【知识目标】

理解屋面卷材防水层原材料的材料要求；熟悉屋面卷材防水层施工过程质量控制要点和质量验收的内容；掌握屋面卷材防水层施工质量检验标准及验收方法。

【能力目标】

能够依据设计要求和施工质量标准，对屋面卷材防水的原材料质量、施工过程质量进行控制；能够参考有关资料独立编制屋面卷材防水工程施工技术交底；能够依据有关规范标准对屋面卷材防水工程施工质量进行检验和验收，能够规范填写检验批检查验收记录。

15.1 屋面卷材防水质量控制

15.1.1 原材料质量控制

(1)相关国家标准和行业标准 沥青防水卷材产品质量应符合《石油沥青纸胎油毡》(GB/T 326—2007)的要求。高聚物改性沥青防水卷材产品质量应符合《弹性体改性沥青防水卷材》(GB 18242—2008)、《塑性体改性沥青防水卷材》(GB 18243—2008)和《改性沥青聚乙烯胎防水卷材》(GB 18967—2009)的要求。合成高分子防水卷材产品质量应符合《高分子防水材料 第1部分：片材》(GB 18173.1—2012)的要求。

(2)进场检验 所用卷材防水材料应有产品合格证书和性能检测报告，材料的品种、规格、性能等应符合国家现行产品标准并满足设计要求。材料进场后，应按规定抽样复验，并提交试验报告。不合格材料，不得使用。

(3)选用材料质量控制 控制所选用的基层处理剂、接缝胶粘剂、密封材料等配套材料应与铺贴的卷材材性相容。

(4)外观质量与物理性能 沥青防水卷材的外观质量与物理性能应符合下列规定。

1)沥青防水卷材外观质量要求见表 4-15-1。

2)沥青防水卷材物理性能要求见表 4-15-2。

(5)高聚物改性沥青防水卷材的外观质量与物理性能 高聚物改性沥青防水卷材的外观质量与物理性能应符合下列规定。

1)高聚物改性沥青防水卷材外观质量要求见表 4-15-3。

2)高聚物改性沥青防水卷材物理性能要求见表 4-15-4。

表 4-15-1　沥青防水卷材外观质量要求

项目	质量要求
孔洞、硌伤	不允许出现
露胎、涂盖不匀	不允许出现
折纹、褶皱	距卷芯 1000mm 以外，长度不大于 100mm
裂纹	距卷芯 1000mm 以外，长度不大于 10mm
裂口、缺边	边缘裂口小于 20mm；缺边长度小于 50mm，深度小于 20mm
每卷卷材的接头	不超过 1 处，较短的一段不应小于 2500mm，接头处应加长 150mm

表 4-15-2　沥青防水卷材物理性能要求

项目		性能要求	
		350 号沥青防水卷材	500 号沥青防水卷材
纵向拉力(25℃±2℃时)/N		≥340	≥440
耐热度(85℃±2℃，2h)		不流淌，无集中性气泡	
柔度(18℃±2℃)		绕 φ20mm 圆棒无裂纹	绕 φ25mm 圆棒无裂纹
不透水性	压力/MPa	≥0.10	≥0.15
	保持时间/min	≥30	≥30

表 4-15-3　高聚物改性沥青防水卷材外观质量要求

项目	质量要求
孔洞、缺边、裂口	不允许出现
边缘不整齐	不超过 10mm
胎体露白、未浸透	不允许出现
撒布材料粒度、颜色	均匀
每卷卷材的接头	不超过 1 处，较短的一段不应小于 1000mm，接头处应加长 150mm

表 4-15-4　高聚物改性沥青防水卷材物理性能要求

项目	性能要求				
	聚酯毡胎体	玻纤毡胎体	聚乙烯胎体	自粘聚酯胎体	自粘无胎体
可溶物含量	≥2100g/m², 3mm 厚；≥2900g/m², 4mm 厚		—	≥1300g/m², 2mm 厚；≥2100g/m², 3mm 厚	—
抗拉强度/(N/50mm)	≥450	≥350，纵向；≥250，横向	≥100	≥350	≥250
延伸率	最大拉力时≥30%	—	断裂时≥200%	最大拉力时≥30%	断裂时≥450%
耐热度	SBS 卷材 90℃，APP 卷材 110℃，2h 无滑动、流淌、滴落		PEE 卷材 90℃，2h 无流淌、起泡	70℃，2h 无滑动、流淌、滴落	70℃，2h 无起泡、滑动

项目		性能要求				
		聚酯毡胎体	玻纤毡胎体	聚乙烯胎体	自粘聚酯胎体	自粘无胎体
低温柔度		SBS 卷材，-18℃；APP 卷材，-5℃；PEE 卷材，-10℃				
		3mm 厚，$r=15$mm；4mm 厚，$r=25$mm；3s，弯 180°无裂纹			$r=15$mm；3s，弯 180°无裂纹	
不透水性	压力/MPa	≥0.3	≥0.2	≥0.3	≥0.3	≥0.2
	保持时间/min	≥30				≥120

注：1）SBS 卷材指弹性体改性沥青防水卷材。

2）APP 卷材指塑性体改性沥青防水卷材。

3）PEE 卷材指高聚物改性沥青乙烯胎防水卷材。

(6)合成高分子防水卷材的外观质量与物理性能 合成高分子防水卷材外观质量与物理性能应符合下列规定。

1）合成高分子防水卷材外观质量要求见表 4-15-5。

表 4-15-5　合成高分子防水卷材外观质量

项目	质量要求
折痕	每卷不超过 2 处，总长度不超过 20mm
杂质	不允许有粒径大于 0.5mm 颗粒，每 1m² 不超过 9mm²
胶块	每卷不超过 6 处，每处面积不大于 4mm²
凹痕	每卷不超过 6 处，深度不超过本身厚度的 30%；树脂类深度不超过 15%
每卷卷材的接头	橡胶类每 20m 不超过 1 处，较短的一段不应小于 3000mm，接头处应加长 150mm，树脂类 20m 长度内不允许有接头

2）合成高分子防水卷材物理性能要求见表 4-15-6。

表 4-15-6　合成高分子防水卷材物理性能

项目		性能要求			
		硫化橡胶类	非硫化橡胶类	树脂类	纤维增强类
断裂拉伸强度/MPa		≥6	≥3	≥10	≥9
扯断伸长率/%		≥400	≥200	≥200	≥10
低温弯折/℃		−30	−20	−20	−20
不透水性	压力/MPa	≥0.3	≥0.2	≥0.3	≥0.3
	保持时间/min	≥30			
加热收缩率/%		<1.2	<2.0	<2.0	<1.0
热老化保持率（80℃，168h）	断裂拉伸强度/MPa	≥80			
	扯断伸长率/%	≥70			

(7)卷材胶粘剂、胶粘带、沥青玛琋脂的质量控制　卷材胶粘剂、胶粘带、沥青玛琋脂应符合下列要求。

1)改性沥青胶粘剂的剥离强度不应小于 8N/10mm。

2)合成高分子胶粘剂的剥离强度不应小于 15N/10mm，浸水 168h 后粘结剥离强度保持率不应小于 70%。

3)双面胶粘带的剥离强度不应小于 10N/25mm，浸水 168h 后的保持率不应小于 70%。

4)不同品种、规格的卷材胶粘剂和胶粘带，应分别用密封桶或纸箱包装。

5)卷材胶粘剂和胶粘带应储存在阴凉通风的室内，严禁接近火源和热源。

15.1.2　施工过程质量控制

(1) 卷材的储运、保管　卷材的储运、保管应符合下列规定。

1)不同品种、规格的胶粘剂和胶粘带，应分别用密封桶或纸箱包装。

2)胶粘剂和胶粘带应贮存在阴凉通风的室内，严禁接近火源和热源。

(2)卷材的要求　卷材的要求应符合下列规定：卷材防水层基层应坚实、干净、平整，应无孔隙、起砂和裂缝。基层的干燥程度应根据所选防水卷材的特性确定。

(3)卷材防水层铺贴顺序和方向　卷材防水层铺贴顺序和方向应符合下列规定。

1)卷材防水层施工时，应先进行细部构造处理，然后由屋面最低标高向上铺贴。

2)檐沟、天沟卷材施工时，宜顺檐沟、天沟方向铺贴，搭接缝应顺流水方向。

3)卷材宜平行屋脊铺贴，上下层卷材不得相互垂直铺贴。

(4)采用基层处理剂　采用基层处理剂其配制与施工应符合下列规定。

1)基层处理剂应与卷材相容。

2)基层处理剂应配比准确，并应搅拌均匀。

3)喷、涂基层处理剂前，应先对屋面细部进行涂刷。

4)基层处理剂可选用喷涂或涂刷施工工艺，喷、涂应均匀一致，干燥后应及时进行卷材施工。

(5)卷材搭接　为确保卷材防水屋面的质量，所有卷材均应采用搭接法，且上下层及相邻两幅卷材的搭接缝应错开。

1)平行屋脊的搭接缝应顺流水方向，搭接缝宽度应符合表 4-15-7 的规定。

表 4-15-7　卷材搭接宽度　　　　　　　　　（单位：mm）

卷材类别		搭接宽度
合成高分子防水卷材	胶粘剂	80
	胶粘带	50
	单缝焊	60，有效焊接宽度不小于 25
	双缝焊	80，有效焊接宽度 10×2＋空腔宽
高聚物改性沥青防水卷材	胶粘剂	100
	自粘	80

2)同一层相邻两幅卷材短边搭接缝错开不应小于 500mm。

3)上下层卷材长边搭接缝应错开，且不应小于幅宽的 1/3。

4)叠层铺贴的各层卷材,在天沟与屋面的交接处,应采用叉接法搭接,搭接缝应错开;搭接缝宜留在屋面与天沟侧面,不宜留在沟底。

(6)冷粘法铺贴注意事项 卷材采用冷粘法铺贴时应符合下列规定。

1)胶粘剂涂刷应均匀,不得露底、堆积;卷材空铺、点粘、条粘时,应按规定的位置及面积涂刷胶粘剂。

2)应根据胶粘剂的性能与施工环境、气温条件等,控制胶粘剂涂刷与卷材铺贴的间隔时间。

3)铺贴卷材时应排除卷材下面的空气,并应辊压粘贴牢固。

4)铺贴的卷材应平整顺直,搭接尺寸应准确,不得扭曲、皱折;搭接部位的接缝应满涂胶粘剂,辊压应粘贴牢固。

5)合成高分子卷材铺好压粘后,应将搭接部位的粘合面清理干净,并应采用与卷材配套的接缝专用胶粘剂,在搭接缝粘合面上应涂刷均匀,不得露底、堆积,应排除缝间的空气,并用辊压粘贴牢固。

6)合成高分子卷材搭接部位采用胶粘带粘结时,粘合面应清理干净,必要时可涂刷与卷材及胶粘带材性相容的基层胶粘剂,撕去胶粘带隔离纸后应及时粘合接缝部位的卷材,并应辊压粘贴牢固;低温施工时,宜采用热风机加热。

7)搭接缝口应用材性相容的密封材料封严。

(7)热熔法铺贴注意事项 卷材采用热熔法铺贴时应符合下列规定。

1)火焰加热器的喷嘴距卷材面的距离应适中,幅宽内加热应均匀,应以卷材表面熔融至光亮黑色为度,不得过分加热卷材;厚度小于3mm的高聚物改性沥青防水卷材,严禁采用热熔法施工。

2)卷材表面沥青热熔后应立即滚铺卷材,滚铺时应排除卷材下面的空气。

3)搭接缝部位宜以溢出热熔的改性沥青胶结料为度,溢出的改性沥青胶结料宽度宜为8mm,并宜均匀顺直;当接缝处的卷材上有矿物粒或片料时,应用火焰烘烤及清除干净后再进行热熔和接缝处理。

4)铺贴的卷材应平整顺直,搭接尺寸准确,不得扭曲、褶皱。

(8)自粘法铺贴注意事项 卷材采用的自粘法铺贴时应符合下列规定。

1)铺粘卷材前,基层表面应均匀涂刷基层处理剂,干燥后应及时铺贴卷材。

2)铺贴卷材时应将自粘胶底面的隔离纸完全撕净。

3)铺贴卷材时应排除卷材下面的空气,并应辊压粘贴牢固。

4)铺贴的卷材应平整顺直,搭接尺寸应准确,不得扭曲、皱折;低温施工时,立面、大坡面及搭接部位宜采用热风机加热,加热后应随即粘贴牢固。

5)搭接缝口应采用材性相容的密封材料封严。

(9)焊接注意事项 卷材采用热风焊接施工应符合下列规定。

1)对热塑性卷材的搭接缝可采用单缝焊或双缝焊,焊接应严密。

2)焊接前,卷材应铺放平整、顺直,搭接尺寸应准确,焊接缝的结合面应清理干净。

3)应先焊长边搭接缝,后焊短边搭接缝。

4)应控制加热温度和时间,焊接缝不得漏焊、跳焊或焊接不牢。

(10)施工环境温度要求 卷材屋面防水层严禁在雨天、雪天和五级风及以上风力时施工。施工环境气温宜符合以下要求。

1）热熔法和焊接法不宜低于−10℃。

2）冷粘法和热粘法不宜低于5℃。

3）自粘法不宜低于10℃。

(11)检查渗漏、积水现象 检查卷材防水层是否有渗漏或积水现象。

15.2 屋面卷材防水质量检验

检验标准和检验方法 屋面卷材防水质量检验标准与检验方法见表4-15-8。

表 4-15-8 屋面卷材防水工程质量检验标准与检验方法

项目	序号	检验项目	检验标准	检验方法
主控项目	1	卷材防水层所用材料及其配套材料	应符合设计要求	检查出厂合格证、质量检验报告和进场检验报告
	2	卷材防水层	不得有渗漏和积水现象	雨后观察或淋水、蓄水试验
	3	卷材防水层在檐口、檐沟、天沟、水落口、泛水、变形缝和伸出屋面管道的防水构造	应符合设计要求	观察检查
一般项目	1	卷材的搭接缝	应粘结或焊接牢固，密封应严密，不得扭曲、皱折和翘边	观察检查
	2	卷材防水层的收头	应与基层粘结，钉压应牢固，密封应严密	
	3	卷材防水层的铺贴方向	方向应正确，卷材搭接宽度的允许偏差为−10mm	观察和尺量检查
	4	屋面排汽构造的排汽道	应纵横贯通，不得堵塞；排汽管应安装牢固，位置应正确，封闭应严密	观察检查

15.3 屋面卷材防水常见的质量问题

屋面卷材防水常见质量问题包括以下几方面。

1）卷材开裂。

2）卷材防水层过早老化。

3）屋面卷材起鼓。

4）卷材施工后破损。

复习思考题

1. 进场的卷材抽样复验应符合哪些规定？

2. 冷贴法、热熔法铺贴的卷材各应满足哪些要求？

3. 卷材铺贴方向应如何控制？进场的卷材、卷材胶黏剂抽样复验应符合哪些规定？

4. 卷材防水层的搭接缝、收头应满足什么要求？

5. 对泛水、檐口、分格缝及落水口等位置的防水层有何要求？

6. 怎样检查屋面防水层的渗漏和积水？

7. 某工程建筑面积 12 600m²，现浇钢筋混凝土框架结构，地上 8 层，地下 1 层，由××建筑设计院设计，××建筑工程公司施工。2008×月×日开工，2010 年×月×日竣工验收，交付使用。在 2010 年夏季，发现屋面大面积渗漏，经调查发现，该工程所采用的 SBS 防水卷材材料质量存在问题，该材料由施工单位负责采购，因此，业主要求原施工单位维修并赔偿损失。施工单位称该屋面防水工程已过保修期，对使用单位要求不予理睬。

请回答如下问题：

(1)为避免出现屋面工程的质量问题，施工单位应该从哪些方面进行施工质量控制？

(2)该工程卷材防水层材料质量控制的要点和内容是什么？

(3)施工单位的说法是否合理？为什么？

单元 5

建筑装饰装修工程质量控制与检验

本单元主要介绍基层工程、厕浴间工程、整体楼地面、板块楼地面工程质量控制与检验；一般抹灰与装饰抹灰工程质量控制与检验；木门窗、塑料门窗、金属门窗、门窗玻璃安装工程质量控制与检验；饰面板、饰面砖安装与粘贴工程及涂饰工程质量控制与检验；墙体、门窗、地面及屋面节能工程质量控制与检验。

16
楼地面工程施工质量控制与检验

【知识目标】

理解建筑楼地面工程材料要求；熟悉楼地面工程的施工质量控制的要求和质量检验的内容；掌握楼地面工程质量检验要求与方法。

【能力目标】

能够依据设计要求和施工质量标准，对楼地面工程质量进行检查、控制；能够参考有关资料独立编制楼地面工程施工技术交底；能够依据有关标准、规范对楼地面工程施工质量进行检验和验收，能够规范填写检验批检查验收记录。

16.1 基层工程质量控制与检验

基层工程主要包括基土、垫层、找平层、隔离层和填充层。其中垫层种类包括灰土垫层、砂垫层和砂石垫层、碎石垫层和碎砖垫层、三合土垫层、炉渣垫层、混凝土垫层等。本节主要介绍灰土垫层、混凝土垫层的质量控制与检验。其他垫层质量控制请参阅相关标准、规范。

16.1.1 基层工程质量控制

(1)原材料质量控制 基层工程原材料的质量控制包括以下几方面。

1) 基土严禁采用淤泥、腐殖土、冻土、耕植土、膨胀土和含有8%(质量分数)以上有机物质的土作为填土。黏土(或粉质黏土、粉土)内不得含有有机物质，颗粒粒径不得大于16mm。

2) 混凝土垫层或找平层采用的碎石或卵石，其粒径不应大于其厚度的2/3，含泥量不应大于2%。砂为中粗砂，其含泥量不应大于3%。

3) 找平层应采用水泥砂浆或水泥混凝土铺设，并应符合设计规定。水泥砂浆体积比或水泥混凝土强度等级应符合设计要求，且水泥砂浆体积比不应小于1:3(或相应的强度等级)；水泥混凝土强度等级不应小于C15。

4) 灰土垫层采用的熟化石灰，使用前应提前3～4d充分熟化并过筛，其颗粒粒径不得大于5mm。熟化石灰可采用磨细生石灰代替，其细度应满足要求。

5) 灰土垫层施工时，填土应保持最优含水量，重要工程或大面积的地面填土前，应取土样，按击实试验确定最优含水量与相应的最大干密度。

6) 灰土垫层应采用熟化石灰粉与黏土(含粉质黏土、粉土)的拌和料铺设，其厚度不应小于 100mm。灰土体积比应符合设计要求。

7)隔离层的材料应符合设计要求，其性能检测应经有资质的检测单位认定。

8)掺有防渗外加剂的水泥类隔离层，其防水剂、防油渗制剂的复合掺量和水泥类隔离层的配合比、强度等级等均应符合设计要求。

(2)施工过程的质量控制　施工过程的质量控制应注意以下几方面。

1)垫层施工应在编制了技术措施并进行了安全与技术交底后方可施工。

2)垫层施工应在地基与基础工程、主体工程验收合格并办完验收手续后方可施工。

3)基层铺设前，其下一层表面应清理干净、无积水。

4)建筑地面工程基层(各构造层)和面层的铺设，均应待其下一层检验合格后方可施工上一层。建筑地面工程各层铺设前与相关专业的分部(子分部)工程、分项工程以及设备管道安装工程之间，应进行交接检验。

5)地面工程的基土应均匀密实，压实系数应符合设计要求，设计无要求时，不应小于 0.90。

6)施工时，应检查在垫层、找平层内埋设暗管时，管道是否按设计要求予以稳固。待隐蔽工程完工，经验收合格后，方可进行垫层的施工。

7)灰土垫层施工时，应严格控制含水量。

8)施工时，应随时检查基层的标高、坡度、厚度等是否符合设计要求，基层表面是否平整、是否符合规定。

9)有防水要求的建筑地面工程，铺设前必须对立管、套管和地漏与楼板节点之间进行密封处理，并应进行隐蔽验收；排水坡度应符合设计要求。

10)在水泥类找平层上铺设沥青类防水卷材、防水涂料时，或以水泥类材料作为防水隔离层时，应检查其表面是否坚固、洁净、干燥，且在铺设前是否涂刷了基层处理剂，基层处理剂是否采用了与卷材性能配套的材料或采用了同类涂料的底子油。

11)铺设防水隔离层时，在管道穿过的楼板面的四周，防水材料应向上铺涂，且超过套管的上口；在靠近墙面处，应高出面层 200~300mm 或按设计要求的高度铺涂，阴阳角和管道穿过楼板面的根部应增设附加防水隔离层。

12)防水材料铺设后，必须进行蓄水检验。蓄水深度应为 20~30mm，24h 内无渗漏为合格，并做记录。

16.1.2　基层工程施工质量检验

(1)检验批划分　基层(各构造层)和各类面层的分项工程的施工质量验收应按每一层或每层施工段(或变形缝)作为一个检验批，高层建筑的标准层可按每三层(不足三层按三层计)作为一个检验批。

(2)检验数量　基层工程施工质量检验的检验数量见表 5-16-1。

(3)检验标准和方法　基层工程施工质量检验标准和检验方法见表 5-16-1。

表 5-16-1 基层工程施工质量检验标准、检验数量和检验方法表

项目	序号	检验项目		检验标准	检验数量	检验方法
主控项目	1	基土	材料	严禁采用淤泥、腐殖土、冻土、耕植土、膨胀土和含有有机物质大于8%（质量分数）的土作为填土	每检验批应以各子分部工程的基层（各构造层）和各类面层所划分的分项工程按自然间（或标准间）检验，抽查数量应随机检验不应少于3间；不足3间应全数检查；其中走廊（过道）应以10延长米为一间，工业厂房（按单跨计）、礼堂、门厅应以两个轴线为1间计算。有防水要求的建筑地面子分部工程的分项工程施工质量，每检验批抽查数量应按其房间总数随机检验不应少于4间，不足4间应全数检查	观察检查和检查土质记录
			质量	应均匀密实，压实系数应符合设计要求；设计无要求时，不应小于0.90		观察检查和检查实验记录
	2	垫层	灰土体积比	应符合设计要求		观察检查和检查配合比试验报告
	3	找平层	材料粒径及含泥量	碎石或卵石的粒径不应大于其厚度的2/3，含泥量不应大于2%（质量分数）；砂为中粗砂，其含泥量不应大于3%（质量分数）		观察检查和检查质量合格证明文件
			体积比	水泥砂浆体积比或水泥混凝土强度等级应符合设计要求，且水泥砂浆体积比不应小于1∶3（或相应的强度等级）；水泥混凝土强度等级不应小于C15		观察检查和检查配合比试验报告、强度等级检测报告
			渗漏	有建筑要求的建筑地面工程的立管、套管、地漏处严禁渗漏，坡向应正确，无积水		观察检查和蓄水、泼水检验或坡度尺检查
	4	隔离层	构造	厕浴间和有防水要求的建筑地面必须设置防水隔离层。楼层结构必须采用现浇混凝土或整块预制混凝土板，混凝土强度等级不应低于C20；楼板四周除门洞外，应做混凝土翻边，其高度不应小于200mm。施工时结构层标高和预留孔洞位置应准确，严禁乱凿洞		观察检查和钢尺检查
			强度	水泥类防水隔离层的防水性能和强度等级必须符合设计要求		观察检查和检查防水等级检测报告、强度等级检测报告
			渗漏	防水隔离层严禁渗漏，排水的坡度应正确，排水通畅		观察检查和蓄水、泼水检验、坡度尺检查，并检查检验记录
	5	填充层	材料质量	必须符合设计要求和国家现行有关标准的规定		观察检查和检查质量合格证明文件
			配合比	必须符合设计要求		观察检查和检查配合比试验报告

续表

项目	序号	检验项目		检验标准	检验数量	检验方法
一般项目	1	基土	表面平整度(标高)	15mm(0~50mm)	每检验批应以各子分部工程的基层(各构造层)和各类面层所划分的分项工程按自然间(或标准间)检验,抽查数量应随机检验不应少于3间;不足3间应全数检查;其中走廊(过道)应以10延长米为一间,工业厂房(按单跨计)、礼堂、门厅应以两个轴线为1间计算。有防水要求的建筑地面子分部工程的分项工程施工质量,每检验批抽查数量应按其房间总数随机检验不应少于4间,不足4间应全数检查	2m靠尺和楔形塞尺检查(水准仪)
	2	垫层	石灰、黏土	熟化石灰颗粒粒径不得大于5mm;黏土(或粉质黏土、粉土)内不得含有有机物质,其颗粒粒径不得大于16mm		观察检查和检查质量合格证明文件
			表面平整度(标高)	灰土、三合土、炉渣、混凝土为10mm(±10mm);砂、砂石为15mm(±20mm)		观察检查和检查材质合格记录(水准仪)
	3	找平层	空鼓	找平层与下一层结合牢固,不应有空鼓		小锤轻击检查
			表面	应密实,不得有起砂、蜂窝和裂缝等缺陷		观察检查
			表面平整度(标高)	水泥砂浆结合层铺设板(砖)块面层为5mm(±8mm);沥青胶结料做结合层铺设花木地板(块)面层为3mm(±4mm);用胶粘剂结合层铺设花木地板、塑料板、强化复合地板、竹地板面层为2mm(±4mm)。		2m靠尺和楔形塞尺检查(水准仪)
	4	隔离层	厚度	应符合设计要求		观察检查和钢尺、卡尺检查
			质量	隔离层与其下一层粘结牢固,不应有空鼓;防水涂层应平整、均匀,无脱皮、裂缝、鼓泡等缺陷		小锤轻击检查和观察检查
	5	填充层	质量要求	松散材料填充层铺设应密实;板块状材料填充层应压实、无翘曲		观察检查
			表面平整度(标高)	松散材料7mm(±4mm);板块状材料5mm(±4mm)		2m靠尺和楔形塞尺检查(水准仪)

注：1)坡度,不大于房间相应尺寸的2/1000,且不大于30mm(用坡度尺检查)。

2)厚度,在个别地方不大于设计厚度的1/10,且不大于20mm(用钢尺检查)。

16.1.3 基层工程常见的质量问题与现象

基层工程常见的质量问题包括以下几方面。

1)混凝土垫层、水泥砂浆找平层空鼓、开裂。

2)混凝土垫层、水泥砂浆找平层松散,强度低。

3)混凝土垫层不密实。

4)垫层、找平层表面不平,标高不准。

5)混凝土垫层、水泥砂浆找平层不规则裂缝。

16.2　厕浴间(隔离层)工程质量控制与检验

16.2.1　厕浴间(隔离层)工程质量控制

(1)原材料质量控制　厕浴间(隔离层)的工程质量控制包括以下几方面。

1)基层涂刷的处理剂应与隔离层材料(卷材、防水涂料)具有相容性。

2)隔离层的材料,应符合设计要求。其材质应经有资质的检测单位认定,从源头上进行材质控制。

3)沥青应采用石油沥青,其质量应符合《建筑石油沥青》(GB/T 494—2010)或《道路石油沥青》(NB/SH/T 0522—2010)的规定。10 号建筑石油沥青的软化点(环球法)要求不低于 95℃;30 号的沥青软化点要求不低于 75℃;40 号沥青软化点(环球法)不低于 60℃。

4)沥青防水卷材应符合《石油沥青纸胎油毡》(GB/T 326—2007)的规定;采用高聚物改性沥青防水卷材和合成高分子防水卷材应符合国家现行产品标准的要求,其质量应按《屋面工程质量验收规范》(GB 50207—2012)中材料要求的规定执行。

5)防水类涂料应符合国家现行产品标准的规定,并应经国家法定的检测单位认可。采用沥青基防水涂料、高聚物改性沥青防水涂料和合成高分子防水涂料,其质量应按《屋面工程质量验收规范》(GB 50207—2012)中材料要求的规定执行。

(2)施工过程的质量控制　厕浴间(隔离层)的施工过程质量控制包括以下几方面。

1)在铺设隔离层前,对基层表面进行处理,其表面要求平整、洁净和干燥,并不得有空鼓、裂缝和起砂等现象。同时应涂刷基层处理剂,基层处理剂应采用与卷材性能配套的材料或采用同类涂料的底子油。

2)采用水泥类材料做刚性隔离层时,应采用硅酸盐水泥或普通硅酸盐水泥,水泥强度等级不应低于 32.5 级。当掺用防水剂时,其掺量和强度等级(或配合比)应符合设计要求。

3)铺设隔离层时,对穿过楼层面连接处的管道四周,防水类材料均应向上铺涂,并应超过套管上口;在靠近墙面处,应高出面层 200~300mm,或按设计要求的高度铺涂。阴阳角和管道穿过楼面的根部应增加铺涂防水类材料的附加层的层数或遍数。

4)在水泥类基层上喷涂沥青冷底子油,要均匀不露底,小面积也可以用胶皮板刷或油刷人工均匀涂刷,厚度以 0.5mm 为宜,不得有麻点。

5)沥青胶结料防水层一般涂刷两层,每层厚度宜为 1.5~2mm。

6)沥青胶结料防水层可以在气温不低于 20℃时涂刷。如果气温过低,应采取保温措施。

7)防水类卷材的铺设应碾平压实,挤出的沥青胶结料要趁热刮去,已铺贴好的卷材面前不得有褶皱、空鼓、翘边和封口不严等缺陷。卷材的搭接长度,长边不小于 100mm,短边不小于 150mm,搭接接缝处必须用沥青胶结料封严。

8)铺设隔离层时,在厕浴间门(洞)口、铺地管道的穿墙口处的隔离层应连续铺设过洞口。

9) 隔离层的铺设层数、涂铺遍数、涂铺厚度应满足设计要求。

10) 涂刷隔离层时要涂刷均匀，不得有堆积、露底等现象。

11) 防水材料铺设后，必须做蓄水检验。蓄水深度应为 20～30mm，24h 内无渗漏为合格，并做记录。

12) 隔离层施工质量检验应符合《屋面工程质量验收规范》(GB 50207—2012) 的有关规定。

16.2.2 厕浴间(隔离层)工程质量检验

(1) 检验批划分 基层(各构造层)和各类面层的分项工程的施工质量验收应按每一层或每层施工段(或变形缝)作为检验批，高层建筑的标准层可按每三层作为检验批。

(2) 检验数量 每检验批应以各个分部工程的基层(各构造层)和各类面层所划分的分项工程按自然间(或标准层)检验，抽查数量应随机检验不应少于 3 间，不足 3 间的，应全数检查。其中走廊(过道)应以 10 延长米为 1 间，工业厂房、礼堂、门厅应以两个轴线为 1 间计算；有防水要求的建筑地面分部工程的分项工程施工质量每检验批抽查数量应按其房间总数随机检验不应少于 4 间，不足 4 间的，应全数检查。

(3) 检验标准和检验方法 厕浴间涂膜防水层工程质量检验标准和检验方法见表 5-16-2。

表 5-16-2 厕浴间涂膜防水层工程质量检验标准和检验方法

项目	序号	检验项目	检验标准	检验方法
主控项目	1	材料质量	设计要求	观察检查和检查质量合格证明文件
	2	隔离层设置要求	厕浴间和有防水要求的建筑地面必须设置防水隔离层。楼层结构必须采用现浇混凝土或整块预制混凝土板，混凝土强度等级不应小于 C20；楼板四周除门洞外，应做混凝土翻边，其高度不应小于 200mm。施工时结构层标高和预留孔洞位置应准确，严禁乱凿洞	观察检查和用钢尺检查
	3	水泥类隔离层防水性质	水泥类防水隔离层的防水性能和强度等级必须符合设计要求	观察检查和检查防水等级检测报告
	4	防水层防水要求	防水隔离层严禁渗漏，排水的坡度应正确、排水通畅	观察检查，蓄水、泼水检验，坡度尺检查及检查检验记录
一般项目	1	隔离层厚度	设计要求	观察检查和用钢尺检查
	2	与下一层的粘贴	隔离层与其下一层粘结牢固，不应有空鼓；防水涂层应平整、均匀，无脱皮、起壳、裂缝、鼓泡等缺陷	观察检查和尺量检查

项目	序号	检验项目	检验标准		检验方法
一般项目	3	允许偏差	表面平整度	3mm	用2m靠尺和楔形塞尺检查
			标高	±4mm	用水准仪检查
			坡度	2/100，且不大于30mm	用坡度尺检查
			厚度	<1/10mm，且不大于20mm	用钢尺检查

16.2.3　厕浴间(隔离层)工程常见的质量问题

厕浴间(隔离层)工程常见的质量问题包括以下几方面。

1)涂膜防水层脱皮、起泡、开裂等。

2)涂膜防水层堆积。

3)穿过楼层面连接处的管道及墙面四周涂铺高度不满足要求。

4)穿过楼面管道背后漏涂、漏铺。

5)厕浴间门(洞)口、铺地管道的穿墙口处的隔离层漏铺。

6)已铺贴好的卷材面有褶皱、空鼓、翘边和封口不严。

7)地面存水排水不畅。

8)水泥类防水隔离层空鼓、开裂。

9)面层做完后进行蓄水试验，有渗漏现象。

16.3　整体楼地面工程质量控制与检验

整体楼地面工程质量检验主要包括水泥混凝土(含细石混凝土)面层、水泥浆面层、水磨石面层等面层分项工程的施工质量检验。

16.3.1　整体楼地面工程质量控制

(1)原材料质量控制　整体楼地面工程质量控制包括以下几方面。

1)整体楼地面面层材料应有出厂合格证、样品试验报告以及材料性能检测报告。

2)水泥混凝土采用的粗骨料，其最大粒径不应大于面层厚度的2/3，当采用细石混凝土面层时，石子粒径不应大于15mm，含泥量不应大于2%(质量分数)。

3)水泥砂浆面层采用硅酸盐水泥、普通硅酸盐水泥，其强度等级不应低于32.5级，不同品种、不同强度等级的水泥严禁混用；砂应采用粗砂或中粗砂，且含泥量不应大于3%(质量分数)。当采用石屑时，其粒径应为1～5mm。

4)水磨石面层应采用水泥与石粒拌和料铺设。白色或浅色的水磨石面层应采用白水泥；深色的水磨石面层宜采用硅酸盐水泥、普通硅酸盐水泥或矿渣硅酸盐水泥；同颜色的面层应使用同一批水泥。同一彩色面层应使用同厂、同批的颜料；其掺入量宜为水泥重量的3%～6%或由试验确定。应使用同水磨石面层的石辊筒滚压密实。待表面出浆后，用抹子进一步抹平，次日即开始养护。

5)水磨石面层颜料应采用耐光、耐碱的矿物原料，不得使用酸性颜料。应采用同厂、同批的颜料；其掺入量宜为水泥重量的 3%～6% 或由试验确定。

6)应严格控制各类整体面层的配合比。

(2)施工过程的质量控制 整体楼地面工程施工过程的质量控制包括以下几方面。

1)楼面、地面施工前应先在房间的墙上弹出标高控制线(50 线)。

2)铺设整体面层时，其水泥类基层的抗压强度不得小于 1.2MPa；同时，在铺设整体面层前，应涂刷一遍水泥浆，其水灰比宜为 0.4～0.5，并应随刷随铺。

3)整体面层铺设前宜涂刷界面处理剂，面层与下一层粘合应牢固，无空鼓、裂纹。

4)整体面层铺设时，其基层的表面应粗糙、洁净，并应湿润，但不得有积水现象；当在预制钢筋混凝土板上铺设时，应在已压光的板面上划毛(或凿毛)或涂刷界面处理剂。

5)铺设整体面层，应按设计要求和施工规范的规定设置分格缝和分格条。当须分格时，其面层分格缝应与水泥混凝土垫层的缝相应对齐；水磨石面层与水泥混凝土垫层对齐的分格缝宜设置双分格条。

6)室内水泥类整体面层与走廊邻接的门扇处应设置分格缝；大开间楼层的水泥类整体面层在梁、墙支承的位置应设置分格缝。

7)水泥砂浆面层的厚度应符合设计要求，且不应小于 20mm。铺设时，应在基层上涂刷水泥浆，随刷随铺水泥砂浆并随时压实并控制厚度；抹平压光时不得在表面撒干水泥或水泥浆；有地漏等带有坡度的面层，其表面坡度应符合设计要求，不得有倒泛水和积水现象。

8)细石混凝土必须搅拌均匀，铺设时按标筋厚度刮平，随后用平板式振捣器振捣密实。待稍收水，即用铁抹子预压一遍，使之平整，不显露石子。或是用铁滚筒往复交叉滚压 3～5 遍，低凹处用混凝土填补，滚压至表面泛浆。若泛出的浆水呈细花纹状，表明已滚压密实，即可进行压光，抹平压光时不得在表面撒干水泥或水泥浆。

9)水泥混凝土面层应连续浇筑，不应留置施工缝。若停歇时间超过允许规定的时间时，在继续浇筑前应对已凝结的混凝土接槎处进行清理和处理，剔除松散石子、砂浆部分，润湿并铺设与混凝土同级配合比的水泥砂浆后，再进行混凝土浇筑，应重视接缝处的捣实、压平工作，不应显出接槎。

10)水泥混凝土振实后，必须做好面层的抹平和压光工作。

11)水泥混凝土面层浇筑完成后，应在 24h 内加以覆盖并浇水养护，在常温下连续养护不少于 7d，低温及冬期施工应养护 10d 以上，且禁止有人走动或进行其他作业。

12)水磨石面层的结合层的水泥砂浆体积比宜为 1:3，相应的强度等级不应小于 M10，水泥砂浆稠度宜为 30～35mm。

13)水泥与石粒的拌和料调配工作必须计量正确，拌和均匀。先将水泥和颜料过筛干拌后，再加入石粒拌和均匀后加水搅拌，拌和料的稠度宜为 60mm。采用多种颜色、规格的石粒时，必须事先拌和均匀后备用。

14)控制拌和料的铺设和压实质量。将拌和均匀的石粒浆按分格顺序进行铺设，其厚度宜高出分格条 2mm，以防滚压时压弯铜条或压碎玻璃条。水泥石粒浆平整地铺设后，在表面均匀撒一层预先留出的石粒，用抹子拍实拍平，再用辊筒滚压密实。待表面出浆后，用抹子进一步抹平，次日即开始养护。

15) 水磨石开磨的时间与水泥强度及气温高低有关，以开磨后石粒不松动，水泥浆面与石粒面基本平齐为准。水泥浆强度过高，磨面耗费工时；水泥浆强度太低，磨石转动时底面所产生的负压力易把水泥浆拉成槽或将石粒打掉。为掌握相适应的硬度，大面积开磨前应进行试磨，以表面石粒不松动为准，经检查合格后方可开磨，但大粒径石粒面层开磨时间应不少于 15d。

16) 普通水磨石面层磨光遍数不应少于三遍，高级水磨石面层的厚度和磨光遍数由设计确定。

17) 水磨石面层出光后，撒草酸并洒水。水磨石面层的涂草酸和上蜡工作前，其表面严禁污染。

16.3.2 整体楼地面工程施工质量检验

(1) 检验数量 整体楼地面工程质量检验数量同基层工程，见表 5-16-1。

(2) 检验标准和检验方法 整体楼地面工程质量检验标准和检验方法见表 5-16-3。

表 5-16-3 整体楼地面工程质量检验标准和检验方法

项目	序号	检验项目		检验标准	检验方法
主控项目	1	水泥混凝土面层	材料	水泥混凝土采用的粗骨料，其最大粒径不应大于面层厚度的 2/3，细石混凝土面层采用的石子粒径不应大于 16mm	观察检查和检查质量合格证明文件
			强度	面层的强度等级应符合设计要求，且水泥混凝土面层强度等级不应小于 C20；水泥混凝土垫层兼面层强度等级不应小于 C15	检查配合比通知单和检测报告
	2	水泥砂浆面层和水磨石面层	体积比	水泥砂浆面层的体积比(强度等级)必须符合设计要求，且体积比应为 1:2，强度等级不应小于 M15；水磨石面层拌和料的体积比应符合设计要求，应为 (1:1.5)~(1:2.5)(水泥:石粒)	检查配合比试验报告和强度等级检测报告
一般项目	1	踏步		楼梯、台阶踏步的宽度、高度应符合设计要求。楼层梯段相邻踏步高度差不应大于 10mm，每踏步两段宽度差不应大于 10mm；旋转楼梯段的每踏步两段宽度的允许偏差不应大于 5mm。楼梯踏步面层应做防滑处理，齿角应整齐，防滑条应顺直、牢固	观察检查和钢直尺检查
	2	表面平整度		允许偏差：水泥混凝土面层 5mm，水泥砂浆面层 4mm，普通水磨石面层 3mm，高级水磨石面层 2mm	用 2m 靠尺和楔形塞尺检查

项目	序号	检验项目	检验标准	检验方法
一般项目	3	踢脚线上口平直	水泥混凝土面层 4mm，水泥砂浆面层 4mm，普通水磨石面层 3mm，高级水磨石面层 3mm	拉 5m 线和用钢直尺检查
	4	缝格平直	水泥混凝土面层 3mm，水泥砂浆面层 3mm，普通水磨石面层 3mm，高级水磨石面层 2mm	

16.3.3 整体楼地面工程常见的质量问题

整体楼地面工程常见质量问题如下。

1)水泥砂浆、细石混凝土、水磨石地面空鼓，裂缝。

2)水泥砂浆、细石混凝土地面起砂、返潮。

3)带坡度地面倒泛水。

4)水磨石地面石子及分格条处显露不清。

5)水磨石地面表面光亮度差，颜色不均匀。

16.4 板块楼地面工程质量控制与检验

16.4.1 板块楼地面工程质量控制

(1)原材料质量控制 板块楼地面工程原材料质量控制包括以下几方面。

1)板块的品种、规格、花纹图案以及质量必须符合设计要求，必须有质量合格证明文件及检测报告。检查中应注意大理石、花岗岩等天然石材内有害杂质的限量报告，其含量必须符合国家现行相关标准规定。

2)胶粘剂、沥青胶结材料和涂料等材料应按设计选用，并应符合国家现行标准的规定。

3)砖面层的表面应洁净、图案清晰、色泽一致、接缝平整、深浅一致、周边顺直。板块无裂纹、掉角和缺棱等缺陷。

4)配制水泥砂浆时应采用硅酸盐水泥、普通硅酸盐水泥或矿渣硅酸盐水泥，其水泥强度等级不宜低于32.5级。

(2)施工过程的质量控制 板块楼地面施工过程的质量控制包括以下几方面。

1)应在地面垫层、预埋管线等全部完工，并已办完隐蔽工程验收手续后，方可施工。

2)施工前应在室内墙面弹出标高控制线(50 线)，以控制标高。

3)铺设板块面层时，应在结合层上铺设。其水泥类基层的抗压强度不得小于1.2MPa，表面应平整。

4)板块地面的水泥类找平层，宜用干硬性水泥砂浆，且不能过稀和过厚，否则易引起地面空鼓。

5）有防腐蚀要求的砖面层采用的耐酸瓷砖、浸渍沥青砖、缸砖的材质、铺设以及施工质量验收应符合《建筑防腐蚀工程施工规范》(GB 50212—2014)的规定。

6）在铺贴前，应对砖的规格尺寸（用套板进行分类）、外观质量（剔除缺棱、掉角、裂缝、歪斜、不平等的砖）、色泽等进行预选，浸水湿润晾干待用，基层应浇水湿润，当需要调整缝隙时，应在水泥浆结合层终凝前完成。

7）铺贴宜整间一次完成，如果房间大，不能一次铺完，可按轴线分块，须将接槎切齐，余灰清理干净。

8）勾缝和压缝应采用同品种、同强度等级、同颜色的水泥。当砖面层的水泥砂浆结合层的抗压强度达到设计要求后，方可正常使用。

9）在水泥砂浆结合层上铺贴陶瓷锦砖面层时，砖底面应洁净，每联陶瓷锦砖之间、与结合层之间以及在墙角、镶边和靠墙处，应紧密贴合。在靠墙处不得采用砂浆填补。

10）采用胶粘剂在结合层上粘贴砖面层时，胶粘剂选用应符合《民用建筑工程室内环境污染控制标准》(GB 50325—2020)的规定。

16.4.2 板块楼地面工程施工质量检验

(1)检验数量 板块楼地面工程质量检验数量同基层工程，见表5-16-1。

(2)检验标准和检验方法 板块楼地面工程质量检验标准和检验方法见表5-16-4。

表5-16-4 板块楼地面工程质量检验标准和检验方法

项目	序号	检验项目	检验标准	检验方法
主控项目	1	板块品种、质量	符合设计要求	观察检查、检查质量合格证明文件及检测报告
	2	面层与其下一层的结合（粘结）	应牢固，无空鼓	小锤轻击检查
一般项目	1	板块	砖面层的表面应洁净、图案清晰、色泽一致、接缝平整、深浅一致、周边顺直，板块无裂纹、掉角或缺棱等缺陷	观察检查
	2	踢脚线	表面应洁净、高度一致，与柱、墙面的结合牢固，出墙厚度一致	观察检查、小锤轻击及用钢尺检查
	3	楼梯踏步和台阶板块的缝隙宽度	应一致，齿角整齐，楼层相邻踏步高度差不应大于10mm，防滑条顺直、牢固	观察检查和用钢尺检查
	4	面层表面的坡度	应符合设计要求，不倒泛水，无积水，与地漏、管道结合处应严密牢固，无渗漏	观察、泼水或用坡度尺及蓄水检查

续表

项目	序号	检验项目	检验标准					检验方法
一般项目	5	板块面层的允许偏差/mm	—	陶瓷锦砖面层	缸砖面层	水泥花砖面层	水磨石板块面层	活动地板面层	—
			表面平整度	2.0	4.0	3.0	3.0	2.0	2m 靠尺和楔形塞尺检查
			缝格平直	3.0	3.0	3.0	3.0	2.5	拉 5m 线和用钢尺检查
			接缝高低差	0.5	1.5	0.5	1.0	0.4	用钢尺和楔形塞尺检查
			踢脚线上口平直度	3.0	4.0	—	4.0	—	拉 5m 线和用钢尺检查
			板块间隙宽度	2.0	2.0	2.0	2.0	0.3	用钢尺检查

16.4.3 板块楼地面工程常见的质量问题

板块楼地面工程常见的质量问题如下。

1)地面空鼓。

2)接缝不平、深浅不一。

3)地砖地面爆裂拱起。

4)砖面层的表面图案不清、色差大、周边不顺直，板块裂纹、掉角和缺棱等。

复习思考题

1. 简述楼地面工程中基层工程施工过程质量控制要点。

2. 简述隔离层工程施工质量控制要点。

3. 简述整体楼地面工程主控项目和一般项目的内容及其检查方法。

4. 试述整体楼地面工程施工质量控制要点。

5. 试述板块楼地面工程施工质量控制要点。

6. 楼地面基层工程、整体楼地面工程、板块楼地面工程的检验批和检验数量如何确定？

7. 某建筑的地面采用细石混凝土，楼地面施工时间是炎热季节，施工过程中发现房间地面质量不符合要求，因此对该质量问题进行调查，发现大量房间地面起砂。

请回答以下问题：

(1)造成该质量问题的原因可能是什么？

(2)此类问题应采取的预防措施有哪些？

17

抹灰工程质量控制与检验

【知识目标】

理解抹灰工程材料要求；熟悉抹灰工程的施工质量控制的要求和质量检验的内容；掌握抹灰工程质量检验要求与方法，能够规范填写检验批检查验收记录。

【能力目标】

能够依据设计要求和施工质量标准，对抹灰工程质量进行检查、控制；能够参考有关资料独立编制抹灰工程施工技术交底；能够依据有关规范标准对抹灰工程施工质量进行检验和验收，能够规范填写检验批检查验收记录。

17.1 一般抹灰工程质量控制与检验

17.1.1 一般抹灰工程质量控制

(1) 原材料质量控制 一般抹灰工程原材料质量控制包括以下几方面。

1) 抹灰常采用不小于 32.5 级的普通硅酸盐水泥、矿渣硅酸盐水泥。不同品种水泥不得混用。

2) 抹灰用的石灰膏可用块状生石灰熟化，熟化时必须用孔径不大于 3mm×3mm 的筛过滤，并储存在沉淀池中，常温下熟化时间不应少于 15d；罩面用的磨细石灰粉的熟化时间不应少于 30d。

3) 抹灰用砂最好是中砂(平均粒径为 0.35~0.5mm)，或粗砂(平均粒径不大于 0.5mm)与中砂混合掺用。砂使用前应过筛，不得含有泥土及杂质。但是不宜使用特细砂(平均粒径小于 0.25mm)。

4) 抹灰用的石膏密度为 2.6~2.75g/cm³，堆积密度为 800~1000kg/m³。石膏加水后凝结硬化速度很快，规定初凝时间不得少于 4min，终凝时间不得超过 30min。

5) 麻刀应均匀、坚韧、干燥、不含杂质，长度以 20~30mm 为宜。罩面用纸筋宜用机碾磨细。稻草、麦秸长度不大于 30mm，并经石灰水浸泡 15d 后使用较好。

(2) 施工过程的质量控制 一般抹灰施工过程的质量控制包括以下几方面。

1) 抹灰前基层表面的尘埃及疏松物、污垢、分型剂、油渍等应清除干净，砌块、混凝土缺陷部位应先期进行处理，并应洒水润湿基层。基体表面光滑，抹灰前应做毛化处理。

2) 抹灰工程施工应在基体或基层的质量检查合格后才能进行。

3) 正式抹灰前，应按施工方案(或安全技术交底)及设计要求抹出样板间，待有关方检验合格后，方可正式进行。

4）抹灰前，应纵横拉通线，用与抹灰层相同的砂浆设置标志。

5）检查抹灰层厚度，要求当抹灰厚度大于或等于 35mm 时，应采取加强措施。不同材料基体交接处表面的抹灰，应采取防止开裂的加强措施；当采用加强网时，加强网与各基体的搭接宽度不应小于 100mm。

6）检查普通抹灰表面是否光滑、洁净，接槎是否平整，分格缝是否清晰；高级抹灰表面应光滑、洁净、颜色均匀、无抹纹，分格缝和灰线应清晰美观。

7）水泥砂浆不得抹在石灰砂浆层上；罩面石膏灰不得抹在水泥砂浆层上。

8）室内墙面、柱面和门窗洞口的阳角做法应符合设计要求，当设计无要求时应采用 1：2 的水泥砂浆做暗护角，其高度不低于 2m，宽度不小于 50mm。

9）各种砂浆的抹灰层，在凝结前应防止快干、水冲、碰撞和振动。水泥类砂浆终凝后要适度喷水养护。

17.1.2 一般抹灰工程施工质量检验

(1)检验批划分 相同材料、工艺和施工条件的室外抹灰工程，每 1000m² 应划分一个检验批，不足 1000m² 时也应划分为一个检验批；相同材料、工艺和施工条件的室内抹灰工程，每 50 个自然间应划分为一个检验批，不足 50 间也应划分为一个检验批，大面积房间和走廊按抹灰面积每 30m² 计为一间。

(2)检验数量 一般抹灰工程质量检验的检验数量见表 5-17-1。

(3)检验标准和检验方法 一般抹灰工程质量检验标准和检验方法见表 5-17-1。

表 5-17-1 一般抹灰工程质量检验标准、检验数量和检验方法表

项目	序号	检验项目	检验标准	检验数量	检验方法
主控项目	1	抹灰前基层表面	应将尘土、污垢、油渍清除干净，并应洒水润湿，或进行界面处理	相同材料、工艺和施工条件的室外抹灰工程，每个检验批每 100m² 应至少抽查一处，每处不得小于 10m²。相同材料、工艺和施工条件的室内抹灰工程，每个检验批至少抽查 10%，并不得少于 3 间；不足 3 间时，应全数检查	检查施工记录
	2	一般抹灰所用材料的品种和性能	符合设计要求；水泥的凝结时间和安定性应合格，砂浆的配合比也应符合设计要求		检查产品合格证书、进场验收记录、性能检验报告、复验报告和施工记录
	3	抹灰工程施工	应分层进行。当抹灰总厚度大于或等于 35mm 时，应采取加强措施；不同材料基体交接处表面的抹灰，应采取防止开裂的加强措施，当采用加强网时，加强网与各基层的搭接宽度不应小于 100mm		检查隐蔽工程验收记录和施工记录
	4	抹灰层与基层之间及各抹灰层之间的粘结	粘结牢固，抹灰层无脱层、空鼓，面层无爆灰和裂缝		观察检查，用小锤轻击检查，检查施工记录

项目	序号	检验项目	检验标准		检验数量	检验方法
一般项目	1	一般抹灰工程的表面质量	普通抹灰表面应光滑、洁净，接槎应平整，分格缝应清晰；高级抹灰表面应光滑、洁净、颜色均匀、无抹纹，分格缝和灰线应清晰美观		相同材料、工艺和施工条件的室外抹灰工程，每个检验批每 100m² 应至少抽查一处，每处不得小于 10m²。相同材料、工艺和施工条件的室内抹灰工程，每个检验批至少抽查 10%，并不得少于 3 间；不足 3 间时，应全数检查	观察检查，手摸检查
	2	护角、孔洞、槽、盒周围的抹灰表面	应整齐、光滑，管道后面的抹灰表面应平整			观察检查
	3	抹灰层的总厚度	应符合设计要求；水泥砂浆不得抹在石灰砂浆层上，罩面石膏灰不得抹在水泥砂浆层上			检查施工记录
	4	抹灰分格缝的设置	符合设计要求；宽度和深度应均匀，表面应光滑，棱角应整齐			观察检查，尺量检查
	5	有排水要求的部位	应做滴水线（槽），滴水线（槽）应整齐顺直，滴水线应内高外低，滴水槽的宽度和深度应满足设计要求且均不应小于10mm			
	6	允许偏差/mm	—	普通抹灰	高级抹灰	—
			立面垂直度	4	3	用 2m 垂直检测尺检查
			表面平整度	4	3	用 2m 靠尺和塞尺检查
			阴阳角方正	4	3	200mm 直角检测尺检查
			分格条（缝）的直线度	4	3	拉 5m 线；不足 5m 拉通线，用钢直尺检查
			墙裙、勒脚上口的直线度	4	3	

注：1）普通抹灰，本表第 3 项阴角方正可不检查。

　　2）高级抹灰，本表第 2 项表面平整度可不检查，但应平顺。

17.1.3　一般抹灰工程常见的质量问题

一般抹灰工程常见的质量问题如下。

1）抹灰空鼓、裂缝甚至脱落。

2）抹灰阴阳角不垂直，不方正。

3）填充墙与梁、柱、混凝土墙交界处开裂。

4）抹灰面层起泡、开花、有抹纹。

5）分格缝不平、缺棱、错缝。

6）建筑物外表面起霜。

7）轻质隔墙抹灰层空鼓、裂缝。

8）墙面与门窗框交接处空鼓、裂缝、脱落。

17.2　装饰抹灰工程质量检验

装饰抹灰工程包括水刷石、斩假石、干粘石、假面砖等抹灰工程。

17.2.1　装饰抹灰工程质量控制

(1)原材料质量控制　装饰抹灰工程的原材料质量控制包括以下几方面。

1）水泥、砂质量控制要点同一般抹灰质量控制要点。

2）水刷石、干粘石、斩假石的骨料，其质量要求是颗粒坚韧、有棱角、洁净且不得含有风化的石粒，使用时应冲洗干净并晾干。

3）彩色瓷粒质量，其粒径为 1.2～3mm，且应大气稳定性好、表面瓷粒均匀等。

4）装饰砂浆中的颜料，应采用耐碱和耐晒(光)的矿物颜料，常用的有氧化铁黄、铬黄、氧化铁红、群青、钴蓝、铬绿、氧化铁棕、氧化铁黑、钛白粉等。

5）建筑粘结剂应选择无醛粘结剂，产品性能参照《水溶性聚乙烯醇建筑胶粘剂》(JC/T 438—2019)的要求。有害物质限量符合《室内装饰装修材料　胶粘剂中有害物质限量》(GB 18583—2008)的要求。当选择聚乙烯醇缩甲醛类胶粘剂时，不得用于医院、老年建筑、幼儿园、学校教室等民用建筑的室内装饰装修工程。

6）水刷石浪费水资源，并对环境有污染，应尽量减少使用。

(2)施工过程的质量控制　装饰抹灰施工过程的质量控制包括以下几方面。

1）装饰抹灰应在基体或基层的质量检查合格后才能进行。

2）装饰抹灰面层的厚度、颜色、图案应符合设计要求。

3）正式抹灰前，应按施工方案(或安全技术交底)及设计要求抹出样板间，待有关方检验合格后，方可正式进行。

4）装饰抹灰面层有分格要求时，分格条应宽窄厚薄一致，粘贴在中层砂浆面上应横平竖直，交接严密，完工后应适时全部取出。

5）装饰抹灰面层应做在已硬化、粗糙且平整的中层砂浆面上，涂抹前应洒水湿润。

6）装饰抹灰的施工缝，应留在分格缝、墙面阴角、水落管背后或独立装饰组成部分的边缘处。每个分块必须连续作业，不显接槎。

7）水刷石、水磨石、斩假石和干粘石所用的彩色石粒应洁净，统一配料，干拌均匀。

8）水刷石、水磨石、斩假石面层涂抹前，应在已浇水湿润的中层砂浆面上刮水泥浆(水灰比为 0.37～0.40)一遍，以使面层与中层结合牢固。

9）喷涂、弹涂等工艺不能在雨天进行；干粘石等工艺在大风天气不宜施工。

10）水刷石表面应石粒清晰、分布均匀、紧密平整、色泽一致，且无掉粒和接槎痕迹。斩假石表面剁纹应均匀顺直、深浅一致，且无漏剁处；阳角处应横剁并留出宽窄一致的不剁边条，棱角应无损坏。干粘石表面应色泽一致、不漏浆、不漏粘，石粒应粘结牢固、分布均匀，阳角处应无明显黑边。

17.2.2 装饰抹灰工程质量检验

(1)检验数量 装饰抹灰工程质量检验数量同一般抹灰工程质量检验数量，见表5-17-1。

(2)检验标准和检验方法 装饰抹灰工程质量检验标准和检验方法见表5-17-2。

表 5-17-2 装饰抹灰工程质量检验标准和检验方法

项目	序号	检验项目	检验标准	检验方法
主控项目	1	抹灰前基层表面	应将尘土、污垢、油渍清除干净，并应洒水润湿	检查施工记录
	2	装饰抹灰所用材料的品种和性能	符合设计要求；水泥的凝结时间和安定性应复验合格，砂浆的配合比应符合设计要求	检查产品合格证书、进场验收记录、性能检验报告、复验报告和施工记录
	3	抹灰工程施工	应分层进行。当抹灰总厚度大于或等于35mm时，应采取加强措施；不同材料基体交接处表面的抹灰，应采取防止开裂的加强措施，当采用加强网时，加强网与各基层的搭接宽度不应小于100mm	检查隐蔽工程验收记录和施工记录
	4	各抹灰层之间及抹灰层与基层之间的粘结	必须粘结牢固，且抹灰层无脱层、空鼓和裂缝等缺陷	观察检查，小锤轻击检查，检查施工记录
一般项目	1	装饰抹灰工程的表面质量	水刷石表面应石粒清晰、分布均匀、紧密平整、色泽一致，且无掉粒和接槎痕迹	观察检查，手摸检查
			斩假石表面剁纹应均匀顺直、深浅一致，且无漏剁处；阳角处应横剁并留出宽窄一致的不剁边条，棱角应无损坏	
			干粘石表面应色泽一致、不露浆、不漏粘，石粒应粘结牢固、分布均匀，阳角处应无明显黑边	
			假面砖表面应平整、沟纹清晰、留缝整齐、色泽一致，且无掉角、脱皮、起砂等缺陷	
	2	装饰抹灰分格条(缝)的设置	应符合设计要求；宽度和深度应均匀，表面应平整光滑，棱角应整齐	观察检查
	3	有排水要求的部位	应做滴水线(槽)，滴水线(槽)应整齐顺直，滴水线应内高外低，滴水槽的宽度和深度均不应小于10mm	观察检查，尺量检查

续表

项目	序号	检验项目		检验标准				检验方法
			—	水刷石	斩假石	干粘石	假面砖	
一般项目	4	允许偏差/mm	立面垂直度	5	4	5	5	用2m垂直检测尺检查
			表面平整度	3	3	5	4	用2m靠尺和塞尺检查
			阴阳角方正	3	3	4	4	用200mm直角检测尺检查
			分格条(缝)的直线度	3	3	3	3	拉5m线；不足5m拉通线，用钢直尺检查
			墙裙、勒脚上口的直线度	3	3	—	—	

17.2.3　装饰抹灰工程常见的质量问题

装饰抹灰工程常见的质量问题如下。

1)水刷石表面浑浊、石粒不清晰、石粒分布不均、色泽不一、有掉粒和接槎痕迹。

2)干粘石色泽不一致、露浆、漏粘，石粒粘结不牢固、分布不均匀、阳角黑边。

3)假石剁纹不均匀、不顺直、深浅不一、颜色不一致。

4)面砖面层脱皮、起砂、颜色不一、积尘污染。

❦❦❦ 复习思考题 ❦❦❦

1. 一般抹灰工程材料质量要求以及施工质量控制要点有哪些?

2. 一般抹灰工程主控项目的内容及检查方法是什么?

3. 装饰抹灰工程主控项目的内容及检查方法是什么?

4. 抹灰工程质量检验的检验批和检查数量是如何规定的?

5. 简述一般抹灰工程施工过程质量控制要点。

6. 不同材料基体交接处，应采取何种防开裂措施? 如何进行检查?

7. 简述装饰抹灰工程施工过程质量控制要点。

门窗工程质量控制与检验

【知识目标】

　　理解各种门窗工程材料要求；熟悉各种门窗工程的施工质量控制的要求和质量检验的内容；掌握各种门窗工程质量检验要求与方法。

【能力目标】

　　能够依据设计要求和施工质量标准，对各种门窗工程质量进行检查、控制；能够参考有关资料独立编制门窗工程施工技术交底；能够依据有关标准、规范对门窗工程施工质量进行检验和验收，并能够规范填写检验批检查验收记录。

18.1　木门窗安装工程质量控制与检验

18.1.1　木门窗安装工程质量控制

(1)原材料质量控制　木门窗安装工程原材料质量控制包括以下几方面。

1)木门窗的木材品种、材质等级、规格、尺寸、框扇的线型及人造木板的甲醛含量均应符合设计要求。设计未规定材质等级时，所用木材的质量应符合《建筑装饰装修工程质量验收标准》(GB 50210—2018)中3.2的规定。

2)木门窗应采用烘干的木材，其含水率应符合设计要求。

3)木门窗的防火、防腐、防虫处理应符合设计要求。

4)制作木门窗所用的胶料，宜采用国产的酚醛树脂胶和脲醛树脂胶。普通木门窗可采用半耐水的脲醛树脂胶，高档木门窗应采用耐水的酚醛树脂胶。

5)工厂生产的木门窗必须有出厂合格证。由于运输堆放等原因而受损的门窗框、扇，应进行预处理，达到合格要求后方可用于工程中。

6)小五金及其配件的种类、规格、型号必须符合设计要求，质量必须合格，并与门窗框、扇相匹配。产品质量必须有出厂合格证。

7)对人造木板的甲醛含量应进行复验。

8)防腐剂氟硅酸钠，其纯度不应小于95%，含水率不大于1%，细度要求应全部通过1600孔/cm^{2}的筛，或用稀释的冷底子油涂刷木材面与墙体接触部位。

(2)施工过程的质量控制　木门窗安装施工过程的质量控制包括以下几方面。

1)门窗工程施工前，应进行样板间的施工，经业主、设计、监理验收确认后才能全面施工。

2)木门窗及门窗五金运到现场，必须按图纸检查框、扇型号，检查产品防锈红丹漆有无薄刷、漏涂现象，不合格产品严禁用于工程。

3)门窗框、扇进场后，框的靠墙、靠地一面应刷防腐涂料，其他各面应刷清漆一道，刷油后码放在干燥通风仓库。门窗框安装应安排在地面、墙面的湿作业完成之后，窗扇安装应在室内抹灰施工前进行；门窗安装应在室内抹灰完成和水泥地面达到一定强度后进行。

4)木门窗框安装宜采用预留洞口的施工方法(即后塞口的施工方法)，若采用先立框的方法施工，则应注意避免门窗框在施工中被污染、挤压变形、受损等。

5)木门窗与砖石砌体、混凝土或抹灰层接触处做防腐处理，埋入砌体或混凝土的木砖应进行防腐处理。

6)木门窗的品种、类型、规格、开启方向、安装位置及连接方式应符合设计要求。木门窗框的安装必须牢固。木门窗框固定点的数量、位置及固定方法应符合设计要求。

7)木门窗扇必须安装牢固，并应开关灵活，关闭严密，无倒翘。

8)在砌体上安装门窗时严禁采用射钉固定。

9)木门窗与墙体间缝隙的填嵌料应符合设计要求，填嵌要饱满。寒冷地区外门窗(或门窗框)与砌体间的空隙应填充保温材料。

10)对预埋件、锚固件及隐蔽部位的防腐、填嵌处理应进行隐蔽工程的质量验收。

18.1.2 木门窗安装工程质量检验

(1)检验批划分 同一品种、同一类型和规格的木门窗及门窗玻璃每 100 樘应划分为一个检验批，不足 100 樘也应划分为一个检验批。

(2)检验数量 木门窗安装工程的检验数量见表 5-18-1。

(3)检验标准和方法 木门窗安装工程质量检验标准和检验方法见表 5-18-1。

表 5-18-1 木门窗安装工程质量检验标准、检验数量和检验方法表

项目	序号	检验项目		检验标准	检验数量	检验方法
主控项目	1	木门窗的品种、类型、规格、尺寸、开启方向、安装位置、连接方式及性能		应符合设计要求及国家现行标准的有关规定	每个检验批应至少抽查 5% ，并不得少于 3 樘，不足 3 樘时应全数检查；高层建筑的外窗每个检验批应至少抽查 10% ，并不得少于 6 樘，不足 6 樘时应全数检查；特种门每个检验批应至少抽查 50% ，并不得少于 10 樘，不足 10 樘时应全数检查	观察；尺量检查；检查产品合格证书、性能检验报告、进场验收记录和复验报告；检查隐蔽工程验收记录
	2	含水率及饰面质量		应符合国家现行标准的有关规定		检查材料进场验收记录、复验报告及性能检验报告
	3	木门窗的防火、防腐、防虫处理		应符合设计要求		观察；手扳检查；检查隐蔽工程验收记录和施工记录
	4	木门窗扇的安装		应牢固、开关灵活、关闭严密、无倒翘		观察；开启和关闭检查；手扳检查
	5	木门窗配件	型号、规格和数量	应符合设计要求		观察；开启和关闭检查；手扳检查
			安装、位置、功能	安装应牢固，位置应正确，功能应满足使用要求		

续表

项目	序号	检验项目	检验标准	检验数量	检验方法
一般项目	1	木门窗表面	应洁净，不得有刨痕和锤印		观察
	2	木门窗的割角和拼缝	应严密平整。门窗框、扇裁口应顺直，刨面应平整		
	3	木门窗上的槽和孔	应边缘整齐，无毛刺		
	4	木门窗与墙体间的缝隙	应填嵌饱满。严寒和寒冷地区外门窗(或门窗框)与砌体间的空隙应填充保温材料		轻敲门窗框检查；检查隐蔽工程验收记录和施工记录
	5	木门窗批水条、盖口条、压缝条和密封条安装	应顺直，与门窗结合应牢固、严密		观察；手扳检查

		项目	留缝限值/mm	允许偏差/mm	
一般项目	6 平开木门窗安装的留缝限值、允许偏差	门窗框的正、侧面垂直度		2	用1m垂直检测尺检查
		框与扇接缝高低差	—	1	用塞尺检查
		扇与扇接缝高低差			
		门窗扇对口缝	1～4		用塞尺检查
		工业厂房、围墙双扇大门对	2～7		
		门窗扇与上框间留缝	1～3	—	
		门窗扇与合页侧框间留缝			
		室外门扇与锁侧框间留缝			
		门扇与下框间留缝	3～5		
		窗扇与下框间留缝	1～3		
		双层门窗内外框间距	—	4	用钢直尺检查
		无下框时门扇与地面间留缝 室外门	4～7		用钢直尺或塞尺检查
		室内门	4～8	—	
		卫生间门			
		厂房大门	10～20		
		围墙大门			
		框与扇搭接宽度 门		2	用钢直尺检查
		窗		1	

18.1.3 木门窗工程常见的质量问题

木门窗工程常见的质量问题如下。

1)门窗框与洞口间的缝过大或过小。

2)木螺钉松动、倾斜。

3)铁三角安装质量差。

4)门窗扇缝隙不均匀、不顺直。

5)木门窗与砖石砌体、混凝土或抹灰层接触处未做防腐处理，埋入砌体或混凝土的木砖未进行防腐处理。

6)在砌体上安装门窗用射钉固定。

18.2 塑料门窗安装工程质量控制与检验

18.2.1 塑料门窗安装工程质量控制

(1)原材料质量控制 塑料门窗安装的原材料质量控制包括以下几方面。

1)塑料门窗的品种、规格、型号和数量应符合设计要求。塑料门窗进场时应检查原材料的质量证明文件，即门窗材料应有产品合格证书、性能检测报告、进场验收记录和复验报告。外观质量不得有开焊、端裂、变形等损坏。

2)门窗采用的异型材、密封条等原材料应符合《门、窗用未增塑聚氯乙烯(PVC-U)型材》(GB/T 8814—2017)和《塑料门窗用密封条》(GB 12002—1989)中的有关规定。

3)门窗采用的紧固件、五金件、增强型钢及金属衬板等应进行表面防腐处理。

4)紧固件的镀层金属及其厚度宜符合《紧固件 电镀层》(GB/T 5267.1—2023)中的有关规定，紧固件的尺寸、螺纹、公差、十字槽及机械性能等技术条件应符合《十字槽盘头自攻螺钉》(GB/T 845—2017)、《十字槽沉头自攻螺钉》(GB/T 846—2017)中的有关规定。

5)塑料门窗配件质量和性能均应符合国家现行标准的有关规定，滑撑铰链不得使用铝合金材料。

6)组合窗及其拼樘料应采用与其内腔紧密吻合的增强型钢作为内衬，型钢两端应比拼樘料长出 10~15mm。外窗拼樘料的截面尺寸及型钢的形状、壁厚应符合要求。

7)固定片材质应采用 Q235-A 冷轧钢板，其厚度应不小于 1.5mm，最小宽度应不小于 15mm，且表面应进行镀锌处理。

8)全防腐型门窗应采用相应的防腐型五金件及紧固件。

9)门窗与洞口密封用嵌缝膏应具有弹性和粘结性。

10)建筑外窗的水密性、气密性、抗风压性能、保温性能、中空玻璃露点、玻璃遮阳系数和可见风透射比应符合设计要求。

11)建筑外窗进入施工现场时，应按地区类别对其水密性、气密性、抗风压性能、保温性能、中空玻璃露点、玻璃遮阳系数和可见风透射比等性能进行复验，复验合格方可用于工程。

(2)施工过程的质量控制 塑料门窗安装工程施工过程的质量控制包括以下几方面。

1)安装前应按设计要求核对门窗洞口的尺寸和位置是否与施工图一致，检查门窗洞口高和宽是否合适，并将其清理干净。

2)门窗工程施工前，应进行样板间的施工，经业主、设计、监理验收确认后才能全面施工。

3)储存塑料门窗的环境温度应小于50℃，与热源的距离不应小于1m。门窗在安装现场放置的时间不应超过2个月。

4)塑料门窗安装应采用预留洞口的施工方法(即后塞口的施工方法)，不得采用边安装边砌口或先安装后砌口的施工方法。

5)当洞口需要设置预埋件时，要检查其数量、规格、位置是否符合要求。

6)塑料门窗安装前，应先安装五金配件及固定片(安装五金配件时，必须加衬增强金属板)。安装时应先钻孔，然后拧入自攻螺钉，不得直接钉入。

7)门、窗框上铁件安装连接点的位置和数量：连接固定点应距窗角、中竖框、中横框150～200mm，固定点之间的间距不应大于600mm，不得将固定片直接安装在中横框、中竖框的挡头上。塑料门、窗框在连接固定点的位置背面钻 $\phi3.5mm$ 的安装孔，并用 $\phi4mm$ 自攻螺钉将 Z 形镀锌连接铁件拧固在框背面的燕尾槽内。

8)检查组合窗的拼樘料与窗框的连接是否牢固，通常是先将两窗框与拼樘料卡接，卡接后用紧固件双向拧紧，其间距应小于等于600mm。

9)塑料门、窗框放入洞口后，按已弹出的水平线、垂直线位置，检查其垂直、水平、对中、内角方正等，符合要求后才可以临时固定。

10)窗框与洞口之间的伸缩缝内腔，应采用闭孔泡沫塑料、发泡聚苯乙烯等弹性材料分层填塞。对于保温、隔声等级较高的工程，应采用相应的隔热、隔声材料填塞。填塞后，一定要撤掉临时固定的木楔或垫块，其空隙也要用弹性闭孔材料填塞。

11)塑料门窗框与墙体间缝隙用闭孔弹性材料填嵌饱满后，检查其表面是否应采用密封胶密封。检查密封胶是否粘结牢固，表面是否光滑、顺直、有无裂纹。

18.2.2 塑料门窗安装工程质量检验标准和检验方法

(1)检验批划分及检验数量 塑料门窗安装工程质量检验批划分及检验数量同木门窗安装工程。

(2)检验标准和检验方法 塑料门窗安装工程质量检验标准和检验方法见表 5-18-2。

表 5-18-2 塑料门窗安装工程质量检验标准和检验方法

项目	序号	检验项目	检验标准	检验方法
主控项目	1	塑料门窗的品种、类型、规格、尺寸、性能、开启方向、安装位置、连接方式和填嵌密封处理	应符合设计要求及国家现行标准的有关规定	观察；尺量检查；检查产品合格证书、性能检验报告、进场验收记录和复验报告；检查隐蔽工程验收记录
	2	塑料门窗内衬增强型钢的壁厚及设置	应符合《建筑用塑料门窗》(GB/T 28886—2023)的规定	

续表

项目	序号	检验项目		检验标准	检验方法
主控项目	3	塑料门窗框、附框和扇的安装		应牢固。固定片或膨胀螺栓的数量与位置应正确，连接方式应符合设计要求。固定点应距窗角、中横框、中竖框 150～200mm，固定点间距不应大于 600mm	观察；手扳检查；尺量检查；检查隐蔽工程验收记录
	4	塑料组合门窗使用的拼樘料截面尺寸及内衬增强型钢的形状和壁厚		应符合设计要求。承受风荷载的拼樘料应采用与其内腔紧密吻合的增强型钢作为内衬，其两端应与洞口固定牢固。窗框应与拼樘料连接紧密，固定点间距不应大于 600mm	观察；手扳检查；尺量检查；吸铁石检查；检查进场验收记录
	5	窗框与洞口之间的伸缩缝内		应采用聚氨酯发泡胶填充，发泡胶填充应均匀、密实。发泡胶成型后不宜切割。表面应采用密封胶密封。密封胶应粘结牢固，表面应光滑、顺直、无裂纹	观察；检查隐蔽工程验收记录
	6	滑撑铰链的安装		应牢固，紧固螺钉应使用不锈钢材质。螺钉与框扇连接处应进行防水密封处理	观察；手扳检查；检查隐蔽工程验收记录
	7	推拉门窗扇		应安装防止扇脱落的装置	观察
	8	门窗扇关闭		应严密，开关应灵活	观察；尺量检查；开启和关闭检查
	9	塑料门窗配件	型号、规格和数量	应符合设计要求	观察；手扳检查；尺量检查
			安装、位置、功能	安装应牢固，位置应正确，使用应灵活，功能应满足各自使用要求。平开窗扇高度大于 900mm 时，窗扇锁闭点不应少于 2 个	
一般项目	1	安装后的门窗关闭时，密封面上的密封条		应处于压缩状态，密封层数应符合设计要求。密封条应连续完整，装配后应均匀、牢固，应无脱槽、收缩和虚压等现象；密封条接口应严密，且应位于窗的上方	观察
	2	塑料门窗扇的开关力		1)平开门窗扇平铰链的开关力不应大于 80N；滑撑铰链的开关力不应大于 80N，并不应小于 30N。2)推拉门窗扇的开关力不应大于 100N	观察；用测力计检查
	3	门窗表面		应洁净、平整、光滑，颜色应均匀一致。可视面应无划痕、碰伤等缺陷，门窗不得有焊角开裂和型材断裂等现象	观察
	4	旋转窗间隙		应均匀	
	5	排水孔		应畅通，位置和数量应符合设计要求	

项目	序号	检验项目			检验标准	检验方法
一般项目	6	塑料门窗安装的允许偏差/mm	门、窗框外形(高、宽)尺寸长度差	≤1500mm	2	用钢卷尺检查
				>1500mm	3	
			门、窗框两对角线长度差	≤2000mm	3	
				>2000mm	5	
			门、窗框(含拼樘料)正、侧面垂直度		3	用1m垂直检测尺检查
			门、窗框(含拼樘料)水平度			用1m水平尺和塞尺检查
			门、窗下横框的标高		5	用钢卷尺检查,与基准线比较
			门、窗竖向偏离中心			用钢卷尺检查
			双层门、窗内外框间距		4	用钢卷尺检查
			平开门窗及上悬、下悬、中悬窗	门、窗扇与框搭接宽度	2	用深度尺或钢直尺检查
				同樘门、窗相邻扇的水平高度差		用靠尺和钢直尺检查
				门、窗框扇四周的配合间隙	1	用楔形塞尺检查
			推拉门窗	门、窗扇与框搭接宽度	2	用深度尺或钢直尺检查
				门、窗扇与框或相邻扇立边平行度		用钢直尺检查
			组合门窗	平整度	3	用2m靠尺和钢直尺检查
				缝直线度		

18.2.3　塑料门窗安装工程常见的质量问题

塑料门窗安装工程常见的质量问题如下。

1)门窗框隔断热桥措施未达到设计要求和产品质量标准规定。

2)中空玻璃均压管未密封;镀膜玻璃安装方向错误。

3)塑料门窗框与墙体间的缝隙填嵌不饱满。

4)门窗框与四周的墙体连接处渗漏。

5)推拉窗下滑槽内积水，并渗入窗内。

6)在砌体上安装门窗用射钉固定。

7)塑料门窗框与墙体间固定点间距不符合要求。

8)密封条切割角度差、回缩、脱落。

18.3　金属门窗工程质量控制与检验

金属门窗安装工程一般指钢门窗、铝合金门窗、涂色镀锌钢板门窗等金属门窗安装工程。

18.3.1　金属门窗安装工程质量控制

(1)原材料质量控制　金属门窗安装的原材料质量控制包括以下几方面。

1)金属门窗所选用的材料及其附件质量，必须符合设计要求和有关国家现行标准的规定。

2)铝合金窗型材壁厚不应小于1.4mm，门的型材壁厚不应小于2mm。铝合金门窗框与墙体固定的连接厚度不应小于1.5mm。铝合金窗断面的平开窗不应小于55系列，推位窗不应小于75系列，封阳台平开窗不应小于75系列。

3)门窗零附件及固定件除采用不锈钢件外，均应做防腐处理，防止与型材发生接触腐蚀。

4)铝合金型材表面阳极氧化膜厚度应符合要求。

5)铝合金门窗的质量(窗框尺寸偏差；窗框、窗扇的相邻构件装配间隙和同一平面高低差；窗框、窗扇四周宽度偏差；平板玻璃与玻璃槽的配合尺寸；中空玻璃与玻璃槽的配合尺寸；窗装饰表面的各种损伤)应符合要求。

6)进入现场的铝合金门窗，必须具备产品准用证和出厂合格证。

7)建筑外窗的水密性、气密性、抗风压性能、保温性能、中空玻璃露点、玻璃遮阳系数和可见风透射比应符合设计要求。

8)建筑外窗进入施工现场时，应按地区类别对其水密性、气密性、抗风压性能、保温性能、中空玻璃露点、玻璃遮阳系数和可见风透射比等性能进行复验，复验合格方可用于工程。

9)嵌缝材料、密封膏的品种、型号应符合设计要求。防腐材料及保温材料均应符合图样要求，且应有产品的出厂合格证。密封条的规格、型号应符合设计要求，胶粘剂应与密封条的材质相匹配，且具有产品的出厂合格证。

(2)施工过程质量控制　金属门窗施工过程质量控制包括以下方面。

1)安装前应按设计图纸要求，核对门窗的规格、型号、数量，同时检查洞口位置和尺寸，左右位置挂垂线控制，窗台标高通过50线控制，合格后方可进行安装。钢门窗安装前，应逐樘进行检查，若发现钢门窗框变形或窗角、窗梃、窗芯有脱落、松动等现象，应校正修复后方可进行安装。

2)检查门窗洞口内的预留孔洞和预埋铁件的位置、尺寸、数量是否符合钢门窗安装的要求。若发现问题应进行修整或补凿洞口。

3)金属门窗安装应采用预留洞口的施工方法(即后塞口的施工方法),不得采用边安装边砌口或先安装后砌口的施工方法。

4)门窗安装就位后应暂时用木楔固定,定位木楔应设置于门窗四角或框桁端部。

5)铝合金门窗装入洞口应横平竖直,外框与洞口应弹性连接牢固,不得将门窗外框直接埋入墙体。与混凝土墙体连接时,门窗框的连接件与墙体可用射钉或膨胀螺栓固定,与砖墙连接时,应预先在墙体埋设混凝土块,然后按上述办法处理。

6)铝合金门窗的连接件应伸出铝框予以内外锚固,连接件应采用不锈钢或经防腐处理的金属件,其厚度不小于1.5mm,宽度不小于25mm,数量、位置应符合规定。

7)铝合金门窗横向、竖向组合时,应采取套插,搭接形成曲面组合,搭接长度宜为10mm,并用密封胶密封。

8)铝合金门窗框与墙体间隙塞填应按设计要求处理;设计无要求时,应采用矿棉条或聚氨酯发泡剂等软质保温材料填塞,框四周缝隙须留5~8mm深的槽口用密封胶密封,严禁用水泥砂浆填塞。在门窗框两侧进行防腐处理后,可填嵌设计指定的保温材料和密封材料。待铝合金窗和窗台板安装后,将窗框四周的缝隙同时填嵌,填嵌时用力不应过大,防止窗框受力后变形。

9)门窗附件安装,必须在地面、墙面和顶棚等抹灰完成后、安装玻璃前进行,且应检查门窗扇质量,对附件安装有影响的应先校正,然后安装。

10)铝合金门窗玻璃安装时,应在门窗槽内放弹性垫块(如胶木等),严禁玻璃与门窗直接接触,玻璃与门窗槽搭接数量应不少于6mm,玻璃与框槽间隙应用橡胶条或密封胶压牢或填满。

11)铝合金推拉窗顶部应设限位装置,其数量和间距应保证窗扇抬高或推拉时不脱轨。

12)钢门窗及零附件质量必须符合设计要求和规范规定,安装的位置、开启方向必须符合设计要求。

13)门窗地脚与预埋件宜采用焊接;若不采用焊接,应在安装完地脚后,用水泥砂浆或细石混凝土将洞口缝隙填实。

14)钢门窗扇安装应关闭严密,开关灵活、无阻滞、回弹和倒翘。

15)双层钢窗的安装间距应符合设计要求。

16)钢门窗与墙体缝隙填嵌应饱满,表面平整;嵌套材料和方法符合设计要求。

17)推拉门窗扇意外脱落容易造成安全方面的伤害,对高层建筑情况更为严重,故规定推拉门窗扇必须有防脱落措施。

18)门窗工程施工前,应进行样板间的施工,经业主、设计、监理验收确认后才能全面施工。

18.3.2 金属门窗安装工程质量检验

(1)检验批划分及检验数量 金属门窗安装工程质量检验批划分及检验数量同木门窗安装工程质量检验数量。

(2)检验标准和检验方法 金属门窗、钢门窗、铝合金门窗、涂色镀锌钢板门窗安装工程质量检验标准和检验方法见表 5-18-3～表 5-18-6。

表 5-18-3 金属门窗安装工程质量标准和检验方法

项目	序号	检验项目		检验标准	检验方法
主控项目	1	门窗质量		金属门窗的品种、类型、规格、尺寸、性能、开启方向、安装位置、连接方式及门的型材壁厚应符合设计要求及国家现行标准的有关规定。金属门窗的防雷、防腐处理及填嵌、密封处理应符合设计要求	观察；尺量检查；检查产品合格证书、性能检验报告、进场验收记录和复验报告；检查隐蔽工程验收记录
	2	金属门窗框和附框的安装		应牢固，预埋件及锚固件的数量、位置、埋设方式、与框的连接方式应符合设计要求	手扳检查；检查隐蔽工程验收记录
	3	金属门窗扇的安装		应牢固、开关灵活、关闭严密、无倒翘。推拉门窗扇应安装防止扇脱落的装置	观察；开启和关闭检查；手扳检查
	4	金属门窗配件	型号、规格和数量	应符合设计要求	
			安装、位置、功能	安装应牢固，位置应正确，功能应满足使用要求	
一般项目	1	金属门窗表面		应洁净、平整、光滑、色泽一致，应无锈蚀、擦伤、划痕和碰伤。漆膜或保护层应连续。型材的表面处理应符合设计要求及国家现行标准的有关规定	观察
	2	金属门窗推拉门窗扇开关力		不应大于 50N	用测力计检查
	3	金属门窗框与墙体之间的缝隙		应填嵌饱满，并应采用密封胶密封。密封胶表面应光滑、顺直、无裂纹	观察；轻敲门窗框检查；检查隐蔽工程验收记录
	4	金属门窗扇的密封胶条或密封毛条装配		应平整、完好，不得脱槽，交角处应平顺	观察；开启和关闭检查
	5	排水孔		应畅通，位置和数量应符合设计要求	观察

表 5-18-4　钢门窗安装的留缝限值、允许偏差和检验方法

序号	项目		留缝限值/mm	允许偏差/mm	检验方法
1	门窗槽口宽度、高度	≤1500mm	—	2	用钢卷尺检查
		>1500mm	—	3	
2	门窗槽口对角线长度差	≤2000mm	—	3	
		>2000mm	—	4	
3	门窗框的正、侧面垂直度			3	用1m垂直检测尺检查
4	门窗横框的水平度			3	用1m水平尺和塞尺检查
5	门窗横框标高		—	5	用钢卷尺检查
6	门窗竖向偏离中心			4	
7	双层门窗内外框间距			5	
8	门窗框、扇配合间隙		≤2		用塞尺检查
9	平开门窗框扇搭接宽度	门	≥6	—	用钢直尺检查
		窗	≤4		
10	推拉门窗框扇搭接宽度		≥6		
11	无下框时门扇与地面间留缝		4~8		用塞尺检查

表 5-18-5　铝合金门窗安装的允许偏差和检验方法

序号	项目		允许偏差/mm	检验方法
1	门窗槽口宽度、高度	≤2000mm	2	用钢卷尺检查
		>2000mm	3	
2	门窗槽口对角线长度差	≤2500mm	4	
		>2500mm	5	
3	门窗框的正、侧面垂直度		2	用1m垂直检测尺检查
4	门窗横框的水平度		2	用1m水平尺和塞尺检查
5	门窗横框标高		5	用钢卷尺检查
6	门窗竖向偏离中心		5	
7	双层门窗内外框间距		4	
8	推拉门窗扇与框搭接量	门	2	用钢直尺检查
		窗	1	

表 5-18-6　涂色镀锌钢板门窗安装的允许偏差和检验方法

序号	项目		允许偏差/mm	检验方法
1	门窗槽口宽度、高度	≤1500mm	2	用钢卷尺检查
		>1500mm	3	
2	门窗槽口对角线长度差	≤2000mm	4	
		>2000mm	5	
3	门窗框的正、侧面垂直度		3	用1m垂直检测尺检查
4	门窗横框的水平度			用1m水平尺和塞尺检查
5	门窗横框标高		5	
6	门窗竖向偏离中心		5	用钢卷尺检查
7	双层门窗内外框间距		4	
8	推拉门窗扇与框搭接宽度		2	用钢直尺检查

18.3.3　金属门窗安装工程常见的质量问题

金属门窗安装工程常见的质量问题如下。

1)门窗框整体刚度差。

2)钢门窗翘曲变形。

3)钢门窗安装松动，不牢固。

4)铝合金门窗锚固做法和锚固点间距不符合要求。

5)金属推拉窗扇脱轨、坠落。

6)门窗框与墙体间的缝隙填嵌不饱满，门窗框与墙体间的缝隙材料表面没有用密封胶密封。

18.4　门窗玻璃安装工程质量控制与检验

18.4.1　门窗玻璃安装工程质量控制

(1)原材料质量控制　门窗玻璃安装工程原材料质量控制包括以下几方面。

1)门窗玻璃的品种、规格、尺寸、色彩、图案和涂膜朝向应符合设计要求；质量应符合有关产品标准，进场时应提交产品合格证。

2)夹丝玻璃的裁割边缘上宜刷涂防锈涂料。

3)密封条、隔片、填充材料、密封膏等的品种、规格、断面尺寸、颜色、物理及化学性质应符合设计要求。

4)定位块的尺寸应符合下列规定：长度不应小于25mm；宽度应等于玻璃的厚度加上前部余隙和后部余隙；厚度应等于边缘余隙。

5)玻璃垫块应选用挤压成型的未增塑PVC、增塑PVC或邵氏硬度为70～90（A）的硬橡胶或塑料，不得使用硫化再生橡胶、木片或其他吸水性材料。其长度宜为80～150mm，厚度应按框、扇（梃）与玻璃的间隙确定，并宜为2～6mm。

6)油灰应用熟桐油等天然干性油拌制，并具有塑性，嵌抹时不断裂、不出麻面；用于钢门窗的灰油，应具有防锈性。

(2)施工过程质量控制　门窗玻璃安装施工过程质量控制包括以下几方面。

1)木门窗玻璃安装前，必须清理玻璃槽内的木屑、灰浆、尘土等杂物，使油灰与槽口粘结牢固。

2)安装金属门窗玻璃时，金属门窗扇应验收合格，应检查预留用于安装钢丝卡的孔眼是否齐全、位置是否准确。

3)玻璃安装应在门窗五金件安装后、涂刷最后一遍油漆前进行。

4)油灰涂抹要求表面光滑，无流淌、裂缝、麻面和皱皮等现象，钉帽不得外露。油灰应具有塑性，用于钢门窗玻璃的油灰应具有防锈性能。油灰抹完后，要用抹布将玻璃擦拭干净。

5)铝合金和塑料门窗玻璃安装前，应将玻璃槽内的灰浆、尘土、垃圾等杂物清除干净，检查排水孔是否畅通。

6)磨砂玻璃安装时，磨砂面应向内。

7)带密封条的玻璃压条，其密封条必须与玻璃全部紧贴，压条与型材之间无明显缝隙，压条接缝应不大于0.5mm。

8)检查密封胶条的转角处理是否符合要求。

18.4.2　门窗玻璃安装工程质量检验

(1)检验批划分及检验数量　门窗玻璃安装工程的检验批划分及检查数量同木门窗安装工程。

(2)检验标准和检验方法　门窗玻璃安装工程的质量检验标准和检验方法见表5-18-7。

表5-18-7　门窗玻璃安装工程质量检验标准和检验方法

项目	序号	检验标准	检验方法
主控项目	1	玻璃的层数、品种、规格、尺寸、色彩、图案和涂膜朝向应符合设计要求	观察；检查产品合格证书、性能检验报告和进场验收记录
	2	门窗玻璃裁割尺寸应正确。安装后的玻璃应牢固，不得有裂纹、损伤和松动	观察；轻敲检查
	3	玻璃的安装方法应符合设计要求。固定玻璃的钉子或钢丝卡的数量、规格应保证玻璃安装牢固	观察；检查施工记录
	4	镶钉木压条接触玻璃处应与裁口边缘平齐。木压条应互相紧密连接，并应与裁口边缘紧贴，割角应整齐	观察

项目	序号	检验标准	检验方法
主控项目	5	密封条与玻璃、玻璃槽口的接触应紧密、平整。密封胶与玻璃、玻璃槽口的边缘应粘结牢固、接缝平齐	观察
	6	带密封条的玻璃压条，其密封条应与玻璃贴紧，压条与型材之间应无明显缝隙	观察；尺量检查
一般项目	1	玻璃表面应洁净，不得有腻子、密封胶和涂料等污渍。中空玻璃内外表面均应洁净，玻璃中空层内不得有灰尘和水蒸气。门窗玻璃不应直接接触型材	观察
	2	腻子及密封胶应填抹饱满、粘结牢固；腻子及密封胶边缘与裁口应平齐。固定玻璃的卡子不应在腻子表面显露	
	3	密封条不得卷边、脱槽，密封条接缝应粘结	

18.4.3　玻璃安装工程常见的质量问题

玻璃安装工程常见的质量问题如下。

1)膜玻璃划伤或擦伤、掉膜、斑点或斑纹。

2)磨砂玻璃、镀膜玻璃朝向错误。

3)玻璃裁割尺寸不准确，安装后，玻璃上会有裂纹、损伤和松动。

复习思考题

1. 木门窗框(后塞口)的施工质量控制要点有哪些?

2. 塑料门窗的安装质量控制要点有哪些?

3. 塑料门窗安装工程质量检验的主控项目有哪些?

4. 铝合金门窗安装施工质量控制要点有哪些?

5. 塑料门窗要进行哪几项性能检测?

6. 木门窗的结合处和安装配件处有何要求? 如何加以控制?

7. 对塑钢门窗拼樘料有哪些要求? 如何加以控制?

8. 对塑钢门窗框与墙体间缝隙应如何处理?

19

饰面工程质量控制与检验

【知识目标】

理解饰面工程的材料要求；熟悉饰面工程施工质量控制的要求和质量检验的内容，掌握饰面工程质量检验要求与方法。

【能力目标】

能够依据设计要求和施工质量标准，对各种饰面工程质量进行检查、控制；能够参考有关资料独立编制饰面工程施工技术交底；能够依据有关标准、规范对饰面工程施工质量进行检验和验收，能够规范填写检验批检查验收记录。

19.1 饰面板安装工程质量控制与检验

19.1.1 饰面板安装工程质量控制

(1)原材料质量要求 饰面板安装原材料质量要求包括以下几方面。

1)饰面板的品种、规格、质量、花纹、颜色和性能应符合设计要求，木龙骨、木饰面、塑料饰面板的燃烧性能等级应符合设计要求，进场产品应有合格证书和性能检测报告，并应做进场验收记录。

2)安装饰面板用的铁制锚固件、连接件应镀锌或经防锈处理。镜面和光面的大理石、花岗石饰面板，应用铜或不锈钢制的连接件。

3)天然大理石、花岗石饰面板，表面不得有隐伤、风化等缺陷，不宜采用易褪色材料包装，室内采用的花岗石应进行放射性检测。

4)预制水磨石饰面板要求表面平整光滑，石子显露均匀无磨纹、色泽鲜明、棱角齐全、底面整齐。

5)预制水刷石饰面板要求石粒均匀紧密、表面平整、色泽均匀、棱角齐全、底面整齐。

6)人造大理石饰面板可分为水泥型、树脂型、复合型、烧结型四类，质量要求同大理石，不宜用于室外装饰。

7)金属饰面板表面应平整、光滑、无裂缝和褶皱、颜色一致、边角整齐、涂膜厚度均匀；瓷板饰面板材料应符合国家现行标准的有关规定，并应有出厂合格证，其材料应具有不燃烧性或难燃烧性及耐气候性等特点。

8)工程中所用龙骨的品种、规格、尺寸、形状应符合设计规定，当墙体采用普通型钢时，应做除锈、防锈处理。木龙骨要干燥、纹理顺直、没有结疤。

9)木龙骨、木饰面板、塑料饰面板的燃烧性能等级应符合设计要求。

10)镀锌膨胀螺栓的规格及拉拔试验应符合设计要求。

11)安装装饰板所用的水泥,其体积安定性必须合格,其初凝时间不得少于45min,终凝时间不得超过12h。砂要求颗粒坚硬、洁净,且含泥量不得大于3%(质量分数)。石灰膏不得含有未熟化的颗粒。施工所采用的其他胶结材料的品种、掺和比例应符合设计要求。

(2)施工过程的质量控制 饰面板施工过程的质量控制包括以下几方面。

1)饰面板安装工程应在主体结构、穿过墙体的所有管道、线路等施工完毕并经验收合格后进行。

2)饰面板安装工程安装前,应编制施工方案和进行安全技术交底,并监督其是否能有效实施。

3)瓷板安装前应对基层进行验收,对影响主体安全性、适用性及饰面板安装的基层质量缺陷给予修补。

4)饰面板安装工程的预埋件(或后置埋件)、连接件的数量、规格、位置、连接方法和防腐处理必须符合设计要求,后置埋件的现场拉拔强度必须符合设计要求,饰面板安装必须牢固。

5)系固饰面板用的钢筋网,应与锚固件连接牢固。锚固件应在结构施工时埋设。固定饰面板的连接件,其直径或厚度大于饰面板的接缝宽度时,应凿槽埋置。

6)石材饰面板安装前,应按品种、规格和颜色进行分类选配,并将其侧面和背面清扫干净,修边打眼。在每块板上的上下打眼,并用防锈金属丝穿入孔内以做细固之用。

7)采用传统的湿作业法安装天然石材时,由于水泥砂浆在水化时析出大量的氢氧化钙,泛到石材表面,产生不规则的花斑,俗称泛碱现象,严重影响建筑物室内外石材饰面的装饰效果。因此,在天然石材安装前,应对石材饰面采用"防碱背涂剂"进行背涂处理。饰面板与基体之间的灌注材料应饱满、密实。

8)强度较低或较薄的石材施工时应在背面粘贴玻璃纤维网布。

9)当采用湿作业法施工时,固定石材的钢筋网应与预埋件连接牢固。每块石材与钢筋网拉结点不得少于4个。拉结所用金属丝应具有防锈性能。灌注砂浆前应将石材背面及基层湿润,并应用填缝材料临时封闭石材板缝,避免漏浆。灌注砂浆宜用1:2.5水泥砂浆,灌注时应分层进行,每层灌注高度宜为150~200mm,且不超过板高的1/3,插捣应密实,待其初凝后方可灌注上层水泥砂浆。

10)石材饰面板安装时,接缝宽度可垫木楔调整,并确保外表面平整垂直及板的上沿平顺。

11)当采用粘贴法施工时,基层处理应平整但不应压光。胶粘剂的配合比应符合产品说明书的要求。胶液应均匀、饱满地刷抹在基层和石材背面,石材就位时应准确,并应立即挤紧、找平、找正,进行顶、卡固定。溢出的胶液应随时清除。

12)室内安装天然石光面和镜面的饰面板,接缝应干接,接缝处宜用与饰面板相同颜色的水泥擦缝;室外安装天然石光面和镜面的饰面板,板缝可干接或用水泥细砂浆勾缝,干接缝应用与饰面板相同颜色的水泥浆擦缝。安装天然石粗磨面、麻面、条纹面、天然面饰面板的接缝和勾缝应用水泥砂浆,接缝要填塞密实无暗缝。

13)安装人造石饰面板,接缝宜用与饰面板相同颜色的水泥浆或水泥砂浆抹勾严实。

14) 饰面板完工后，表面应清洗干净。光面和镜面饰面板经清洗晾干后，方可打蜡擦亮。

15) 石材饰面板的接缝宽度应符合设计要求，当设计无具体要求时应符合相关规定，见表 5-19-1。

表 5-19-1　饰面板接缝宽度允许偏差

序号	名称		接缝宽度允许偏差/mm
1	石板	光面	1
		剁斧石	2
		蘑菇石	2
2	陶瓷板		1
3	木板		1
4	金属板		1
5	塑料板		1

16) 在墙面和柱面安装饰面板，应先找平，分块弹线，并对饰面板进行预拼和编号、开槽或钻孔。

17) 挂贴瓷板一般应由下至上进行，出墙面勒脚的饰面板安装，应待上层的饰面工程完工后进行。楼梯栏杆、栏板及墙群的饰面板安装，应在楼梯踏步地(楼)面层完工后进行。

18) 瓷板挂装时应找正吊直后用金属丝绑牢在拉结钢筋网上，挂装时可用木楔调整，瓷板的拼缝宽度应符合设计要求，并不宜大于 1mm。

19) 饰面板安装，应采取临时固定措施，以防灌注砂浆时移动。灌注砂浆时，应先在竖缝内塞 15～20mm 深的防漏浆麻丝或泡沫塑料条，待砂浆硬化后，将填缝材料清除。

20) 灌筑填缝砂浆前，应将墙体及瓷板背面浇水湿润，并用石灰膏临时封闭瓷板竖缝，以防漏浆。灌注砂浆宜用 1：2.5 水泥砂浆，灌注时应分层进行，每层灌注高度宜为 150～200mm，且不超过板高的 1/3，插捣应密实。初凝后检查板面位置，合格后方可灌注上层水泥砂浆。

21) 干挂瓷质饰面砖施工时应避免交叉作业，扣齿板的长度应符合设计要求，当设计未做规定时，不锈钢扣齿板与瓷板支承边等长，铝合金扣齿板比瓷板支承边短 20～50mm。

22) 采用不锈钢挂件时，应将环氧树脂浆液抹入槽(孔)内，与瓷板接合部位的挂件应满涂，然后插入扣齿或销钉；扣齿或销钉插入瓷板深度应符合设计要求。瓷板中部加强点的连接件与基面连接应可靠，其位置和面积应符合设计要求。

23) 灌缝的密封胶应符合设计要求，其颜色应与瓷板色彩相配，灌缝应饱满平直，宽窄一致，不得在潮湿时灌密封胶。灌缝时不得污损瓷板面。

24) 底板的拼缝有排水孔设置要求时，其排水通道不得阻塞。

25) 金属饰面板的品种、质量、颜色、花型、线条应符合设计要求，并应有产品质量证明文件。墙体骨架若采用钢龙骨，其规格、形状应符合设计要求，并应进行除锈、防锈处理。墙体材料为纸面石膏板时，应按设计要求进行防水处理，安装时纵、横碰头缝应拉开5～8mm。

26) 安装金属饰面板，当设计无要求时，宜采用抽芯铝铆钉，中间必须垫橡胶垫圈。抽芯铝铆钉间距以控制在100～150mm为宜。

27) 安装突出墙面的窗台、窗套凸线等部位的金属饰面板时，裁板尺寸应准确，边角应整齐光滑，搭接尺寸及方向应正确。阴阳角宜采用预制角装饰板安装，角板与大面搭接方向应与主导风向一致，严禁逆向安装。

28) 板材安装时严禁采用对接。搭接长度应符合设计要求，不得有透缝现象。外饰面板安装时应挂线施工，做到表面平整、垂直，线条通顺清晰。

19.1.2　饰面板安装工程质量检验

(1) 检验数量　饰面板安装工程质量检验数量见表5-19-2。

(2) 检验标准和检验方法　饰面板安装工程质量检验标准和检验方法见表5-19-2。

表5-19-2　饰面板安装工程质量检验标准、检验数量和检验方法表

项目	序号	检验项目	检验标准	检验数量	检验方法
主控项目	1	饰面板的品种、规格、颜色和性能	应符合设计要求及国家现行标准的有关规定。木龙骨、木饰面板和塑料饰面板的燃烧性能等级应符合设计要求	相同材料、工艺和施工条件的室外饰面板工程每1000m²应划分为1个检验批，不足1000m²也应划分为1个检验批。检查数量应符合下列规定：1) 室内每个检验批应至少抽查10%，并不得少于3间，不足3间时应全数检查；2) 室外每个检验批每100m²应至少抽查一处，每处不得小于10m²	观察；检查产品合格证书、进场验收记录和性能检验报告，石板和木板要检查复验报告
	2	石板及陶瓷板孔、槽的数量、位置和尺寸	应符合设计要求		检查进场验收记录和施工记录
	3	石板和陶瓷板安装工程的预埋件（或后置埋件）、木板和金属板及塑料板安装工程的龙骨、连接件的材质、数量、规格、位置、连接方法和防腐处理	必须符合设计要求。后置埋件的现场拉拔力必须符合设计要求。饰面板安装应牢固		手扳检查；检查进场验收记录、隐蔽工程验收记录和施工记录，石板和陶瓷板要检查现场拉拔检验报告
	4	采用满粘法施工的石板和陶瓷板工程，石板或陶瓷板与基层之间的粘结料	应饱满、无空鼓。粘结应牢固		用小锤轻击检查；检查施工记录；检查外墙石板或陶瓷板粘结强度检验报告
	5	外墙金属板的防雷装置	应与主体结构防雷装置可靠接通		检查隐蔽工程验收记录

项目	序号	检验项目	检验标准	检验数量	检验方法
一般项目	1	饰面板表面	应平整、洁净、色泽一致，且石板、陶瓷板、木板、塑料板表面应无缺损。石板和陶瓷板表面应无裂痕且石板表面无泛碱等污染	相同材料、工艺和施工条件的室外饰面板工程每 1000m² 应划分为 1 个检验批，不足 1000m² 也应划分为 1 个检验批。检查数量应符合下列规定： 1)室内每个检验批应至少检查 10%，并不得少于 3 间，不足 3 间时应全数检查； 2)室外每个检验批每 100m² 应至少抽查一处，每处不得小于 10m²	观察
	2	石板、陶瓷板填缝	应密实、平直，宽度和深度应符合设计要求，填缝材料色泽应一致		观察；尺量检查
	3	采用湿作业法施工的石板安装工程	石板应进行防碱封闭处理。石板与基体之间的灌注材料应饱满、密实		用小锤轻击检查；检查施工记录
	4	饰面板上的孔洞	应套割吻合，边缘应整齐		观察
	5	木板和金属板、塑料板接缝	应平直，宽度应符合设计要求		观察；尺量检查

表中第6项允许偏差：

项目	石板 光面	石板 剁斧石	石板 蘑菇石	陶瓷板	木板	金属板	塑料板	检验方法
立面垂直度	2	3	3	2	2	2	2	用 2m 垂直检测尺检查
表面平整度	2	3	—	2	1	3	3	用 2m 靠尺和塞尺检查
阴阳角方正	2	4	4	2	2	3	3	用 200m 直角检测尺检查
接缝直线度	2	4	4	2	2	2	2	拉 5m 线，不足 5m 拉通线，用钢直尺检查
墙裙、勒脚上口直线度	2	3	3	2	2	2	2	
接缝高低差	1	3	—	1	1	1	1	用钢直尺和塞尺检查
接缝宽度	1	2	2	1	1	1	1	用钢直尺检查

（一般项目，序号6，允许偏差/mm）

19.1.3 饰面板安装工程常见的质量问题

饰面板安装工程常见的质量问题如下。

1)饰面板颜色不匀。

2)饰面板接缝不平、板缝宽窄不匀。

3)板面开裂。

4)饰面板脱落。

19.2 饰面砖粘贴工程质量检验

19.2.1 饰面砖粘贴工程质量控制

(1)原材料质量控制 饰面砖粘贴工程原材料质量控制包括以下几方面。

1)饰面砖的品种、规格、图案、颜色和性能应符合设计要求。进场后应派人进行挑选，并分类堆放备用。使用前，应在清水中浸泡 2h 以上，晾干后方可使用。

2)釉面瓷砖要求尺寸一致，颜色均匀，无缺釉、脱釉现象，无凸凹扭曲和裂纹、夹心等缺陷，边缘和棱角整齐，吸水率不大于 1.8%，常用于厕所、浴室、厨房、游泳池等场所。

3)陶瓷锦砖要求规格颜色一致，无受潮变色现象，拼接在纸板上的图案应符合设计要求，纸板完整，颗粒齐全，无缺棱掉角及碎粒，常用于室内外墙面及室内地面。

4)水泥、石灰、砂和纸筋的质量控制同一般抹灰。

5)面砖的表面应光洁，色泽一致，不得有暗痕和裂纹。

(2)施工过程的质量控制 饰面砖粘贴施工过程的质量控制包括以下几方面。

1)饰面砖粘贴工程应在主体结构、穿过墙体的所有管道、线路等施工完毕并经验收合格后进行。

2)饰面砖粘贴前，应编制施工方案和进行安全技术交底，并监督方案有效实施。

3)饰面砖的品种、规格、图案、颜色和性能应符合设计要求。饰面砖表面应平整、洁净、色泽一致，无裂痕和缺损。

4)饰面砖粘贴前，应对基层进行验收，对于不满足要求的基层必须进行处理。当基体的抗拉强度小于外墙面砖粘贴强度时，必须进行加固处理，加固后应对粘贴样板进行强度检测；对于加气混凝土砌块、轻质砌块、轻质墙板等基体，若采用外墙面饰面砖作贴面装饰时，必须有可靠的粘贴质量保证措施，否则，不宜采用外墙面砖饰面；对于混凝土基体表面，应采用聚合物砂浆或其他界面处理剂做结合层。

5)饰面砖粘贴应预排，其排列方式、分格及图案应符合设计要求。接缝应顺直、均匀，同一墙面上的横竖排列，不得有一项以上的非整砖。非整砖应排在次要部位或阴角处。

6)粘贴饰面砖横竖须按弹线标志进行。表面应平整，不显接槎，接缝平直，宽度一致；基层表面若有管线、灯具、卫生设备等突出物，周围的砖应用整砖套割吻合，不得用非整砖拼凑镶砖。

7)外墙饰面砖粘贴前和施工过程中，均应在相同基层上做样板件，并对样板件的饰面砖粘结强度进行检验，其检验方法和结果判定应符合《建筑工程饰面砖粘结强度检验标准》(JGJ/T 110—2017)的规定。

8)粘贴室内面砖时一般由下往上逐层粘贴，从阳角起贴，先贴大面，后贴阴阳角及凹槽等难度较大的部位。

9)饰面砖的接缝宽度，应符合设计要求，若设计无要求，接缝宽度为 1~1.5mm；墙裙、浴盆、水池等处和阴阳角处应使用配件砖；粘贴室内面砖的房间，阴阳角须找方，要防止地面沿墙边出现宽窄不一现象。

10) 釉面砖和外墙面砖，镶贴前应清扫干净，并浸水 2h 以上，待表面晾干后方可使用。釉面砖和外墙面砖宜采用 1：2 水泥砂浆镶贴，砂浆厚度为 6～10mm。镶贴用的水泥砂浆，可掺入不大于水泥重量 15% 的石灰膏，以改善砂浆的和易性。

11) 镶贴饰面砖必须按弹线和标志进行，表面应平整，不显接槎，接缝平直、宽度一致。镶贴釉面砖墙裙、浴盆、水池等上口和阴阳角处，应使用配件砖。

12) 粘贴室外面砖时，水平缝用嵌缝条控制，使用前木条应先捆扎后用水浸泡，施工中每次重复使用木条前都要及时清除余灰，以保证缝格均匀；粘贴室外面砖的竖缝用竖向弹线控制，其弹线密度可根据操作工人水平确定，可每块弹，也可 5～10 块弹一垂线，操作时，面砖下侧在嵌条上，一侧与弹线水平。然后依次向上粘贴。

13) 外墙面砖宽度不应小于 5mm，尤其不得采用并缝粘贴。完成后的外墙面砖，应用 1：1 水泥砂浆勾缝，先勾横缝，后勾竖缝，缝深宜凹进面砖 2～3mm，宜用方板平底缝，不宜勾圆弧底缝、完成后用布或纱头擦净面砖。必要时可用浓度 10% 稀盐酸刷洗，但必须随即用水冲洗干净。

14) 饰面砖接缝应平直、光滑，填嵌应连续、密实；宽度和深度应符合设计要求，阴阳角处搭接方法、非整砖使用部位应符合设计和国家标准的要求。满粘法施工的饰面砖工程应无空鼓、裂缝。

15) 有排水要求的部位应做滴水线(槽)。滴水线(槽)应顺直，流水坡向应正确，坡度应符合设计要求。阴阳角宜采用预制角装饰板安装，角板与大面积搭接方向应与主导风向一致，严禁逆向安装。

16) 饰面板(砖)工程的抗震缝、伸缩缝、沉降缝等部位的处理应保证缝的使用功能和饰面的完整性。

19.2.2　饰面砖粘贴工程质量检验

(1) 检验数量　饰面砖粘贴工程质量检验数量同一般抹灰工程。

(2) 检验标准和检验方法　饰面砖粘贴工程质量检验标准和检验方法见表 5-19-3。

表 5-19-3　饰面砖粘贴工程质量检验标准和检验方法

项目	序号	检验项目	检验标准	检验方法
主控项目	1	饰面砖的品种、规格、图案、颜色和性能	符合设计要求	观察检查，检查产品合格证书、进场验收记录、性能检测报告和复验报告
	2	饰面砖粘贴工程的找平、防水、粘结和填缝材料及施工方法	符合设计要求、国家现行标准的有关规定	检查产品合格证书、复验报告和隐蔽工程验收记录
	3	饰面砖粘贴	必须牢固	手拍检查，检查样板件粘结强度检验报告和施工记录
	4	满粘法施工的饰面砖工程	应无空鼓、裂缝	观察检查，小锤轻击检查

项目	序号	检验项目		检验标准		检验方法
一般项目	1	饰面砖表面		平整、洁净、色泽一致，无裂痕和缺损		观察检查
	2	阴阳角构造		符合设计要求		
	3	饰面砖接缝		应平直、光滑，嵌填连续、密实，宽度和深度符合设计要求		观察检查，尺量检查
	4	墙面突出物周围的饰面砖		应整砖套割吻合，边缘应整齐，墙裙、贴脸突出墙面的厚度应一致		观察检查，尺量检查
	5	有排水要求的部位		做滴水(线)槽，且滴水(线)槽应顺直，流水坡向应正确，坡度应符合设计要求		观察检查，水平尺检查
	6	粘贴允许偏差/mm	项目	外墙面砖	内墙面砖	—
			立面垂直度	3	2	用 2m 垂直检测尺检查
			表面平整度	4	3	用 2m 靠尺和塞尺检查
			阴阳角方正	3	3	用 200mm 直角检测尺检查
			接缝直线度	3	2	拉 5m 线，不足 5m 拉通线，用钢直尺检查
			接缝高低差	1	1	用钢直尺和塞尺检查
			接缝宽度	1	1	用钢直尺检查

19.2.3 饰面砖粘贴工程常见的质量问题

饰面砖粘贴工程常见的质量问题如下。

1)饰面砖颜色不匀、裂痕和缺损。

2)饰面砖接缝不平、砖缝宽窄不匀、砖缝嵌填不密实或有狭缝。

3)饰面砖空鼓、开裂和脱落。

19.3 涂饰工程质量控制与检验

涂饰工程包括水性涂料涂饰、溶剂型涂料涂饰、美术涂饰等分项工程。

19.3.1 涂饰工程质量控制

(1)原材料质量控制 涂饰工程原材料质量控制包括以下几方面。

1)腻子进入现场应有产品合格证、性能检验报告、进场验收记录。水泥、胶粘剂的质量应按有关规定进行复验，严禁使用安定性不合格的水泥，严禁使用粘结强度不达标的胶粘剂。普通硅酸盐水泥强度等级不得低于 32.5 级。超过 90d 的水泥应进行复验，复验不达标的不得使用。

2)配套使用的腻子和封底材料必须与选用饰面涂料性能相适应，内墙腻子的主要技术指标应符合《建筑室内用腻子》(JG/T 298—2010)的规定，外墙腻子的强度应符合《复层建筑涂料》(GB/T 9779—2015)的规定，且不易开裂。

3)建筑室内用胶粘剂材料必须符合《民用建筑工程室内环境污染控制标准》(GB 50325—2020)的有关要求。

4)涂料类型的选用应符合设计要求。应检查材料的产品合格证、性能检测报告及进场验收记录。进场涂料按有关规定进行复验，并经试验鉴定合格后方可使用。超过保质期的涂料应进行复验，复验达不到质量标准不得使用。

5)室内用水性涂料、溶剂型涂料必须符合《民用建筑工程室内环境污染控制标准》(GB 50325—2020)的有关要求。

(2)施工过程的质量控制 涂饰施工过程的质量控制包括以下几方面。

1)涂饰工程应在抹灰、吊顶、细部、地面及电气工程等已完成并验收合格后进行。

2)基层处理应符合下列要求：新建筑物的混凝土或抹灰层基层在涂饰涂料前应涂刷抗碱封闭底漆；旧墙面在涂饰涂料前应清除疏松的旧装修层，并涂刷界面剂；混凝土或抹灰基层涂刷溶剂型涂料时，含水率不得大于 8%，涂刷乳液型涂料时，含水率不得大于 10%，木材基层的含水率不得大于 12%；基层腻子应平整、坚实、牢固，无粉化、起皮和裂缝；内墙腻子的粘结强度应符合《建筑室内用腻子》(JG/T 298—2010)的规定；厨房、卫生间墙面必须使用耐水腻子。

3)检查基层的表面平整度，立面垂直度、阴阳角垂直、方正和有无缺棱、掉角现象，检查分格缝深浅是否一致且横平竖直。基层允许偏差应符合相关要求且表面应"平而不光"，见表 5-19-4。

表 5-19-4　基层质量的允许偏差

项目	普通级	中级	高级	项目	普通级	中级	高级
表面平整度	≤5	≤4	≤2	立面垂直度	—	≤5	≤3
阴阳角垂直	—	≤4	≤2	分格缝深浅一致和横平竖直	—	≤3	≤1
阴阳角方正	—	≤4	≤2				

4)施工现场环境温度宜在 5～35℃之间，并应注意通风换气和防尘。

5)组成腻子材料的石膏粉、大白粉、水泥、粘胶掺加物的计量方法应保证计量精度，检查是否按方案进行配置，材料的品种有无变化，用水是否符合要求，腻子的稠度、和易性和均匀性。腻子应随拌随用，对拌制时间过长，有硬块现象无法搅拌均匀的要求弃用。

6)检查涂料的品种、型号、性能是否符合设计要求，涂料配制中色浆、掺加物、掺水量的计量方法，施工中能否按配合比的标准进行稀释、配色调制，通过色板对比窗看配制的准确性，颜色、图案是否符合样板间(段)的要求。

7)检查施工的方法是否符合规定的要求，如施工顺序是否颠倒，喷涂的设备压力能否满足施工要求，滚刷、排刷在使用时能否达到工程的质量要求等。

8)检查涂料涂饰是否均匀，粘结牢固，涂料不得漏涂、透底、起皮和掉粉。

9)涂饰工程施工应分层进行，即按"底涂层、中间涂层、面涂层"的要求进行施工。施工中注意检查每道工序的前一次操作与后一次操作之间的间隔时间是否足够，具体时间间隔详见有关规定及有关产品说明书要求。

19.3.2　涂饰工程质量检验

(1)检验批划分　室外涂饰工程每一栋楼的同类涂料涂饰的墙面每 1000m² 应划分为一个检验批，不足 1000m² 也应划分为一个检验批；室内涂饰工程同类涂料涂饰墙面每 50 间(大面积房间和走廊按涂饰面积 30m² 计为 1 间)应划分为一个检验批，不足 50 间也应划分为一个检验批。

(2)检查数量　室外涂饰工程每 100m² 应至少检查一处，每处不得小于 10m²。室内涂饰工程每个检验批应至少抽查 10%，并不得少于 3 间；不足 3 间时应全数检查。

(3)检验标准和检验方法　涂饰工程的质量验收标准及检验方法详见表 5-19-5。

表 5-19-5　涂饰工程质量检验标准及检验方法

分项工程	主控项目	检验方法	一般项目	检验方法
水性涂料涂饰工程	水性涂料涂饰工程所用涂料的品种、型号和性能应符合设计要求及国家现行标准的有关规定	检查产品合格证书、性能检测报告、有害物质限量检验报告、进场验收记录	薄涂料的涂饰颜色、泛碱、咬色、流坠、疙瘩砂眼、刷纹	观察检查
	水性涂料涂饰工程的颜色、光泽、图案应符合设计要求	观察检查	厚涂料的涂饰颜色、泛碱、咬色、点状分布	
	水性涂饰均匀、粘结牢固，不得漏涂、透底、开裂、起皮和掉粉	观察检查；手摸检查	复合涂料的涂饰颜色、泛碱、咬色、喷点疏密程度	
	水泥涂料涂饰工程的基层处理应符合《建筑装饰装修工程质量验收标准》(GB 50210—2018)的规定	观察检查；手摸检查；检查施工记录	涂层与其他装修材料和设备衔接处应吻合，界面应清晰	

续表

分项工程	主控项目	检验方法	一般项目	检验方法
溶剂型涂料涂饰工程	溶剂型涂料涂饰工程所选用涂料的品种、型号和性能应符合设计要求及国家现行标准的有关规定	检查产品合格证书、性能检测报告和进场验收记录	色漆的涂饰颜色、光泽、光滑、刷纹、皱皮等	观察检查，手摸检查
	溶剂型涂料涂饰工程的颜色、光泽、图案应符合设计要求	观察检查	清漆的涂饰颜色、木纹、光泽、光滑、刷纹、褶皱、流坠等	
	溶剂型涂料涂饰工程应涂饰均匀、粘结牢固，不得漏涂、透底、开裂、起皮和反锈	观察检查；手摸检查	涂层与其他装修材料和设备衔接处应吻合，界面应清晰	观察检查
	溶剂型涂料涂饰工程的基层处理应符合《建筑装饰装修工程质量验收标准》（GB 50210—2018）的规定	观察检查；手摸检查；检查施工记录		
美术涂饰工程	美术涂饰所用材料的品种、型号和性能应符合设计要求及国家现行标准的有关规定	观察检查；检查产品合格证书、性能检测报告、有害物质限量检验报告和进场验收记录	美术涂饰表面应洁净，不得有流坠现象	观察检查
	美术涂饰工程应涂饰均匀、粘结牢固，不得有漏涂、透底、开裂、起皮、掉粉和反锈	观察检查；手摸检查	仿花纹涂饰的饰面应具有被模仿材料的纹理	
	美术涂饰工程的基层处理应符合《建筑装饰装修工程质量验收标准》（GB 50210—2018）的要求	观察检查；手摸检查；检查施工记录	套色涂饰的图案不得移位，纹理和轮廓清晰	
	美术涂饰的套色、花纹和图案应符合设计要求	观察检察		

19.3.3　涂饰工程常见的质量问题

涂饰工程常见的质量问题如下。

1)涂饰泛碱、咬色、流坠、出现疙瘩砂眼。

2)涂饰不均匀、黏结不牢固,有漏涂、透底、开裂、起皮、掉粉和反锈等现象。

3)涂层与其他装修材料和设备衔接处不吻合,界面不清晰。

复习思考题

1. 镶贴饰面板施工质量控制要点有哪些?

2. 釉面砖施工质量控制要点有哪些?

3. 饰面板安装前应做哪些准备工作?

4. 饰面板安装过程中应对哪些项目进行检查?

5. 室外饰面砖粘贴过程中应对哪些项目进行检查?

6. 涂料涂饰工程的材料质量要求有哪些?

7. 涂料涂饰工程的施工过程质量控制要点有哪些?

20

建筑节能工程质量控制与检验

【知识目标】

理解建筑节能工程的材料要求；熟悉建筑节能工程中的墙体、屋面、门窗及地面节能工程的施工质量控制；掌握建筑节能工程中的墙体、屋面、门窗及地面节能工程质量检验的内容；掌握建筑节能分部工程质量检验的要求与方法。

【能力目标】

能够依据设计要求和施工质量标准，对各种节能工程质量进行检查、控制；能够参考有关资料独立编制节能工程施工技术交底；能够依据有关标准、规范对各种节能工程施工质量进行检验和验收，能够规范填写检验批检查验收记录。

20.1　建筑节能质量控制一般要求

20.1.1　原材料质量要求

建筑节能质量控制的原材料质量要求包括以下几方面。

1)建筑节能工程使用的材料、设备等，必须符合设计要求及国家有关标准的规定，严禁使用国家明令禁止使用与淘汰的材料设备。

2)建筑节能材料和设备的进场验收应遵守下列规定：

对材料和设备的品种、规格、包装、外观和尺寸等进行检查验收，并应经监理工程师(建设单位代表)确认，做好相应的质量验收记录。

进入施工现场用于节能工程的材料和设备均应具有出厂合格证、中文说明书及相关性能检测报告；定型产品和成套技术应有型式检验报告(墙体节能工程当采用外保温定型产品或成套技术时，其型式检验报告中应包括安全性和耐候性检验)，进口材料和设备应按规定进行出入境商品检验。施工单位应对所有进场材料和设备的质量证明文件进行核查，并应经监理工程师(建设单位代表)确认，纳入工程技术档案。

3)建筑节能性能现场检验应由建设单位委托具有相应资质的检测机构对围护结构节能性能和系统功能进行检验。

4)建筑节能工程进场材料和设备的复验项目应符合《建筑节能工程施工质量验收标准》(GB 50411—2019)附录 A 及各章的规定，复验项目中应有 30% 为见证取样送检。

5)建筑节能工程使用的材料应符合国家现行有关材料有害物质限量标准的规定，不得对室内外环境造成污染。

6)严寒和寒冷地区外保温使用的粘结材料，其冻熔试验结果应符合该地区最低气温环境的使用要求。

7）建筑节能工程使用材料的燃烧性能等级和阻燃处理，应符合设计要求，同时符合《建筑内部装修设计防火规范》（GB 50222—2017）和《建筑设计防火规范（2018 年版）》（GB 50016—2014）的规定，工程施工过程中要严格按照设计规定选材和施工。对材料耐火性能的具体要求，应由设计提出，并应符合相应标准的规定。

8）节能保温材料在施工使用时的含水率应符合设计要求、工艺要求及施工技术方案要求。当无要求时，节能保温材料在施工使用时的含水率不应大于正常施工环境下的自然含水率，否则应采取降低含水率的措施。

9）采暖与空调系统及其他建筑机电设备的技术性能参数应符合国家有关标准的规定，严禁使用技术性能不符合国家标准的机电设备。

10）建筑节能工程采用的新技术、新设备、新材料、新工艺，应按照有关规定进行鉴定或备案，施工前应对新的或首次采用的施工工艺进行评价，并制定专门的施工技术方案。

20.1.2　施工技术与管理要求

建筑节能质量控制的施工技术与管理要求包括以下几方面。

1）建筑节能工程施工应当按照经审查合格的设计文件和经审批的节能施工技术方案的要求施工。

2）建筑节能工程的施工作业环境条件，应满足相关标准和施工工艺的要求。节能保温材料不宜在雨雪天气中露天施工。

3）建筑节能工程施工前，对于重复采用建筑节能设计的房间和构造做法，应在现场采用相同材料和工艺制作样板间或样板构件，经有关各方确认后方可进行施工。

4）承担建筑节能工程的施工企业应具备相应的资质，施工现场应建立相应的质量管理体系、施工质量控制和检验制度，具有相应的施工技术标准。

5）建筑节能工程施工前，施工单位应编制建筑节能工程施工方案并按规定履行相应的审批手续，经监理（建设）单位审查批准后实施。

6）施工单位应编制建筑节能专项施工方案，并应对从事建筑节能施工作业的人员进行技术交底和必要的实际操作培训。

7）建筑节能改造工程必须确保建筑物的结构安全和主要使用功能的可用性，当涉及主体和承重结构的改动或增加荷载时，必须由原设计单位或具备相应资质的设计单位对既有建筑结构的安全性进行核验、确认。

8）参与工程建设的各方不得任意变更建筑节能施工图设计，当确实需要变更时，应与设计单位协商，按规定程序办理设计变更手续。

20.2　墙体节能工程质量控制与检验

20.2.1　原材料质量控制

用于墙体节能工程的材料、构件等，其品种、规格应符合设计要求和相关标准的规定。

墙体节能工程使用的保温隔热材料,其导热系数、密度、抗压强度或燃烧性能等应符合设计要求。

20.2.2 施工过程质量控制

(1)现浇混凝土模板内置保温板外墙外保温施工质量控制

1)采用预制点焊网片做墙体主筋时,须严格按《钢筋焊接网混凝土结构技术规程》(JGJ 114—2014)执行。靠近保温板的墙体横向分布筋应弯成 L 形,因为直筋易戳破保温板。

2)支模、浇筑混凝土和拆模施工过程中,不得使保温板产生移位、变形或损坏。

3)安装保温板时,板之间高低槽应用专用胶粘结。保温板就位后,将 L 型 $\phi6$ 筋按图纸所示位置穿过保温板,深入墙内长度不得小于 100mm(钢筋应做防锈处理)并用火烧丝将其与墙体钢筋绑扎牢固。

4)保温板外侧低碳钢丝网片应按楼层层高断开,互不连接。

5)墙体混凝土浇灌前,保温板顶面必须采取遮挡措施,应安置槽口保护套,形状如Ⅱ形,宽度为保温板厚度加模板厚度。新、旧混凝土接槎处应均匀浇筑 30～50mm 同强度等级的减石子混凝土。混凝土应分层浇筑,高度控制在 500mm,混凝土下料点应分散布置,连续进行,间隔时间不超过 2h。

6)内、外墙钢筋绑扎经验收合格后,方可进行保温板安装。

7)在常温条件下,墙体混凝土强度不低于 1.0MPa,冬期施工墙体混凝土强度不低于 7.5MPa 且达到混凝土设计强度标准值的 30％时,才可以拆除模板,拆模时应以同条件养护试块抗压强度为准。先拆外墙外侧模板,再拆外墙内侧模板。及时修整墙面混凝土边角和板面余浆。

8)穿墙套管拆除后,混凝土墙部分孔洞应用干硬性砂浆捻塞,保温板部位孔洞应用保温材料堵塞,其进入混凝土墙体深度应不少于 50mm。

(2)外墙保温浆料施工质量控制

1)保温浆料、界面砂浆及柔性腻子等材料配制应指定专人负责,配合比、搅拌机具与操作应符合要求,严格按产品说明书或设计说明配置。

2)基层墙体应符合《混凝土结构工程施工质量验收规范》(GB 50204—2015)和《砌体结构工程施工质量验收规范》(GB 50203—2011)及相应基层墙体质量验收规范的要求,符合设计和验收规范的要求方可进行下道工序的施工;保温施工前应与相关部门做好结构验收的确认。

3)墙面的垂直度和平整度(墙面基层还应具有足够的强度,表面应无浮灰、油污、隔离剂、空鼓、风化物等杂质,凸出墙面 10mm 以上的物体应予以剔除)经检查合格后,保温浆料施工前,应先吊垂直线,弹控制线和贴饼。

4)保温浆料应分层作业,底层浆料抹在压实的基础上,可尽量加大抹灰厚度,厚度应抹至距保温标准贴饼差 1cm 左右为宜。中层厚度要抹至与标准贴饼平齐,中层抹灰后,应用杠尺刮平,最后用铁抹抹压至与标准贴饼一致。中层砂浆抹完 4～6h 后可进行保温浆料面层抹灰,保温浆料面层抹灰应以修补为主,对于凹陷处用稀浆料抹平,对于凸起处,将其刮平,最后再抹压墙面,保温浆料厚度应均匀、接槎平顺密实,使其平直度及垂直度满足规范要求。

5)保温浆料面层大角抹灰时要用方尺压住墙角浆料层上下搓动，抹子反复检查抹压修补，基本达到垂直。然后用阴、阳角抹子压光，以确保垂直度偏差不大于±2mm，直角度偏差不大于±2mm。

6)门窗滴水线应在保温浆料施工完成后、按设计要求在保温层上划线后，再在保温层上用壁纸力沿线开槽，用抗裂砂浆填凹槽，将滴水槽压入凹槽的顺序施工。

7)门窗口施工时应先抹门窗侧口、窗台和窗上口，再抹大面墙。施工前应按门窗口的尺寸截好单边八字靠尺，做口应贴尺施工以保证门窗口处方正。

8)保温浆料抹完硬化后，应现场检测其厚度，采用钢针插入法或剖开尺量，并取样检验保温浆料的干密度。保温层厚度应符合设计要求，不得有负差。

(3)GKP外墙外保温施工质量控制 G代表用玻璃网格布做增强材料，K代表用聚合物KE多功能建筑胶配置水泥砂浆粘结剂，P代表用聚苯乙烯泡沫塑料做保温材料。

基层质量控制 基层质量控制包括以下几方面。

1)结构承重墙或非承重墙面，经过工程验收合格后，方可进行墙面保温工程施工。

2)在阴阳角和墙面的适当部位固定钢丝以测定墙面垂直度误差，并做好标记；在每一层适当部位拉通长水平线用以测定墙面平整度偏差，墙体基层尺寸偏差应符合要求。对未达到标准的墙面应进行处理，直至合格。

3)墙面的混凝土残渣，分型剂等必须清理干净，墙面平整度超差部分应剔除或修补。

保温层粘贴安装 保温层粘贴安装包括以下几方面。

保温板 保温板与基层的粘结强度应做现场拉拔试验。粘结强度不应低于0.3MPa，且粘结界面脱开面积不应大于50%。

垂直度和平整度 按测设挂出控制线，根据板厚粘结砂浆的厚度在墙面的阳、阴角及其他必要处用铅丝挂垂直基准线，水平线用铅丝钩住垂直控制线，上下移动用以控制板的垂直度和平整度。

涂抹粘结剂 采用推点粘法施工时，在板边缘抹宽50mm、厚10mm的胶粘剂，板上应留出50mm宽的排气口，板中间按梅花型布点，其间距不大于200mm，直径不大于100mm的圆形粘结"灰饼"；胶接点粘结面积不小于0.3板面积，板在阳角处要留马牙槎，伸出部分不涂粘结剂。

粘包边网格布 安装墙面上下左右边板(含门窗洞口、伸缩缝等处)时注意预包边网格布，布宽通常为板厚增加200mm。

粘板 按规定涂抹粘结剂后，开始粘贴保温板。为增加挤塑板与粘结剂的结合力，挤塑板应采用双面拉毛板。施工前，根据墙面的实际尺寸编制挤塑板的排板图，挤塑板应横向水平铺贴，保证连续结合。上下两排板须错缝1/2板长，严禁通缝出现，局部最小错口不得小于200mm。粘板时不允许采用上下左右错动挤压的方式调整预粘板与已粘板的平整度，而应轻柔均匀挤压板面，用橡胶锤轻击橡胶板调整其平整度，防止由于上下左右错动而导致粘结剂溢进板与板间的缝隙内。挤塑板的粘结，应从细部结点及阴阳角部位开始向中间进行。门窗口部位的保温板不允许用碎板拼凑，须用整块板裁切出门窗四角及洞口形状。其他接缝距洞口四边应不小于300mm。保温板应挤紧、拼严，缝隙不得大于2mm，且板缝间不得有粘结砂浆，每粘完一块板，要及时清除四周挤出的粘结砂浆。板缝大于2mm时，须用挤塑板条将缝填塞满，不得用砂浆或粘结剂填塞，板间高差不应大于1.5mm；大于 1.5mm 的部位，应在抹灰前用木锉、粗砂纸或砂轮打磨平整。

安装锚固件　建筑物高度在 20m 以上时，由设计确认是否设置锚固件，锚固件应在保温板安装 12h 后安装。要注意锚固件的数量、位置、间距及入墙深度应符合设计要求。任何面积大于 0.1m^2 的单板必须加锚固件，在阳角、孔洞边缘及门窗洞口四周，其水平和垂直方向 2m 范围内锚固件应加密，其间距不大于 300mm，固定件距阳角和洞口边缘不大于 40mm；锚固件完成后，应按检验批要求检测验收。在专业施工单位自检合格的基础上，整理好相关施工记录资料报总承包单位，总承包单位验收合格后再向监理单位报验，进行隐蔽工程验收。

压贴翻包网格布　在设翻包网格布处的聚苯板边缘表面，点抹聚合物砂浆，将预贴的翻包网格布抽紧后粘贴平整，粘贴时注意与聚苯板侧边顺平。

装饰线条施工方法　装饰线条应根据设计立面效果，处理成凹型和凸型。凸型，可采用聚苯板。此处网格布与聚合物砂浆不断开。粘贴保温板时，应先弹线，标出线条位置，然后粘贴保温板线条。凸出墙面线条宜加设机械锚固件，线条表面按普通处保温抹灰做法处理。凹型，按设计要求的位置，用云石机刨开出所要求的凸槽。在槽内先抹填聚合物水泥嵌剂约 2mm，再铺设嵌缝窄带，将嵌缝带压入砂浆内，然后用建筑密封膏刮平。

抹抗裂砂浆　抹抗裂砂浆应注意以下几方面。

1) 挤塑板表面界面剂晾干后，进行面层抹面砂浆施工。用铁抹子将抹面抗裂砂浆均匀地抹在挤塑板上，厚度控制在 3～4mm 之间。在抹好的面上立即粘耐碱网格布，然后用铁抹子将其压入砂浆中，网格布之间搭接宽度为 100mm，不得使网格布褶皱、空鼓、翻边。砂浆饱满度 100%。网格布压入程度可见暗漏网眼，但边面看不到网格布为宜。

2) 阴阳角处，必须从两边墙身埋贴的网格布双向绕角互相搭接，各面搭接宽度不得小于 200mm，阴阳角、门窗口角应用双层玻纤布包裹增强，包角网格布单边长度不应小于 120mm。

3) 所有阳角部位，面层抗裂抹面砂浆均应做成尖角，不得做成圆弧。

4) 面层砂浆施工应在 24h 内防止水淋，避免水淋冲刷造成返工。

20.2.3　墙体节能工程施工质量检验

(1)检验批划分　可根据与施工流程相一致且方便施工验收的原则，由施工单位与监理(建设)单位共同商定。采用相同材料、工艺和施工做法的墙面，扣除门窗洞口后的保温墙面面积每 1000m^2 划分为一个检验批。

(2)检验数量　墙体节能工程质量检验数量见表 5-20-1。

(3)检验标准和检验方法　墙体节能工程质量检验标准和检验方法见表 5-20-1。

表 5-20-1　墙体节能工程质量检验标准、检验数量和检验方法表

项目	序号	检验项目	检验标准	检验数量	检验方法
主控项目	1	材料、构件等进厂验收	用于墙体节能的材料、构件等，其品种、规格应符合设计要求和国家现行有关标准的规定	按进场批次，每批随机抽取 3 个试样进行检查；质量证明文件应按照其出厂检验批进行核查	观察检查、尺量检查；核查质量证明文件

续表

项目	序号	检验项目	检验标准	检验数量	检验方法
主控项目	2	保温隔热材料和粘结材料的复验及性能	复验保温隔热材料的导热系数、密度、抗压强度等；粘结材料的拉伸粘结强度、压折比；增强网的力学性能、抗腐蚀性能	同厂家、同品种产品，按照扣除门窗洞口后的保温墙面面积所使用的材料用量，在 5000m² 以内时应复验一次，面积每增加 5000m² 应增加一次。同工程项目、同施工单位且同期施工的多个单位工程，可合并计算抽检面积，当符合 GB 50411—2019 第 3.2.3 条的规定时，检验批容量可以扩大一倍	核查质量征明文件；随机抽样检验；核查复验报告
	3	严寒和寒冷地区外保温使用的抹面材料的冻融	冻融试验结果应符合该地区最低气温环境的使用要求		核查质量证明文件
	4	基层基础	墙体节能工程施工前应按照设计和专项施工方案的要求对基层进行处理，处理后的基层应符合保温层施工方案的要求	全数检查	对照设计和专项施工方案观察检查；核查隐蔽工程验收记录
	5	各层构造做法	应符合设计要求，并应按照经过审批的专项施工方案施工		
	6	墙体节能工程的施工质量	保温材料的厚度必须符合设计要求；保温板材与基层之间及各构造层之间的粘结或连接必须牢固；保温板材与基层的拉伸粘结强度、连接方式和粘结面积比应符合设计要求。保温板材与基层之间的拉伸粘结强度应做现场拉拔试验；保温浆料应分层施工；当采用保温浆料做外保温时，保温层与基层之间及各层之间的粘结必须牢固，不应脱层、空鼓和开裂；当墙体节能工程的保温层采用预埋或后置锚固件固定时，锚固件数量、位置、锚固深度、胶结材料性能和锚固力应符合设计和施工方案的要求；锚固力应进行锚固力现场拉拔试验	每个检验批应抽查3处	观察、手扳检查；核查隐蔽工程验收记录和检验报告；保温材料厚度采用现场钢针插入或剖开后尺量检查；拉伸粘结强度、粘结面积比进行现场检验；锚固力和锚栓拉拔力按行业现行标准进行检验
	7	预制保温板浇筑混凝土墙体	保温板的安装位置应正确、接缝严密；保温板应固定，在浇筑混凝土过程中不得移位、变形，保温板表面应采取界面处理措施，与混凝土粘结应牢固	隐蔽工程验收记录全数检查。其他项目抽检	观察检查；尺量检查；核查隐蔽验收记录
	8	保温浆料做保温层	在施工中制作同条件试件，检测其导热系数、干密度和抗压强度。保温浆料的同条件养护试件应见证取样检验	同厂家、同品种产品，按照扣除门窗洞口后的保温墙面面积，在5000m² 以内时应检验1次；面积每增加5000m² 应增加1次。同工程项目、同施工单位且同期施工的多个单位工程，可合并计算抽检面积	检查试验报告

项目	序号	检验项目	检验标准	检验数量	检验方法
主控项目	9	各类饰面层的基层及面层施工	应符合设计和《建筑装饰装修工程质量验收标准》(GB 50210—2018)的规定，并应符合下列规定。①饰面层施工的基层应无脱层、空鼓和裂缝，基层应平整、洁净，含水率应符合饰面层施工的要求。②外墙外保温工程不宜采用粘贴饰面砖做饰面层；当采用时，其安全性与耐久性必须符合设计要求。饰面砖应做粘结强度拉拔试验，试验结果应符合设计和有关标准的规定。③外墙外保温工程的饰面层不得渗漏。当外墙外保温工程的饰面层采用饰面板开缝安装时，保温层表面应具有防水功能或采取其他防水措施。④外墙外保温层及饰面层与其他部位交接的收口处，应采取密封措施	粘结强度按《建筑工程饰面砖粘结强度检验标准》(JGJ/T 110—2017)的有关规定抽样。其他为全数检查	观察检查；核查检验报告和隐蔽工程验收记录
	10	保温砌块砌筑的墙体	应采用具有保温功能的砂浆砌筑。砌筑砂浆的强度等级应符合设计要求。砌体灰缝饱满度不应低于80%	每楼层的每个施工段至少抽查一次，每次抽查5处，每处不少于3个砌块	对照设计检查砂浆品种，用百格网检查灰缝砂浆饱满度；核查砂浆强度及导热系数试验报告
	11	预制保温板墙体施工	保温墙板的结构性能、热工性能及与主体结构的连接方法应符合设计要求，与主体结构连接必须牢固；保温墙板的板缝处理、构造节点及嵌缝做法应符合设计要求；保温墙板板缝不得渗漏	型式检验报告、出厂检验报告全数检查；板缝不得渗漏，可按照扣除门窗洞口后的保温墙面面积，在5000m² 以内时应检验1处；面积每增加5000m² 应增加1处	核查型式检验报告、出厂检验报告、对照设计观察和淋水试验检查；核查隐蔽工程验收记录
	12	隔气层的设置及做法	隔气层的位置、使用的材料及构造做法应符合设计要求和相关标准的规定。隔气层应完整、严密，穿透隔气层处采取密封措施。隔气层冷凝水排水构造应符合设计要求	全数检查	对照设计观察检查；核查质量证明文件和隐蔽工程验收记录
	13	外墙或毗邻不供暖空间墙体上的门窗洞口、凸窗四周的侧面保温措施	外墙或毗邻不供暖空间墙体上的门窗洞口四周的侧面，墙体上凸窗四周的侧面，应按设计要求采取节能保温措施	每个检验批抽查5%，并不少于5个洞口	对照设计观察检查，采用红外热像仪检查或剖开检查；核查隐蔽工程验收记录
	14	外墙热桥部位的施工	严寒和寒冷地区外墙热桥部位，应按设计要求采取节能保温等隔断热桥措施	按不同热桥种类，每种抽查20%，并不少于5处	对照设计和专项施工方案观察检查；核查隐蔽工程验收记录；使用红外热像仪检查

续表

项目	序号	检验项目	检验标准	检验数量	检验方法
一般项目	1	保温材料与构件的外观和包装	进场节能保温材料与构件的外观和包装应完整无破损，符合设计要求和产品标准的规定	全数检查	观察检查
	2	加强网的铺贴和搭接	当采用加强网作为防止开裂的措施时，加强网的铺贴和搭接应符合设计和施工方案的要求。砂浆抹压应密实，不得空鼓，加强网不得褶皱、外露	每个检验批抽查不少于5处，每处不少于2m²	对照专项施工方案观察检查；核查隐蔽工程验收记录
	3	设置集中供暖和空调房间的外墙热桥部位	按设计要求采取隔断热桥措施	按不同热桥种类，每种抽查10%，并不少于5处	对照设计和施工方案观察检查；核查隐蔽工程验收记录
	4	穿墙套管、脚手架眼、孔洞等	应按照施工方案采取隔断热桥措施，不得影响墙体热工性能	全数检查	对照专项施工方案检查施工记录
	5	墙体保温板材的粘贴方法、接缝方法	应符合专项施工方案要求。保温板接缝应平整严密	每个检验批抽查不少于5块保温板材	对照专项施工方案，剖开检查

20.2.4　墙体节能工程常见的质量问题和现象

墙体节能工程常见的质量问题如下。

1)发生在板缝、窗口周围、窗角、保温板与非保温墙体的结合部的内保温墙体的裂缝(裂缝的形状又可分为表面网状裂缝，较长的纵向、横向或斜向裂缝，局部鼓胀裂缝等)。

2)墙体保温出现冷桥或热桥。

3)内墙表面长霉、结露。

4)外保温墙面空鼓、脱落；外墙涂料起皮、脱落或褪色。

20.3　门窗节能工程质量控制与检验

20.3.1　门窗节能工程质量控制

(1)原材料质量控制　门窗节能工程的原材料质量控制包括以下几方面。

1)门窗生产和安装单位，应将符合设计要求和产品标准规定的门窗及附件供业主、设计、监理和施工单位共同确认后封样于监理处，作为门窗及附件进场验收的依据。

2)建筑门窗进场后，应对其外观、品种、规格及附件等进行检查验收，对质量证明文件进行核查。金属外门窗的隔断热桥措施直接关系到节能效果，验收时应检查金属外门窗隔断热桥措施是否符合设计要求和产品标准的规定，金属副框的隔断热桥措施是否与门窗框隔断热桥措施相当。

3)严寒、寒冷地区的建筑外窗不应采用推拉窗,其他地区设有空调的房间,其建筑外窗不宜采用推拉窗。当必须采用时,其气密性和保温性能指标应在原要求基础上提高一级。

4)建筑门窗采用的玻璃品种应符合设计要求,中空玻璃应采用双道密封。

5)特种门的节能主要是密封性能和保温性能,进场时应检查相应的质量证明文件,其性能应符合设计要求和产品标准的规定。

(2)施工过程质量控制　门窗节能工程施工过程质量控制包括以下几方面。

1)施工前,应明确建筑设计对建筑外窗的气密性、保温性能,中空玻璃露点,玻璃遮阳系数和可见光透射比等要求。

2)应按照地区类别对气密性、传热系数、玻璃遮阳系数、可见光透射比、中空玻璃露点按规定进行随机取样送检。

3)严格控制窗用型材的规格尺寸、准确度、尺寸稳定性和组装精确度,增加开启部位的搭接量。同时选用性能优良的气密条、密封条,提高外窗的气密水平。

4)建筑外门窗工程施工中,应对门窗框与墙体接缝处的保温填充做法进行隐蔽工程验收,并应有隐蔽工程验收记录和必要的图像资料。

5)应特别重视外门窗洞周围与墙的接触部位的保温和密封处理,外门窗与副框之间的缝隙也应用密封胶密封处理。

6)门窗镀(贴)膜玻璃的安装方向应准确,中空玻璃的均压管应密封处理。

7)密封条品种、规格要与门窗的类型、缝隙的宽窄以及使用的部位相匹配。密封条应镶嵌牢固,不得脱槽,接头处不得开裂,关闭门窗时密封条应接触严密。

8)建筑外窗进入施工现场时,应按下列要求进行复验:严寒、寒冷地区应对气密性、传热系数和露点进行复验;夏热冬暖地区应对气密性、传热系数、玻璃遮阳系数、可见光透射比进行复验。

9)凸窗周边与室外空气接触的围护结构,应采取节能保温措施。

20.3.2　门窗节能工程质量检验

(1)检验批划分　同一厂家的同材质、类型和型号的门窗每200樘划分为一个检验批;同一厂家的同材质、类型和型号的特种门窗每50樘划分为一个检验批。

(2)检验数量　门窗节能工程质量检验数量见表5-20-2。

(3)检验标准和检验方法　门窗节能工程质量检验标准和检验方法见表5-20-2。

表5-20-2　门窗节能工程质量检验标准、检验数量和检验方法表

项目	序号	检验项目	检验标准	检验数量	检验方法
主控项目	1	建筑外门窗的进场检验	验收结果应经监理工程师检查认可,且应形成相应的验收记录。各种材料和构件的质量证明文件和相关技术资料应齐全,并应符合设计要求和国家现行有关标准的规定	按进场批次,每批随机抽取3个试样进行检查;质量证明文件应按其出厂检验批进行核查	观察检查、尺量检查;核查质量证明文件

续表

项目	序号	检验项目	检验标准	检验数量	检验方法
主控项目	2	外窗的性能参数及复验	应按工程所处的气候区核查质量证明文件、节能性能标识证书、门窗节能性能计算书、复验报告，并应对下列性能进行复验，复验应为见证取样检验。①严寒、寒冷地区：门窗的传热系数、气密性能；②夏热冬冷地区：门窗的传热系数气密性能，玻璃的遮阳系数、可见光透射比；③夏热冬暖地区：门窗的气密性能，玻璃的遮阳系数、可见光透射比；④严寒、寒冷、夏热冬冷和夏热冬暖地区：透光、部分透光遮阳材料的太阳光透射比、太阳光反射比，中空玻璃的密封性能	质量证明文件、复验报告和计算报告等全数核查；按同厂家、同材质、同开启方式、同型材系列的产品各抽查一次；对于有节能性能标识的门窗产品，复验时可仅核查标识证书和玻璃的检测报告。同工程项目、同施工单位且同期施工的多个单位工程，可合并计算抽检数量	具有国家建筑门窗节能性能标识的门窗产品，验收时应对照标识证书和计算报告，核对相关的材料、附件、节点构造，复验玻璃的节能性能指标（即可见光透射比、太阳得热系数、传热系数、中空玻璃的密封性能），可不再进行产品的传热系数和气密性能复验。应核查标识证书与门窗的一致性，核查标识的传热系数和气密性能等指标，并按门窗节能性能标识模拟计算报告核对门窗节点构造。中空玻璃密封性能按照《建筑节能工程施工质量验收标准》（GB 50411—2019）附录 E 的检验方法进行检验
	3	金属外门窗框的隔断热桥措施	应符合设计要求和产品标准的规定，金属附框应按照设计要求采取保温措施	同厂家、同材质、同规格的产品各抽查不少于 1 樘。金属附框的保温措施每个检验批按《建筑节能工程施工质量验收标准》（GB 50411—2019）第 3.4.3 条的规定抽检	随机抽样，对照产品设计图纸，剖开或拆开检查
	4	外门窗框或附框与洞口之间的间隙	应采用弹性闭孔材料填充饱满，并进行防水密封，夏热冬暖地区、温和地区当采用防水砂浆填充间隙时，窗框与砂浆间应用密封胶密封；外门窗框与附框之间的缝隙应使用密封胶密封	全数检查	观察检查；核查隐蔽工程验收记录
	5	严寒和寒冷地区的外门	应按照设计要求采取保温、密封等节能措施		观察检查

项目	序号	检验项目	检验标准	检验数量	检验方法
主控项目	6	外窗遮阳设施的性能、位置、尺寸	应符合设计和产品标准要求；遮阳设施的安装应位置正确、牢固，满足安全和使用功能的要求	每个检验批按《建筑节能工程施工质量验收标准》(GB 50411—2019)第3.4.3条的规定抽检；安装牢固程度全数检查	核查质量证明文件；观察、尺量、手扳检查；核查遮阳设施的抗风计算报告或性能检测报告
	7	用于外门的特种门的性能	应符合设计和产品标准要求；特种门安装中的节能措施，应符合设计要求	全数检查	核查质量证明文件；观察、尺量检查
	8	天窗安装的位置、坡向、坡度	应正确，封闭严密，不得渗漏	每个检验批按《建筑节能工程施工质量验收标准》(GB 50411—2019)第3.4.3条规定的最小抽样数量的2倍抽检	观察检查；用水平尺(坡度尺)检查；淋水检查
	9	通风器的尺寸、通风量等性能	应符合设计要求；通风器的安装位置应正确，与门窗型材间的密封应严密，开启装置应能顺畅开启和关闭	每个检验批按《建筑节能工程施工质量验收标准》(GB 50411—2019)第3.4.3条规定的最小抽样数量的2倍抽检	核查质量证明文件；观察、尺量检查
一般项目	1	门窗扇密封条和玻璃镶嵌的密封条	其物理性能应符合相关标准中的要求。密封条安装位置应正确，镶嵌牢固，不得脱槽。接头处不得开裂。关闭门窗时密封条应接触严密	全数检查	观察检查；核查质量证明文件
	2	门窗镀(贴)膜玻璃的安装方向	应符合设计要求，采用密封胶密封的中空玻璃应采用双道密封，采用了均压管的中空玻璃其均压管应进行密封处理	全数检查	观察检查；核查质量证明文件
	3	外门、窗遮阳设施	调节应灵活、调节到位		现场调节试验检查

20.3.3　门窗节能工程常见的质量问题

门窗节能工程常见的质量问题如下。

1)门窗框隔断热桥措施未达到设计要求和产品标准的规定。

2)中空玻璃均压管未密封。

3)门窗框与墙体之间的缝隙填嵌不饱满,门窗框和副框之间存在缝隙。

4)洞口饰面完成后,窗框与墙体有缝隙。

5)外窗遮阳设施的选型、安装角度和位置未达到节能要求。

6)玻璃胶条龟裂、短缺、脱落。

20.4　地面节能工程质量控制与检验

20.4.1　地面节能工程质量控制

(1)原材料质量控制　地面节能工程的原材料质量控制包括以下方面。

1)地面节能工程使用的保温材料,其导热系数、密度、抗压强度、燃烧性能应符合设计要求。

2)用于地面工程的保温材料,其品种、规格符合设计要求和有关标准的规定。

3)地面节能工程采用的保温材料,进场时应对其下列性能进行复验(复验应为见证取样送检):板材、块材及现浇等保温材料的导热系数、密度、压缩(10%)强度、阻燃性;松散保温材料的导热系数、干密度和阻燃性。

(2)施工过程质量控制　地面节能工程施工过程质量控制包括以下方面。

1)地面节能工程的施工,应在主体或基层质量验收合格后进行。施工过程中应及时进行质量检查、隐蔽工程验收和检验批验收,施工完工后应进行地面节能分项工程验收。

2)地面节能工程应对下列部位进行隐蔽工程验收,并应有详细的文字记录和必要的图像资料:基层;被封闭的保温材料的厚度;保温材料粘接;隔断热桥部位。

3)楼地面填充层施工应注意以下方面:

松散保温填充层铺设前应预埋间距800~1000mm。经防腐处理的木龙骨,半砖矮隔断或水泥砂浆矮隔断,其高度应符合控制铺设厚度要求。松散保温材料应分层铺平,分层压实,每层虚铺厚度不宜大于150mm。

整体保温材料填充层,应按设计要求的配合比拌制整体保温材料;铺设时应分层压实,其虚铺厚度与压实程度应通过试验确定,表面应平整。

板状保温材料铺设填充层时,应分层错缝铺贴,每层板厚应统一,厚度应符合设计要求,板状保温材料不应有破损,缺棱、掉角现象。

4)保温板与基层之间、各构造层之间的粘接应牢固,缝隙应严密。特别是地下室顶板、首层封闭式阳台底粘贴的挤塑聚苯乙烯板(又名XPS板)、可发性聚苯乙烯板(又名EPS板)等处,由于容易脱落,施工时应予以特别注意。

5)严格控制建筑首层直接与土壤接触的地面、采暖地下室与土壤接触的外墙、毗邻不采暖空间的地面及底面、直接接触室外空气的地面等的隔断热桥保温措施。

6)对厨卫间等有防水要求的地面进行保温时,应尽可能将保温层设置在防水层下,可避免保温层浸水吸潮影响保温效果。此外,铺设保温层时要注意控制好地面排水坡度,确保地面排水畅通。

7)穿越地面,直接接触室外空气的管道,隔断热桥的保温措施应符合设计要求。

20.4.2 地面节能工程质量检验

(1)检验批划分

1)可根据与施工流程一致，且方便施工验收的原则，由施工单位与监理(建设)单位共同商定。采用相同材料、工艺和施工做法的地面，每 1000m² 面积划分为一个检验批。

2)每个检验批抽检有代表性的房间不得少于 5%，并不应少于 3 间，不足 3 间时应全数检验，走廊(过道)应按 10 延米为一个自然间计算。

3)有防水或防潮要求的抽查间数不应少于 5%，且不应少于 4 间，不足 4 间时应全数检查。

4)保温隔热材料进场复验按同一单体建筑，同一生产厂家、同一规格、同一批材料为一个检验批，每个检验批随机抽取一组。

(2)检验数量　地面节能工程质量检验数量见表 5-20-3。

(3)检验标准和检验方法　地面节能工程质量检验标准和检验方法见表 5-20-3。

表 5-20-3　地面节能工程质量检验标准、检验数量和检验方法表

项目	序号	检验项目	检验标准	检验数量	检验方法
主控项目	1	用于地面节能工程的保温材料	品种、规格应符合设计要求和相关标准的规定	按进场批次，每批随机抽查 3 个试样进行检查；质量证明文件按照其出厂检验批进行核查	观察检查、尺量检查；核查质量证明文件
	2	地面节能工程使用的保温材料	对导热系数或热阻、密度、压缩强度或抗压强度、吸水率、燃烧性能(不燃材料除外)等性能进行复验，复验应为见证取样检验	同厂家、同品种产品，地面面积在 1000m² 以内应复验 1 次，面积每增加 1000m² 应增加 1 次。同工程项目、同施工单位且同期施工的多个单位工程，可合并计算抽检面积，当符合《建筑节能工程施工质量验收标准》(GB 50411—2019)第 3.2.3 条的规定时，检验批容量可以扩大一倍	核查质量证明文件，随机抽样检验，核查复验报告，其中，导热系数或热阻、密度、抗压强度、燃烧性能必须在同一个报告中
	3	地下室顶板和架空楼板底面的保温隔热材料	应符合设计要求，并应粘贴牢固	同一厂家、同一品种的产品各抽查不少于 3 组	随机抽样送检，核查复验报告
	4	基层	地面节能工程施工前，基层处理应符合设计和专项施工方案的有关要求	全数检查	对照设计和专项施工方案观察检查

项目	序号	检验项目	检验标准	检验数量	检验方法
主控项目	5	地面保温层、隔离层、保护层等各层	各层的设置和构造做法以及保温层的厚度应符合设计要求，并应按施工方案施工	每个检验批抽查 3 处，每处 10m²	对照设计和专项施工方案观察检查；尺量检查
	6	地面节能工程	地面节能工程的施工质量应符合下列规定：①保温板与基层之间、各构造层之间的粘接应牢固，缝隙应严密；②穿越地面直接接触室外空气的各种金属管道应按设计要求采取保温隔热措施	每个检验批抽查 3 处，每处 10m²；穿越地面的金属管道全数检查	观察检查；核查隐蔽工程验收记录
	7	有防水要求的地面	节能保温做法不得影响地面排水坡度，防护层面层不得渗漏	全数检查	观察检查，尺量检查，检查防水层蓄水试验记录
	8	严寒和寒冷地区，建筑首层直接接触土壤的地面、底面直接接触室外空气的地面、毗邻不供暖空间的地面以及供暖地下室与土壤接触的外墙	按设计要求采取保温措施	全数检查	观察检查，检查隐蔽工程验收记录
	9	保温层的表面防潮层、保护层	符合设计要求		
一般项目	1	采用地面辐射采暖的工程	地面节能做法应符合设计要求，并应符合《辐射供暖供冷技术规程》（JGJ 142—2012）的规定	每个检验批抽查 3 处	观察检查，检查隐蔽工程验收记录
	2	接触土壤地面的保温层下面的防潮层	符合设计要求		

20.4.3 地面节能工程常见的质量问题

地面节能工程常见的质量问题如下。

1) 地面保温层浸水受潮。

2) 与土壤接触的地面、采暖地下室与土壤接触的外墙、毗邻不采暖空间的地面以及底面直接接触室外空气的地面出现结露。

20.5 屋面节能工程施工质量控制与检验

20.5.1 屋面节能工程质量控制

(1) 原材料质量控制 同屋面工程。

(2) 施工过程质量控制 屋面节能工程施工过程质量控制包括以下几方面。

1) 屋面保温隔热工程的施工,应在基层质量验收合格后进行。

2) 屋面保温隔热层施工完成后,应及时进行找平层和防水层的施工,避免保温层受潮、浸泡或受损。

3) 屋面保温隔热工程应对下列部位进行隐蔽工程验收,并应有详细的文字记录和必要的图像资料:基层;保温层的敷设方式、厚度;板材缝隙填充质量;屋面热桥部位;隔气层。

4) 屋面保温隔热工程采用的保温材料,进场时应对其下列性能进行复验:板材,块材及现浇等保温材料的导热系数、密度、抗压强度、阻燃性;松散保温材料的导热系数、干密度和阻燃性。

5) 天窗(包括采光屋面)的传热系数、遮阳系数、可见光透射比、气密性应符合设计要求,构造节点的安装应符合设计要求和技术标准要求。

20.5.2 屋面节能工程质量检验

(1) 检验批划分

1) 可根据与施工流程一致,且方便施工验收的原则,由施工单位与监理(建设)单位共同商定。采用相同材料、工艺和施工做法的屋面,扣除天窗、采光顶后的屋面面积,每 $1000m^2$ 面积划分为一个检验批。

2) 热桥部位的保温做法全数检查。

3) 保温隔热材料进场复验按同一单体建筑,同一生产厂家、同一规格、同一批材料为一个检验批,每个检验批随机抽取一组。

(2) 检验数量 屋面节能工程质量检验数量见表 5-20-4。

(3) 检验标准和检验方法 屋面节能工程质量检验标准和检验方法见表 5-20-4。

表 5-20-4 屋面节能工程质量检验标准、检验数量和检验方法表

项目	序号	检验项目	检验标准	检验数量	检验方法
主控项目	1	保温隔热材料进场验收	用于屋面节能工程的保温隔热材料，其品种、规格应符合设计要求和相关标准的规定。其导热系数、密度、抗压强度、燃烧性能应符合设计要求	按进场批次，每批随机抽取3个试样进行检查；质量证明文件应按照其出厂检验批进行核查	观察、尺量检查；核查质量证明文件及进场复验报告
	2	保温隔热材料的性能及复验	屋面节能工程使用的保温隔热材料，进场时应对其导热系数或热阻、密度、压缩强度或抗压强度、吸水率、燃烧性能（不燃材料除外）进行复验，复验应为见证取样送检	同厂家、同品种产品，扣除天窗、采光顶后的屋面面积在1000m²以内时应复验1次；面积每增加1000m²应增加复验1次。同工程项目、同施工单位且同期施工的多个单位工程，可合并计算抽检面积。当符合《建筑节能工程施工质量验收标准》（GB 50411—2019）第3.2.3条的规定时，检验批容量可以扩大一倍	检查质量证明文件，随机抽样送检，核查复验报告，其中：导热系数或热阻、密度、抗压强度、燃烧性能必须在同一个报告中
	3	保温隔热层的施工	屋面保温隔热层的敷设方式、厚度、缝隙填充质量及屋面热桥部位的保温隔热做法，必须符合设计要求和有关标准的规定	每个检验批抽查3处，每处10m²	观察、尺量检查
	4	通风隔热架空层的施工	屋面的通风隔热架空层，其架空高度、安装方式、通风口位置及尺寸应符合设计及有关标准要求。架空层内不得有杂物。架空面层应完整，不得有断裂和露筋等缺陷		
	5	坡屋面、架空屋面内保温	应采用不燃保温材料，保温层做法应符合设计要求		观察检查；核查复验报告和隐蔽工程验收记录
	6	金属板保温夹芯屋面的施工	金属板保温夹芯屋面应铺装牢固、接口严密、表面洁净、坡向正确	全数检查	观察、尺量检查；核查隐蔽工程验收记录
	7	屋面的隔汽层	屋面隔汽层位置材料及构造应符合设计要求，隔汽层应完整、严密，穿透隔汽层处应采取密封措施	每个检验批抽查3处，每处10m²	观察检查；核查隐蔽工程验收记录

项目	序号	检验项目	检验标准	检验数量	检验方法
一般项目	1	屋面保温隔热层的施工	板材应粘贴牢固、缝隙严密、平整;现场采用喷涂、浇注、抹灰等工艺施工的保温层,应按配合比准确计量、分层连续施工、表面平整、坡向正确	每个检验批抽查3处,每处10m²	观察检查、尺量检查,检查施工记录
	2	反射隔热屋面的施工	屋面颜色应符合设计要求,色泽应均匀一致,没有小污迹,无积水现象	全数检查	观察检查
	3	坡屋面、架空屋面的施工	当采用内保温时,保温隔热层应设有防潮措施,其表面应有保护层,保护层的做法应符合设计要求	每个检验批抽查3处,每处10m²	观察检查;核查隐蔽工程验收记录

20.5.3 屋面节能工程施工常见的质量问题

屋面节能工程施工常见的质量问题如下。

1)保温板边角有严重破损,不经处理就直接使用。

2)保温板穿透锚筋后位置不准,移动对缝时,在锚筋处使聚苯乙烯板出现豁口。

3)保温板在天沟、檐沟、泛水部位收头处张嘴翘起,收头封闭不严,涂料屋面有开裂现象等。

4)金属板保温夹芯屋面接口破损。

5)松散保温材料踏踩凹陷、表面不平、厚薄不匀。

6)涂膜防水屋面起泡。

复习思考题

1. 建筑节能工程质量控制的一般要求有哪些?

2. 墙体节能工程复验项目的内容有哪些?

3. 简述墙体节能工程、门窗节能工程、地面节能工程、屋面节能工程主控项目和一般项目的内容及其检验方法。

4. 简述墙体节能工程、门窗节能工程、地面节能工程、屋面节能工程的质量控制要点。

下篇

建筑工程安全管理

　　本篇分为安全生产管理基本知识、施工安全技术措施、施工机械与安全用电管理、安全文明施工4个单元，主要讲述安全与安全管理概述、建筑工程安全生产的相关法律和法规、建立健全安全生产管理制度、施工安全事故的应急救援预案、土石方工程施工安全技术、脚手架工程安全技术措施、模板工程施工安全技术、拆除工程安全技术、高处作业与安全防护、垂直运输机械安全技术管理、施工安全用电管理、文明施工管理。

单元 6

安全生产管理基本知识

本单元主要介绍建筑工程安全生产管理的相关法律法规、建筑工程安全生产的许可制度、安全教育培训、安全生产责任制、安全技术交底、安全检查及安全施工处理等；建筑工程施工安全事故的应急救援预案的编制步骤与基本要求。

21 安全与安全管理概述

【知识目标】

了解危险源的概念及分析方法；熟悉安全与安全生产管理的基本含义、安全生产管理的原则、建筑工程安全生产的特点及建筑施工安全生产管理的不安全因素；深刻理解安全生产管理的基本方针。

【能力目标】

能够结合实际分析某一工程的安全生产特点及不安全因素；能够对建筑施工现场的危险源进行定性分析。

21.1　安全与安全生产的含义

21.1.1　安全

安全即没有危险、不出事故，是指人的身体健康不受伤害，财产不受损伤、保持完整无损的状态。安全可分为人身安全和财产安全两种情形。

21.1.2　安全生产

狭义的安全生产，是指生产过程处于避免人身伤害、物的损坏及其他不可接受的损害风险(危险)的状态。不可接受的损害风险(危险)通常是指超出了法律、法规和规章的要求，超出了安全生产的方针、目标和企业的其他要求，超出了人们普遍接受的(通常是隐含)要求。

广义的安全生产除了直接对生产过程的控制外，还应包括劳动保护和职业卫生健康。

安全与否是通过相对危险的接受程度来判定的，是一个相对的概念。世界上没有绝对的安全，任何事物都存在不安全的因素，即都具有一定的危险性，当危险降低到人们普遍接受的程度时，就认为是安全的。

21.2　安全生产管理

21.2.1　安全生产管理的含义

安全生产管理是管理科学的一个重要分支，它是为实现安全目标而进行的有关决策、计划、组织和控制等方面的活动；它主要运用现代安全管理原理、方法和手段，分析和研究各种不安全因素，在技术上、组织上和管理上采取有力的措施，解决和消除各种不安全因素，防止事故的发生。因此，安全管理可定义为：以安全为目的，进行有关决策、计划、组织和控制方面的活动。

控制事故可以说是安全生产管理工作的核心，而控制事故最好的方式就是实施事故预防，即通过管理和技术手段的结合，消除事故隐患，控制不安全行为，保障劳动者的安全，这也是"预防为主"的本质所在。

根据事故的特性可知，由于受技术水平、经济条件等各方面的限制，有些事故是难以完全避免的。因此，控制事故的第二种手段就是应急措施，即通过抢救、疏散、抑制等手段，在事故发生后控制事故的蔓延，把事故的损失减至最小。

事故总是带来损失。对于一家企业来说，重大事故在经济上对其的打击是相当沉重的，有时甚至是致命的，因此在实施事故预防和应急措施的基础上，通过购买财产保险、工伤保险、责任保险等，以保险补偿的方式，保证企业的经济平衡和在发生事故后恢复生产的基本能力，这也是控制事故的手段之一。

所以，安全管理也可以说是利用管理的活动，将事故预防、应急措施与保险补偿三种手段有机地结合在一起，以达到保障安全的目的。

在企业安全管理系统中，专业安全工作者起着非常重要的作用。他们既是企业内部上下沟通的纽带，更是企业领导者在安全方面的得力助手。在充分掌握资料的基础上，他们为企业安全生产实施日常监管工作，并向有关部门或领导提出安全改造、管理方面的建议。归纳起来，专业安全工作者的工作可分为以下四个部分。

(1)分析　对事故与损失产生的条件进行判断和估计，并对事故的可能性和严重性进行评价，即进行危险分析与安全评价，这是事故预防的基础。

(2)决策　确定事故预防和损失控制的方法、程序和规划，在分析的基础上制订合理可行的事故预防、应急措施及保险补偿的总体方案，并向有关部门或领导提出建议。

(3)信息管理　收集、管理并交流与事故和损失控制有关的资料、情报信息，及时反馈给有关部门和领导，保证信息的及时交流和更新，为分析与决策提供依据。

(4)测定　对事故和损失控制系统的效能进行测定和评价，并为取得最佳效果作出必要的改进。

21.2.2　建筑工程安全生产管理的含义

建筑工程安全生产管理，是指为保证建筑工程安全生产所进行的计划、组织、指挥、协调和控制等一系列管理活动，目的在于保护劳动者在生产过程中的安全与健康，保证国家和人民的财产不受损失，保证建筑工程生产任务的顺利完成。建筑工程安全生产管理包括：建设行政主管部门对于建筑工程活动过程中安全生产的行业管理；安全生产行政主管部门对建筑工程活动过程中安全生产的综合性监督管理；从事建筑工程活动的主体(包括建筑施工企业、建筑勘察单位、设计单位和工程监理单位)为保证建筑工程活动的安全生产所进行的自我管理等。

21.2.3　安全生产管理的基本方针

"安全第一、预防为主、综合治理"是我国安全生产管理的基本方针。

《中华人民共和国建筑法》(以下简称《建筑法》)第三十六条规定:"建筑工程安全生产管理必须坚持安全第一、预防为主的方针,建立健全安全生产的责任制度和群防群治制度。"《中华人民共和国安全生产法》(以下简称《安全生产法》)在总结我国安全生产管理经验的基础上,再一次将"安全第一、预防为主"规定为我国安全生产管理的基本方针。

我国安全生产管理的基本方针经历了一个从"安全生产"到"安全第一、预防为主",再到"安全第一、预防为主、综合治理"的发展过程,而且强调在生产中要做好预防工作,尽可能地将事故消灭在萌芽状态之中。因此,对于我国安全生产管理的基本方针的含义,应从这一方针的产生和发展去理解,归纳起来主要有以下几个方面内容。

(1)安全生产的重要性　生产过程中的安全是生产发展的客观需要,特别是现代化生产。更不允许有所忽视,必须强化安全生产,在生活、生产中把安全工作放在第一位,尤其是当生产与安全发生矛盾时,生产必须服从安全,这是安全第一的含义。在社会主义国家,安全生产又有其重要意义,它是国家的一项重要政策,是社会主义企业管理的一项重要原则,这是由社会主义制度决定的。

(2)安全与生产的辩证关系　在生产建设中,必须用辩证统一的观点处理好安全与生产的关系。这就是说,企业领导者必须善于安排好安全工作与生产工作,特别是在生产任务繁重的情况下,安全工作与生产工作发生矛盾时,更应处理好两者的关系,不要把安全工作挤掉。生产任务越是繁重,越要重视安全工作,把安全工作搞好;否则,就会导致工程事故,既妨碍生产,又影响企业信誉。这是多年来生产实践证明了的一条重要经验。

(3)安全生产工作必须强调预防为主　安全生产工作的预防为主是现代生产发展的需要。现代科学技术日新月异,而且往往是多学科综合运用,安全问题十分复杂,稍有疏忽就会酿成事故。预防为主,就是要在事故前做好安全工作,防患于未然。依靠科技进步,加强安全科学管理,搞好科学预测与分析工作,把工伤事故和职业危害消灭在萌芽状态中。安全第一、预防为主是相辅相成、相互促进的。预防为主是实现安全第一的基础。要做到安全第一,首先要搞好预防工作。预防工作做好了,就可以保证安全生产、实现安全第一,否则安全第一就是一句空话。这也是在实践中被证明了的一条重要经验。

(4)安全生产工作必须强调综合治理　现阶段我国安全生产工作出现的严峻形势,原因是多方面的,既有安全监管体制和制度方面的原因,也有法律制度不健全的原因,又有科技发展落后的原因,还与整个安全文化素质有密切的关系,所以要搞好安全生产工作就要在完善安全生产管理的体制机制、加强安全生产法治建设、推动安全科学技术创新、弘扬安全文化等方面进行综合治理。

21.2.4　建筑施工安全管理中的不安全因素

(1)人的不安全因素　这是指对安全产生影响的人的方面的因素,即能够使系统发生故障或发生性能不良的事件的人员,以及个人的不安全因素和违背设计和安全要求的错误行为。人的不安全因素可分为个人的不安全因素和人的不安全行为两个大类。

1)个人的不安全因素,是指人员的心理、生理、能力中所具有不能适应工作、作业岗位要求的影响安全的因素。其主要包括:①心理上的不安全因素,是指人在心理上具有影响安全生产的性格、气质和情绪,如急躁、懒散、粗心等;②生理上的不安全因素,包括视觉、听觉等及体能、年龄、疾病等不适合工作或作业岗位要求的影响因素;③能力上的不安全因素,包括知识技能、应变能力、资格等不能适应工作和作业岗位要求的影响因素。

2)人的不安全行为,是指造成事故的人为错误,是人为地使系统发生故障或发生性能不良事件,是违背设计和操作规程的错误行为。其产生的主要原因包括系统、组织的原因,思想、责任心的原因,工作的原因。分析表明,绝大多数事故不是由技术因素造成的,多是违规、违章所致。例如,安全上降低标准、减少投入;安全组织措施不落实、不建立安全生产责任制;缺乏安全技术措施;没有安全教育、安全检查制度;不做安全技术交底、违章指挥、违章作业、违反劳动纪律等。所以必须重视和防范产生人的不安全因素。

(2)施工现场物的不安全状态 这是指能导致事故发生的物质条件,包括机械设备等物质或环境所存在的不安全因素。物的不安全状态的内容包括:①物(包括机器、设备、工具等)本身存在的缺陷;②防护保险方面的缺陷;③物的放置方法的缺陷;④作业环境场所的缺陷;⑤外部的和自然界的不安全状态;⑥作业方法导致的物的不安全状态;⑦保护器具信号、标志和个体防护用品的缺陷。

物的不安全状态的类型包括:①防护、保险、信号等装置缺乏或有缺陷;②设备、设施、工具、附件有缺陷;③个人防护用品、用具缺少或有缺陷;④施工生产场地环境不良。

(3)管理上的不安全因素 其通常也称为管理上的缺陷,也是事故潜在的不安全因素。作为间接的原因,管理上的不安全因素共有以下几方面:①技术上的缺陷;②教育上的缺陷;③生理上的缺陷;④心理上的缺陷;⑤管理工作上的缺陷;⑥教育和社会、历史等原因造成的缺陷。

21.2.5 施工现场安全管理的范围与原则

(1)施工现场安全管理的范围 安全管理的中心问题,是保护生产活动中人的健康与安全及财产不受损伤,保证生产顺利进行。宏观的安全管理包括劳动保护、安全技术和职业健康安全。三者既相互联系又相互独立,具体如下。

1)劳动保护偏重以法律、法规、规程、条例、制度等形式规范管理或操作行为,从而使劳动者的劳动安全与身体健康得到应有的法律保障(见图6-21-1某项目安全管理档案资料)。

图 6-21-1　安全资料

2)施工安全技术侧重于对"劳动手段与劳动对象"的管理,包括预防伤亡事故的工程技术和安全技术规范、规程、技术规定、标准条例等,以规范物的状态来减轻对人或物的威胁。

3)职业健康安全着重于施工生产中粉尘、振动、噪声、有毒物的管理。通过防护、医疗、保健等措施,防止劳动者的安全与健康受到有害因素的危害。

(2)施工现场安全管理的基本原则　其主要包括以下几点。

1)管生产的同时管安全。安全寓于生产之中,并对生产发挥促进与保证作用。安全管理是生产管理的重要组成部分,安全与生产在实施过程中,存在密切联系,没有安全就绝不会有高效益的生产。无数事实证明,只抓生产而忽视安全管理的观念和做法是极其危险和有害的。因此,各级管理人员必须重视管理安全工作,在管理生产的同时管理安全。

2)明确安全生产管理的目标。安全管理的内容是对生产中的人、物、环境因素状态的管理,有效地控制人的不安全行为和物的不安全状态,消除或避免事故,达到保护劳动者安全与健康和财物不受损害的目标。有了明确的安全生产目标,安全管理就有了清晰的方向。安全管理的一系列工作才可能朝着这一目标有序展开。没有明确的安全生产目标,安全管理就成为一种盲目的行为。在盲目的安全管理之下,人的不安全行为和物的不安全状态就不会得到有效的控制,危险因素就会依然存在,事故最终不可避免。

3)必须贯彻预防为主的方针。安全生产管理的基本方针是"安全第一、预防为主、综合治理"。"安全第一"是把人身和财产安全放在首位,安全为了生产,生产必须保证人身和财产安全,充分体现"以人为本"的理念。"预防为主"是实现"安全第一"的重要手段,采取正确的措施和方法进行安全控制,使安全生产形势向安全生产目标的方向发展。进行安全管理不是处理事故,而是在生产活动中,针对生产的特点,对各生产因素进行管理,有效控制不安全因素的发生、发展与扩大,把事故隐患消灭在萌芽状态。"综合治理"就是要在完善安全生产管理的体制机制、加强安全生产法治建设、推动安全科学技术创新、弘扬安全文化等方面进行综合治理。

4)坚持"四全"动态管理。安全管理涉及生产活动的方方面面,涉及参与安全生产活动的各个部门和每一个人,涉及从开工到竣工交付的全部生产过程,涉及全部的生产时间,涉及一切变化着的生产因素,因此,生产活动中必须坚持全员、全过程、全方位、全天候的动态安全管理。

5)安全管理重在控制。进行安全管理的目的是预防、消灭事故,防止或消除事故伤害,保护劳动者的安全健康与财产安全。在安全管理的前 4 项内容中,虽然都是为了达到安全管理的目标,但是对安全生产因素状态的控制,与安全管理的关系更直接,显得更为突出。因此对生产过程中的人的不安全行为和物的不安全状态的控制,必须看作动态安全管理的重点,事故的发生,是因为人的不安全行为运行轨迹与物的不安全状态运行轨迹的交叉。事故发生的原理,也说明了对生产因素状态的控制,应该当作安全管理的重点。把约束当作安全管理重点是不正确的,这是因为约束缺乏带有强制性的手段。

6)在管理中发展、提高。既然安全管理是在变化着的生产活动中的管理,是一种动态的过程，其管理就意味着是不断发展的、不断变化的，以适应变化的生产活动。然而，更为重要的是，要不间断地摸索新的规律，总结管理、控制的办法与经验，掌握新的变化后的管理方法，从而使安全管理不断地上升到新的高度。

21.2.6　危险源和重大风险的识别与判断

(1)危险源的含义　危险源是各种事故发生的根源，是指可能导致死亡、伤害或疾病、财产损失、工作环境破坏或这些情况组合的根源或状态。它包括人的不安全行为、物的不安全状态、管理上的缺陷和环境上的缺陷等。该定义包括4个方面的含义：①决定性，事故的发生以危险源的存在为前提，危险源的存在是事故发生的基础，离开了危险源就不会有事故；②可能性，危险源并不必然导致事故，只有失去控制或控制不足的危险源才可能导致事故；③危害性，危险源一旦转化为事故，既会给生产和生活带来不良影响，还会对人的生命健康、财产安全及生存环境等造成危害；④隐蔽性，危险源是潜在的，一般只有当事故发生时才会明确地显现出来，人们对危险源及其危险性的认识往往是一个不断总结教训并逐步完善的过程。

(2)危险源的分类　是为了便于进行危险源的识别与分析。危险源的分类方法有多种，可按危险源在事故发生过程中的作用、引起的事故类型、导致事故和职业危害的直接原因、职业病类别等分类。

1)按危险源在事故发生过程中的作用分类。在实际生活和生产过程中，危险源是以多种多样的形式存在的，危险源导致事故可归结为能量的意外释放或有害物质的泄漏。根据危险源在事故发生、发展中的作用，可把危险源分为第一类危险源和第二类危险源。

第一类危险源　是指可能发生意外释放能量的载体或危险物质。通常把产生能量的能量源或拥有能量的能量载体作为第一类危险源来处理。

第二类危险源　是指造成约束、限制能量措施失效或破坏的各种不安全因素。生产过程中的能量或危险物质受到约束或限制，在正常情况下，不会发生意外释放，即不会发生事故。但是，一旦约束或限制能量或危险物质的措施受到破坏或失效(故障)，则将发生事故。第二类危险源包括人的不安全行为、物的不安全状态和不利环境条件三个方面。建筑工地绝大部分危险和有害因素属于第二类危险源。

人的不安全行为　是指使事故有可能或有机会发生的人的行为，根据《企业职工伤亡事故分类》(GB 6441—1986)，包括操作失误、忽视安全、使用不安全设备、物体存放不当等，主要表现为违章指挥、违章作业、违反劳动纪律等。

物的不安全状态　是指使事故有可能发生的不安全的物体条件或物质条件，如设备故障或缺陷。

不利环境条件　是指生产或作业环境存在不利于安全生产的因素。

事故的发生是两类危险源共同作用的结果，第一类危险源是事故的前提，是事故的主体，决定事故的严重程度；第二类危险源的出现是第一类危险源导致事故的必要条件，决定事故发生的可能性大小。

2)按引起的事故类型分类。根据《企业职工伤亡事故分类》(GB 6441—1986)，综合考虑事故的起因物、致害物、伤害方式等特点，将危险源及危险源造成的事故分为20

类。施工现场识别危险源时，对危险源或其造成的伤害的分类多采用此法。其具体分为物体打击、车辆伤害、机械伤害、起重伤害、触电、淹溺、灼烫、火灾、高处坠落、坍塌、冒顶片帮、透水、放炮、火药爆炸、瓦斯爆炸、锅炉爆炸、容器爆炸、其他爆炸(化学爆炸、炉膛、钢水爆炸等)、中毒和窒息、其他伤害(扭伤、跌伤、野兽咬伤等)。在建筑工程施工过程中，最主要的事故类型是高处坠落、物体打击、触电事故、机械伤害、坍塌事故、火灾和爆炸等。

图 6-21-2　危险源公示牌

(3)危险源、重大风险的识别与判断　危险源辨识是识别危险源的存在并确定其特性的过程。施工现场危险源识别的方法主要有专家调查法、安全检查表法、现场调查法、工作任务分析法、危险与可操作性研究、事件树分析、故障树分析等，其中现场调查法是最主要的方法(见图 6-21-2 某项目危险源公示牌)。

危险源辨识的方法　包括专家调查法、安全检查表法和现场调查法。

专家调查法　是通过向有经验的专家咨询、调查，辨识分析和评价危险源的一类方法。其优点是简便易行，其缺点是受专家的知识、经验和占有资料的限制，可能出现遗漏。常用的方法有头脑风暴法和德尔菲法。头脑风暴法是通过专家创造性的思考，从而产生大量的观点、问题和议题的方法。其特点是多人讨论、集思广益，可以弥补个人判断的不足，常采用专家会议的方式来相互启发、交换意见，使对危险源的辨识更加细致、具体。该方法常用于目标比较单纯的议题，如果涉及面较广、包含因素多，可以分解目标，再对单一目标或简单目标使用该方法。德尔菲法是采用背对背的方式对专家进行调查，主要特点是避免了集体讨论中的从众性倾向，更代表专家的真实意见。该方法要求对调查的各种意见进行汇总统计处理，再反馈给专家反复征求意见。

安全检查表法　实际就是实施安全检查和诊断项目的明细表。运用已编制好的安全检查表，进行系统的安全检查，辨识工程项目存在的危险源。安全检查表的内容一般包括分类项目、检查内容及要求、检查以后处理意见等。安全检查表法的优点是简单易懂，容易掌握，可以事先组织专家编制检查项目，使安全检查做到系统化、完整化；缺点是一般只能作出定性评价。

现场调查法　通过询问交谈、现场观察、查阅有关记录、获取外部信息及检查表，加以分析研究，可识别有关的危险源。具体包括：①询问交谈，对施工现场的某项作业技术活动有经验的人，往往能指出其作业技术活动中的危险源，从中可初步分析出该项作业技术活动中存在的各类危险源；②现场观察，通过对施工现场作业环境的现场观察，可发现存在的危险源，但要求从事现场观察的人员具有安全生产、劳动保护、环境保护、消防安全等法律法规知识，掌握建筑工程安全生产、职业健康安全等方面的法律法规、标准规范；③查阅有关记录，查阅企业的事故、职业病记录，可从中发现存在的危险源；④获取外部信息，从有关类似企业、类似项目、文献资料、专家咨询等方面获取有关危险源信息，加以分析研究，有助于识别本工程项目施工现场有关的危险源；⑤检查表，运用已编制好的检查表，对施工现场进行系统的安全检查，可以识别出存在的危险源。

危险源识别注意事项　① 充分了解危险源的分布。从范围上讲，应包括施工现场内受到影响的全部人员、活动与场所，以及受到影响的毗邻社区等，也包括相关方（分包单位、供应单位、建设单位、工程监理单位等）的人员、活动与场所可能施加的影响。从内容上，应涉及所有可能的伤害与影响，包括人为失误，物料与设备过期、老化、性能下降造成的问题。从状态上讲，应考虑 3 种状态，即正常状态、异常状态和紧急状态；从时态上讲，应考虑 3 种时态，即过去、现在和将来。② 弄清危险源伤害的方式或途径。③ 确认危险源伤害的范围。④ 特别关注重大危险源，防止遗漏。⑤ 对危险源保持高度警觉，持续进行动态识别。⑥ 充分发挥全体人员对危险源识别的作用，广泛听取每一个员工（包括供应商、分包商的员工）的意见和建议，必要时还可征求设计单位、工程监理单位、专家和政府主管部门等的意见。

风险评价方法　风险是某一特定危险情况发生的可能性和后果的结合。风险评价是评估危险源所带来的风险大小及确定风险是否可允许的全过程。根据评价结果对风险进行分级，弄清楚哪些是高度风险，哪些是一般风险，哪些是可忽略的风险，按照不同级别的风险有针对性地进行风险控制。评价应围绕可能性和后果两个方面综合进行。安全风险评价的方法很多，如专家评估法、作业条件危险性评价法、安全检查表法和预先危险分析法等，一般通过定量和定性相结合的方法进行危险源的评价。主要采用专家评估法直接判断，必要时可采用定量风险评价法、作业条件危险性评价法和安全检查表法作出判断。

专家评估法　组织有丰富知识，特别是具有系统安全工程知识的专家、熟悉本工程项目施工生产工艺的技术和管理人员组成评价组，通过专家的经验和判断能力，对管理、人员、工艺、设备、设施、环境等方面已识别的危险源，评价出对本工程施工安全有重大影响的重大危险源。

定量风险评价法　将安全风险的大小用事故发生的可能性（p）与发生事故后果的严重程度（f）的乘积来衡量。其计算公式为

$$R = p \cdot f$$

式中，R——风险的大小；

　　p——事故发生的概率；

　　f——事故后果的严重程度。

根据估算结果，可对风险的大小进行分级，见表 6-21-1。

表 6-21-1　风险分级

可能性 p	不同后果的风险级别（大小）		
	轻度损失 （轻微伤害）	中度损失 （伤害）	重大损失 （严重伤害）
很大	III	IV	V
中等	II	III	IV
极小	I	II	III

作业条件危险性评价法 用与系统危险性有关的 3 个因素指标之积来评价作业条件的危险性。其计算公式为

$$D = L \cdot E \cdot C$$

式中，L——发生事故的可能性大小，见表 6-21-2；

E——人体暴露在危险环境中的频繁程度，见表 6-21-3；

C——一旦发生事故产生的后果，见表 6-21-4；

D——风险值。

表 6-21-2　发生事故的可能性大小(L)

L 值	事故发生的可能性	L 值	事故发生的可能性
10	完全可以预料	0.5	很不可能，可以设想
6	相当可能	0.2	极不可能
3	可能，但不经常	0.1	实际不可能
1	可能性小，完全意外		

表 6-21-3　人体暴露在危险环境中的频繁程度(E)

E 值	暴露于危险环境的频繁程度	E 值	暴露于危险环境的频繁程度
10	连续暴露	2	每月一次暴露
6	每天工作时间内暴露	1	每年几次暴露
3	每周一次或偶然暴露	0.5	罕见暴露

表 6-21-4　发生事故产生的后果(C)

C 值	发生事故产生的后果	C 值	发生事故产生的后果
100	大灾难，许多人死亡(10 人以上死亡/直接经济损失 100 万～300 万元)	7	严重(伤残/经济损失 1 万～10 万元)
40	灾难，多人死亡(3～9 人死亡/直接经济损失 30 万～100 万元)	3	较严重(重伤/经济损失 1 万元以下)
15	非常严重(1～2 人死亡/直接经济损失 10 万～30 万元)	1	引人注目，轻伤(损失 1～105 个工作日的失能伤害)

根据上述公式就可以计算作业的危险性程度，一般来说，D 值等于或大于 70 以上的显著危险、高度危险和极其危险统称为重大风险；D 值小于 70 的一般危险和稍有危险统称为一般风险，见表 6-21-5。

表 6-21-5　危险性程度(D)

D 值	危险程度	风险等级
$D \geqslant 320$	极其危险，不能继续作业	5
$160 \leqslant D < 320$	高度危险，要立即整改	4
$70 \leqslant D < 160$	显著危险，须整改	3
$20 \leqslant D < 70$	一般危险，须注意	2
$D < 20$	稍有危险，可以接受	1

危险等级的划分主要凭经验判断，难免带有局限性，应用时须根据实际情况予以修正。

作业条件危险性评价法示例见表 6-21-6。

表 6-21-6　作业条件危险性评价法示例

序号	作业活动	危险因素	可能导致的事故	评分法									$D=L·E·C$	危险等级	是否确定为重大安全风险
				事故发生的可能性 (L)			暴露的频繁程度 (E)			后果及严重程度 (C)					
				10	3	1	10	6	3	40	7	3			
1	主体工程施工	架体外架防护、层间防护未设防护栏安全网、挡脚板	物体打击高处坠落	√					√	√			360	5	√
2		混凝土浇捣过程噪声	听力危害		√				√			√	27		
3		混凝土浇捣不按操作规程进行	机械伤害		√			√			√		63	2	×
4		焊接漏电、破皮、火花、辐射、有害气体	触电、火灾、灼伤、视力伤害、中毒和窒息		√			√			√		54		

安全检查表法　把过程加以展开，列出各层次的不安全因素，然后确定检查项目，以提问的方式把检查项目按过程的组成顺序编制成表，按检查项目进行检查或评审。

重大危险源的判断依据　凡符合以下条件之一的危险源，均可判定为重大危险源：① 严重不符合法律、法规、标准、规范和其他要求；② 相关方有合理抱怨和要求；③ 曾经发生过事故，且未采取有效防范控制措施；④ 直接观察到可能导致危险且无适当控制措施；⑤ 通过作业条件危险性评价方法，总分>160 是高度危险的。

具体评价重大危险源时，应结合工程和服务的主要内容进行，并考虑日常工作中的重点。

安全风险评价结果应形成评价记录，一般可与危险源识别结果合并记录，通常列表记录。对确定的重大危险源还应另列清单，并按优先考虑的顺序排列。

施工现场危险源识别、评价结果见表 6-21-7 和表 6-21-8。

在识别了危险源并弄清了风险的大小后，便可按不同级别的风险有针对性地进行安全控制。

表 6-21-7 施工现场危险源识别、评价结果表示例(按作业活动分类编制)

序号	施工阶段	作业活动	危险源	可能导致的事故	风险级别	控制措施
1	基坑施工	土方机械	铲运机行驶时驾驶室外载人	机具伤害	一般	管理程序、应急预案
2			多台铲运机同时作业时,未空开安全距离	机具伤害		
3	结构施工	钢筋工程	钢筋机械无漏电保护器	触电		
4			钢筋在吊运中未降到 1m 就靠近	物体打击		

表 6-21-8 施工现场危险源识别、评价结果表示例(按造成的危害分类编制)

序号	危险源	可能对安全产生的影响	可能性			严重性			综合得分	评价结果	策划结果
			可能	不太可能	几乎不太可能	严重	重大	一般			
			3	2	1	3	2	1			
1	脚手板有探头板	高处坠落		√			√		4	一般	检查
2	脚手板不满铺		√					√	3		
3	悬挑脚手架防护不严密		√					√	6	重大	控制

ᕷ 复习思考题 ᕷ

1. 什么是安全?什么是安全生产?
2. 安全管理、建筑工程安全生产管理的含义是什么?
3. 施工现场的不安全因素有哪些?
4. 什么是人的不安全行为?不安全行为在施工现场的类型有哪些?
5. 安全生产的基本方针是什么?
6. 简述建筑工程安全生产管理的特点。
7. 简述施工现场安全管理的原则与范围。
8. 什么是危险源?什么是第一类危险源?什么是第二类危险源?
9. 简述危险识别与评价的意义。

22 建筑工程安全生产的相关法律、法规

【知识目标】

了解有关建筑工程安全生产的法律、法规和规范、标准体系。

【能力目标】

具有根据工作需要，查阅和运用有关法律、法规和规范、标准分析和解决工程实践问题的能力。

22.1 建筑法律

建筑法律一般是由全国人民代表大会及其常务委员会制定，经国家主席签署主席令予以公布，并以国家强制力保证实施的规范性文件。它是对建筑管理活动的宏观规定，侧重于对政府机关、社会团体、企事业单位的组织、职能、权利、义务等，以及建筑产品生产组织管理和生产基本程序进行规定，是建筑法律体系最高层次，具有最高法律效力，其地位和效力仅次于宪法。典型的建筑法律有《建筑法》《安全生产法》等。

22.1.1 《建筑法》

《建筑法》是我国第一部规范建筑活动的部门法律，它的颁布施行强化了建筑工程质量和安全的法律保障。《建筑法》总计85条，通篇贯穿了质量与安全问题，具有很强的针对性，对影响建筑工程质量和安全的各方面因素做了较为全面的规范。

《建筑法》颁布的意义在于以下几个方面。

1)规范了我国各类房屋建筑及其附属设施建造和安装活动。

2)它的基本精神是保证建筑工程质量与安全，规范和保障建筑各方主体的权益。

3)对建筑施工许可、建筑工程发包与承包、建筑安全生产管理、建筑工程质量管理等主要方面做出原则规定，对加强建筑质量管理发挥了积极的作用。

4)为加强建筑工程活动的监督管理，维护建筑市场秩序，保证建筑工程质量和安全，促进建筑业的健康发展，提供了法律保障。

5)实现了"三个规范"，即规范市场主体行为、规范市场主体的基本关系和规范市场竞争秩序。

《建筑法》主要规定了建筑许可、建筑工程发包承包、建筑工程监理、建筑工程质量管理及相应法律责任等方面的内容；确立了施工许可证制度、单位和人员从业资格制度、安全生产责任制度、群防群治制度、项目安全技术管理制度、施工现场环境安全防护制度、

安全生产教育培训制度、意外伤害保险制度和伤亡事故处理报告制度等各项制度。

《建筑法》针对安全生产管理制度制定的相关措施如下。

1）建筑工程设计应当符合按照国家规定制定的建筑安全规程和技术规范，保证工程的安全性能。

2）建筑施工企业在编制施工组织设计时，应当根据建筑工程的特点制定相应的安全技术措施。

3）施工现场对毗邻的建筑物、构筑物的特殊作业环境可能造成损害的，建筑施工企业应当采取安全防护措施。

4）建筑施工企业的法定代表人对本企业的安全生产负责，施工现场安全由建筑施工企业负责，实行施工总承包的，由总承包单位负责。

5）建筑施工企业必须为从事危险作业的职工办理意外伤害保险，支付保险费。

6）涉及建筑主体和承重结构变动的装修工程，应由原设计单位提出设计方案，没有设计方案的不得施工。

7）房屋拆除应当由具备保证安全条件的建筑施工单位承担，由建筑施工单位负责人对安全负责。

22.1.2　《安全生产法》

《安全生产法》是安全生产领域的综合性基本法，是我国第一部全面规范安全生产的专门法律，是我国安全生产法律体系的主体法，是各类生产经营单位及其从业人员实现安全生产所必须遵循的行为准则，是各级人民政府及其有关部门进行监督管理和行政执法的法律依据，是制裁各种安全生产违法犯罪的有力武器。

这部法律的意义在于：明确了生产经营单位必须做好安全生产的保证工作，既要在安全生产条件上、技术上符合生产经营的要求，也要在组织管理上建立健全安全生产责任并进行有效落实；明确了从业人员为保证安全生产所应尽的义务，也明确了从业人员进行安全生产所享有的权利；明确规定了生产经营单位负责人的安全生产责任；明确了对违法单位和个人的法律责任追究制度；规定了要建立事故应急救援制度，制定应急救援预案，形成应急救援预案体系。

《安全生产法》中提供了 4 种监督途径，即工会民主监督、社会舆论监督、公众举报监督和社区服务监督。

《安全生产法》确立了其基本法律制度，如安全生产监督管理制度、生产经营单位安全保障制度、生产经营单位负责人安全责任制度、从业人员安全生产权利义务制度、安全中介服务制度、安全生产责任追究制度、事故应急和处理制度等。

22.1.3　其他有关建筑工程安全生产的法律

其他有关建筑工程安全生产的法律包括《中华人民共和国劳动法》《中华人民共和国刑法》《中华人民共和国消防法》《中华人民共和国环境保护法》《中华人民共和国大气污染防治法》《中华人民共和国固体废弃物污染环境防治法》《中华人民共和国环境噪声污染防治法》等。

22.2　建筑行政法规

建筑行政法规是对法律的进一步细化，是国务院根据有关法律中的授权条款和管理全国建筑行政工作的需要制定的，是建筑法律体系的第二层次，以国务院令形式公布。

在建筑行政法规层面上，《安全生产许可证条例》和《建设工程安全生产管理条例》是建筑工程安全生产法规体系中主要的行政法规。在《安全生产许可证条例》中，我国第一次以法律形式确立了企业安全生产的准入制度，是强化安全生产源头管理，全面落实"安全第一、预防为主"的安全生产方针的重大举措。《建设工程安全生产管理条例》是根据《建筑法》和《安全生产法》制定的一部关于建设工程安全生产的专项法规。

22.2.1　《安全生产许可证条例》的主要内容

该条例的颁布施行标志着我国依法建立起了安全生产许可制度，其主要内容如下：国家对矿山企业、建筑施工企业和危险化学品、烟花爆竹、民用爆破器材生产企业（以下统称企业）实行安全生产许可制度；企业取得安全生产许可证应当具备的安全生产条件；企业进行生产前，应当依照该条例的规定向安全生产许可证颁发管理机关申请领取安全生产许可证，并提供该条例第六条规定的相关文件、资料；安全生产许可证颁发管理机关应当自收到申请之日起 45 日内审查完毕，经审查符合该条例规定的安全生产条件的，颁发安全生产许可证；不符合该条例规定的安全生产条件的，不予颁发安全生产许可证，书面通知企业并说明理由；安全生产许可证的有效期为 3 年。

22.2.2　《建设工程安全生产管理条例》的主要内容

该条例确立了建设工程安全生产的基本管理制度，其中确认了政府部门的安全生产监管制度和《建筑法》对施工企业的五项安全生产管理制度的规定；规定了建设工程活动各方主体的安全责任及相应的法律责任，包括明确规定了建设工程活动各方主体应承担的安全生产责任；明确了建设工程安全生产监督管理体制；明确了建立生产安全事故的应急救援预案制度。

该条例较为详细地规定了建设单位、勘察单位、设计单位、工程监理单位、其他有关单位的安全责任和施工单位的安全责任，以及政府部门对建设工程安全生产实施监督管理的责任等。

22.2.3　《建筑安全生产监督管理规定》的主要内容

《建筑安全生产监督管理规定》指出，建筑安全生产监督管理应当根据"管生产必须管安全"的原则，贯彻"预防为主"的方针，依靠科学管理和技术进步，推动建筑安全生产工作的开展，控制人身伤亡事故的发生；规定了各级建设行政主管部门的安全生产监督管理工作的内容和职责。

22.2.4　《建设工程施工现场管理规定》的主要内容

《建设工程施工现场管理规定》指出，建筑工程开工实行施工许可证制度；施工现场实行封闭式管理、文明施工；任何单位和个人，要进入施工现场开展工作，必须经主管部门的同意。该规定还对施工现场的环境保护提出了明确的要求。

22.2.5 《生产安全事故报告和调查处理条例》的主要内容

《生产安全事故报告和调查处理条例》于2007年3月28日经国务院第172次常务会议通过，自2007年6月1日起施行。国务院1989年3月29日公布的《特别重大事故调查程序暂行规定》和1991年2月22日公布的《企业职工伤亡事故报告和处理规定》同时废止。该条例就事故报告、事故调查、事故处理和事故责任作出了明确的规定。

22.2.6 《国务院关于特大安全事故行政责任追究的规定》的主要内容

《国务院关于特大安全事故行政责任追究的规定》对各级政府部门对特大安全事故的预防、处理职责做了相应规定，并明确了对特大安全事故行政责任进行追究的有关规定。其主要内容包括：各级政府部门对特大安全事故的预防的法律规定、各级政府部门对特大安全事故的处理的法律规定和各级政府部门负责人对特大安全事故应承担的法律责任。

22.2.7 《特种设备安全监察条例》的主要内容

《特种设备安全监察条例》规定了特种设备的生产（含设计、制造、安装、改造、维修）、使用、检验检测及其监督检查，应当遵守该条例。军事装备、核设施、航空航天器、铁路机车、海上设施和船舶及煤矿矿井使用的特种设备的安全监察不适用该条例。房屋建筑工地和市政工程工地用起重机械的安装、使用的监督管理，由建设行政主管部门依照有关法律、法规的规定执行。

22.2.8 《国务院关于进一步加强安全生产的决定》的主要内容

国务院于2004年1月9日发布了《国务院关于进一步加强安全生产的决定》（国发〔2004〕2号）。

该决定共23条，分5部分，包括提高认识，明确指导思想和奋斗目标；完善政策，大力推进安全生产各项工作；强化管理，落实生产经营单位安全生产主体责任；完善制度，加强安全生产监督管理；加强领导，形成齐抓共管的合力。

22.3 工程建设标准

工程建设标准，是做好安全生产工作的重要技术依据，对规范建设工程活动各方责任主体的行为、保障安全生产具有重要意义。根据《中华人民共和国标准化法》的规定，标准包括国家标准、行业标准、地方标准和团体标准、企业标准。国家标准分为强制性标准、推荐性标准。

国家标准是指由国务院标准化行政主管部门或者其他有关主管部门对需要在全国范围内统一的技术要求制定的技术规范。

行业标准是指国务院有关主管部门对没有国家标准而又需要在全国某个行业范围内统一的技术要求所制定的技术规范。

22.3.1 《建筑施工安全检查标准》的主要内容

《建筑施工安全检查标准》(JGJ 59—2011)于2012年实施。

该标准采用安全系统工程原理，结合建筑施工伤亡事故规律，依据国家有关法律法规、标准和规程而编制，对安全生产检查提出了明确的要求，包括要有定期安全检查制度；安全检查要有记录；检查中发现的事故隐患应下达整改通知书，做到定人、定时间、定措施；对重大事故隐患整改通知书所列项目应如期完成。

制定该标准是为了科学地评价建筑施工安全生产情况，提高安全生产工作和文明施工的管理水平，预防伤亡事故的发生，确保职工的安全和健康，实现检查评价工作的标准化和规范化。

22.3.2 《施工企业安全生产评价标准》的主要内容

《施工企业安全生产评价标准》(JGJ/T 77—2010)于2010年正式实施。制定该标准是为了加强施工企业安全生产的监督管理，科学地评价施工企业安全生产业绩及相应的安全生产能力，实现施工企业安全生产评价工作的规范化和制度化，促进施工企业安全生产管理水平的提高。

22.3.3 《施工现场临时用电安全技术规范》的主要内容

《施工现场临时用电安全技术规范》(JGJ 46—2005)明确规定了施工现场临时用电施工组织设计的编制、专业人员、技术档案管理要求，外电线路与电气设备防护、接地预防类、配电室及自备电源、配电线路、配电箱及开关箱、电动建筑机械及手持电动工具、照明，以及实行 TN-S 三相五线制接零保护系统的要求等方面的安全管理及安全技术措施的要求。

22.3.4 《建筑施工高处作业安全技术规范》的主要内容

《建筑施工高处作业安全技术规范》(JGJ 80—2016)规定了高处作业的安全技术措施及其所需料具；施工前的安全技术教育及交底；人身防护用品的落实；上岗人员的专业培训考试、持证上岗和体格检查；作业环境和气象条件；临边、洞口、攀登、悬空作业、操作平台与交叉作业的安全防护设施的计算与验收等。

22.3.5 《龙门架及井架物料提升机安全技术规范》的主要内容

《龙门架及井架物料提升机安全技术规范》(JGJ 88—2010)规定，安全提升机架体人员应按高处作业人员的要求，经过培训持证上岗；使用单位应根据提升机的类型制定操作规程，建立管理制度及检修制度；应配备经正式考试合格持有操作证的专职司机；提升机应具有相应的安全防护装置并满足其要求。

22.3.6 《建筑施工扣件式钢管脚手架安全技术规范》的主要内容

《建筑施工扣件式钢管脚手架安全技术规范》(JGJ 130—2011)对工业与民用建筑施工用落地式(底撑式)单、双排扣件式钢管脚手架的设计与施工，以及水平混凝土结构工程施工中模板支架的设计与施工做了明确规定。

22.3.7 《建筑机械使用安全技术规程》的主要内容

《建筑机械使用安全技术规程》(JGJ 33—2012)的主要内容包括总则、一般规定(明确了操作人员的身体条件要求、上岗作业资格、防护用品的配置及机械使用的一般条件)和十大类建筑机械使用所必须遵守的安全技术要求。

22.3.8 其他有关标准、规范

其他有关标准、规范包括《建筑施工土石方工程安全技术规范》(JGJ 180—2009)、《施工现场机械设备检查技术规范》(JGJ 160—2016)、《建设工程施工现场供用电安全规范》(GB 50194—2014)、《液压滑动模板施工安全技术规程》(JGJ 65—2013)、《建筑施工模板安全技术规范》(JGJ 162—2008)、《建筑施工木脚手架安全技术规范》(JGJ 164—2008)、《建筑施工碗扣式钢管脚手架安全技术规范》(JGJ 166—2016)、《建筑拆除工程安全技术规范》(JGJ 147—2016)和《建设工程施工现场环境与卫生标准》(JGJ 146—2013)等。

22.3.9 《工程建设标准强制性条文》的主要内容

《工程建设标准强制性条文》以摘编的方式,将工程建设现行国家标准和行业标准中涉及人民生命财产安全、人身健康、环境保护和公共利益的必须严格执行的强制性规定汇集在一起,是《建筑工程质量管理条例》的一个配套文件。

复习思考题

1. 试分析《建筑法》颁布实施的意义。
2. 试分析《安全生产法》颁布实施的意义。
3. 简述《建设工程安全生产管理条例》的主要内容。
4. 案例分析。

［案例内容］　某年 10 月××日上午,××市某建筑公司××分公司承建的南京电视台演播中心工地发生一起重大职工因工伤亡事故。演播大厅在浇筑顶部混凝土过程中,因模板支撑系统失稳,大厅屋盖坍塌,造成 6 人死亡、35 人受伤(其中重伤 11 人),直接经济损失 70.7815 万元。

［工程概况］　××电视台演播中心采用现浇框架剪刀墙结构体系。演播大厅总高 38m(其中地下 8.70m、地上 29.30m),面积 624m²。

［工程建设情况］　在演播大厅舞台支撑系统支架搭设前,项目部按搭设顶部模板支撑系统的施工方法,完成了三个演播厅、一个门厅和一个观众厅的施工(都没有施工方案)。

某年 1 月,该建筑公司××分公司由项目工程师茅某编制了"上部结构施工组织设计",并于 1 月 30 日经项目副经理成某和分公司副主任工程师赵某批准实施。

7 月 22 日,开始搭设演播大厅顶部模板支撑系统,由于工程需要和材料供应等方面的问题,支架搭设施工时断时续。搭设时,没有施工方案,没有图纸,没有进行技术交底。由项目部经理成某决定支架三维尺寸按常规(即前 5 个厅的支架尺寸)进行搭设,由项目部施工人员丁某在现场指挥搭设。搭设开始约 15 天后,××分公司副主任工程师赵某将"模板工程施工方案"交给丁某。丁某看到施工方案后,向成某做了汇报,成某答复还按以前的规格搭架子,到最后再加固。

模板支撑系统支架由××三建劳务公司组织现场的朱某工程队进行搭设(朱某以个人名义挂靠在××

三建江浦劳务基地，事故发生时朱某工程队共 17 名农民工，其中 5 人无特种作业人员操作证），搭设支架的全过程中，没有办理自检、互检、交接检、专职检的手续，搭设完毕后未按规定进行整体验收。

10 月 17 日开始进行支撑系统模板安装，10 月 24 日完成。23 日木工工长孙某向项目部副经理成某反映水平杆加固没有到位，成某即安排架子工加固支架，25 日浇筑混凝土时仍有 6 名架子工在加固支架。

10 月 25 日 6 时 55 分开始浇筑混凝土，项目部质量员姜某 8 时多才补填混凝土浇捣令，并送监理公司总监韩某签字，韩某将日期签为 24 日。

［事故发生］ 浇筑现场由项目部混凝土工长邢某负责指挥。浇筑时，由于混凝土输送管有冲击和振动等影响，部分支撑管件受力过大和失稳，出现演播大厅内模板支架系统整体倒塌。屋顶模板上正在浇筑混凝土的工人纷纷随塌落的支架和模板坠落，部分工人被塌落的支架、楼板和混凝土浆掩埋。

根据案例回答以下问题：

(1)有关单位和责任人分别违反了哪些法律法规？

(2)有关单位及施工人员应如何处理才能避免事故的发生？

23

建立健全安全生产管理制度

【知识目标】

了解有关建筑施工企业安全许可制度及安全生产管理与考核奖惩制度的内容；熟悉各项安全培训制度、安全生产制度、三级安全教育制度的相关内容；熟悉施工组织设计和专项施工方案的内容、编制和注意事项；掌握安全技术交底、安全检查的基本要求和主要内容；熟悉安全事故的处理与安全标志规范的悬挂制度。

【能力目标】

能编写各项安全生产制度；能组织新工人的三级安全教育，工人变换工种安全教育，并能记录和收录安全教育与考核的有关安全管理档案资料；能组织班前安全活动，并能记录和收录班前安全活动的有关安全管理档案资料；能参与编写和审查施工组织设计的安全方案、专项施工方案的安全措施、安全技术交底，并能收录施工组织设计、专项施工方案、安全技术交底的有关安全管理档案资料；具有按安全事故处理程序参与安全事故处理的能力；记录与收集有关安全管理档案资料的能力；能进行工伤事故统计分析和报告，参加工伤事故调查、处理等安全管理。

23.1　建筑施工企业安全许可制度

为了严格规范建筑施工企业安全生产条件，进一步加强安全生产监督管理，防止和减少生产安全事故，原建设部根据《安全生产许可证条例》《建设工程安全生产管理条例》等有关行政法规，于2004年7月制定《建筑施工企业安全生产许可证管理规定》（建设部令第128号）（以下简称《安全生产许可证管理规定》）。

国家对建筑施工企业实行安全生产许可制度，建筑施工企业未取得安全生产许可证的，不得从事建筑施工活动。

23.1.1　安全生产许可证的申请条件

建筑施工企业取得安全生产许可证，应当具备下列安全生产条件。

1)建立、健全安全生产责任制，制定完备的安全生产规章制度和操作规程。

2)保证本单位安全生产条件所需资金的投入。

3)设置安全生产管理机构，按照国家有关规定配备专职安全生产管理人员。

4)主要负责人、项目负责人、专职安全生产管理人员经建设主管部门或者其他有关部门考核合格。

5)特种作业人员经有关业务主管部门考核合格，取得特种操作资格证书。

6)管理人员和作业人员每年至少进行一次安全生产教育培训并考核合格。

7)依法参加工伤保险，依法为施工现场从事危险作业的人员办理意外伤害保险，为从业人员缴纳保险费。

8)施工现场的办公区、生活区作业场所和安全防护用具、机械设备、施工机具及配件符合有关安全生产法律、法规、标准和规程的要求。

9)有职业危害防治措施，并为作业人员配备符合国家标准或者行业标准的安全防护用具和安全防护服装。

10)依法进行安全评价。

11)有对危险性较大的分部分项工程及施工现场易发生重大事故的部位、环节的预防、监控措施和应急预案。

12)有安全事故应急救援预案、应急救援组织或者应急救援人员，配备必要的应急救援器材、设备。

13)法律、法规规定的其他条件。

23.1.2 安全生产许可证的申请与颁发

建筑施工企业从事建筑施工活动前，应当依照《安全生产许可证管理规定》向企业注册所在地省、自治区、直辖市人民政府住房城乡建设主管部门申请领取安全生产许可证。中央管理的建筑施工企业(集团公司、总公司)应当向国务院建设主管部门申请领取安全生产许可证，其他的建筑施工企业，包括中央管理的建筑施工企业(集团公司、总公司)下属的建筑施工企业，应当向企业注册所在地省、自治区、直辖市人民政府住房城乡建设主管部门申请领取安全生产许可证(图6-23-1)。

图 6-23-1 安全生产许可证

23.2　建筑施工企业安全教育培训管理制度

23.2.1　安全生产教育的基本要求

安全生产教育要体现全面、全员、全过程。施工现场所有人均应接受过安全生产教育，确保他们先接受安全生产教育，懂得相应的安全生产知识后才能上岗。《建筑施工企业主要责任人、项目负责人和专职安全生产管理人员安全生产管理规定》（住房和城乡建设部令第17号）规定，企业的主要责任人、项目负责人和专职安全生产管理人员必须通过建设行政主管部门或其他有关部门安全生产考核，考核合格取得安全生产合格证书后方可担任相应职务。安全生产教育要做到经常性，根据工程项目的不同、工程进展和环境的不同，对所有人，尤其是施工现场的一线管理人员和工人实行动态的教育，做到经常化和制度化。为达到经常性安全生产教育的目的，可采用出板报、上安全课、观看安全教育影视资料片等形式，但更重要的是必须认真落实班前安全教育活动和安全技术交底，因为通过日常的班前教育活动和安全技术交底，告知工人在施工中应注意的问题和措施，才可以让工人了解和掌握相关的安全知识，起到反复性和经常性的教育和学习的作用（图6-23-2）。

《建筑施工安全检查标准》（JGJ 59—2011）对安全教育提出以下要求。

图 6-23-2　班前安全教育

1）工程项目部应建立安全教育培训制度。

2）当施工人员入场时，工程项目部应组织进行以国家安全法律法规、企业安全制度、施工现场安全管理规定及各工种安全技术操作规程为主要内容的三级安全教育培训和考核。

3）当施工人员变换工种或采用新技术、新工艺、新设备、新材料施工时，应进行安全教育培训。

4）施工管理人员、专职安全员每年度应进行安全教育培训和考核。

23.2.2　安全生产教育的时间

原建设部印发的《建筑业企业职工安全培训教育暂行规定》（建教〔1997〕83号）的要求如下。

1）企业法人代表、项目经理每年接受安全培训的时间不得少于30学时。

2）企业专职管理人员每年必须接受安全专业技术业务培训的时间不得少于40学时。

3）企业其他管理人员和技术人员每年接受安全培训的时间不得少于20学时。

4）企业特殊工种人员每年接受有针对性的安全培训时间不得少于20学时。

5)企业其他职工每年接受安全培训的时间不得少于 15 学时。

6)企业待岗、转岗、换岗的职工，在重新上岗前，接受一次不少于 20 学时的安全培训。

7)企业新进场的工人，必须接受公司、项目部、班组的三级安全培训教育时间分别不少于 15 学时、15 学时和 20 学时。班前教育形式之一如图 6-23-3 所示。

图 6-23-3 安全会议

23.2.3 安全生产教育的内容

安全生产教育按等级、层次和工作性质分别进行，三级安全教育是每个建筑业企业新进场的工人必须接受的首次安全生产方面的基本教育，是指公司(即企业)、项目部(或工程处、施工处、工区)和班组，对新工人或调换工种的工人，按规定进行的安全教育和技术培训，经考核合格后，方能上岗。各级安全生产教育的主要内容如下。

(1)公司级教育 公司级的安全生产教育的主要内容如下。

1)国家和地方有关安全生产、劳动保护的方针、政策、法律、法规、规范、标准及企业的安全规章制度等。

2)企业及其上级部门(主管局、集团、总公司、办事处等)印发的安全管理规章制度。

3)安全生产与劳动保护工作的目的、意义等。

(2)项目部(或工程处、施工处、工区)级教育 项目部级教育是新进场的工人被分配到项目部以后进行的安全教育。

项目部级安全生产教育的主要内容如下。

1)建设工程施工生产的特点，施工现场安全管理规定要求。

2)施工现场的主要事故类型，常见多发性事故的特点、规律及预防措施、事故教训等。

3)本工程项目部施工的基本情况(工程类型、施工阶段、作业特点等)，施工中应当注意的安全事项。

图 6-23-4 现场安全教育

(3)班组教育 又称岗位教育，其主要内容如下(见图 6-23-4 某项目施工现场的班组安全教育)。

1)本工种作业的安全操作规程。

2)本班组施工生产概况，包括工作性质、职责、范围等。

3)本人及本班组在施工过程中，所使用、所遇到的各种生产设备、设施、电气设备、机械、工具的性能、作用、操作要求、安全防护要求。

4)个人使用和保管的各类劳动防护用品的正确穿戴、使用方法及劳动防护用品的基本原理与主要功能。

5)发生伤亡事故或其他事故，如火灾、爆炸、设备及管理事故等，应采取的措施(救助抢险、保护现场、报告事故等)要求。

(4)三级教育的要求

1)三级教育一般由企业的安全、教育、劳动、技术等部门配合进行。

2)受教育者必须经过考试合格后才准许进入生产岗位。

3)给每一名员工建立员工劳动保护教育卡，记录三级教育、变换工种教育等教育考核情况，并由教育者与受教育者双方签字后入册。

23.2.4　特种作业人员培训

建筑企业特种作业人员一般包括建筑电工、焊工、建筑架子工、司炉工、爆破工、机械操作工、起重工、塔式起重机司机及指挥人员、人货两用电梯司机等。

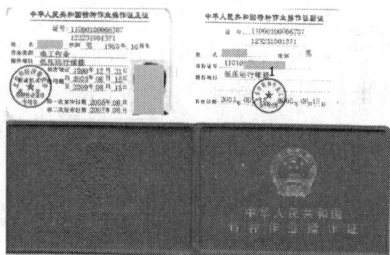

图 6-23-5　特种作业操作证

建筑企业特种作业人员除进行一般安全教育外，还要执行关于特种作业人员安全技术考核管理规划及《建筑施工安全检查标准》(JGJ 59—2011)的有关规定，按国家、行业、地方和企业规定进行本工种专业培训、资格考核，取得《特种作业操作证》后上岗(图 6-23-5)。

特种作业人员，在通过专业技术培训并取得岗位操作证后，仍须接受有针对性的安全培训，不得少于 20 学时/年度。

23.2.5　三类人员考核任职制度

三类人员考核任职制度是从源头上加强安全生产监管的有效措施，是强化建筑施工安全生产管理的重要手段。

依据原建设部《建筑施工企业主要负责人、项目负责人和专职安全生产管理人员安全生产管理规定》(住房和城乡建设部令第17号)的规定，为贯彻落实《安全生产法》《建设工程安全生产管理条例》《安全生产许可证条例》，提高建筑施工企业主要负责人、项目负责人和专职安全生产管理人员安全生产知识水平和管理能力，保证建筑施工安全生产，对建筑施工企业三类人员进行考核认定。三类人员应当经建设行政主管部门或者其他有关部门考核合格后方可任职。

(1)三类人员考核任职制度的对象

1)建筑施工企业的主要负责人、项目负责人、专职安全生产管理人员。

2)建筑施工企业主要负责人包括企业法定代表人、经理、企业分管安全生产工作的副经理等。

3)建筑施工企业项目负责人，是指由企业法定代表人授权负责建设工程项目管理的负责人等(见图 6-23-6 安全培训证书)。

4)建筑施工企业专职安全生产管理人员，是指在企业专职从事安全生产管理工作的人员，包括企业安全生产管理机构的负责人及其他工作人员和施工现场专职安全生产管理人员(图 6-23-7)。

图 6-23-6　安全培训证书

(2)三类人员考核任职的主要内容

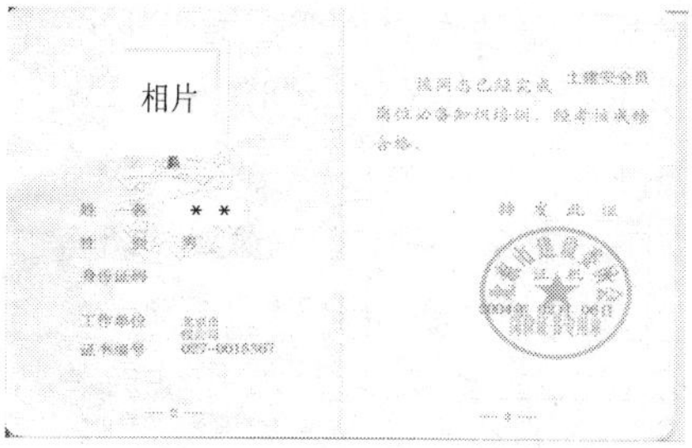

1)考核的目的和依据：根据《安全生产法》《建设工程安全生产管理条例》《安全生产许可证条例》等法律法规，旨在提高建筑施工企业主要负责人、项目责任人和专职安全生产管理人员的安全生产知识水平和管理能力，保证建筑施工安全生产。

图 6-23-7　施工现场安全员上岗证书

2)考核范围：在中华人民共和国境内从事建设工程施工活动的建筑施工企业管理人员及实施和参与安全生产考核管理的人员。建筑施工企业管理人员必须经建设行政主管部门或者其他有关部门安全生产考核，考核合格取得安全生产考核合格证书后，方可担任相应职务。建筑施工企业管理人员安全生产考核内容包括安全生产知识和管理能力。

23.2.6　班前教育制度

班前安全活动是安全管理的一个重要环节，是提高职工安全意识、做到遵章守纪、实现安全生产的途径。例如，为了认真贯彻"生产必须安全"的原则，进一步强化施工过程中的安全生产管理，从根本上提高职工的自我保护意识，达到人人讲安全、人人管安全的目的，实现安全生产，特制订如下制度。

1)各班组必须领会班前活动制度的意义，掌握自己工种的安全技术内容，并能熟练运用。

2)工地负责人在每天早晨上班前 15min，要抽出时间召开班组长安全例会，总结前一天安全施工情况，结合当天任务，在布置生产任务的同时，应同时布置安全工作，要针对不同工种的实际情况或操作时的位置进行安全交底，使班组人员能够从思想上引起高度重视。

3)对新工艺、新技术、新设备或特殊部分的施工，应组织对安全技术操作规程及有关资料的学习。

4)对班前使用的机械设备、施工机具、安全防护用品、设施、周围环境等要认真进行检查，确认安全完好，才能使用和进行作业。

5)班组长每月 5 日前要将上个月安全活动记录交给安全员，安全员检查登记并提出改进意见之后交资料员保管。

6)班前安全活动作为安全生产考核的一项指标，公司分管安全经理、安全科将不定时抽查班组班前安全活动情况并记录打分。每月安全科在安全检查中将此项作为一个分项进行检查。班前安全活动不合格单位不能参加先进班组的评选；负责人不能参加安全生产标兵及先进工作者的评选。

7)对于危险性较大的施工项目，除了制订有针对性的安全技术措施及施工方案外，还应组织召开由全体操作人员参加的安全会议，交代施工中应注意的安全问题，克服冒险蛮干、违章指挥，确保安全生产。

8)班前安全活动上，应对头一天的安全情况作出总结。

9) 各班组长在安排操作工人上岗前，应对作业面进行一次全面检查，并针对当日的施工部位，操作中应注意的事项，向操作人员进行详细的安全技术交底，使操作人员上岗前具备较强的安全意识。

10) 分析工人的安全思想动态及施工现场安全生产形势，表扬好人好事和须推广的先进安全技术及应吸取的教训。

11) 每个班组每天上班前由班长认真组织全班人员进行安全活动，并做好交底和记录（见图 6-23-8）。

23.2.7　安全生产的经常性教育

企业在做好新进场工人入场教育、特种作业人员安全生产教育和各级领导干部、安全管理干部的安全生产教育的同时，还必须把经常性的安全生产教育贯穿于管理工作会的全过程，并根据接受教育对象的不同特点，采取多层次、多渠道和各种方法进行。安全生产宣传教育多种多样，应贯彻及时性、严肃性、真实性，做到简明、醒目，具体形式如下。

1) 在施工现场（车间）入口处设置安全纪律牌。

2) 举办安全生产训练班、讲座、报告会、事故分析会。

3) 建立安全保护教育室，举办安全保护展览。

4) 举办安全保护广播，印发安全保护简报、通报等，办安全保护黑板报、宣传栏（图 6-23-9 为安全着装示意）。

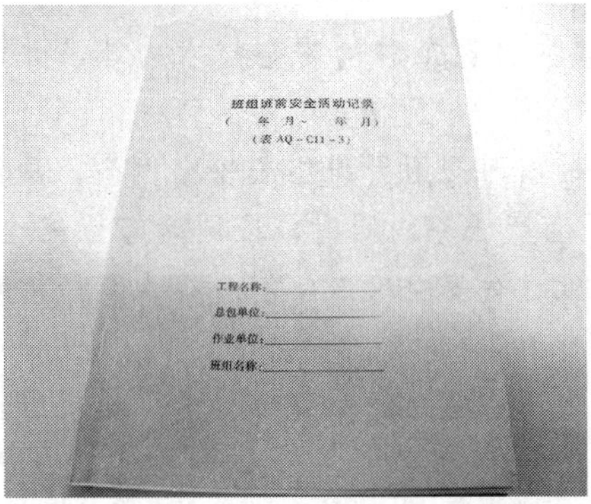

图 6-23-8　班前安全活动记录

图 6-23-9　安全着装示意

5) 张挂安全保护挂图和宣传画、安全标志和标语口号。

6) 举办安全保护文艺演出和放映安全保护音像制品。

7) 组织家属做好职工的安全生产思想工作。

23.3　安全生产责任制

安全生产责任制就是对各级负责人、各职能部门及各类施工人员在管理和施工过程中，应当承担的责任作出明确的规定。具体来说，就是将安全生产责任分解到施工单位的主要负责人、项目负责人、班组长以及每个岗位的作业人员身上。安全生产责任制是施工企业最基本的安全管理制度，是施工企业安全生产管理的核心和中心环节。依据《建设工程安全生产管理条例》和《建筑施工安全检查标准》的相关规定，安全生产责任制的主要内容如下。

23.3.1　安全生产责任制的基本要求

安全生产责任制的基本要求包括以下几个方面。

1）公司和项目部必须建立健全安全生产责任制，制定各级人员和部门的安全生产职责，并要打印成文。

2）各级管理部门及各类人员均要各自认真执行安全生产责任制度。公司及项目部应制定与安全生产责任制相对应的检查和考核办法，执行情况的考核结果应有记录。

3）经济承包合同中必须要有具体的安全生产指标和要求。在企业与业主、企业与项目部、总包单位与分包单位、项目部与劳务队的承包合同中都应约定安全生产指标、要求和安全生产责任。

4）项目部应为项目的主要工种印制相应的安全技术操作规程，并应将安全技术操作规程列为日常安全活动和安全教育的主要内容，并悬挂在操作岗位前。

5）施工现场应按规定配备专（兼）职安全员。建筑工程、建筑装饰、装修工程应按规定配置足够的专职安全员（一般来说，建筑面积 1 万 m^2 及以下的工程至少 1 人；1 万～5 万 m^2 的工程至少 2 人；5 万 m^2 以上的工程至少 3 人）。并应设置安全主管，按土建、机电设备等专业设置专职安全生产管理人员。不论是兼职安全员还是专职安全员，都必须有安全员及安全资格证书方可上岗。

6）管理人员安全生产责任制考核要合格。企业或项目部要根据安全生产责任制的考核办法定期进行考核，督促和要求各级管理人员的安全生产责任制考核都要达到合格水平。各级管理人员也必须清楚地了解自己的安全生产工作职责。

23.3.2　有关人员的安全职责

(1)项目经理的职责　项目经理是本项目安全生产的第一责任者，负责整个项目的安全生产工作，对所管辖工程项目的安全生产负直接领导责任。具体如下。

1）对合同工程项目生产经营过程中的安全生产负全面领导责任。

2）在项目施工生产全过程中，认真贯彻落实安全生产方针政策、法律法规和各项规章制度，结合项目工程特点及施工全过程的情况，制定本项目工程各项安全生产管理办法，或有针对性地提出安全管理要求，并监督其实施。严格履行安全考核指标和安全生产奖惩办法（见图 6-23-10 工程项目安全生产基本制度标牌）。

```
┌─────────────────────────────────┐
│    工程项目安全生产基本制度        │
├─────────────────────────────────┤
│  1. 安全生产责任制—(责任人签字确认) │
│  2. 资金保障制度                  │
│  3. 安全生产奖罚制度              │
│  4. 安全生产值班制度              │
│                                 │
│  注：技术管理、机械管理、培训教育、检查、验收、 │
│      工伤事故报告统计等执行集团公司相关制度      │
└─────────────────────────────────┘
```

图 6-23-10　工程项目安全生产基本制度标牌

3）在组织项目工程业务承包、聘用业务人员时，必须本着安全工作只能加强的原则，根据工程特点确定安全工作的管理制度、配备人员，并明确各业务承包人的安全责任和考核指标，支持、指导安全管理人员的工作。

4）健全和完善用工管理手续，录用外包队必须及时向有关部门申报，严格用工制度与管理，适时组织上岗安全教育，要对外包工队人员的健康与安全负责，加强劳动保护工作。

5）认真落实施工组织设计中的安全技术措施及安全技术管理的各项措施，严格执行安全技术审批制度，组织并监督项目工程施工中的安全技术交底制度和设备、设施验收制度的实施。

6）领导、组织施工现场定期的安全生产检查，发现施工生产中不安全问题，组织采取措施，及时解决。对上级提出的安全生产与管理方面的问题，要定时、定人、定措施予以解决。

7）发生事故，及时上报，保护好现场，做好抢救工作，积极配合事故的调查，认真落实纠正和防范措施，吸取事故教训。

(2)项目技术负责人职责　项目技术负责人的职责包括以下几个方面。

1）对项目工程生产经营中的安全生产负技术责任。

2）贯彻、落实安全生产方针、政策，严格执行安全技术规程、规范、标准，结合项目工程特点，主持项目工程的安全技术交底。

3）参加或组织编制施工组织设计；在编制、审查施工方案时，要制定、审查安全技术措施，保证其可行性与针对性，并随时检查、监督、落实。

4）在主持制定专项施工方案、技术措施计划和季节性施工方案的同时，制定相应的安全技术措施并监督执行，及时解决执行中出现的问题。

5）及时组织使用项目工程应用新材料、新技术、新工艺及相关人员的安全技术培训。认真执行安全技术措施与安全操作规程，预防施工中因化学物品引起的火灾、中毒或其新工艺实施中可能造成的事故。

6）主持安全防护设施和设备的检查验收，发现设备、设施的不正常情况应及时采取措施，严格控制不符合标准要求的防护设备、设施投入使用。

7）参加安全生产检查，对施工中存在的不安全因素，从技术方面提出整改意见和办法，及时予以消除。

8）参加、配合因工伤及重大未遂事故的调查，从技术上分析事故的原因，提出防范措施、意见。

(3)施工员的职责　施工员的职责包括以下几个方面。

1）严格执行各项安全生产规章制度，对所管辖单位工程的安全生产负直接领导责任。

2）认真落实施工组织设计中安全技术措施，针对生产任务特点，向作业班组进行详细的书面安全技术交底，履行签字确认手续并对规程、措施、交底要求执行情况随时检查，随时纠正违章作业。

3）随时检查作业内的各项防护设施、设备的安全状况，随时消除不安全因素，不违章指挥。

4）配合项目安全员定期和不定期地组织班组学习安全操作规程，开展安全生产活动，督促、检查工人正确使用个人防护用品。

5）对分管工程项目应用的新材料、新工艺、新技术严格执行申报和审批制度，发现问题，及时停止使用，并上报有关部门或领导。

6）发生工伤事故或未遂事故要立即上报，保护好现场；参与工伤及其他事故的调查处理。

(4)安全员的职责　安全员的职责包括以下几个方面。

1）认真贯彻执行劳动保护、安全生产的方针、政策、法律、法规、标准和规范，做好安全生产的宣传教育和管理工作，推广先进经验。对本项目的安全生产负检查、监督的责任。

2）深入施工现场，负责施工现场生产巡视督查，并做好记录，指导下级安全技术人员工作，掌握安全生产情况，调查研究生产中的不安全问题，提出改进意见和措施，并对执行情况进行监督检查。

3）协助项目经理组织安全活动和安全检查。

4）参加审查施工组织设计和安全技术措施计划，并对执行情况进行监督检查。

5）组织本项目新进场工人的安全技术培训、考核工作。

6）制止违章指挥、违章作业，发现现场存在安全隐患时，应及时向企业安全生产管理机构和工程项目经理报告，遇有险情有权暂停生产，并报告领导处理。

7）进行工伤事故统计分析和报告，参加工伤事故调查、处理。

8）负责本项目部的安全生产、文明施工、劳务手续的办理及治安保卫的管理工作。

(5)班组长的职责　班组长的职责包括以下几个方面。

1）认真执行安全生产规章制度及安全操作规程，合理安排班组人员工作，对本班组人员在生产中的安全和健康负责。

2）经常组织班组人员学习安全操作规程，监督班组人员正确使用个人劳保用品，不断提高自我保护能力。

3）认真落实安全技术交底，做好班前教育工作，不违章指挥、冒险蛮干。

4）随时检查班组作业现场安全生产状况，发现问题及时解决并上报有关领导。

5）认真做好新工人的岗位教育。

6）发生因工伤及未遂事故，保护好现场，立即上报有关领导。

23.4　施工组织设计和专项施工方案的安全编审制度

施工组织设计或专项施工方案是组织建筑工程施工的纲领性文件，是指导施工准备和组织施工的全面性的技术、经济文件，是指导现场施工的规范性文件。

23.4.1　安全施工方案编审制度

住房和城乡建设部关于《危险性较大的分部分项工程安全管理办法》对危险性较大的分部分项工程安全专项施工方案提出以下要求。

1）施工单位应当在危险性较大的分部分项工程施工前编制专项方案；对于超过一定规模的危险性较大的分部分项工程，施工单位应当组织专家对专项方案进行论证。

2）建筑工程实行施工总承包的，专项方案应当由施工总承包单位组织编制。其中，起重机械安装拆卸工程、深基坑工程（开挖深度大于等于5m）、附着式升降脚手架等专业工程实行分包的，其专项方案可由专业承包单位组织编制。

3）专项方案应当由施工单位技术部门组织本单位施工技术、安全、质量等部门的专业技术人员进行审核。经审核合格的，由施工单位技术负责人签字。实行施工总承包的，专项方案应当由总承包单位技术负责人及相关专业承包单位技术负责人签字。不需要专家论证的专项方案，经施工单位审核合格后报监理单位，由项目总监理工程师审核签字。

4）超过一定规模的危险性较大的分部分项工程专项方案应当由施工单位组织召开专家论证会。实行施工总承包的，由施工总承包单位组织召开专家论证会。

5）施工专项方案经论证后，专家组应当提交论证报告，对论证的内容提出明确的意见，并在论证报告上签字。该报告作为专项方案修改完善的指导意见。

《建筑施工安全检查标准》（JGJ 59—2011）对施工组织设计或施工方案提出以下要求。

1）施工组织设计中要有安全技术措施。《建筑工程安全生产管理条例》规定，施工单位应在施工组织设计中编制安全技术措施和施工现场临时用电方案。

2）施工组织设计必须经审批以后才能实施施工。工程技术人员编制的安全专项施工方案，由施工企业技术部门专业技术人员及专业监理工程师进行审核。审核合格后，由施工企业技术负责人、监理单位的总监理工程师签字。无施工组织设计（方案）或施工组织设计（方案）未经审批的不能开始该项目的施工，未经审批也不得擅自变更施工组织设计或方案（见图6-23-11某工程施工组织设计文件）。

除在施工组织设计中对安全文明施工提出要求外，针对文明施工工作编制了《监建施工方案》《消防保卫施工方案》《临时用电施工方案》《临时给排水施工放方案》《脚手架工程施工方案》

图6-23-11　某施工组织设计文件

3）对专业性较强的项目，应单独编制专项施工组织设计（方案）。建筑施工企业应按规定对达到一定规模的危险性较大的分部分项工程在施工前由施工企业专业工程技术人员编制安全专项施工方案，并附安全验算结果，由施工企业技术部门专业技术人员及专业监理工程师进行审核。审核合格后，由施工企业技术负责人、监理单位的总监理工程师签字，由专职安全生产管理人员监督执行。对于特别重要的专项施工方案，还应组织安全专项施工方案专家组进行论证、审查。

4）安全措施要全面、要有针对性。编制安全技术措施时要结合现场实际、工程具体特点及企业或项目部的安全技术装备和安全管理水平等来制定，把施工中的各种不利因素和安全隐患考虑周全，并制定详尽的措施一一予以解决。

5)安全措施要落实。安全措施不仅要具体、要有针对性，而且要在施工中落到实处，防止应付检查编计划、空喊口号不落实，使安全措施流于形式。

23.4.2　安全技术措施及方案变更管理

安全技术措施及方案变更应依照以下规定执行。

1)施工过程中如发生设计变更，原定的安全技术措施也必须随之变更，否则不准施工。

2)施工过程中确实需要修改拟定的安全技术措施，必须经编制人同意，并办理修改审批手续。

23.5　安全技术交底制度

安全技术交底制度是安全制度的重要组成部分。为贯彻落实国家安全生产方针、政策和有关安全生产的法律、法规、规程和规范、行业标准及企业各种规章制度，及时对安全生产、工人职业健康进行有效预控，提高施工管理、操作人员的安全生产管理、操作技能，努力创造安全生产环境，根据《安全生产法》《建设工程安全生产管理条例》《建筑施工安全检查标准》等有关规定，在进行工程技术交底的同时要进行安全技术交底。

23.5.1　安全技术交底的基本要求

(1)安全技术交底须分级进行　项目经理部必须实行逐级安全技术交底制度，纵向延伸到班组全体作业人员。根据安全措施要求和现场实际情况，各级管理人员须亲自逐级进行书面交底，职责明确，落实到人。

(2)安全技术交底必须贯穿于施工全过程、全方位　安全技术交底必须贯穿于施工全过程、全方位。分部(分项)工程的安全交底一定要细、要具体化，必要时画大样图。对专业性较强的分项工程，要先编制施工方案，然后根据施工方案做针对性的安全技术交底，不能以交底代替方案或以方案代替交底。对特殊工种的作业、机械设备的安拆与使用、安全防护设施的搭拆等，必须由技术负责人、安全员等验收安全技术交底内容，验收合格后由工长对操作班组做书面安全技术交底。安全技术交底使用应按工程结构层次的变化反复进行。要针对每层结构的实际状况，逐层进行有针对性的安全技术交底。分部、分项工程安全技术交底与验收，必须与工程同步进行。

(3)安全技术交底应实施签字制度　安全技术交底必须履行交底认签手续，由交底人签字，由被交底班组的集体签字认可，不准代签和漏签，必须准确填写交底作业部位和交底日期。并存档以备查用。安全技术交底的认签记录，施工员必须及时提交给安全台账资料管理员。安全台账资料管理员要及时收集、整理和归档。施工现场安全员必须认真履行检查、监督职责。切实保证安全技术交底工作不流于形式，提高全体作业人员安全生产的自我保护意识。

23.5.2　安全技术交底主要内容

安全技术交底要全面、具体、明确、有针对性，符合有关安全技术规程的规定；应优先采用新的安全技术措施；安全技术交底使用范本时，应在补充交底栏内填写有针对性的内容，按分项工程的特点进行交底，不准留有空白。

(1)工程开工前，由公司环境安全监督部门负责向项目部进行安全生产管理首次交底
交底内容如下。

1)国家和地方有关安全生产的方针、政策、法律法规、标准、规范、规程和企业的安全规章制度。

2)项目安全管理目标、伤亡控制指标、安全达标和文明施工目标。

3)危险性较大的分部分项工程及危险源的控制、专项施工方案清单和方案编制的指导、要求。

4)施工现场安全质量标准化管理的一般要求。

5)公司部门对项目部安全生产管理的具体措施要求。

(2)项目部负责向施工队长或班组长进行书面安全技术交底　交底内容如下。

1)工程概况、施工方法、施工程序、项目各项安全管理制度与办法、注意事项、安全技术操作规程。

2)每一分部、分项工程施工安全技术措施、施工生产中可能存在的不安全因素及防范措施等，确保施工活动安全。

3)特殊工种的作业、机电设备的安拆与使用、安全防护设施的搭设等，项目技术负责人均要对操作班组做安全技术交底。

4)两个以上工种配合施工时，项目技术负责人要按工程进度定期或不定期地向有关班组长进行交叉作业的安全交底。

(3)施工队长或班组长要根据交底要求，对操作工人进行针对性的班前作业安全交底，操作人员必须严格执行安全交底的要求　交底内容如下。

1)施工要求、作业环境、作业特点、相应的安全操作规程和标准。

2)现场作业环境要求本工种操作的注意事项，即危险点，针对危险点的具体预防措施及应注意的安全事项。

3)个人防护措施。

4)发生事故后应及时采取的避难和急救措施。

23.5.3　安全技术交底范例

安全技术交底的范例如表 6-23-1 所示。

表 6-23-1　××项目部安全技术交底

安全技术交底记录		编号	
工程名称		交底日期	年　　月　　日
施工单位		分部分项工程名称	木工支模作业
交底提要			

交底内容：

(1)作业人员进入施工现场必须戴合格的安全帽，系好下颌带，锁紧带扣；

(2)施工现场严禁吸烟；

(3)登高作业必须系好安全带，高挂低用；

(4)电锯、电刨等要做到一机一闸一漏一箱，严禁使用一机多用机具；

(5)电锯、电刨等木工机具要有专人负责，持证上岗，严禁戴手套操作，严禁用竹编板等材料包裹锯体，分料器要齐全，不得使用倒顺开关；

(6)使用手持电动工具必须戴绝缘手套，穿绝缘鞋，严禁戴手套使用锤、斧等易脱手工具；

(7)圆锯的锯盘及传动部应安装防护罩，并设有分料器，其长度不小于50cm，厚度大于锯盘的木料，严禁使用圆锯；

(8)支模时注意个人防护，不允许站在不稳固的支撑上或没有固定的木方上施工；

(9)支设梁、板、柱模板模时，应先搭设架体和护栏，严禁在没有固定的梁、板、柱上行走；

(10)搬运木料、板材和柱体时，根据其重量而定，超重时必须两人进行，严禁从上往下投掷任何物料，无法支搭防护架时要设水平兜网或挂安全带；

(11)使用手锯时，防止伤手和伤别人，并有防摔落措施，锯料时必须站在安全可靠处

审核人		交底人		接受交底人	

注：1)本表头由交底人填写，交底人与接受交底人各保存一份，安全员一份。

　　2)当作分部分项施工作业安全交底时，应填写"分部分项工程名称"栏。

　　3)"交底提要"栏应根据交底内容把交底重要内容写上。

23.6　安全检查制度

23.6.1　安全生产检查的意义

1)通过检查，可以发现施工(生产)中的不安全(人的不安全行为和物的不安全状态)、职业健康不卫生问题，从而采取对策，消除不安全因素，保障安全生产。

2)利用安全生产检查，进一步宣传、贯彻、落实党和国家安全生产方针、政策和各项安全生产规章制度。

3)安全检查实质上也是一次群众性的安全教育。通过检查，增强领导和群众安全意识，纠正违章指挥、违章作业，提高搞好安全生产的自觉性和责任感。

4)通过检查可以互相学习、总结经验、吸取教训、取长补短，有利于进一步促进安全生产工作。

5)通过安全生产检查，了解安全生产状态，为分析安全生产形势、研究加强安全管理提供信息和依据。

23.6.2　安全检查制度

安全检查要讲科学、讲效果，因此，安全检查制度很重要。以往安全检查主要靠感性和经验，进行目测、口讲。安全评价也往往是"安全"或"不安全"的定性估计多。随着安全管理科学化、标准化、规范化，安全检查工作也不断地进行改革、深化。目前，安全检查基本上采用安全检查表和实测实量的检测手段，进行定性定量的安全评价。《建筑施工安全检查标准》(JGJ 59—2011)对安全检查提出了具体要求。不论何种类型的安全检查，都应做

到以下几点。

(1)安全检查要有定期的检查制度　项目参建单位特别是建筑安装工程施工企业，要建立健全切实可行的安全检查制度，并把各项制度落实到工程实际当中。建筑安装工程施工企业除进行日常性的安全检查外，还要制定和实施定期的安全检查。

(2)组织领导　各种安全检查都应该根据检查要求配备力量，特别是大范围、全国性的安全检查，要明确检查负责人，抽调专业人员参加检查，进行分工，明确检查内容、标准及要求。

(3)要有明确的目的　各种安全检查都应有明确的检查目的和检查项目、内容及标准(图 6-23-12)。重点项目(如在安全管理上，安全生产责任制的落实、安全技术措施经费的提取使用等)应着重检查，关键部位要认真检查，安全设施[《建筑施工安全检查标准》(JGJ 59—2011)"保证项目"]要重点检查。大面积或数量多的相同内容的项目，可采用系统的观感和一定数量的测点相结合的检查方法。检查时尽量采用检测工具，用数据说话。对现场管理人员和操作工人不仅要检查是否有违章指挥和违章作业行为，还应进行应知、应会的抽查，以便了解管理人员及操作工人的安全素质。

图 6-23-12　施工现场安全检查

(4)检查记录是安全评价的依据，因此要认真、详细记录　特别是对隐患的记录必须具体翔实，如隐患的部位、危险性程度及处理意见等。

(5)安全评价　安全检查后要认真、全面地进行系统分析，进行定性定量评价。哪些检查项目已达标；哪些检查项目虽然基本达标，但是还有哪些方面需要进行完善；哪些检查项目没有达标，存在哪些问题需要整改。接受检查的项目应根据安全评价研究对策，进行整改，加强安全管理。

(6)整改是安全检查工作重要组成部分，是检查结果的归宿　整改工作包括隐患登记、整改、复查、销案。检查中发现的隐患应该进行登记，这不仅是整改的备查依据，而且是提供安全动态分析的重要信息渠道。安全检查中查出的隐患除进行登记外，还应发出隐患整改通知单，以引起项目部重视。对凡是有即发性事故危险的隐患，检查人员应责令停工，被检查项目部必须立即整改。对于违章指挥、违章作业行为，检查人员可以当场指出，进行纠正。被检查项目部经理对查出的隐患，应立即研究整改方案，进行"五定"(计划、整改资金、责任人、时间、预案)，立即进行整改。安全部会同项目部立即进行复查，经复查合格，可以销案。

阅读材料

××项目安全检查制度

一、定期安全检查

项目经理部每周组织一次由有关部门参加的安全生产检查。查纪律、查隐患、查安全知识掌握情况及制度执行情况，总结经验，及时推广，发现隐患采取措施，落实到人，限期整改。

二、专业性检查

由专业技术人员、懂行的安全技术人员和有实际操作和维修能力的工人参加，对某项专业(如物料提升架、脚手架、施工机具等)的安全问题或在施工中存在的普遍性安全问题进行单项检查。

三、经常性安全检查

1)班组进行班前、班后岗位安全检查。

2)各级安全员及安全值日人员进行日常巡回检查，日日有专项检查。

3)各级管理人员在检查生产的同时检查安全。

四、季节性及节假日前后安全检查

针对气候特点(如冬季、夏季、雨季、风季等)可能给生产带来危害进行安全检查。节假日前后为防止职工纪律松懈、思想麻痹等进行检查。施工现场各班组要经常进行自检、互检和交接检。

对查出的隐患，由职能部门发出整改书，整改完成后由整改单位负责人签署意见，及时返回存档，逐步建立登记、整改、检查、销项制度。

附件：1.××项目安全生产日检表，见表6-23-2。

2.××项目安全隐患整改通知书，见表6-23-3。

3.××项目安全生产隐患整改记录表，见表6-23-4。

表6-23-2 ××项目安全生产日检表

施工单位		检查日期		气象	
工程名称		检查员		负责人	
序号	项目	检查内容		处理情况	
1	各种脚手架	间距、拉接、脚手板、栽种、卸荷			
2	吊篮架子	保险绳、就位固定、升降工具、吊点			
3	插口架子(挂架)	吊钩保险、别杠			
4	桥架	立柱垂直、安全装置、升降工具			
5	坑槽边坡	边壁状况(放坡或支撑)、边缘荷载(堆物情况)			
6	临边防护	槽(坑)边和屋面、进出料口、楼梯、阳台、平台、框架结构四周防护及安全网支搭			
7	孔洞	电梯井口、预留洞口			

续表

序号	项目	检查内容	处理情况
8	电气	漏电保护器、各种闸具、导线、接线、照明	
9	垂直运输机械	吊具、钢丝绳、防护设施、信号指挥	
10	中小型机械	防护装置、接零、接地	
11	构件存放	大模板、中小型构件	
12	电气焊	焊接距离、电焊机、中压罐、气瓶	
13	防护用品使用	安全帽、安全带、防护鞋、绝缘手套	
14	施工道路	交通标志、路面、临时便桥	
15	特殊情况	脚手架基础、塔基、电气设备、防雨设施、交叉作业、缆风绳	
16	违章记录		
17	隐患记录		
18	备注		

注：特殊情况指大风、雪、雨天气之后的情况和工程变化，如基础转结构施工、分阶段作业等；

卸荷指 15m 以上脚手架，按施工方案，利用钢丝绳将脚手架垂吊在建筑物上。

表 6-23-3　××项目安全隐患整改通知书

　　年　　月　　日　　　　　　　　　　　　　　　　　　　　　　　　　　　　　　（　　）检字

_____公司 _____施工现场：

____月___日，经_____检查发现你单位施工现场存在如下隐患。请接通知后，按照"三定"要求，限___月___日前，按照有关安全技术规范和规程规定，采取相应整改措施，并自查合格后，将整改完成情况、防范措施按时反馈到通知发出单位。

存在的主要问题：

受检单位签章：	通知发出单位签章：
负责人签字：	单位：
电话： 　　　　年　　月　　日	经办人： 　　　　年　　月　　日

注：此表至少一式二份，检查单位、被检单位各一份。

表 6-23-4 ××项目安全生产隐患整改记录表

检查性质		检查领队人		参加检查人		检查日期	
查出隐患	限整改日期	整改措施	责任人	整改日期	复查结果及时间		复查人
遗留问题整改措施				限整改日期		责任人	

23.7 安全事故处理

23.7.1 安全事故等级划分

《生产安全事故报告和调查处理条例》规定，根据生产安全事故造成的人员伤亡或者直接经济损失，事故一般分为以下等级。

(1)特别重大事故 是指造成 30 人以上死亡，或者 100 人以上重伤(包括急性工业中毒，下同)，或者 1 亿元以上直接经济损失的事故。

(2)重大事故 是指造成 10 人以上 30 人以下死亡，或者 50 人以上 100 人以下重伤，或者 5000 万元以上 1 亿元以下直接经济损失的事故。

(3)较大事故 是指造成 3 人以上 10 人以下死亡，或者 10 人以上 50 人以下重伤，或者 1000 万元以上 5000 万元以下直接经济损失的事故。

(4)一般事故 是指造成 3 人以下死亡，或者 10 人以下重伤，或者 1000 万元以下直接经济损失的事故。

23.7.2 安全事故报告

《生产安全事故报告和调查处理条例》对安全事故报告做出以下规定。

1)事故报告应当及时、准确、完整，任何单位和个人对事故不得迟报、漏报、谎报或者瞒报。事故调查处理应当坚持实事求是、尊重科学的原则，及时、准确地查清事故经过、事故原因和事故损失，查明事故性质，认定事故责任，总结事故教训，提出整改措施，并对事故责任者依法追究责任。

2)县级以上人民政府应当依照该条例的规定，严格履行职责，及时、准确地完成事故调查处理工作。事故发生地有关地方人民政府应当支持、配合上级人民政府或者有关部门的事故调查处理工作，并提供必要的便利条件。参加事故调查处理的部门和单位应当互相配合，提高事故调查处理工作的效率。

3)工会依法参加事故调查处理，有权向有关部门提出处理意见。

4)任何单位和个人不得阻挠和干涉对事故的报告和依法调查处理。

5)对事故报告和调查处理中的违法行为，任何单位和个人有权向安全生产监督管理部门、监察机关或者其他有关部门举报，接到举报的部门应当依法及时处理。

6)事故发生后，事故现场有关人员应当立即向本单位负责人报告；单位负责人接到报告后，应当于1小时内向事故发生地县级以上人民政府安全生产监督管理部门和负有安全生产监督管理职责的有关部门报告。情况紧急时，事故现场有关人员可以直接向事故发生地县级以上人民政府安全生产监督管理部门和负有安全生产监督管理职责的有关部门报告。

7)安全生产监督管理部门和负有安全生产监督管理职责的有关部门接到事故报告后，应当依照下列规定上报事故情况，并通知公安机关、劳动保障行政部门、工会和人民检察院：①特别重大事故、重大事故逐级上报至国务院安全生产监督管理部门和负有安全生产监督管理职责的有关部门；②较大事故逐级上报至省、自治区、直辖市人民政府安全生产监督管理部门和负有安全生产监督管理职责的有关部门；③一般事故上报至设区的市级人民政府安全生产监督管理部门和负有安全生产监督管理职责的有关部门。安全生产监督管理部门和负有安全生产监督管理职责的有关部门依照上述规定上报事故情况，应当同时报告本级人民政府。国务院安全生产监督管理部门和负有安全生产监督管理职责的有关部门及省级人民政府接到发生特别重大事故、重大事故的报告后，应当立即报告国务院。必要时，安全生产监督管理部门和负有安全生产监督管理职责的有关部门可以越级上报事故情况。

8)安全生产监督管理部门和负有安全生产监督管理职责的有关部门逐级上报事故情况，每级上报的时间不得超过2小时。

9)事故报告后出现新情况的，应当及时补报。自事故发生之日起30日内，事故造成的伤亡人数发生变化的，应当及时补报。道路交通事故、火灾事故自发生之日起7日内，事故造成的伤亡人数发生变化的，应当及时补报。

10)事故发生单位负责人接到事故报告后，应当立即启动事故相应应急预案，或者采取有效措施，组织抢救，防止事故扩大，减少人员伤亡和财产损失。

11)事故发生地有关地方人民政府、安全生产监督管理部门和负有安全生产监督管理职责的有关部门接到事故报告后，其负责人应当立即赶赴事故现场，组织事故救援。

12)事故发生后，有关单位和人员应当妥善保护事故现场及相关证据，任何单位和个人不得破坏事故现场、毁灭相关证据。因抢救人员、防止事故扩大及疏通交通等原因，需要移动事故现场物件的，应当作出标志，绘制现场简图并作出书面记录，妥善保存现场重要痕迹、物证。

13)事故发生地公安机关根据事故的情况，对涉嫌犯罪的，应当依法立案侦查，采取强制措施和侦查措施。犯罪嫌疑人逃匿的，公安机关应当迅速追捕归案。

14)安全生产监督管理部门和负有安全生产监督管理职责的有关部门应当建立值班制度，并向社会公布值班电话，受理事故报告和举报。

15)报告事故应当包括下列内容：事故发生单位概况；事故发生的时间、地点及事故现场情况；事故的简要经过；事故已经造成或者可能造成的伤亡人数(包括下落不明的人数)和初步估计的直接经济损失；已经采取的措施；其他应当报告的情况。

23.7.3 安全事故调查

《生产安全事故报告和调查处理条例》对安全事故调查作出了以下规定。

1) 特别重大事故由国务院或者国务院授权有关部门组织事故调查组进行调查。重大事故、较大事故、一般事故分别由事故发生地省级人民政府、设区的市级人民政府、县级人民政府负责调查。省级人民政府、设区的市级人民政府、县级人民政府可以直接组织事故调查组进行调查，也可以授权或者委托有关部门组织事故调查组进行调查。未造成人员伤亡的一般事故，县级人民政府也可以委托事故发生单位组织事故调查组进行调查。

2) 上级人民政府认为必要时，可以调查由下级人民政府负责调查的事故。自事故发生之日起 30 日内(道路交通事故、火灾事故自发生之日起 7 日内)，因事故伤亡人数变化导致事故等级发生变化，依照该条例规定应当由上级人民政府负责调查的，上级人民政府可以另行组织事故调查组进行调查。

3) 特别重大事故以下等级事故，事故发生地与事故发生单位不在同一个县级以上行政区域的，由事故发生地人民政府负责调查，事故发生单位所在地人民政府应当派人参加。

4) 事故调查组的组成应当遵循精简、效能的原则。根据事故的具体情况，事故调查组由有关人民政府、安全生产监督管理部门、负有安全生产监督管理职责的有关部门、监察机关、公安机关及工会派人组成，并应当邀请人民检察院派人参加。事故调查组可以聘请有关专家参与调查。

5) 事故调查组成员应当具有事故调查所需要的知识和专长，并与所调查的事故没有直接利害关系。

6) 事故调查组组长由负责事故调查的人民政府指定。事故调查组组长主持事故调查组的工作。

7) 事故调查组履行下列职责：查明事故发生的经过、原因、人员伤亡情况及直接经济损失；认定事故的性质和事故责任；提出对事故责任者的处理建议；总结事故教训，提出防范和整改措施；提交事故调查报告。

8) 事故调查组有权向有关单位和个人了解与事故有关的情况，并要求其提供相关文件、资料，有关单位和个人不得拒绝。事故发生单位的负责人和有关人员在事故调查期间不得擅离职守，并应当随时接受事故调查组的询问，如实提供有关情况。事故调查中发现涉嫌犯罪的，事故调查组应当及时将有关材料或者其复印件移交司法机关处理。

9) 事故调查中需要进行技术鉴定的，事故调查组应当委托具有国家规定资质的单位进行技术鉴定。必要时，事故调查组可以直接组织专家进行技术鉴定。技术鉴定所需时间不计入事故调查期限。

10) 事故调查组成员在事故调查工作中应当诚信公正、恪尽职守，遵守事故调查组的纪律，保守事故调查的秘密。未经事故调查组组长允许，事故调查组成员不得擅自发布有关事故的信息。

11) 事故调查组应当自事故发生之日起 60 日内提交事故调查报告；特殊情况下，经负责事故调查的人民政府批准，提交事故调查报告的期限可以适当延长，但延长的期限最长不超过 60 日。

12) 事故调查报告应当包括下列内容：事故发生单位概况；事故发生经过和事故救援情

况；事故造成的人员伤亡和直接经济损失；事故发生的原因和事故性质；事故责任的认定及对事故责任者的处理建议；事故防范和整改措施。事故调查报告应当附具有关证据材料。事故调查组成员应当在事故调查报告上签名。

13) 事故调查报告报送负责事故调查的人民政府后，事故调查工作即告结束。事故调查的有关资料应当归档保存。

23.7.4　安全事故处理

《生产安全事故报告和调查处理条例》对安全事故处理作出以下规定。

1) 重大事故、较大事故、一般事故，负责事故调查的人民政府应当自收到事故调查报告之日起 15 日内作出批复；特别重大事故，30 日内作出批复，特殊情况下，批复时间可以适当延长，但延长的时间最长不超过 30 日。有关机关应当按照人民政府的批复，依照法律、行政法规规定的权限和程序，对事故发生单位和有关人员进行行政处罚，对负有事故责任的国家工作人员进行处分。事故发生单位应当按照负责事故调查的人民政府的批复，对本单位负有事故责任的人员进行处理。负有事故责任的人员涉嫌犯罪的，依法追究刑事责任。

2) 事故发生单位应当认真吸取事故教训，落实防范和整改措施，防止事故再次发生。防范和整改措施的落实情况应当接受工会和职工的监督。安全生产监督管理部门和负有安全生产监督管理职责的有关部门应当对事故发生单位落实防范和整改措施的情况进行监督检查。

3) 安全生产事故处理的情况由负责事故调查的人民政府或者其授权的有关部门、机构向社会公布，依法应当保密的除外。

23.7.5　法律责任

《生产安全事故报告和调查处理条例》对安全事故相关的法律责任作出以下规定。

1) 事故发生单位主要负责人有下列行为之一的，处上一年年收入 40%～80% 的罚款；属于国家工作人员的，并依法给予处分；构成犯罪的，依法追究刑事责任：不立即组织事故抢救的；迟报或者漏报事故的；在事故调查处理期间擅离职守的。

2) 事故发生单位及其有关人员有下列行为之一的，对事故发生单位处 100 万元以上 500 万元以下的罚款；对主要负责人、直接负责的主管人员和其他直接责任人员处上一年年收入 60%～100% 的罚款；属于国家工作人员的，并依法给予处分；构成违反治安管理行为的，由公安机关依法给予治安管理处罚；构成犯罪的，依法追究刑事责任：谎报或者瞒报事故的；伪造或者故意破坏事故现场的；转移、隐匿资金、财产，或者销毁有关证据、资料的；拒绝接受调查或者拒绝提供有关情况和资料的；在事故调查中作伪证或者指使他人作伪证的；事故发生后逃匿的。

3) 事故发生单位对事故发生负有责任的，依照下列规定处以罚款：发生一般事故的，处 10 万元以上 20 万元以下的罚款；发生较大事故的，处 20 万元以上 50 万元以下的罚款；发生重大事故的，处 50 万元以上 200 万元以下的罚款；发生特别重大事故的，处 200 万元以上 500 万元以下的罚款。

4) 事故发生单位主要负责人未依法履行安全生产管理职责，导致事故发生的，依照下列规定处以罚款；属于国家工作人员的，并依法给予处分；构成犯罪的，依法追究刑事责任：发生一般事故的，处上一年年收入 30% 的罚款；发生较大事故的，处上一年年收入 40% 的罚款；发生重大事故的，处上一年年收入 60% 的罚款；发生特别重大事故的，处上一年年收入 80% 的罚款。

5) 有关地方人民政府、安全生产监督管理部门和负有安全生产监督管理职责的有关部门有下列行为之一的，对直接负责的主管人员和其他直接责任人员依法给予处分；构成犯罪的，依法追究刑事责任：不立即组织事故抢救的；迟报、漏报、谎报或者瞒报事故的；阻碍、干涉事故调查工作的；在事故调查中作伪证或者指使他人作伪证的。

6) 事故发生单位对事故发生负有责任的，由有关部门依法暂扣或者吊销其有关证照；对事故发生单位负有事故责任的有关人员，依法暂停或者撤销其与安全生产有关的执业资格、岗位证书；事故发生单位主要负责人受到刑事处罚或者撤职处分的，自刑罚执行完毕或者受处分之日起，5 年内不得担任任何生产经营单位的主要负责人。为发生事故的单位提供虚假证明的中介机构，由有关部门依法暂扣或者吊销其有关证照及其相关人员的执业资格；构成犯罪的，依法追究刑事责任。

7) 参与事故调查的人员在事故调查中有下列行为之一的，依法给予处分；构成犯罪的，依法追究刑事责任：对事故调查工作不负责任，致使事故调查工作有重大疏漏的；包庇、袒护负有事故责任的人员或者借机打击报复的。

8) 违反该条例规定，有关地方人民政府或者有关部门故意拖延或者拒绝落实经批复的对事故责任人的处理意见的，由监察机关对有关责任人员依法给予处分。

9) 该条例规定的罚款的行政处罚，由安全生产监督管理部门决定。法律、行政法规对行政处罚的种类、幅度和决定机关另有规定的，依照其规定。

23.8　安全标志规范悬挂制度

安全标志由安全色、几何图形和图形符号构成，以此表达特定的安全信息。安全标志分为禁止标志、警告标志、指令标志和提示标志 4 类，见图 6-23-13。

(a) 禁止吸烟　(b) 禁止触摸　(c) 禁止跨越　(d) 禁止烟火　(e) 禁止攀登

(f) 禁止跳下　(g) 禁止启动　(h) 禁止乘人　(i) 紧急出口　(j) 注意安全

(k) 当心火灾　(l) 当心触电　(m) 必须戴安全帽　(n) 必须戴防护手套　(o) 必须系安全带

图 6-23-13　安全标志示例

《建筑施工安全检查标准》(JGJ 59—2011)对施工现场安全标志设置提出以下要求。

1)由于建筑生产活动大多为露天、高处作业，不安全因素较多，有些工作危险性较大，是事故多发行业，为引起人们对不安全因素的注意，预防事故发生，建筑施工企业在施工组织设计或施工组织的安全方案中或其他相关的规划、方案中必须绘制安全标志平面图。

2)项目部必须按批准的安全标志平面图，设置安全标志，坚决杜绝不按规定规范设置或不设置安全标志的行为。

23.9   其他制度

建筑施工企业、项目部建立以上制度的同时，尚应建立文明施工管理制度，施工起重机械使用登记制度，安全生产事故应急救援制度，意外伤害保险制度，消防安全管理制度，施工供电，用电管理制度，施工区交通管理制度，安全例会制度，防尘、防毒、防爆安全管理制度等。

复习思考题

1. 简述《建筑施工安全检查标准》(JGJ 59—2011)对安全生产教育的要求。

2. 简要回答三级安全教育的含义及内容。

3. 特种作业人员的安全教育和培训有哪些要求？

4. 在施工现场应如何做好安全技术交底？

5. 施工现场班前教育活动的内容有哪些？

6. 住房和城乡建设部关于《危险性较大的分部分项工程安全管理办法》对危险性较大的分部分项工程安全专项施工方案提出了哪些要求？

7. 什么样的分部分项工程属于危险性较大的分部分项工程？达到或超过何种规模的危险性较大的分部分项工程，施工单位应当组织专家对专项方案进行论证？

8. 简述《建筑施工安全检查标准》(JGJ 59—2011)对安全生产责任制的要求。

9. 简述《建筑施工安全检查标准》(JGJ 59—2011)对安全生产目标管理的要求。

10. 简述《建筑施工安全检查标准》(JGJ 59—2011)对安全生产施工组织设计的要求。

11. 简述《建筑施工安全检查标准》(JGJ 59—2011)对安全生产检查的要求。

12. 国家对企业发生伤亡事故的报告程序有哪些要求？

13. 《建筑施工安全检查标准》(JGJ 59—2011)对安全生产标志的要求有哪些？

24

施工安全事故的应急救援预案

【知识目标】

　　熟悉施工安全事故应急救援预案的内容、编制和注意事项。

【能力目标】

　　具有参与编制施工安全事故应急救援预案的能力。

　　《安全生产法》第八十一条明确规定生产经营单位应当制定本单位生产安全事故应急救援预案。《安全生产法》第七十九条规定国家加强生产安全事故应急能力建设，在重点行业、领域建立应急救援基地和应急救援队伍，并由国家安全生产应急救援机构统一协调指挥；鼓励生产经营单位和其他社会力量建立应急救援队伍，配备相应的应急救援装备和物资，提高应急救援的专业化水平。《建设工程安全生产管理条例》规定，施工单位应当根据建设工程的特点、范围，对施工现场容易发生重大事故的部位、环节进行监控，制定施工现场生产事故应急救援预案，建立应急救援组织。

　　为贯彻落实国家安全生产的法律法规，促进建筑企业依法加强对建筑工程安全生产的管理，执行安全生产责任制，预防和控制施工现场、生活区、办公区潜在的事故、事件或紧急情况，做好事故、事件应急准备，以便发生紧急情况和突发事故、事件时能及时有效地采取应急控制，最大限度地预防和减少可能造成的疾病、伤害、损失和环境影响，建筑企业应根据自身特点，制定建筑施工安全事故应急救援预案。

　　重大事故应急救援预案由现场（企业）应急计划和场外应急计划组成。现场应急计划由企业负责，场外应急计划由政府主管部门负责。现场应急计划和场外应急计划应分开，但应协调一致（见图 6-24-1 为某项目应急救援预案）。

图 6-24-1　某项目应急救援预案

24.1　施工安全事故的应急救援预案的编制步骤

编制施工安全事故的应急救援预案一般分三个阶段进行，各阶段主要步骤和内容如下。

1）准备阶段：明确任务和组建编制组（人员）→调查研究、收集资料→危险源识别与风险评价→应急救援力量的评估→提出应急救援的需求→协调各级应急救援机构。

2）编制阶段：制定目标管理→划分应急预案的类别、区域和层次→组织编写→分析汇总→修改完善。

3）演练评估阶段：应急救援演练→全面评估→修改完善→审查批准→定期评审。

24.2　建筑施工安全事故应急救援预案的基本要素

24.2.1　基本原则与方针

建筑施工安全事故应急救援预案要本着"安全第一、安全责任重如泰山""预防为主、自救为主、统一指挥、分工负责"的原则，坚持优先保护人和优先保护大多数人，最大限度地减少人员伤亡和财产损失，保证建筑施工事故应急处理措施的及时性和有效性。

24.2.2　工程项目的基本情况

(1)工程概况　介绍项目的工程建设概况、工程建筑结构设计概况；项目施工特点；项目所在的地理位置、地形特点；现场周边环境、交通和安全注意事项；现场气候特点等。

(2)施工现场内及其周边医疗设施及人员情况　说明施工现场及附近医疗机构的情况，如医院（医务所）名称、位置、距离、联系电话等，并要列出施工现场医务人员名单、联系电话及哪些常用医药和抢救设施。

(3)施工现场内及其周边消防、救助设施及人员情况　介绍施工现场消防组成机构和成员，成立的义务消防队成员，消防、救助设施及其分布，消防通道等情况。应附施工消防平面布置图，标出消防栓、灭火器的设置位置，易燃易爆物品的存放位置，消防紧急通道，疏散路线等。

24.2.3　风险识别与评价

风险识别与评价，即分析可能发生的事故与影响。

预案编制人员应根据施工特点和任务，分析可能发生的事故类型、地点；事故影响范围（应急区域范围划定）及可能影响的人数；按所需应急反应的级别，划分事故严重度；分析本工程可能发生安全控制设备失灵、特殊气候、突然停电等潜在事故或紧急情况和发生位置、影响范围（应急区域范围划定）等。列出工程中常见的事故，如建筑质量安全事故、施工毗邻建筑坍塌事故、土方坍塌事故、气体中毒事故、架体倒塌事故、高空坠落事故、掉物伤人事故、触电事故等，对于土方坍塌、气体中毒等事故应分析和预知其可能对周围的不利影响和严重程度。

24.2.4 应急机构及职责分工

(1)指挥机构、成员及其职责与分工 企业或工程项目部应成立重大事故应急救援"指挥领导小组",由企业经理或项目经理,生产、安全、设备、保卫等负责人组成,下设应急救援办公室或小组,日常工作由治安部兼管。发生重大事故时,领导小组成员应迅速到达指定岗位,以指挥领导小组为基础,成立重大事故应急救援指挥部,由经理任总指挥,有关副经理任副总指挥,负责事故的应急救援工作的组织和指挥。

(2)应急专业组、成员及其职责 应急专业组包括义务消防小组、医疗救护应急小组、专业应急救援小组、治安小组、后勤及运输小组等,要列出各专业组的组织机构及人员名单。需要注意的是,应急专业组所有成员应由各专业部门的技术骨干、义务消防人员、急救人员和各专业的技术工人等组成。救援队伍必须由经培训合格的人员组成,要明确各机构的职责。例如,写明指挥领导小组的职责是负责本单位或项目预案的制订和修订;组建应急救援队伍,组织实施和演练;检查督促做好重大事故的预防措施和应急救援的各项准备工作;组织和实施救援行动;组织事故调查和总结应急救援工作,安全负责人负责事故的具体处置工作,后勤部门负责应急人员、受伤人员的生活必需品的供应工作。

24.2.5 报警信号与通信

(1)有关部门、人员的联系电话或联系方式,各种救援电话 例如,写出消防报警电话,公安报警电话,医疗报警电话,交通报警电话,市县建设部门、安监部门电话,市县应急机构电话,工地应急机构办公室电话,各成员联系电话,可提供救援协助单位电话,附近医疗机构电话等。

(2)施工现场报警联系方式及注意事项 报警者有时由于紧张而无法把地址和事故状况说清楚,因此最好把施工现场的联系方式事先写明,如××区××路××街 ××号(××大厦对面)。如果工地确实不易找到,报警后还应派人到主要路口接应。平时应把以上的报警信号与联系方式贴在办公室及其他地方,以方便紧急报警与联系。

24.2.6 事故的应急与救援

(1)应急响应和解除程序 具体如下。

1)重大事故:发现者紧急大声呼救,同时用手机或对讲机立即报告工地当班负责人→若条件许可,可紧急施救→联络有关人员(紧急时立刻报警、打求助电话)→成立指挥机构→必要时向社会发出请求→实施应急救援、上报有关部门、保护事故现场等→善后处理。

2)一般伤害事故或潜在危害:发现者紧急大声呼救→若条件许可,可紧急施救→报告联络有关人员→实施应急救援、保护事故现场等→事故调查处理。

3)应急救援的解除程序要求:要明确决定终止应急、恢复正常秩序的负责人,确保不会发生未授权而进入事故现场的措施;应急取消、恢复正常状态的条件。

(2)事故的应急与救援措施 具体如下。

1)各有关人员接到报警救援电话后,应迅速到达事故现场,尤其是现场急救人员要在第一时间到达事故地点,以便能使伤者得到及时、正确的救治。

2）医生未到达事故现场之前，急救人员要按照有关救护知识，立即救护伤员。在等待医生救治或送往医院抢救过程中，不要停止或放弃施救。

3）当事故发生后或发现事故征兆时，应立即分析事故或事故征兆的情况及影响范围，积极采取措施，迅速组织疏散无关人员撤离事故现场，组织保卫人员建立警戒，严禁无关人员进入事故现场，保证事故现场的救援道路畅通，以便救援的实施。

4）安全事故的应急救援措施应根据事故发生的环境、条件、原因、发展状态和严重程度采取相应合理的措施。在应急救援过程中应防止二次事故的发生。

24.2.7 有关规定和要求

例如，有关学习、救援训练、规章、纪律设施的保养维护等，要写明有关的纪律、救援训练、学习和应急设备的保管和维护、更新和修订应急预案等各种制度和要求。

24.2.8 有关常见事故的自救和急救常识等

因为建筑施工安全事故的发生具有不确定性和多样性，所以全体施工人员了解或掌握常见的自救和急救常识是非常必要的。应急救援预案应根据本工程的具体情况附设有关常见事故的自救和急救常识，方便大家学习了解

复习思考题

1. 简述编制安全事故应急救援预案的意义。
2. 安全事故应急救援预案的基本要求是什么？

单元 7

施工安全技术措施

本单元主要介绍土石方开挖、基坑降水与支护的施工监测；落地式扣件式钢管脚手架、悬挑式扣件式钢管脚手架、门式脚手架、挂脚手架、吊篮脚手架的搭设安装要求；模板的组成、分类与安装及拆除的安全要求与技术；拆除工程、高处作业、临边作业、洞口作业等的技术措施与防护。

土石方工程施工安全技术

【知识目标】

　　了解土石方工程开挖的准备工作；熟悉土石方工程开挖的安全技术措施；熟悉坑(槽)壁支护形式及安全技术措施；熟悉基坑降水的方法；了解基坑支护监测的内容与要求。

【能力目标】

　　能阅读和审查土石方工程施工专项施工方案；能根据《建筑施工安全检查标准》(JGJ 59—2011)的基坑支护安全检查评分表对基坑支护组织安全检查和评分。

　　土石方工程施工包括土(或石)的开挖、运输、回填压(夯)实等主要施工过程，其往往受工程地质条件、地下水文、气候条件、施工地区的地形情况、交通运输条件、场地条件等因素的影响较大，不确定因素较多，特别是在市区内施工，狭窄场地土方的开挖、留置、放坡、支护、存放和运输等都受到场地条件的限制，容易发生塌方、高处坠落、机械及触电伤害等安全事故。因此，土石方工程施工前，必须进行充分的调查研究，熟悉地形、地貌及场地条件，必须了解和分析基坑周边环境因素，根据地质勘探资料了解土层结构，根据基坑(槽)深度等制定合理的施工方案，采取相应的安全技术措施，确保施工安全。

| 泵抽水原理 | 集水井降水施工流程 | 井点管的埋设 | 井点降水原理 |

25.1　土石方开挖

25.1.1　土石方工程施工方案(或安全措施)

　　根据国务院关于《危险性较大工程安全专项施工方案编制及专家论证审查办法》的规定

图 7-25-1　某项目土方开挖现场

和《建筑施工土石方工程安全技术规范》(JGJ 180—2009)的要求，土石方工程应编制专项施工方案(图 7-25-1 为某项目土方开挖现场)。如果土石方工程具有大、特、新或特别复杂的土石方开挖，如开挖深度超过 5m(含 5m)的基坑(槽)的土石方开挖，或开挖深度超过 5m(含 5m)的基坑(槽)并采用支护结构施工的工程，或基坑虽未超过 5m 但地质条件和周围环境复杂、地下水位在坑底以上等工程，必须根据按有关规定单独编制土石方工程施工方案，并按规定程序履行专家论证等审批程序。土石方工程施工，必须严格按批准的土石方工程施工方案或安全措施进行施工，因特殊情况需要变更的，要履行相应的变更手续。

25.1.2 土石方开挖的一般安全要求与技术

土石方开挖的一般安全要求与技术包括以下几个方面。

1) 施工前，应对施工区域内影响施工的各种障碍物，如建筑物、道路、各种管线、旧基础、坟墓、树木等，进行拆除、清理或迁移，确保安全施工。

2) 挖土前应根据安全技术交底，了解地下管线、人防工程及其他构筑物的情况和具体位置，地下构筑物外露时，必须加以保护。作业中应避开各种管线和构筑物，在电力、通信、燃气、上下水等管线 2m 范围内挖土时，应采取安全保护措施，并应设专人监护。

3) 人工开挖槽、沟、坑深度超过 1.5m 的，必须根据开挖深度和土质情况，按照安全技术措施或安全技术交底的要求放坡或支护，如遇边坡不稳或有坍塌征兆时，应立即撤离现场，并及时报告项目负责人，险情排除后，方可继续施工。

4) 当地质情况良好、土质均匀、地下水位低于基坑（槽）底面标高时，挖方深度在 5m 以内可不加支撑，但边坡最陡坡度应在施工方案中予以确定。

5) 人工开挖时，两个人横向操作间距应保持 2～3m，纵向间距不得小于 3m，并应自上而下逐层挖掘，严禁采用掏洞的挖掘操作方法。

6) 上下槽、坑、沟应先挖好阶梯或设木梯，不应踩踏土壁及其支撑上下，施工间歇时不得在槽、沟、坑坡脚下休息。

7) 挖土过程中遇有古墓、地下管道、电缆或不能辨认的异物和液体、气体时，应立即停止施工，并报告现场负责人，待查明原因并采取措施处理后，方可继续施工。

8) 雨期深基坑施工中，必须注意排除地面雨水，防止倒流入基坑，同时注意雨水的渗入，导致土体强度降低、土压力加大造成基坑边坡坍塌事故。

9) 从槽、坑、沟中吊运送土至地面时，绳索、滑轮、钩子、箩筐等垂直运输设备、工具应完好牢固。起吊、垂直运送时下方不得站人。

10) 配合机械挖土清理槽底作业时严禁进入铲斗回转半径范围，必须待挖掘机停止作业后，方准进入铲斗回转半径范围内清土。

11) 夜间施工时，应合理安排施工项目，防止挖方超挖或铺填超厚。施工现场应根据需要安装照明设施，在危险地段应设置红灯警示。

12) 深基坑内光线不足，不论白天施工还是夜间施工，均应设置足够的电器照明，电器照明应符合《施工现场临时用电安全技术规范》(JGJ 46—2005)的有关规定。

13) 挖土时要随时注意土壁的变异情况，如发现有裂纹或部分塌落现象，要及时进行支撑或改缓放坡，并注意支撑的稳固和边坡的变化。

14) 基坑边堆置土、料具等荷载应在基坑支护设计允许范围内；施工机械与基坑边沿的安全距离应符合设计要求。

15) 在靠近建筑物旁挖掘基槽或深坑时，其深度超过原有建筑物基础深度时，应分段进行，每段不得超过 2m。

25.1.3 基坑(槽)及管沟工程防坠落的安全技术与要求

基坑(槽)及管沟工程防坠落的安全技术与要求包括以下几个方面。

1)深度超过 2m 的基坑施工,其临边应设置防止人及物体滚落基坑的安全防护措施。必要时,应设置警示标志,配备监护人员。

2)基坑周边应搭设防护栏杆,栏杆的规格、杆件连接、搭设方式等必须符合《建筑施工高处作业安全技术规范》(JGJ 80—2016)的规定。

3)人员上下基坑、基坑作业应根据施工设计设置专用通道,不得攀登固壁支撑上下。人员上下基坑作业,应配备梯子,作为上下的安全通道;在坑内作业,可根据坑的大小设置专用通道。

4)夜间施工时,施工现场应根据需要安设照明设施,在危险地段应设置红灯警示。

5)在基坑内无论是在坑底作业,还是攀登作业或是悬空作业,均应有安全的立足点和防护措施。

6)基坑较深,需要上下垂直同时作业的,应根据垂直作业层搭设作业架,各层用钢、木、竹板隔开,或采用其他有效的隔离防护措施,防止上层作业人员、土块或其他工具坠落伤害下层作业人员。

25.2 基坑降水与支护

25.2.1 基坑降水

在地下水位较高的地区进行基础施工,降低地下水位是一项非常重要的技术措施。当基坑无支护结构防护时,通过降低地下水位,可以保证基坑边坡稳定,防止地下水涌入坑内,阻止流砂现象发生。但此时的降水会将基坑内外的局部水位同时降低,会对基坑外周围建筑物、道路、管线造成不利影响,编制专项施工方案时应予以充分考虑。当基坑有支护结构围护时,一般仅在坑内降水以降低地下水位。有支护结构围护的基坑,由于围护体的降水效果较好且隔水帷幕伸入透水性差的土层的一定深度,在这种情况下的降水类似盆中抽水。封闭式的基坑内降水到一定的时间后,在降水深度范围内的土体中,几乎无水可降(图 7-25-2)。此时,降水的目的已达到,方便了施工。降水过程中应注意以下几点。

图 7-25-2 降水点位

1)土方开挖前保证一定时间的预抽水。

2)降水深度必须考虑隔水帷幕的深度,防止产生管涌现象。

3)降水过程中,必须与坑外观测井的监测密切配合,用观测数据来指导降水施工,避免隔水帷幕渗漏在降水过程中影响周围环境。

4)注意施工用电安全。

25.2.2 基坑支护

基坑开挖是基础工程或地下工程施工的一个关键环节，尤其在软土地区的旧城改造项目、集中于市区的高层与超高层建筑等，为了节约用地，在工程建设中，业主总是要求充分利用地下建筑空间，尽可能扩大使用面积，使基坑边紧靠临近建筑。周围环境要求深基坑施工对其要确保安全，这就使深基坑施工的难度加大，所以基坑支护的设计与施工技术就显得尤为重要。根据《危险性较大工程安全专项施工方案编制及专家论证审查办法》，对于开挖深度超过 5m(含 5m)的基坑(槽)并采用支护结构施工的工程；或基坑虽未超过 5m，但地质条件和周围环境复杂、地下水位在坑底以上等工程，应当在施工前单独编制安全专项施工方案(图 7-25-3)。根据《危险性较大工程安全专项施工方案编制及专家论证审查办法》，对于开挖深度超过 5m(含 5m)或地下室 3 层以上(含 3 层)，或深度虽未超过 5m(含 5m)，但地质条件和周围环境及地下管

图 7-25-3 现场基坑支护

线极其复杂的工程(不得随意更改方案)，以及地下暗挖及遇有溶洞、暗河、瓦斯、岩爆、涌泥、断层等地质复杂的隧道工程，建筑施工企业应当组织专家组进行论证审查。

25.3 基坑支护的施工监测

根据《建筑基坑工程监测技术标准》(GB 50497—2019)，深基坑监测是指为优化设计、指导施工提供可靠依据，确保基坑安全和保护基坑周边环境，在建筑基坑施工及使用期限内，对建筑基坑及周边环境实施的检查、监控工作。下列基坑应实施基坑工程监测：

1)基坑设计安全等级为一、二级的基坑。

2)开挖深度大于或等于 5m 的下列基坑：土质基坑；极软岩基坑、破碎的软岩基坑、极破碎的岩体基坑；上部为土体，下部为极软岩、破碎的软岩、极破碎的岩体构成的土岩组合基坑。

3)开挖深度小于 5m 但现场地质情况和周围环境较复杂的基坑。

25.3.1 监测内容

基坑工程现场监测应采用仪器监测与现场监测相结合的方法。

1)土质基坑工程仪器监测项目应根据表 7-25-1 进行选择。

表 7-25-1 土质基坑工程仪器监测项目

监测项目	基坑工程安全等级		
	一级	二级	三级
围护墙(边坡)顶部水平位移	应测	应测	应测
围护墙(边坡)顶部竖向位移	应测	应测	应测

续表

监测项目		基坑工程安全等级		
		一级	二级	三级
深层水平位移		应测	应测	宜测
立柱竖向位移		应测	应测	宜测
围护墙内力		宜测	可测	可测
支撑内力		应测	应测	宜测
立柱内力		可测	可测	可测
锚杆轴力		应测	宜测	可测
坑底隆起		可测	可测	可测
围护墙侧向土压力		可测	可测	可测
孔隙水压力		可测	可测	可测
地下水位		应测	应测	应测
土体分层竖向位移		可测	可测	可测
周边地表竖向位移		应测	应测	宜测
周边建筑	竖向位移	应测	应测	应测
	倾斜	应测	宜测	可测
	水平位移	宜测	可测	可测
周边建筑裂缝、地表裂缝		应测	应测	应测
周边管线	竖向位移	应测	应测	应测
	水平位移	可测	可测	可测
周边道路竖向位移		应测	宜测	可测

2）岩体基坑工程仪器监测项目应根据表 7-25-2 进行选择。

表 7-25-2　岩体基坑工程仪器监测项目

监测项目		基坑工程安全等级		
		一级	二级	三级
坑顶水平位移		应测	应测	应测
坑顶竖向位移		应测	宜测	可测
锚杆轴力		应测	宜测	可测
地下水、渗水与降雨关系		宜测	可测	可测
周边地表竖向位移		应测	宜测	可测
周边建筑	竖向位移	应测	宜测	可测
	倾斜	宜测	可测	可测
	水平位移	宜测	可测	可测
周边建筑裂缝、地表裂缝		应测	宜测	可测
周边管线	竖向位移	应测	宜测	可测
	水平位移	宜测	可测	可测

续表

监测项目	基坑工程安全等级		
	一级	二级	三级
周边道路竖向位移	应测	宜测	可测

3)基坑工程施工和使用期内，每天均应由专人进行巡视检查。基坑工程巡视检查宜包括以下内容：支护结构、施工状况、周边环境、监测设施，以及根据设计要求或当地经验确定的其他巡视检查内容。

25.3.2　监测要求

基坑支护的施工监测要求包括以下几个方面。

1)基坑开挖前应作出系统的开挖监控方案，监控方案应包括监控目的、监控项目、监控报警值、监控方法及精度要求、监测周期、工序管理和记录制度以及信息反馈系统等。

2)基坑边缘以外1倍~3倍的基坑开挖深度范围内需要保护的周边环境应作为监测对象，必要时尚应扩大监测范围。

3)监测项目初始值应在相关施工工序之前测定，并取至少连续观测3次的稳定值的平均值。

4)各项监测的时间可根据工程施工进度确定。当变形超过允许值、变化速率较大时，应加密观测次数。当有事故征兆时，应连续监测。

5)基坑开挖监测过程中应根据设计要求提供阶段性监测结果报告。工程结束时应提交完整的监测报告，报告内容应包括工程概况、监测项目和各监测点的平面和立面布置图采用的仪器设备和监测方法；监测数据的处理方法和监测结果过程曲线、监测结果评价等。

❧ 复习思考题 ❧

1. 土方开挖时，为确保安全施工，挖土作业应遵守哪些规定？
2. 土方开挖时，为防止坠落事故，应采取哪些安全措施？
3. 基坑降水时，应注意哪些方面的问题？
4. 为什么要进行支护监测？监测的内容和要求是什么？

26 脚手架工程安全技术措施

【知识目标】

了解脚手架工程的安全技术与要求；熟悉脚手架的种类、构造；掌握各种脚手架的搭设与拆除的安全技术措施。

【能力目标】

能参与编写、审查脚手架施工专项施工方案，并提出自己的见解和意见；能编制脚手架施工安全交底资料，组织安全技术交底活动，并能记录和收录安全技术交底活动的有关安全管理档案资料。

图 7-26-1 施工现场脚手架设置
剪刀撑、挂安全防护网

脚手架是建筑施工中必不可少的辅助设施，也是建筑施工中安全事故多发的部位，是施工安全控制的重中之重（见图 7-26-1 施工现场脚手架搭设及防护）。因此，在脚手架搭设之前，应根据《住房城乡建设部办公厅关于实施危险性较大的分部分项工程安全管理规定》的规定和具体工程的特点及施工工艺确定脚手架专项搭设方案（并附设计计算书）。建筑施工企业专业工程技术人员编制的安全专项施工方案，由施工企业技术部门的专业技术人员及监理单位专业监理工程师进行审核，审核合格，由施工企业技术负责人、监理单位总监理工程师签字。脚手架施工方案内容应包括基础处理、搭设要求、杆件间距、连墙杆设置位置及连接方法，并绘制施工详图及大样图，还应包括脚手架的搭设时间及拆除的时间和顺序等。

脚手架工程安全专项施工方案编制内容：

1）工程概况：危险性较大工程概况和特点、施工平面布置、施工要求和技术保证条件。

2）编制依据：相关法律、法规、规范性文件、标准、规范及施工图设计文件、施工组织设计等。

3）施工计划：施工进度计划、材料与设备计划。

4）施工工艺技术：技术参数、工艺流程、施工方法、操作要求、检查要求等。

5）施工安全保证措施：组织保障措施、技术措施、监测监控措施等。

6）施工管理及作业人员配备和分工：施工管理人员、专职安全生产管理人员、特种作业人员、其他作业人员等。

7）验收要求：验收标准、验收程序、验收内容、验收人员等。

8）应急处置措施。

9）计算书及相关施工图纸。

《危险性较大的分部分项工程专项施工方案编制指南》规定，施工前必须编制专项施工方案的脚手架工程如下：高度超过 24m 的落地式钢管脚手架；附着式升降脚手架，包括整体提升与分片式提升、悬挑式脚手架、门型脚手架、挂脚手架、吊篮脚手架和卸料平台。

施工现场的脚手架必须按照施工方案进行搭设，当现场因故改变脚手架类型时，必须重新修改脚手架施工方案并经审批后，方可施工。

26.1　脚手架工程安全技术与要求

26.1.1　脚手架的材料与一般要求

(1)脚手架杆件　具体要求如下。

1）木脚手架。木脚手架立杆、纵向水平杆、斜撑、剪刀撑、连墙件应选用剥皮杉、落叶松木杆。横向水平杆应选用杉木、落叶松、柞木、水曲柳。不得使用折裂、扭裂、虫蛀、纵向严重裂缝及腐朽的木杆。立杆有效部分的小头直径不得小于 70mm，纵向水平杆有效部分的小头直径不得小于 80mm。

2）竹脚手架。竹竿应选用生长期 3 年以上毛竹或楠竹，不得使用弯曲、青嫩、枯脆、腐烂、裂纹连通两节以上及虫蛀的竹竿。立杆、顶撑、斜杆有效部分的小头直径不得小于 75mm，横向水平杆有效部分的小头直径不得小于 90mm，搁栅、栏杆的有效部分小头直径不得小于 60mm。对于小头直径在 60mm 以上不足 90mm 的竹竿可采用双杆。

3）钢管脚手架。钢管材质应符合 Q235-A 级标准，不得使用有明显变形、裂纹、严重锈蚀的材料。脚手架钢管宜采用 $\phi 48.3mm \times 3.6mm$ 钢管。每根钢管的最大质量不应大于 25.8kg。扣件应采用可锻铸铁或铸钢制作，其质量和性能应符合《钢管脚手架扣件》(GB/T 15831—2023)的规定，采用其他材料制作的扣件，应经试验证明其质量符合该标准的规定后方可使用。

4）同一脚手架中，不得混用两种材质，也不得将两种规格的钢管用于同一脚手架中。

(2)脚手架绑扎材料　具体要求如下。

1）镀锌钢丝或回火钢丝严禁有锈蚀和损伤，并且严禁重复使用。

2）竹篾严禁发霉、虫蛀、断腰、有大结疤和折痕，使用其他绑扎材料时，应符合其他规定。

3）扣件应与钢管管径相配合，并符合国家现行标准的规定。

(3)脚手架上脚手板　具体要求如下。

1）木脚手板厚度不得小于 50mm，两端宜用不小于 4mm 镀锌钢丝扎紧。材质不得低于国家Ⅱ级标准的杉木和松木，并且不得使用腐朽、劈裂的木板。

2）竹串片脚手板应使用宽度不小于 50mm 的竹片，拼接螺栓间距不得大于 600mm，螺栓孔径与螺栓应紧密配合。

3）各种形式的金属脚手板，单块重量不宜超过 30kg，性能应符合设计使用要求，表面应有防滑构造。

(4)脚手架搭设高度　钢管脚手架中扣件式单排架不宜超过 24m，扣件式双排架不宜超过 50m，门式架不宜超过 60m。木脚手架中单排架不宜超过 20m，双排架不宜超过 30m。竹脚手架中不得搭设单排架，双排架不宜超过 35m。

(5)脚手架的构造要求　具体要求如下。

1)单双排脚手架的立杆纵距及水平杆步距不应大于 2.1m，立杆横距不应大于 1.6m。应按规定的间隔采用连墙件(或连墙杆)与主体结构连接，并且在脚手架使用期间不得拆除。沿脚手架外侧应设剪刀撑，并与脚手架同步搭设和拆除。当双排扣件式钢管脚手架的搭设高度超过 24m 时，应设置横向斜撑(图 7-26-2～图 7-26-4)。

1. 垫板；2. 横向扫地杆；3. 纵向扫地杆；4. 横向斜撑；
5. 纵向水平杆；6. 直角扣件；7. 横向水平杆；
8. 水平斜撑；9. 立柱；10. 内立柱；11. 抛撑；
12. 底座；13. 剪刀撑；14. 旋转扣件。

图 7-26-2　钢管扣件式脚手架构造

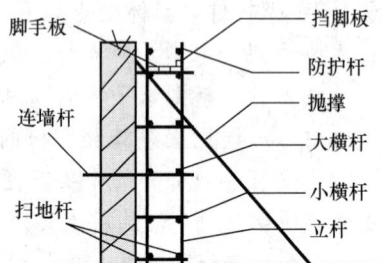

图 7-26-3　落地式双排架侧面构造

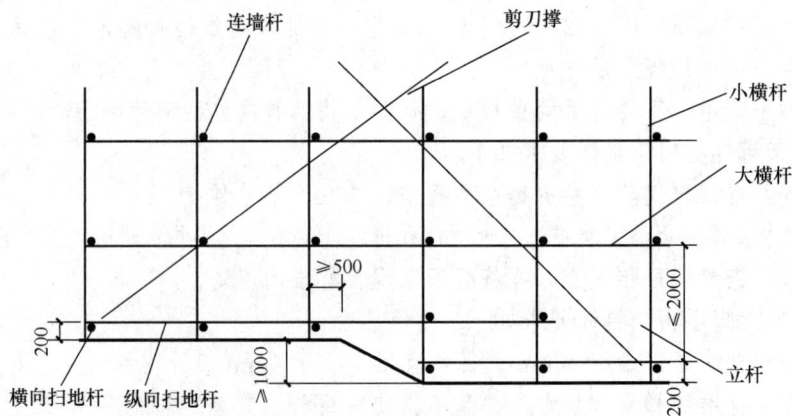

图 7-26-4　落地式双排架立面构造

2)门式钢管脚手架的顶层门架上部、连墙体设置层、防护棚设置处均必须设置水平架。

3)竹脚手架应设置顶撑杆，并与立杆绑扎在一起，顶紧横向水平杆。

4)脚手架高度超过40m且有风涡流作用时，应设置抗风涡流上翻作用的连墙措施。

5)当作业层边缘与结构外表面的距离大于150mm时，应采取防护措施。作业层外侧，应按规定设置防护栏和挡脚板。

6)脚手架应按规定采用密目式安全网封闭。

26.1.2　脚手架工程安全生产的一般要求

1)脚手架搭设前必须根据工程的特点按照规范、规定，制定施工方案和搭设的安全技术措施。

2)脚手架搭设或拆除必须由符合劳动部门颁发的《特种作业人员安全技术培训考核管理规定》，并经考核合格，领取特种作业人员操作证的专业架子工进行。

3)操作人员应持证上岗。操作时必须配戴安全帽、安全带，穿防滑鞋。

4)脚手架搭设的交底与验收要求，包括：①脚手架搭设前，工地施工员或安全员应根据施工方案要求外脚手架检查评分表检查项目及其扣分标准，并结合《建筑安装工人安全操作规程》的相关要求，写成书面交底资料，向持证上岗的架子工进行交底；②脚手架通常是在主体工程基本完工时才搭设完毕，即分段搭设、分段使用，脚手架分段搭设完毕，必须经施工负责人组织有关人员，按照施工方案及规范的要求进行检查验收；③经验收合格，办理验收手续，填写脚手架底层搭设验收表、脚手架中段验收表、脚手架顶层验收表，有关人员签字后，方准使用；④经验收不合格的应立即进行整改，对检查结果及整改情况，应按实测数据进行记录，并由检测人员签字。

5)脚手架与高压线路的水平距离和垂直距离必须按照《施工现场临时用电安全技术规范》(JGJ 46—2005)的有关条文要求执行。

6)大雾及雨、雪天气和6级以上大风时，不得进行脚手架上的高处作业。雨、雪天后作业，必须采取安全防滑措施。

7)脚手架搭设作业时，应按形成基本构架单元的要求逐排、逐跨和逐步地进行搭设，矩形周边脚手架宜从其中的一个角部开始向两个方向延伸搭设。确保已搭部分稳定。

8)门式脚手架及其他纵向竖立面刚度较差的脚手架，在连墙点设置层宜加设纵向水平长横杆与连接件连接。

9)搭设作业，应按以下要求做好自我保护和保护好作业现场人员的安全。第一，在架上作业人员应穿防滑鞋和佩挂好安全带。保证作业的安全，脚下应铺设必要数量的脚手板，并应铺设平稳且不得有探头板。当暂时无法铺设落脚板时，用于落脚或抓握、把(夹)持的杆件均应为稳定的构架部分，着力点与构架节点的水平距离应不大于0.8m，垂直距离应不大于1.5m。位于立杆接头之上的自由立杆(尚未与水平杆连接者)不得用作把持杆。第二，架上作业人员应做好分工和配合，传递杆件应掌握好重心，平稳传递。不要用力过猛，以免引起人身或杆件失衡。对每完成的一道工序，要相互询问并确认后才能进行下一道工序。第三，作业人员应佩戴工具袋，工具用后装于袋中，不要放在架子上，以免掉落伤人。第四，架设材料要随上随用，以免放置不当时掉落。第五，每次收工以前，所有上架材料应全部搭设，不要存留在架子上，而且一定要形成稳定的构架，不能形成稳定构架的部分应采取临时撑拉措施予以加固。第六，在搭设作业进行中，地面上的配合人员应避开可能落物的区域。

10) 架上作业时的安全注意事项。①作业前应注意检查作业环境是否可靠、安全防护设施是否齐全有效，确认无误后方可作业。②作业时应注意随时清理落在架面上的材料，保持架面上规整清洁，不要乱放材料、工具，以免影响作业的安全和发生掉物伤人事件。③在进行撬、拉、推等操作时，要注意采取正确的姿势，站稳脚跟，或一手把持在稳固的结构或支持物上，以免用力过猛身体失去平衡或把东西甩出，在脚手架上拆除模板时，应采取必要的支托措施，以防拆下的模板材料掉落架外。④当架面高度不够、需要垫高时，一定要采用稳定可靠的垫高办法且垫高不要超过 50cm；超过 50cm 时，应按搭设规定升高铺板层，在升高作业面时，应相应加高防护设施。⑤在架面上运送材料经过正在作业中的人员时，要及时发出"请注意""请让一让"的信号，材料要轻搁稳放，不许采用倾倒、猛磕或其他匆忙卸料方式。⑥严禁在架面上打闹戏耍、倒退着行走和跨坐在外防护横杆上休息，不要在架面上抢行、跑跳，相互避让时应注意身体不要失去平衡。⑦在脚手架上进行电气焊作业时，要铺铁皮接着火星或移去易燃物，以防火星点着易燃物，并应有防火措施，一旦着火时，及时予以扑灭。

11) 其他安全注意事项，包括：①运送杆配件应尽量利用垂直运输设施或悬挂滑轮提升，并绑扎牢固，尽量避免或减少用人工层层传递；②除搭设过程中必要的 1～2 步架的上下外，作业人员不得攀缘脚手架上下，应走房屋楼梯或另设安全人梯；③在搭设脚手架时，不得使用不合格的架设材料；④作业人员要服从统一指挥，不得自行其是。

12) 钢管脚手架的高度超过周围建筑物或在雷暴较多的地区施工时，应安装防雷装置。其接地电阻应不大于 4Ω。

13) 架上作业应按规范或设计规定的荷载使用，严禁超载，并应遵守以下要求：①作业面上的荷载，包括脚手板、人员、工具和材料，当施工组织设计无规定时，应按规范的规定值控制，即砌筑工程作业脚手架不超过 $3kN/m^2$，其他主体结构工程作业和装饰装修作业脚手架不超过 $2kN/m^2$，防护脚手架不超过 $1kN/m^2$；②脚手架的铺脚手板层和同时作业层的数量不得超过规定；③垂直运输设施(如物料提升架等)与脚手架之间的转运平台的铺板层数和荷载控制应按施工组织设计的规定执行，不得任意增加铺板层的数量和在转运平台上超载堆放材料；④架面荷载应力均匀分布，避免荷载集中于一侧；⑤过梁等墙体构件要随运随装，不得存放在脚手架上；⑥较重的施工设备(如电焊机等)不得放置在脚手架上，严禁将模板支撑、缆风绳、泵送混凝土及砂浆的输送管等固定在脚手架上及任意悬挂起重设备。

14) 架上作业时，不要随意拆除基本结构杆件和连墙件，因作业的需要必须拆除某些杆件和连墙点时，必须取得施工主管和技术人员的同意，并采取可靠的加固措施后方可拆除。

15) 架上作业时，不要随意拆除安全防护设施，未有设置或设置不符合要求时，必须补设或改善后，才能上架进行作业。

26.2 落地扣件式钢管脚手架的搭设安全技术与要求

扣件式钢管脚手架的设计计算与搭设应满足《建筑施工扣件式钢管脚手架安全技术规范》(JGJ 130—2011)、《建筑施工安全检查标准》(JGJ 59—2011)及有关标准、规范的要求。

26.2.1 施工方案

脚手架搭设之前,应根据工程特点和施工工艺确定脚手架搭设方案,并应符合《危险性较大工程安全专项施工方案编制及专家论证审查办法》的规定及国家有关标准、规范的要求。脚手架专项施工方案的编审应符合该审查办法的规定。

落地扣件式钢管脚手架的搭设尺寸应经计算确定并应符合《建筑施工扣件式钢管脚手架安全技术规范》(JGJ 130—2011)的有关设计计算的规定。

50m 以下的常用敞开式单双排脚手架,当采用《建筑施工扣件式钢管脚手架安全技术规范》(JGJ 130—2011)的第 6.1.1 条规定的构造尺寸且符合该规范表 6.1.1-1 注的规定时,其相应的杆件可不再进行计算,但连墙件立杆地基承载力等仍应根据实际荷载进行设计计算。

施工现场的脚手架必须按施工方案进行搭设,因故需要改变脚手架的类型时,必须重新修改脚手架的施工方案并经审批后,方可施工。

26.2.2 脚手架的搭设要求

脚手架的搭设应满足以下几点要求。

(1)落地式脚手架的基础(必要时要进行设计计算)应坚实、平整,有排水措施,确保架体不积水、不沉陷,并应定期检查

立杆不埋设时,每根立杆底部应设置垫板或底座,并应设置纵、横向扫地杆。纵向扫地杆应采用直角扣件固定在距底座上皮不大于 200mm 处的立杆上。横向扫地杆也应采用直角扣件固定在紧靠纵向扫地杆下方的立杆上。当立杆基础不在同一高度上时,必须将高处的纵向扫地杆向低处延长两跨与立杆固定,高低差不应大于 1m。靠边坡上方的立杆轴线到边坡的距离不应小于 500mm,见图 7-26-5。

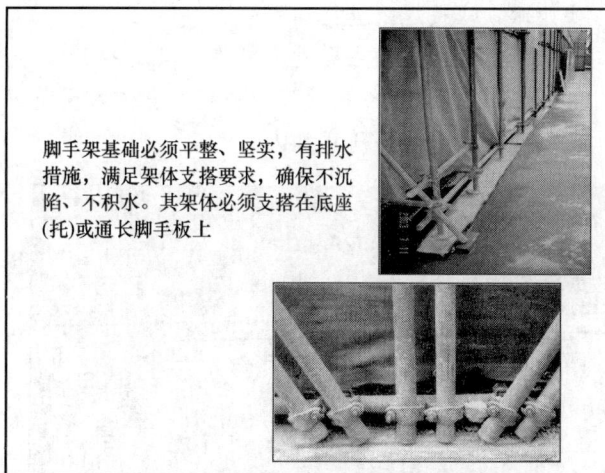

脚手架基础必须平整、坚实,有排水措施,满足架体支搭要求,确保不沉陷、不积水。其架体必须支搭在底座(托)或通长脚手板上

图 7-26-5 脚手架安全技术参数要求

(2)架体稳定与连墙件 具体要求如下。

1)连墙件数量应根据《建筑施工扣件式钢管脚手架安全技术规范》(JGJ 130—2011)计算确定并符合下列要求。①扣件式钢管脚手架双排架高在 50m 以下或单排架高在 24m 以下,按不大于 40m² 设置一处;双排架高在 50m 以上,按不大于 27m² 设置一处,连墙件布置最大间距见表 7-26-1。②门式钢管脚手架架高在 45m 以下，基本风压小于或等于 0.55kN/m²，按不大于 48m² 设置一处；架高在 45m 以下，基本风压大于 0.55kN/m²，或架高在 45m 以上，按不大于 24m² 设置一处。

表 7-26-1　连墙件布置最大间距

搭设方法	高度/m	紧身间距	水平间距	每根连墙件覆盖面积/m²
双排落地	≤50	$3h$	$3l_a$	≤40
双排悬挑	>50	$2h$	$3l_a$	≤27
单排	≤24	$3h$	$3l_a$	≤40

注：h 为步距；l_a 为纵距。

2）一字形、开口形脚手架的两端，必须设置连墙件。连墙件的垂直间距不应大于建筑物的层高，并且不应大于 4m（两步）。

3）连墙件必须采用可承受拉力和压力的构造，并与建筑结构连接。

4）24m 以上的双排脚手架，必须采用刚性连墙件与建筑物可靠连接。

5）连墙件宜靠近主节点设置，偏离节点的距离不应大于 300mm。

6）连墙件应尽可能水平设置，当不能水平设置时，与脚手架连接的一段应下斜连接。

7）当脚手架下部暂不能设置连墙件时可设置抛撑，抛撑的设置应符合要求。

8）连墙件的设置方法、设置位置应在施工方案中确定，并绘制连接详图。

9）连墙件应与脚手架同步搭设，严禁在脚手架使用期间拆除连墙件。

(3)杆件间距与剪刀撑　具体要求如下。

1）立杆、大横杆等杆件间距应符合《建筑施工扣件式钢管脚手架安全技术规范》（JGJ 130—2011）的有关规定，并应在施工方案中予以确定，当遇到洞口等处需要加大间距时，应按规范进行加固。

2）立杆是脚手架的主要受力杆件，其材料、规格和间距等应按设计计算确定，并应满足《建筑施工扣件式钢管脚手架安全技术规范》（JGJ 130—2011）的构造要求，立杆应均匀设置，不得随意加大。

图 7-26-6　剪刀撑

3）剪刀撑及横向斜撑的设置应符合下列要求。①扣件式钢管双排脚手架应设剪刀撑与横向斜撑，单排脚手架应设剪刀撑，见图 7-26-6。②架高在 24m 以下的单、双排脚手架的两端，必须沿全高设置一道剪刀撑（水平向沿脚手架长度间隔一般不大于 15m 设置），架高在 24m 以上时应沿脚手架整个长度和高度上连续设置剪刀撑，并应设置横向斜撑，横向斜撑由架底至架顶呈"之"字形连续布置，沿脚手架长度间隔 6 跨设置一道。③一字形、开口形双排脚手架的两端均必须设置横向斜撑。④门式钢管脚手架的内外两个侧面除应满设置交叉支撑杆外，当架高超过 20m 时，还应在脚手架外侧沿长度和高度连续设置剪刀撑，剪刀撑钢管规格应与门架钢管规格一致；当剪刀撑钢管直径与门架钢管直径不一致时，应采用异型扣件连接；满堂扣件式钢管脚手架除沿脚手架外侧四周和中间设置竖向剪刀撑外，当脚手架高于 4m 时，还应沿脚手架每两步高度设置一道水平剪刀撑。⑤每道剪刀撑跨越立杆的根数宜按表 7-26-2 规定确定，每道剪刀撑宽度不应小于 4 跨且不应小于 6m，斜杆与地面的倾角宜为 45°～60°。

表 7-26-2　剪刀撑跨越立杆的最多根数

剪刀撑斜杆与地面的倾角(α)	45°	50°	60°
剪刀撑跨越立杆的最多根数(n)	7	6	5

(4)扣件式钢管脚手架的主节点处必须设置横向水平杆，在脚手架使用期间严禁拆除 单排脚手架横向水平杆插入墙内长度不应小于 180mm。

(5)扣件式钢管脚手架除顶层外立杆杆件接长时，相邻杆件的对接接头不应设在同步内 相邻纵向水平杆对接接头不宜设置在同步或同跨内。扣件式钢管脚手架立杆接长除顶层外应采用对接。

(6)小横杆设置　具体要求如下。

1)小横杆的设置位置，应在立杆与大横杆的交接点处。

2)施工层应根据铺设脚手板的需要增设小横杆。增设的位置视脚手板的长度与设置要求和小横杆的间距综合考虑。转入其他层施工时，增设的小横杆可同脚手板一起拆除。

3)双排脚手架的小横杆必须两端固定，使里外两片脚手架连成整体。

4)单排脚手架不适用于半砖墙或 180mm 墙。

5)小横杆在墙上的支撑长度不应小于 240mm。

(7)脚手架材质　脚手架材质应满足有关标准、规范。

(8)脚手板与护栏　具体要求如下。

1)脚手板应铺满、铺稳，离墙面的距离不得大于 150mm。

2)脚手板可采用竹、木或钢脚手板，材质应符合要求，每块质量不宜大于 30kg。

3)钢制脚手板应采用 2～3mm 的 A3 钢，长度以 1.5～3.6m，宽度为 230～250mm，肋高 50mm 为宜，两端应有连接装置，板面应钻有防滑孔。若有裂纹、扭曲，则不得使用。

4)木脚手板应选用厚度不小于 50mm 的杉木或松木板，不得使用脆性木材。木脚手板宽度以 200～300mm 为宜，凡是腐朽、扭曲、斜纹、破裂和大横节的不得使用。板的两端 80mm 处应用镀锌钢丝箍 2～3 圈或用铁皮钉牢。

5)竹脚手板应采用由毛竹或楠竹制作的竹串片板、竹笆板。竹板必须穿钉牢固，无残缺竹片。

6)脚手板搭接时不得小于 200mm；脚手板外伸长度应取 130～150mm，两块脚手板外伸长度的和不应大于 300mm，见图 7-26-7。

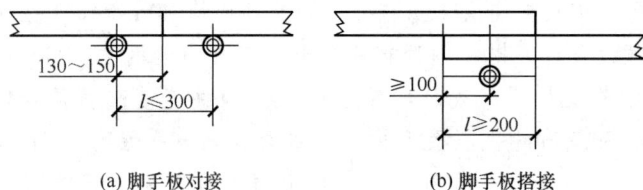

(a) 脚手板对接　　　　　　　　　　(b) 脚手板搭接

图 7-26-7　脚手板对接与搭接构造

7) 作业层端部脚手板探头长度应取 150mm，其板的两端均应固定于支承杆件上。

8) 在架子拐弯处，脚手板应交叉搭接。垫平脚手板应用木块，并且要钉牢，不得用砖垫。

9) 脚手架外侧随着脚手架的升高，应按规定设置密目式安全网，必须扎牢、密实。形成全封闭的防护立网，主要防止砖块等物坠落伤人。

10) 作业层脚手架外侧及斜道和平台均要设置 1.2m 高的防护栏杆和 180mm 高的挡脚板，防止作业人员坠落和脚手板上的物料滚落。

(9) 杆件搭接　具体要求如下。

1) 单排、双排与满堂脚手架立杆接长除顶层顶步外，其余各层各步接头必须采用对接扣件连接。

2) 钢管脚手架的大横杆需要接长时，可采用对接扣件连接，也可采用搭接，但搭接长度不应小于 1m，并应等间距设置 3 个旋转扣件固定。

3) 剪刀撑需要接长时，应采用搭接方法，搭接长度不应小于 1m，并应采用不少于 2 个旋转扣件固定。

4) 脚手架的各杆件接头处传力性能差，接头应错开，不得设置在一个平面内。

(10) 架体内封闭　具体要求如下。

1) 施工层的下层应铺满脚手板，对施工层的坠落可起到一定的防护作用。

2) 当施工层的下层无法铺设脚手板时，应在施工层下挂设安全平网，用于挡住坠落的人或物。平网应与水平面平行或外高里低，一般以 15° 为宜，网与网之间要拼接严密。

3) 沿所施工建筑物每 3 层或高度不大于 10m 处应设置一层水平防护。

(11) 通道　具体要求如下。

1) 架体应设置上下通道，供操作工人和有关人员上下，禁止攀爬脚手架。通道也可作为少量轻便材料、构件的运输通道。

2) 专供施工人员上下的通道，坡度为 1∶3 为宜，宽度不得小于 1m；作为运输用的通道，坡度以 1∶6 为宜，宽度不小于 1.5m（图 7-26-8）。

3) 休息平台设在通道两端转弯处。

4) 架体上的通道和平台必须设置防护栏杆、挡脚板及防滑条。

(12) 卸料平台　具体要求如下。

1) 卸料平台是高处作业的安全设施，应按有关标准、规范进行单独设计、计算，并绘制搭设施工详图。卸料平台的架干材料必须满足有关标准、规范的要求（图 7-26-9）。

2) 卸料平台必须按照设计施工图搭设，并应制作成定型化、工具化的结构。平台上脚手板要铺满，临边要设置防护栏杆和挡脚板，并用密目式安全网封严。

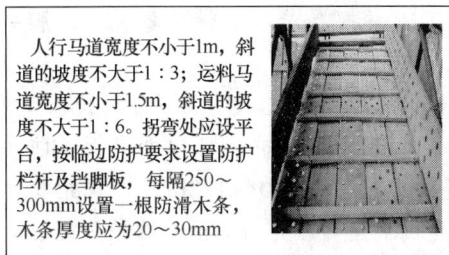

人行马道宽度不小于1m,斜道的坡度不大于1:3;运料马道宽度不小于1.5m,斜道的坡度不大于1:6。拐弯处应设平台,按临边防护要求设置防护栏杆及挡脚板,每隔250~300mm设置一根防滑木条,木条厚度应为20~30mm

图7-26-8　通道的设置

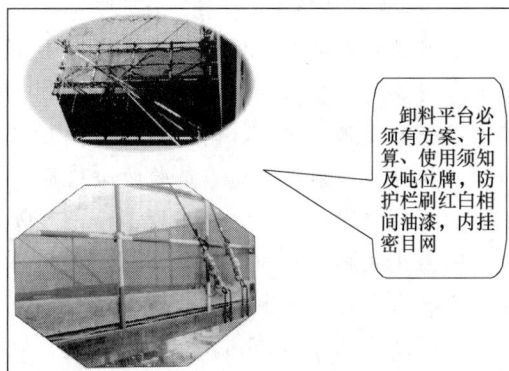

卸料平台必须有方案、计算、使用须知及吨位牌,防护栏刷红白相间油漆,内挂密目网

图7-26-9　卸料平台设置要求

3) 卸料平台的支撑系统经过承载力、刚度和稳定性验算,并应自成结构体系,禁止与脚手架连接。

4) 卸料平台上应用标牌显著地标志平台允许荷载值,平台上允许的施工人员和物料的总重量,严禁超过设计的允许荷载。

26.3　悬挑扣件式钢管脚手架搭设安全要求与技术

悬挑扣件式钢管脚手架设计计算和搭设,除满足落地扣件式脚手架的一般要求外,尚应满足下列要求。

1) 斜挑立杆应按施工方案的要求与建筑结构连接牢固,禁止与模板系统的立柱连接。

2) 悬挑式脚手架应按施工图搭设,具体如下:①悬挑梁是悬挑式脚手架的关键构件,对悬挑式脚手架的稳定与安全使用起至关重要的作用,悬挑梁应按立杆的间距布置,设计图纸对此应明确规定;②当采用悬挑架结构时,支撑悬挑架架设的结构构件,应能足以承受悬挑架传给它的水平力和垂直力的作用,若根据施工需要只能设置在建筑结构的薄弱部位时,应加固结构,并设拉杆或压杆,将荷载传递给建筑结构的坚固部位。悬挑架与建筑结构的固定方法必须经计算确定。

3) 立杆的底部必须支撑在牢固的地方,并采取措施防止立杆底部发生位移(图7-26-10)。

4) 为确保架体的稳定,应按落地式外脚手架的搭设要求,将架体与建筑结构拉结牢固。

5) 作业脚手架施工荷载标准值:砌筑工程作业为 $3.0kN/m^2$,其他主体结构工程作业为 $2.0kN/m^2$,装饰装修作业为 $2.0kN/m^2$,防护为 $1.0kN/m^2$。

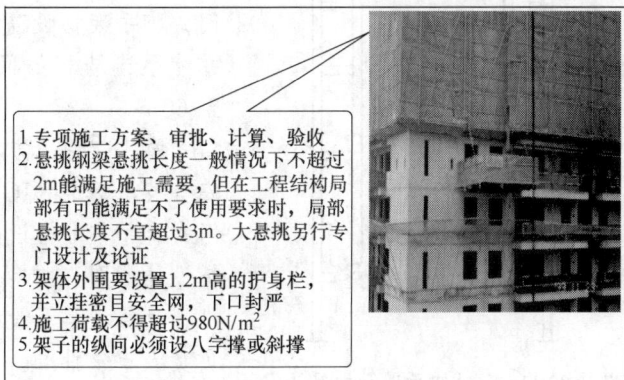

1.专项施工方案、审批、计算、验收
2.悬挑钢梁悬挑长度一般情况下不超过2m能满足施工需要,但在工程结构局部有可能满足不了使用要求时,局部悬挑长度不宜超过3m。大悬挑另行专门设计及论证
3.架体外围要设置1.2m高的护身栏,并立挂密目安全网,下口封严
4.施工荷载不得超过980N/m²
5.架子的纵向必须设八字撑或斜撑

图7-26-10　悬挑式脚手架安全要求

悬挑式脚手架施工荷载一般可按装饰架计算，施工时严禁超载使用。

6）悬挑式脚手架操作层上，施工荷载要堆放均匀，不应集中，并不得存放大宗材料或过重的设备。

7）悬挑式脚手架立杆间距、倾斜角度应符合施工方案的要求，不得随意更改，脚手架搭设完毕须经有关人员验收合格后，方可投入使用。

8）悬挑式脚手架应分段搭设、分段验收，验收合格并履行有关手续后可分段投入使用。

9）悬挑式脚手架的操作层外侧，应按临边防护的规定设置防护栏杆和挡脚板。防护栏杆由栏杆柱和上下两道横杆组成，上杆距脚手板高度为 1.0～1.2m，下杆距脚手板高度为 0.5～0.6m。在栏杆下边设置严密固定的高度不低于 180mm 的挡脚板。

10）作业层下应按规定设置一道防护层，防止施工人员或物料坠落。

11）多层悬挑式脚手架应按落地式脚手架的要求，在作业层下原作业层上满铺脚手板，铺设方法应符合要求，不得有空隙和探头板。

12）单层悬挑式脚手架须在作业层脚手板下面挂一道安全平网作为防护层。

13）作业层下搭设安全平网应每隔 3m 设一根支杆，支杆与地面保持 45°。网应外高内低，网与网之间必须拼接严密，网内杂物要随时清除。

14）搭设悬挑式脚手架所用的各种杆件、扣件、脚手板等材料的材质、规格必须符合有关规范和施工方案的规定。

15）悬挑梁、悬挑架的用材应符合钢结构设计规范的有关规定，并应有试验报告。

26.4 门式脚手架工程安全技术

门式脚手架的设计计算与搭设应满足《建筑施工门式钢管脚手架安全技术标准》(JGJ/T 128—2019)及有关标准、规范的要求；《建筑施工安全检查标准》(JGJ 59—2011)对门式钢管脚手架的安全检查提出了具体检查要求。门式脚手架的示意图见图 7-26-11，门式钢管脚手架的组成见图 7-26-12。

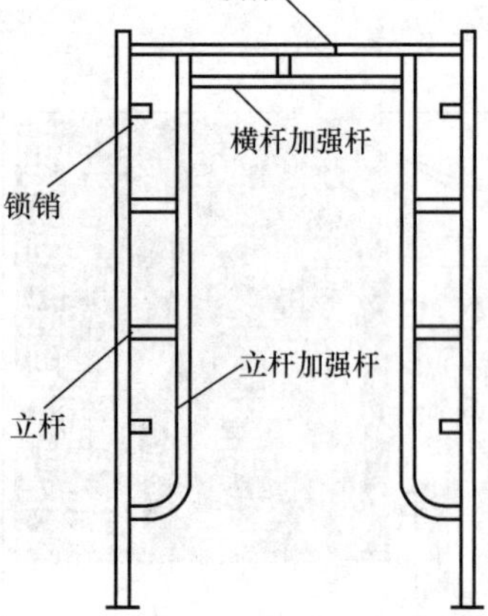

图 7-26-11　门式脚手架示意图

(1) 施工方案的编制　具体要求如下。

1）门式脚手架搭设之前，应根据工程特点和施工条件等编制脚手架专项施工方案，绘制搭设详图。

2）门式脚手架搭设高度一般不超过 45m，若降低施工荷载并缩小连墙杆的间距，则门式脚手架的搭设高度可增至 60m。

3）门式脚手架施工方案必须符合《建筑施工门式钢管脚手架安全技术标准》(JGJ/T 128—2019)的有关规定。

4）门式脚手架的搭设高度超过 60m 时，应绘制脚手架分段搭设结构图，并对脚手架的承载力、刚度和稳定性进行设计计算，编写设计计算书。设计计算书应报上级技术负责人审核批准。

(2) 架体基础　具体要求如下。

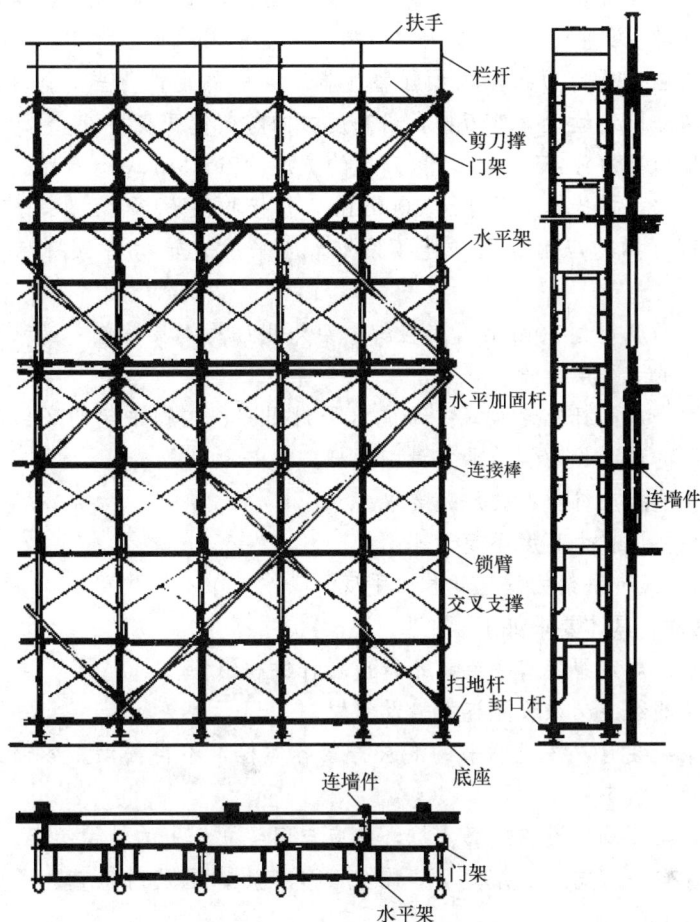

图 7-26-12 门式钢管脚手架的组成

1) 搭设脚手架的场地必须平整坚实，并做好排水，回填土地面必须分层回填，逐层夯实。
2) 落地式门式脚手架的基础根据土质及搭设高度可按《建筑施工门式钢管脚手架安全技术标准》(JGJ/T 128—2019)的要求处理。
3) 当土质与《建筑施工门式钢管脚手架安全技术标准》(JGJ/T 128—2019)不符时，应按《建筑地基基础设计规范》(GB 50007—2011)对脚手架基础进行设计计算。
4) 门式脚手架底部应设置纵横向扫地杆，可减少脚手架的不均匀沉降。

(3) 架体稳定 具体要求如下。

1) 门式脚手架应按规定间距与墙体连接，防止架体变形。连墙件的设置位置应按规范计算确定并符合以下要求：①搭设高度在 45m 以下时，连墙杆竖向间距≤6m，水平方向间距≤8m；②搭设高度在 45m 以上时，连墙杆竖向间距≤4m，水平方向间距≤6m；③在脚手架的转角处、不闭合(一字形、槽形)脚手架的两端应增设连墙件，其竖向间距不应大于 4.0m；④脚手架外侧应设防护棚或安全网，承受偏心荷载的部位应增设连墙件，其竖向间距不应大于 4.0m。

2)连墙件的一端固定在门式框架横杆上，另一端伸过墙体，固定在建筑结构上，不得有滑动或松动现象。

3)门式脚手架应设置剪刀撑，以加强整片脚手架的稳定性。当架体高度超过 20m 时，应在脚手架外侧连续设置剪刀撑，沿高度方向与架体同步搭设。

4)剪刀撑与地面夹角为 45°～60°，剪刀撑的宽度为 6～9m、4～6 跨。需要接长时，应采用搭接方法，搭接长度不小于 1000mm，搭接扣件不少于 2 个，旋转扣件扣紧。

5)每道竖向剪刀撑均应由底至顶连续设置，应采用旋转扣件与门架立杆及相关杆件扣紧。

6)门式脚手架高度超过 20m 时，应在脚手架外侧每隔 4 步设置一道水平加固杆，并宜在有连墙件的水平层设置。

7)设置纵向水平加固杆应连续，并形成水平封闭圈。在脚手架的底部门架下端应加封口杆，门架的内、外两侧应通常设扫地杆。

8)转角处门架连接应符合有关规范要求。

9)门式脚手架搭设自由高度不超过 4m。

10)严格控制门式脚手架的垂直度和水平度。

(4)杆件与锁件　具体要求如下。

1)应按说明书的规定组装脚手架，不得遗漏杆件和锁件。

2)上、下门架的组装必须设置连接棒及锁臂。

3)门式脚手架组装时，按说明书的要求拧紧各螺栓，不得松动。各部件的锁臂、搭钩必须处于锁住状态。

4)门架的内外两侧均应设置交叉支撑，并应与门架立杆上的锁销锁牢。

5)门架安装应自一端向另一端延伸，搭完一步架后，应及时检查、调整门架的水平度和垂直度。

(5)脚手板　具体要求如下。

1)作业层应连续满铺脚手板，并与门架横梁扣紧或绑牢。

2)脚手板材质必须符合有关规范和施工方案的要求。

3)脚手板必须按要求绑牢，不得出现探头板。

(6)架体防护　具体要求如下。

1)作业层脚手架外侧及斜道和平台均要设置 1.2m 高的防护栏杆和 180mm 高的挡脚板，防止作业人员坠落和脚手板上物料滚落。

2)脚手架外侧随着脚手架的升高，应按规定设置密目式安全网，必须扎牢、密实，形成全封闭的防护立网。

(7)材质　具体要求如下。

1)门架及其配件的规格、性能和质量应符合行业标准，并应有出厂合格证明书及产品标志。

2)门式脚手架是以定型的门式框架为基本构件的脚手架，其杆件严重变形将难以组装，其承载力、刚度和稳定性都将被削弱，隐患严重，因此，严重变形的杆件不得使用。

3)杆件焊接后不得出现局部开焊现象。

(8)荷载　具体要求如下。

1)门式脚手架施工荷载：结构架为 $3kN/m^2$，装饰架为 $2kN/m^2$。施工时严禁超载使用。

2)脚手架操作层上，施工荷载要堆放均匀，不应集中，并不得存放大宗材料或过重的设备。

(9)通道 具体要求如下。

1)门式脚手架必须设置供施工人员上下的专用通道，禁止在脚手架外侧随意攀登，以免发生伤亡事故；同时，防止支撑杆件变形，影响脚手架的正常使用。

2)通道斜梯应采用挂扣式钢梯，宜采用"之"字形，一个梯段宜跨越两步或三步。

3)钢梯应设栏杆扶手。

(10)搭设与拆除 门式脚手架搭设与拆除必须符合有关规范要求。

26.5 挂脚手架工程安全技术

建筑施工采用挂脚手架，必须按照有关标准、规范进行设计、搭设与验收，并按《建筑施工安全检查标准》(JGJ 59—2011)对挂脚手架的安全检查要求进行检查，该标准的安全检查要求包括以下几个方面，如图 7-26-13 所示。

(1)挂脚手架施工方案的编制 具体要求如下。

1)挂脚手架施工前，应根据工程具体特点和施工条件等编制挂脚手架的施工方案，方案应包括材质、制作、安装、验收、使用及拆除等主要内容，方案应详细、具体、针对性强，并应附有设计计算书，施工方案必须履行有关审批手续(图 7-26-14)。

1.结构混凝土达到设计强度等级的70%时方可挂脚手架
2.穿墙螺栓和预埋挂环，必须使用直径20mm以上的一级钢筋制作
3.使用前须经荷载实验，施工荷载不大于1kN，每跨不超过2人作业
4.施工方案须有计算、验收过程
5.操作层满铺跳板，外挂密目安全网，1.2m高的防护栏和180mm的挡脚板，架体底部封严

图 7-26-13 挂脚手架　　　　　　图 7-26-14 挂脚手架安全要求

2)设置挂点的结构构件，必须进行强度和稳定性验算。

3)挂脚手架的预埋件的制作、安装，钢架的制作与安装等，应按施工方案及有关标准、规范进行，并绘制制作与安装详图。

4)挂脚手架的挂点必须有足够的强度、塑性和使用安全系数。

(2)制作与组装 具体要求如下。

1)架体材料规格及制作组装应符合施工方案要求和有关标准、规范的规定。

2)挂脚手架设计的关键是悬挂点。悬挂点不论采用哪种方式，都必须进行设计，挂点设计要合理全面。

3)挂脚手架的跨度不得大于2m，否则脚手板跨度过大，易发生断裂，因此，挂脚手架的悬挂点间距不得超过2m。

(3)材质 具体要求如下。

1)挂脚手架的材质必须符合施工方案及有关标准、规范的要求。

2)变形的杆件必须经修复后方可使用；严重变形的杆件不得使用。焊接处不得出现漏焊、假焊、局部开焊等现象。

3)挂脚手架所用钢材有锈蚀的必须及时除锈，并刷防锈漆。

(4)脚手板　具体要求如下。

1)脚手板必须满铺，按要求将脚手板与挂脚手架绑扎牢固。

2)挂脚手架不得使用竹脚手板，应使用50mm厚杉木或松木板，不得使用脆性木材。木脚手板宽度以200～300mm为宜，凡是腐朽、扭曲、斜纹、破裂和大横透节的不得使用。

3)脚手板搭接时，搭接长度不得小于200mm，不得出现探头板。

(5)荷载　具体要求如下。

1)挂脚手架施工荷载为$1kN/m^2$，严禁超载使用，并避免荷载集中。

2)挂脚手架的跨度一般不大于2m，不得超过2人同时作业；上下挂脚手架及操作时动作要轻，不得往挂脚手架上跳；挂脚手架上也不得存放过多材料。

(6)架体防护　具体要求如下。

1)施工层脚手架外侧要设置1.2m高的防护栏杆和18mm高的挡脚板，防止作业人员坠落和脚手板上的物料滚落。

2)脚手架外侧应按规定设置密目式安全网，必须扎牢、密实，形成全封闭的防护立网。

3)脚手架底部应设置安全平网或同时设置密目网与平网，以防落人或落物。

(7)交底与验收　具体要求如下。

1)挂脚手架必须按设计图纸进行制作或组装，制作、组装完成应按规定进行验收，验收合格后相关人员在验收单上签字，完备验收手续。

2)挂脚手架在使用前，要在近地面处按要求进行载荷试验(加载试验在4h以上)，载核试验应有记录，试验合格并履行相关手续后，方可使用。

3)挂脚手架每次移挂完成使用前，应进行检查验收，验收人员要在验收单上签署验收结论，验收合格方可使用。

4)挂脚手架安装或使用前，施工员应对操作人员进行书面交底，交底要有记录，交底双方应在交底记录上签字，手续齐全。

(8)安装人员　具体要求如下。

1)挂脚手架组装、安装人员应接受专业技术培训，并考试合格，取得上岗证，持证上岗。

2)挂脚手架的安装和脚手板的铺设属高处作业，安装人员应戴好安全帽，系好安全带。

26.6　吊篮脚手架安全技术

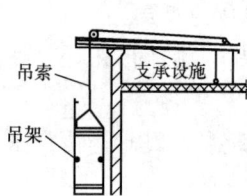

图7-26-15　吊篮脚手架

吊篮脚手架(图7-26-15)必须按《高处作业吊篮》(GB/T 19155—2017)及有关标准、规范进行设计、制作、安装、验收与使用，并按对吊篮脚手架的安全检查要求进行检查，安全检查要求包括以下几个方面。

(1)施工方案的编制　具体要求如下。

1)吊篮脚手架施工前,应根据工程具体特点和施工条件等编制吊篮脚手架的施工方案,方案应包括材质、制作、安装、验收、使用及拆除等主要内容,方案应详细、具体、针对性强,并应附有设计计算书,施工方案必须履行有关审批手续。

2)方案中必须有吊篮和挑梁的设计,应对吊篮脚手架的挑梁、吊篮、吊绳、手动或电动葫芦等进行设计计算,并绘制施工图。

3)如果吊篮脚手架为工厂生产的产品,则应有产品出厂合格证,厂家应向用户提供安装和使用说明书。

(2)制作与组装　具体要求如下。

1)挑梁一般用工字钢或槽钢制成,用U形锚环或预埋螺栓固定在屋顶上。

2)挑梁必须按设计要求与主体结构固定牢靠。承受挑梁拉力的预埋吊环,应用直径不小于16mm的圆钢,埋入混凝土的长度不小于360mm,并与主筋焊接牢固。挑梁的挑出端应高于固定端,挑梁之间纵向应用钢管或其他材料连接成一个整体。

3)挑梁挑出长度应使吊篮钢丝绳垂直于地面。

4)必须保证挑梁抵抗力矩大于倾覆力矩的3倍。

5)当挑梁采用压重时,配重的位置和重量应符合设计要求,并采取固定措施。

6)吊篮平台可采用焊接或螺栓连接进行组装,禁止使用钢管扣件连接。

7)电动(手扳)葫芦必须有产品合格证和说明书,非合格产品不得使用。

8)吊篮组装后应经加载试验,确认合格后,方可使用,有关参加试验人员应在试验报告上签字。脚手架上标明允许承载重量。

(3)安全装置　具体要求如下。

1)使用手扳葫芦时应设置保险卡,保险卡要能有效限制手扳葫芦的升降,防止吊篮平台发生下滑。

2)吊篮组装完毕,经检查合格后,接上钢丝绳,同时将提升钢丝绳和保险绳分别插入提升机构及安全锁中,使用中必须有两根直径为12.5mm以上的钢丝绳做保险绳,接头卡扣不少于3个,不准使用有接头的钢丝绳。

3)当使用吊钩时,应有防止钢丝绳滑脱的保险装置(卡子),将吊钩和吊索卡死。

4)吊篮内的作业人员,必须系安全带,安全带挂钩应挂在作业人员上方固定的物体上,不准挂在吊篮工作钢丝绳上,以防工作钢丝绳断开。

(4)脚手板　具体要求如下。

1)脚手板必须满铺,按要求将脚手板与脚手架绑扎牢固。

2)吊篮脚手架可使用木脚手板或钢脚手板。木脚手板应为50mm厚杉木板或松木板,不得使用脆性木材,凡是腐朽、扭曲、斜纹、破裂和大横透节的不得使用;钢脚手板应有防滑措施。

3)脚手板搭接时搭接长度不得小于200mm,不得出现探头板。

(5)防护　具体要求如下。

1)吊篮脚手架外侧应设置高度1.2m以上的两道防护栏杆及180mm高的挡脚板,内侧应设置高度不小于800mm的防护栏杆。防护栏杆及挡脚板材质要符合要求,安装要牢固。

2)吊篮脚手架外侧应用密目式安全网整齐封闭。

3）单片吊篮升降时，两端应加设防护栏杆，并用密目式安全网封闭严密。

(6)防护顶板　具体要求如下。

1）当有多层吊篮进行上下立体交叉作业时，不得在同一垂直方向上操作。上下作业的位置，必须处于依上层高度确定的可能坠落范围半径之外。不符合以上条件时，应设置安全防护层，即防护顶板。

2）防护顶板可用 50mm 厚木板，也可采用其他具有足够强度的材料。防护顶板应绑扎牢固、满铺，能承受坠落物的冲击，不会砸破贯通，起到防护作用。

(7)架体稳定　具体要求如下。

1）为了保证吊篮安全使用，当吊篮脚手架升降到位后，必须将吊篮与建筑物固定牢固；吊篮内侧两端应装有可伸缩的附墙装置，使吊篮在工作时与结构面靠紧，以减少架体的晃动。确认脚手架已固定、不晃动以后方可上人作业。

2）吊篮钢丝绳应随时与地面保持垂直，不得斜拉。吊篮内侧与建筑物的间距（缝隙）不得过大，一般为 100～200mm。

(8)荷载　具体要求如下。

1）吊篮脚手架的设计施工荷载为 $1kN/m^2$，不得超载使用。

2）脚手架上堆放的物料不得过于集中。

(9)升降操作应注意的项目　具体要求如下。

1）操作升降作业属于特种作业，作业人员应经过培训，考试合格后颁发上岗资格证，持证上岗且应固定岗位。

2）升降时不超过二人同时作业，其他非升降操作人员不得在吊篮内停留。

3）单片吊篮升降时，可使用手扳葫芦；两片或多片吊篮连在一起同步升降时，必须采用电动葫芦，并有控制同步升降的装置。

26.7　脚手架的拆除要求

脚手架的拆除应注意以下事项。

1）脚手架拆除作业前，应根据有关标准、规范制定详细的拆除施工方案和安全技术措施，并对全体参加作业人员进行技术安全交底，在统一指挥下，按照确定的方案进行拆除作业（图 7-26-16）。

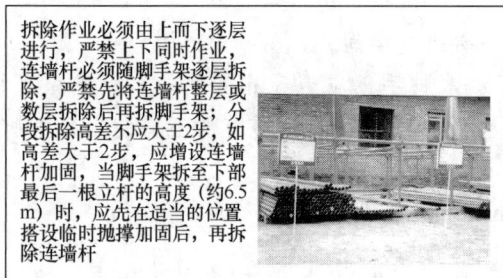

(a) 方案一

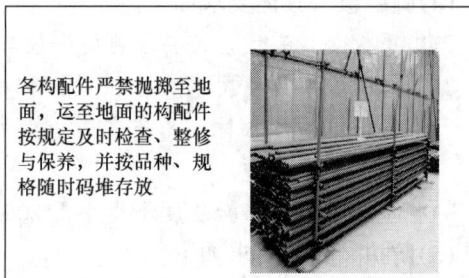

(b) 方案二

图 7-26-16　拆除脚手架安全管理要求

2)拆除脚手架时,应划分作业区,周围设围挡或设立警戒标志,地面设专人指挥,禁止非作业人员入内。

3)一定要按照先上后下、先外后里、先架面材料后构架材料、先辅件后结构件和先结构件后附墙件的顺序,一件一件地松开联结,取出并随即吊下(或集中到毗邻的未拆除的架面上,扎捆后吊下)。

4)拆卸脚手板、杆件、门架及其他较长、较重、有两端联结的部件时,必须要两人或多人一组进行。禁止单人进行拆卸作业,防止把持杆件不稳、失衡而发生事故。拆除水平杆件时,松开联结后,水平托取下。拆除立杆时,在把稳上端后,再松开下端联结取下。

5)架子工作业时,必须戴安全帽、系安全带、穿胶鞋或软底鞋。所用材料要堆放平稳,工具应随手放入工具袋,上下传递物件时不能抛扔。

6)多人或多组进行拆卸作业时,应加强指挥,并相互询问和协调作业步骤,严禁不按程序进行任意拆卸。

7)因拆除上部或一侧的附墙联结而使架子不稳时,应加设临时撑拉措施,以防因架子晃动影响作业安全。

8)严禁将拆卸下的杆部件和材料向地面抛掷。已吊至地面的架设材料应随时运出拆卸区域,保持现场整洁。

9)连墙杆应随拆除进度逐层拆除,拆除前,应设立临时支柱。

10)拆除时严禁碰撞附近电源线,以防发生事故。

11)拆下的材料应用机械或人工运至地面,严禁抛掷。

12)在拆架过程中,不能中途换人,若需要中途换人,应将拆除情况交接清楚后方可离开。

13)脚手架具的外侧边缘与外电架空线路的边线之间的最小安全操作距离见表7-26-3。

表7-26-3　最小安全操作距离

外电线路电压/kV	1以下	1~10	35~110	150~220	330~500
最小安全操作距离/m	4	6	8	10	15

14)拆除的脚手架或配件,应分类保存并进行保养。

复习思考题

1. 脚手架搭设高度有哪些规定?
2. 脚手架投入使用时应注意哪些技术要求?
3. 脚手架拆除应注意哪些方面的问题?

27 模板工程施工安全技术

【知识目标】

熟悉模板的组成与分类；掌握模板安装、拆除的安全要求与技术。

【能力目标】

能编制模板施工安全交底资料，组织安全技术交底活动，并记录和收录安全技术交底活动的有关安全管理档案资料；能组织模板工程安全验收及安全拆除活动。

近年来，在建筑施工的伤亡事故中，坍塌事故比例增大，现浇混凝土模板支撑没有经过设计计算，支撑系统强度不足、稳定性差，模板上堆物不均匀或超出设计荷载，混凝土浇筑过程中局部荷载过大等造成模板变形或坍塌，轻者造成混凝土构件缺陷，严重者模板坍塌，造成较大的事故。因此，必须加强对模板工程的安全管理。

模板的种类很多，习惯做法或支设方式，各地区、各单位都有所不同，保证模板工程施工的安全应重点从以下两个方面入手：一是保证模板搭设质量，满足施工要求；二是严格按照安全操作规程施工。

模板工程施工流程　　　　液压整体提升大模板

27.1　模板的组成及其分类

模板工程具有工程量大、材料和劳动力消耗多的特点。正确选择模板形式、材料及合理组织施工对加速现浇钢筋混凝土结构施工、保证施工安全和降低工程造价具有重要意义。

模板是混凝土成型的模具。混凝土构件类型不同，模板的组成也有所不同，一般由模板、支撑系统和辅助配件3部分构成。

1)模板：又叫板面，根据其位置分为底模板(承重模板)和侧模板(非承重模板)两类。

2)支撑系统：支撑是保证模板稳定及位置的受力杆件，可分为竖向支撑(立柱)和斜撑。

另外，根据材料不同，又分为木支撑、钢管支撑；根据搭设方式，分为工具式支撑和非工具式支撑。

3)辅助配件：是加固模板的工具，主要有柱箍、对拉螺栓、拉条和拉带等。

模板及支撑的基本要求如下：保证工程结构各部分形状尺寸和相互位置的正确性；具有足够的承载能力、刚度和稳定性；构造简单，装拆方便，便于施工；接缝严密，不得漏浆；因地制宜，合理选材，用料经济，多次周转。

27.2　模板安装的安全要求与技术

(1)模板工程施工方案的编制　具体要求如下。

1)各类工具式模板工程，包括滑模、爬模、大模板等水平混凝土构件模板支撑系统及特殊结构模板工程，施工前必须编制安全专项施工方案(以下简称"方案")；水平混凝土构件模板支撑系统高度超过8m，或跨度超过18m，施工总荷载大于$15kN/m^2$，或集中线荷载大于$20kN/m^2$的模板支撑系统，建筑施工企业应当组织专家组进行论证审查。

2)施工单位编制的方案应经编制、审核、审批程序，符合《危险性较大工程安全专项施工方案编制及专家论证审查办法》等相关规定，方可组织实施。

3)根据《危险性较大工程安全专项施工方案编制及专家论证审查办法》的规定，必须经专家论证审查的方案，施工单位应当组织专家组进行论证审查。

4)方案应当根据《建筑施工扣件式钢管脚手架安全技术规范》(JGJ 130—2011)或《建筑施工门式钢管脚手架安全技术标准》(JGJ/T 128—2019)的要求编写设计计算书，内容应包括施工荷载(包含动力荷载)、支架系统、模板系统、支撑地面或楼面承载力计算，以确保支架体系强度、刚度、稳定性、抗倾覆满足标准和规范的要求。

5)方案应当按照施工图纸内容进行编制，并应当绘制高大模板支撑系统的平面图、立面图和剖面图及节点大样图。同时，还应编写方案实施说明书，方案应具有可操作性。

6)方案应当具有针对性，根据工程结构、施工方法、选用的各类机械设备、施工场地及周围环境等特点编制安全技术措施。高大模板支撑系统的构造应当符合《建筑施工扣件式钢管脚手架安全技术规范》(JGJ 130—2011)或《建筑施工门式钢管脚手架安全技术标准》(JGJ/T 128—2019)的要求。

7)方案应当有应急救援预案，对可能发生的事故采取应急措施。

8)方案编制完成后，施工企业的工程技术与安全管理部门应对其进行审核。

9)对于应经专家论证的高大模板工程，施工单位应当组织不少于5人的专家组对方案进行论证，监理单位应派注册专业监理工程师参加方案论证，专家组成员不得与该工程的施工单位、监理单位有利害关系。

10)施工单位应根据专家组论证意见，对方案进行修改和完善，由企业技术负责人审批，项目总监理工程师应根据专家论证意见及《建筑施工扣件式钢管脚手架安全技术规范》(JGJ 130—2011)或《建筑施工门式钢管脚手架安全技术标准》(JGJ/T 128—2019)等有关技术规范进行审查。

(2)模板安装的安全要求　具体要求如下。

1)搭设人员必须是经过《特种作业人员安全技术培训考核管理规定》(国家安全生产监督管理总局令第80号)考核合格的专业架子工。上岗人员定期体检，合格者方可持证上岗。

2）搭设人员必须戴安全帽、系安全带、穿防滑鞋。

3）2m以上高处支模或拆模要搭设脚手架，满铺架板，使操作人员有可靠的立足点，并应按高处作业、悬空和临边作业的要求采取防护措施。不准站在拉杆、支撑杆上操作，也不准在梁底模上行走操作。

4）脚手架的构配件质量与搭设质量，应按安全技术规范的规定进行检查验收，合格后方准许使用。

5）作业层上的施工荷载应符合设计要求，不得超载。不得将模板支架、揽风绳、泵送混凝土和砂浆的输送管等固定在脚手架上，严禁悬挂起重设备。

6）当有六级及六级以上大风和雾、雨、雪天气，应停止脚手架的搭设与拆除作业。雪后架上作业应有防滑措施，并扫除积雪。

7）脚手架的安全检查与维护，应按安全技术规范进行。安全网应按规定搭设和拆除。

8）在脚手架使用期间，严禁拆除主节点处纵横向水平杆、连墙件、交叉支撑、水平架、加固栏杆和栏杆。

9）不得在脚手架基础及邻近处进行挖掘作业，否则应采取安全措施，并报主管部门批准。

10）临街搭设脚手架时，外侧应有防止坠物伤人的防护措施。

11）在脚手架上进行电焊、气焊作业时，必须有防火措施和专人看守。

12）工地临时用电线路的架设及脚手架接地、避雷措施等，应按《施工现场临时用电安全技术规范》(JGJ 46—2005)的有关规定执行。

13）搭拆脚手架时，地面应设围栏和警戒标志，并派专人看守，严禁非操作人员入内。

14）楼层高度超过4m或二层及二层的建筑物，安装和拆除模板时，周围应设安全网或搭设脚手架和加设防护栏杆。在临街及交通要道地区，尚应设警示牌，并设专人负责监护，防止伤及行人。

15）现浇多层房屋和构筑物，应采取分层分段支模方法，并应符合下列要求：下层楼板混凝土强度达到1.2MPa以后，才能上料具，料具要分散堆放，不得过分集中；下层楼板的结构强度达到能承受上层模板、支撑系统和新浇筑混凝土的重量时，方可进行上层模板支撑、浇筑混凝土，否则下层楼板结构的支撑系统不能拆除，同时上层支架的立柱应对准下层支架的立柱，并铺设木垫板。

16）大模板立放易倾倒，应采取支撑、围系、绑箍等防倾倒措施，视具体情况而定。长期存放的大模板，应用拉杆连接绑牢。存放在楼层时，须在大模板横梁上挂钢丝绳或花篮螺栓钩在楼板吊钩或墙体钢筋上。没有支撑或自稳角不足的大模板，要存放在专门的堆放架上或卧倒平放，不应靠在其他模板或构件上（图7-27-1）。

17）各工种进行上下立体交叉作业时，不得在同一垂直方向上操作。下层作业的位置，必须处于上层高度确定的可能坠落范围半径外。不符合以上条件时，应设置安全防护隔离层。

18）支设悬挑形式的模板时，应有稳定的立足点。支设临空构筑物模板时，应搭设支架。模板上有预留洞时，应在安装后将洞遮盖。

19）操作人员上下通行时，不允许攀登模板或脚手架，不允许在墙顶、独立梁及其他狭窄而无防护栏的模板面上行走。

某施工现场因大模板支模时发生倾覆，三名工人从高处坠落，导致重伤

图 7-27-1　某施工事故现场

20)模板支撑不能固定在脚手架或门窗上，避免发生倒塌或模板位移。

21)冬季施工，应对操作地点和人行通道的冰雪事先清除；雨季施工，对高耸结构的模板作业应安装避雷设施。

22)模板安装时，应先内后外，单面模板就位后，用工具将其支撑牢固。双面模板就位后，用拉杆和螺栓固定，未就位和未固定前不得摘钩。

23)里外角模和临时悬挂的面板与大模板必须连接牢固，防止脱开和断裂坠落。

24)在架空输电线路下面安装和拆除组合钢模板时，吊机起重臂、吊物、钢丝绳、外脚手架和操作人员等与架空线路的最小安全距离应符合有关规范的要求。当不能满足最小安全距离要求时，要停电作业；不能停电时，应有隔离防护措施。

(3)模板安装技术要求　具体要求如下。

1)模板安装前必须做好下列安全技术准备工作：①应审查模板的结构设计与施工说明书中的载荷、计算方法、节点构造和安全措施，设计审批手续应齐全；②应进行全面的安全技术交底，操作班应熟悉设计与施工说明书，并应做好模板安装作业的分工准备，采用爬模、飞模、隧道模等特殊模板施工时，所有参加作业人员必须经过专门技术培训，考核合格后方可上岗；③应对模板和配件进行挑选、监测，不合格的应剔除，并应运至工地指定地点堆放；④备齐操作所需的一切安全防护设施和器具。

2)模板构造与安装应符合下列规定。①模板安装应按设计与施工说明书顺序拼装，木杆、钢管、门架等支架立柱不得混搭。②竖向模板和支架立柱支承部分安装在基土上时，应加设垫板，垫板应有足够强度和支承面积且应中心承载，基土应坚实并应有排水措施，对湿陷性黄土应有防水措施；对特别重要的结构工程可采用混凝土、打桩等措施防止支架柱下沉，对冻胀性土应有防冻融措施。③当满堂或共享空间模板支架立柱高度超过8m时，若基土达不到承载要求，无法防止立柱下沉，则应先施工地面下的工程，再分层回填夯实基土，浇筑地面混凝土垫层，达到强度后方可支模。④模板及其支架在安装过程中，必须设置有效防倾覆的临时固定设施。⑤现浇钢筋混凝土梁、板，当跨度大于4m时，模板应起拱；当设计无具体要求时，起拱高度宜为全长度的 1/1000～3/1000。

3）现浇多层或高层房屋和构筑物，安装上层模板及其支架应符合下列规定：①下层楼板应具有承受上层施工荷载的承载能力，否则应加设支撑支架；②上层支架立柱应对准下层支架立柱，并应在立柱底铺设垫板；③当采用悬臂吊模板、桁架支模方法时，其支撑结构的承载能力和刚度必须符合设计构造要求。

4）当层间高度大于 5m 时，应选用桁架支模或钢管立柱支模；当层间高度小于或等于 5m 时，可采用木立柱支模。

5）拼装高度为 2m 以上的竖向模板，不得站在下层模板上拼装上层模板。安装过程应设置临时固定设施。

6）支撑梁、板的支架立柱构造与安装应符合下列规定。①梁和板的立柱，其纵横向间距应相等或成倍数。②木立柱底部应设垫木，顶部应设支撑头；钢管立杆底部应设垫木和底座，顶部应设可调支托，U 形支托与楞梁两侧间如有间隙，必须顶紧，脚手架可调底座和可调托撑调节螺杆插入脚手架立杆内的长度不应小于 150mm，且调节螺杆伸出长度应经计算确定，并应符合下列规定：a. 当插入的立杆钢管直径为 42mm 时，伸出长度不应大于 200mm；b. 当插入的立杆钢管直径为 48.3mm 及以上时，伸出长度不应大于 500mm。可调底座和可调托撑螺杆插入脚手架立杆钢管内的间隙不应大于 2.5mm。安装时应保证上下同心。③在立柱底距地面 200mm 高处，沿纵横水平方向按纵下横上的程序设扫地杆，可调支托底部的立柱顶端应沿纵横向设置一道水平拉杆，扫地杆与顶部水平拉杆之间的间距，在满足模板设计所确定的水平拉杆步距要求条件下，进行平均分配确定步距后，在每一步距处纵横向应各设一道水平拉杆，当层高在 8～20m 时，在最顶步距两水平拉杆中间应加设一道水平拉杆，当层高大于 20m 时，在最顶步距两水平拉杆中间应分别增加一道水平拉杆；所有水平拉杆的端部均应与四周建筑物顶紧、顶牢，无处可顶时，应在水平拉杆端部和中部沿竖向设置连续式剪刀撑。④木立柱的扫地杆、水平拉杆、剪刀撑应采用 40mm×50mm 木条或 25mm×80mm 的木板条与木立柱钉牢，脚手架钢管宜采用直径为 48.3mm、壁厚为 3.6mm 的钢管。每根钢管的最大质量不应大于 25.8kg。剪刀撑需要接长时，应采用搭接方法，搭接长度不应小于 1m，并应采用 2 个旋转扣件分别在离杆端不小于 100mm 处进行固定。

7）工具式立柱支撑的构造与安装应符合下列规定：①工具式钢管单立柱支撑的间距应符合支撑设计的规定；②立柱不得接长使用；③所有夹具、螺栓、销子和其他配件应处在闭合或拧紧的位置；④立杆及水平拉杆构造应符合有关规定。

8）木立柱支撑的构造与安装应符合下列规定。①木立柱宜选用整料，当不能满足要求时，立柱的接头不宜超过 1 个，并应采用对接夹板接头方式；立柱底部可采用垫块垫高，但不得采用单码砖垫高，垫高高度不得超过 300mm。②木立柱底部与垫木之间应设置硬木对角楔调整标高，并用铁钉将其固定在垫木上。③木立柱间距、扫地杆、水平拉杆、剪刀撑的设置应符合有关规范的规定，严禁使用板皮替代规定的拉杆。④所有单立柱支撑应在底部垫木和梁底模板的中心，并应与底部垫木和顶部梁底模板紧密接触且不得承受偏心荷载。⑤当仅为单排立柱时，应在单排立柱的两边每隔 3m 加设斜支撑且每边不得少于 2 根，斜支撑与地面的夹角应为 60°。

9）当采用扣件式钢管作立柱支撑时，其构造与安装应符合下列规定。①钢管规格、间距、扣件应符合设计要求，每根立柱底部应设置底座及垫板，垫板厚度不得小于50mm。②钢管支架立柱间距、扫地杆、水平拉杆、剪刀撑的设置应符合要求，当立柱底部不在同一高度时，高处的纵向扫地杆应向低处延长不少于2跨，高低差不得大于1m，立杆距边坡上方边缘不得小于0.5m。③立柱接长严禁搭接，必须采用对接扣件连接，相邻两立柱的对接接头不得在同步内且对接接头沿竖向错开的距离不宜小于500mm，各接头中心距主节点不宜大于步距的1/3。④严禁将上段的钢管立柱与下段钢管立柱错开固定在水平拉杆上。⑤满堂模板和共享空间模板支架立柱，在外侧周圈应设置由下至上的竖向连续式剪刀撑；中间在纵横向应每隔10m左右设置由下至上的连续式剪刀撑，剪刀撑杆件的底端应与地面顶紧，夹角宜为45°～60°；当建筑层高8～20m时，除应满足上述规定外，还应在纵横向相邻的两竖向连续式剪刀撑之间增加"之"字斜撑，在有水平剪刀撑的部位，应在每个剪刀撑中间处增加一道水平剪刀撑；当建筑层高超过20m时，在满足以上规定的基础上，应将所有之字斜撑全部改为连续式剪刀撑。⑥当支架立柱高度超过5m时，应在立柱周圈外侧和中间有结构柱的部位，按水平间距6～9m、竖向间距2～3m与建筑结构设置一个固结点。

10)模板支架立柱、普通模板和其他模板的构造与安装均应符合《建筑施工模板安全技术规范》(JGJ 162—2008)的规定。

27.3　模板拆除的安全要求与技术

模板拆除应遵循的安全要求与技术包括以下几个方面。

1)模板拆除应编制拆除方案或安全技术措施，并应经技术主管部门或负责人批准。

2)模板拆除前要进行安全技术交底，确保施工过程的安全。

3)现浇结构的模板及其支架拆除时的混凝土强度，应符合设计要求；当设计无具体要求时，应符合有关规范的规定，现浇结构拆模时所需混凝土强度见表7-27-1。冬季混凝土施工的拆模，应符合专门规定。

表 7-27-1　现浇结构拆模时所需混凝土强度

构件类型	构件跨度/m	达到设计混凝土强度标准值的百分率/%
板	≤2	≥50
	>2，≤8	≥75
	>8	≥100
梁、拱、壳	≤8	≥75
	>8	≥100
悬臂结构		≥100

4)当混凝土未达到规定的强度或已达到设计给定的强度，需要提前拆模或承受部分超设计荷载时，必须经过计算和技术主管确认其强度能够承受此载荷后，方可拆除。

5)在承重焊接钢筋骨架做配筋的结构中，承受混凝土重量的模板，应在混凝土达到设计强度的25%后方可拆除。当在已拆除模板的结构上加置荷载时，应另行计算。

6)大体积混凝土的拆模时间除应满足强度要求外，还应使混凝土内外温差降低到25℃

以下时方可拆除，否则应采取有效措施防止产生温度裂缝。

7) 后张预应力混凝土结构或构件模板的拆除，侧模应在预应力张拉前拆除，其混凝土强度达到侧模拆除条件即可，进行预应力张拉必须待混凝土强度达到设计规定值方可进行，底模必须在预应力张拉完毕时方能拆除。

8) 拆模前应检查所使用的工具有效和可靠，扳手等工具必须装入工人工具袋或系挂在身上，并应检查拆除场所范围内的安全措施。

9) 模板的拆除工作应设专人指挥。作业区应设围栏，其内不得有其他作业，并应设专人负责监护。拆下的模板、零配件严禁抛掷。

10) 多人同时操作时，应明确分工、统一信号或行动，应有足够的工作面，操作人员应站在安全处。

11) 高处拆除模板时，应符合有关高处作业的规定。拆除作业时，严禁使用大锤和撬棍，操作层上临时拆下的模板堆放不能超过 3 层。

12) 拆除模板应按方案规定的程序进行，先支的后拆，先拆非承重部分。拆除大跨度梁支撑柱时，先从跨中开始向两端对称进行。

13) 现浇梁柱侧模的拆除，要求拆模时要确保梁、柱边角的完整。

14) 在提前拆除互相搭连并涉及其他后拆模板的支撑时，应补设临时支撑。拆模时，应逐块拆卸，不得成片撬落或拉倒。

15) 模板及其支撑系统(图 7-27-2)拆除时，应一次全部拆完，不得留有悬空模板，避免坠落伤人。

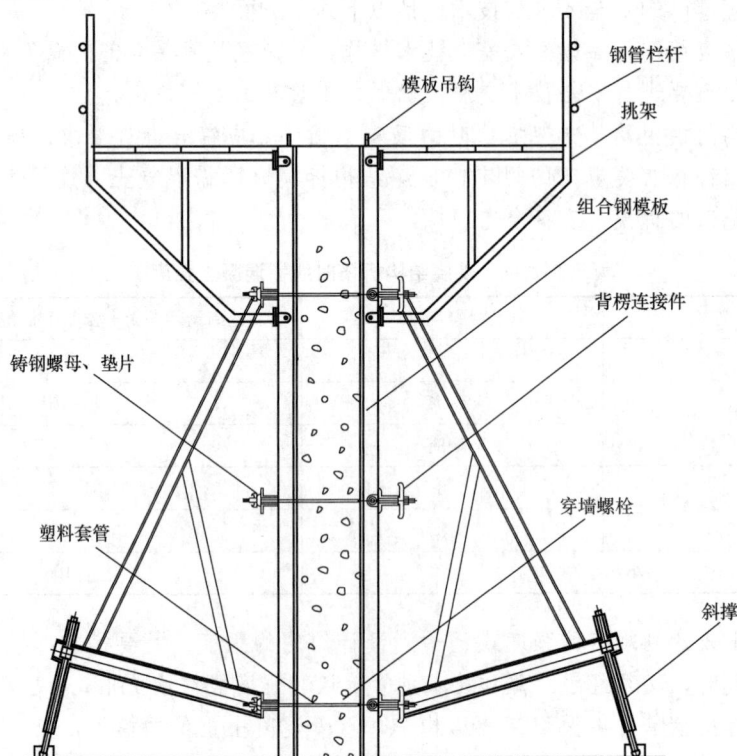

图 7-27-2　墙模板支撑示意

16) 大模板拆除前，要用起重机垂直吊牢，然后再进行拆除。

17) 拆除薄壳模板应从结构中心向四周均匀放松，向周边对称进行。

18) 当立柱水平拉杆超过两层时，应先拆两层以上的水平拉杆，最下一道水平杆与立柱模同时拆，以确保柱模稳定。

19) 模板、支撑要随拆随运，严禁随意抛掷，拆除后分类码放。

20) 在混凝土墙体、平板上有预留洞时，应在模板拆除后，随即在墙洞上做好安全护栏，或将平板的洞盖严。

21) 严禁站在悬臂结构上面敲拆底模，严禁在同一垂直平面上操作。

22) 木模板堆放、安装场地附近严禁烟火，必须在附近进行电焊、气焊时，应有可靠的防火措施。

23) 模板及其支架立柱等的拆除顺序与要求应符合《建筑施工模板安全技术规范》(JGJ 162—2008)的有关规定。

复习思考题

1. 试述模板安装的安全技术与要求。
2. 试述模板拆除的安全技术与要求。

28 拆除工程安全技术

【知识目标】

了解拆除工程安全技术管理措施；熟悉拆除作业安全施工管理的相关要求；掌握拆除工程安全控制措施。

【能力目标】

能结合工程实际参与编制拆除工程施工组织设计及相关安全措施。

施工组织设计或安全专项施工方案是指导爆破与拆除工程施工准备和施工全过程的技术文件，施工单位应根据《危险性较大工程安全专项施工方案编制及专家论证审查办法》及《建筑拆除工程安全技术规范》(JGJ 147—2016)的规定，编制拆除工程施工组织设计或安全专项施工方案，并按规定履行审批手续。编制施工组织设计要从实际出发，在确保人身和财产安全的前提下，选择经济、合理、扰民小的拆除方案，进行科学的组织，以实现安全、经济、进度快、扰民小的目标。

28.1 拆除工程安全技术管理

拆除工程安全技术管理包括以下几个方面。

1) 拆除工程开工前，施工单位应全面了解拆除工程的图纸和资料并进行现场勘察，根据工程特点、构造情况和工程量等按照《危险性较大工程安全专项施工方案编制及专家论证审查办法》及《建筑拆除工程安全技术规范》(JGJ 147—2016)的规定，编制拆除工程施工组织设计或安全专项施工方案，并按规定履行审批手续。

2) 拆除工程必须由具备爆破或拆除专业承包资质的单位施工，严禁将工程转包。

3) 拆除工程施工区域应设置硬质封闭围挡及醒目警示标志，围挡高度不应低于1.8m，非施工人员不得进入施工区域。当临街的被拆除建筑与交通道路的安全距离不能满足要求时，必须采取必要的隔离措施。

4) 在拆除作业前，施工单位应检查建筑物内各类管线情况，确认全部切断后方可施工。

5) 施工单位应为从事拆除作业的人员办理相关手续、签订劳动合同、进行安全培训，考试合格后方可上岗作业。施工单位应为从事拆除工程的从业人员办理意外伤害保险。

6) 拆除工程的施工应在项目负责人的统一指挥和监督下进行。项目负责人根据施工组织设计和安全技术规程向参加拆除的施工人员进行详细的安全技术交底。

7) 拆除工程必须制定安全事故应急救援预案。

8)拆除施工严禁立体交叉作业；在恶劣的气候条件下严禁进行拆除作业。

9)根据拆除工程施工现场作业环境，应制定相应的消防安全和环境保护措施。

10)拆除工程必须建立安全技术档案，并应包括下列内容：①拆除工程施工合同及安全管理协议书；②拆除工程安全施工组织计划设计或安全专项施工方案；③安全技术交底；④脚手架及安全防护设施检查验收记录；⑤劳务用工合同及安全管理协议书；⑥机械租赁合同及安全管理协议书。

28.2 拆除作业安全施工管理

拆除作业安全施工管理包括以下几个方面。

1)拆除工程在开工前，应组织技术人员和工人学习安全操作规程和拆除工程施工组织设计。

2)进行人工拆除作业时，工人应站在专门搭设的脚手架上或者其他稳固的结构构件上操作。楼板上严禁人员聚集或堆放材料，被拆除的构件应有安全的放置场所。

3)人工拆除施工应从上至下、逐层拆除、分段进行，禁止数层同时拆除，不得垂直交叉作业。当拆除某一部分的时候应防止其他部分倒塌。作业面的孔洞应封闭。

4)拆除过程中，现场照明不得使用被拆除建筑物中的配电线，应另外设置配电线路。

5)拆除建筑的栏杆、楼梯、楼板等构件，应与建筑结构整体拆除进度相配合，不得先行拆除。建筑的承重梁、柱，应在其所承载的全部构件拆除后再进行拆除。

6)在高处进行拆除工程，应设置溜放槽，以使散碎废料顺槽溜下；拆下较大的沉重材料，应用吊绳或者起重机械及时吊下运走，禁止向下抛扔，拆卸下来的各种材料要及时清理。

7)拆除易踩碎的石棉瓦等轻型结构屋面时，严禁施工人员直接踩踏，应加盖垫板作业，防止高空坠落。

8)拆除梁或悬挑构件时，应采取有效的下落控制措施，方可切断两端的支撑。

9)拆除柱子时，应沿柱子底部剔凿出钢筋，使用手动倒链定向牵引，再采用气焊切割柱子三面的钢筋，保留牵引方向正面的钢筋。

10)拆除管道及容器时，必须在查清残留物的性质并采取相应措施确保安全后方可进行拆除施工。

11)当采用机械拆除建筑时，应从上至下、逐层分段进行，应先拆除非承重结构再拆除承重结构。拆除框架结构建筑，必须按楼板、次梁、主梁、柱子的顺序进行施工。对只进行部分拆除的建筑，必须先将保留部分加固，再进行分离拆除。

12)施工中必须由专人负责监测被拆除建筑的结构状态，做好记录。当发现有不稳定状态的趋势时，必须停止作业，采取有效措施，消除隐患。

13)采用机械拆除时，应按照施工组织设计选定的机械设备及吊装方案进行施工，严禁超载作业或任意扩大使用范围。供机械设备使用的场地必须保证足够的承载力。作业中机械不得同时回转、行走。

14)进行高处拆除作业时，对较大尺寸的构件或沉重的材料，必须采用起重机具及时吊下。拆卸下来的各种材料应及时清理，分类堆放在指定场所，严禁向下抛掷。

15) 采用双机抬吊作业时, 每台起重机械的载荷不得超过允许载荷的 80%, 而且应对第一吊进行试吊作业, 施工中必须保持两台起重机同步作业。

16) 拆除吊装作业的起重机司机和信号工, 必须严格执行操作规程和《起重机手势信号》的规定。

17) 从事爆破拆除工程的施工单位, 必须持有工程所在地法定部门核发的爆破物品使用合格证, 承担相应等级的爆破拆除工程。爆破拆除设计人员应具有承担爆破拆除作业范围和相应级别的爆破工程技术人员作业证。从事爆破拆除施工的作业人员应持证上岗。

18) 爆破器材必须向工程所在地法定部门申请爆破物品购买许可证, 到指定的供应点购买。爆破器材严禁赠送、转让、转卖、转借。

19) 采用控制爆破拆除工程时, 应执行下列规定:

① 严格遵守《土方与爆破工程施工及验收规范》(GB 50201—2012)有关拆除爆破的规定。

② 在人口密集、交通要道等地区爆破建筑物, 应采用电力或导爆索起爆, 不得采用火花起爆, 当分段起爆时, 应采用毫秒雷管起爆。

③ 爆破各道工序应认真操作、检查与处理, 杜绝一切不安全事故发生, 爆破应设立临时指挥机构, 便于分别负责爆破施工与起爆等安全工作。

④ 用爆破方法拆除建筑物部分结构的时候, 应保证其他结构部分的良好状态, 爆破后, 如发现保留的结构部分有危险征兆, 应采取安全措施后再行施工。

20) 凡是采用爆破方法拆除的项目, 施工前必须到公安机关民用爆炸物品管理机构申请许可手续, 批准后方可施工。这是保证安全的政府监督措施。

21) 采用具有腐蚀性的静力破碎剂作业时, 灌浆人员必须戴防护手套和防护眼镜。注入破碎剂后, 作业人员应保持安全距离, 严禁在注孔区域行走。

22) 静力破碎剂严禁与其他材料混放。

23) 在相邻的两孔之间, 严禁钻孔与注入破碎剂同步进行施工。

复习思考题

1. 拆除工程施工组织设计应包括哪些内容?
2. 简述爆破与拆除作业安全措施。

29

高处作业与安全防护

【知识目标】

熟悉临边及洞口作业的防护及高处作业的安全防护；了解建筑工程常见职业危害种类；掌握相关职业卫生防护措施。

【能力目标】

能结合工程实际参与编制高处作业安全技术防护方案及相关职业卫生防护预案；能正确佩戴安全帽和使用安全带，正确安装安全网，做好"四口""五临边"的防护。

29.1 高处作业安全技术措施

29.1.1 高处作业的含义

按照《高处作业分级》(GB/T 3608—2008)及《建筑施工高处作业安全技术规范》(JGJ 80—2016)的规定，在坠落高度基准面 2m 或 2m 以上有可能坠落的高处进行的作业称为高处作业 (图 7-29-1)。其含义有两个：一是相对概念，可能坠落的底面高度大于或等于 2m，即不论在单层、多层或高层建筑物作业，即使是在平地，只要作业处的侧面有可能导致人员坠落的坑、井、洞或空间，其高度达到 2m 及 2m 以上，就属于高处作业；二是高低差距标准定为 2m，因为在一般情况下，当人在 2m 以上的高度坠落时，很可能会造成重伤、残废，甚至死亡。据统计，在建筑工程的职业伤害中，与高处坠落相关的伤亡人数约占职业伤害的 39%，因此高处作业须按规定进行安全防护。

图 7-29-1 高处作业

29.1.2 高处作业安全防护技术管理

高处作业安全防护技术管理包括以下几个方面。

1)高处作业的安全技术措施及其所需料具必须列入工程的施工组织设计。

2)单位工程施工负责人应对工程的高处作业安全技术负责并建立相应的责任制。

3)施工单位应按高处作业类别，有针对性地将各类安全警示标志悬挂于施工现场各相应部位，夜间应设红灯示警。

4) 凡从事高处作业的人员应接受高处作业安全知识教育；特殊高处作业人员应持证上岗，上岗前应依据有关规定进行专门的安全技术交底，并必须定期进行体格检查。采用新工艺、新技术、新材料和新设备的，应按规定对作业人员进行相关安全技术教育。

5) 高处作业中的安全标志、工具、仪表、电气设施及悬空作业所用的索具、脚手板、吊篮、吊笼、平台等设备，均须经过技术鉴定或检测合格后方可使用。

6) 悬空作业处应有牢靠的立足处，凡是进行高处作业施工的，应使用脚手架、平台、梯子、防护围栏、挡脚板、安全带和安全网等安全设施。

7) 施工单位应为作业人员提供合格的安全帽、安全带等必备的个人安全防护用具，作业人员应按规定正确佩戴和使用。

8) 施工中对高处作业的安全技术设施必须定期和不定期地进行检查，发现有缺陷和隐患时，必须及时解决；危及人身安全时，必须停止作业。暴风雪及台风、暴雨后，应对高处作业安全设施逐一加以检查，发现有松动、变形、损坏或脱落等现象，应立即修理完善。

9) 对进行高处作业的高耸建筑物，应事先设置避雷设施。遇有六级以下强风、浓雾等恶劣气候，不得进行露天攀登与悬空高处作业。

10) 施工作业场所有有坠落可能的物件，应一律先行撤除或加以固定。高处作业中所用的物料，均应堆放平稳，不妨碍通行和装卸。工具应随手放入工具袋；作业中的走道、通道板和登高用具，应随时清扫干净；拆卸下的物件及余料和废料均应及时清理运走，不得任意乱置或向下丢弃；传递物件禁止抛掷；上下立体交叉作业确有需要时，中间须设隔离设施。

11) 雨天和雪天进行高处作业时，必须采取可靠的防滑、防寒和防冻措施。凡水、冰、霜、雪均应及时清除。

12) 因作业必需，临时拆除或变动安全防护设施时，必须经施工负责人同意，并采取相应的可靠措施，作业后应立即恢复。

13) 高处作业安全设施的主要受力杆件，力学计算按一般结构力学公式，强度及挠度计算按现行有关规范进行，但钢受弯构件的强度计算不考虑塑性影响，构造上应符合现行的相应规范的要求。

14) 高处作业前，工程项目部应组织有关部门对安全防护设施进行验收，并作出验收记录，经验收合格签字后方可作业。

15) 攀登与悬空作业的安全防护必须符合《建筑施工高处作业安全技术规范》(JGJ 80—2016)的规定。

29.2 临边作业安全防护

29.2.1 临边作业的概念

在建筑工程施工中，当作业工作面的边缘没有维护设施或维护设施的高度低于 0.8m 时，这类作业称为临边作业。临边与洞口处在施工过程中是极易发生坠落事故的场合，在施工现场，这些地方不得缺少安全防护设施，见图 7-29-2 和图 7-29-3。

图 7-29-2　临边防护

图 7-29-3　基坑临边防护

29.2.2　防护栏杆的设置场合

应当设置防护栏杆的场合包括以下几个方面。

1) 基坑周边，尚未安装栏杆或栏板的阳台、料台与挑平台周边，雨篷与挑檐边，无外脚手的屋面与楼层周边及水箱与水塔周边等处，都必须设置防护栏杆。

2) 头层墙高度超过 3.2m 的二层楼面周边，以及无外脚手的高度超过 3.2m 的楼层周边，必须在外围架设安全平网一道。

3) 分层施工的楼梯口和梯段边，必须安装临时护栏。顶层楼梯口应随工程结构进度安装正式防护栏杆。

4) 井架与施工用电梯和脚手架等与建筑物通道的两侧边，必须设防护栏杆。地面通道上部应装设安全防护棚。双笼井架通道中间应予分隔封闭(图 7-29-4 和图 7-29-5)。

5) 各种垂直运输接料平台，除两侧设防护栏杆外，平台口还应设置安全门或活动防护栏杆。

图 7-29-4　电梯井口护栏

图 7-29-5　电梯护栏

29.2.3　防护栏杆措施要求

临边防护用的栏杆是由栏杆立柱和上下两道横杆组成的，上横杆称为扶手。栏杆的材料应按标准、规范的要求选择，选材时除须满足力学条件外，其规格尺寸和联结方式还应符合构造上的要求，应紧固而不动摇，能够承受突然冲击，阻挡人员在可能状态下的下跌和防止物料的坠落，还要有一定的耐久性。

防护栏杆应为两道横杆，上杆距地面高度应为1.2m，下杆应在上杆和挡脚板中间设置；当防护栏杆高度大于1.2m时，应增设横杆，横杆间距不应大于600mm；坡度大于1:2.2的屋面，防护栏杆应高于1.5m，并加挂安全立网；除经设计计算外，横杆长度大于2m，必须加设栏杆立柱；防护栏杆的横杆不应有悬臂，以免人员坠落时横杆头撞击伤人；栏杆的下部必须加设挡脚板；栏杆柱的固定及其与横杆的连接，其整体构造应使防护栏杆在上杆任何处，能经受任何方向的1000N外力。当栏杆所处位置有发生人群拥挤、车辆冲击或物体碰撞等可能时，应加大横杆截面或加密柱距。防护栏杆必须自上而下用安全立网封闭。搭设临边防护栏杆时，必须符合下列要求。

1) 栏杆柱的固定应符合下列要求。①当在基坑四周固定时，可采用钢管并打入地面50～70cm深，钢管离边口的距离，不应小于50cm，当基坑周边采用板桩时，钢管可打在板桩外侧。②当在混凝土楼面、屋面或墙面固定时，可用预埋件与钢管或钢筋焊牢；采用竹、木栏杆时，可在预埋件上焊接30cm长的L 50×5角钢，其上下各钻一孔，然后用10mm螺栓与竹、木杆件拴牢。③当在砖或砌块等砌体上固定时，可预先砌入规格相适应的80×6弯转扁钢作预埋铁的混凝土块，然后用上下方法固定。

2) 栏杆柱的固定及其与横向杆的连接，其整体构造应使防护栏杆在上杆任何处，能经受任何方向的1000N外力。当栏杆所处位置有发生人群拥挤、车辆冲击或物件碰撞等可能时，应加大横杆截面或加密柱距。

3) 防护栏杆必须自上而下用安全立网封闭，或在栏杆下边设置严密固定的高度不低于18cm的挡脚板或40cm的挡脚笆。挡脚板与挡脚笆上如有孔眼，不应大于25mm。板与笆下边距离底面的空隙不应大于10mm。接料平台两侧的栏杆，必须自上而下加挂安全立网或满扎竹笆。

4) 当临边的外侧面临街道时，除防护栏杆外，敞口立面必须采取满挂安全网或其他可靠措施做全封闭处理。

29.3 洞口作业安全防护

29.3.1 洞口作业的含义

在施工现场的建筑工程上往往存在着各式各样的洞口，在洞口旁的作业称为洞口作业。

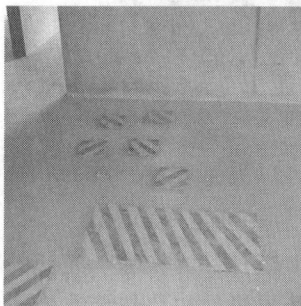

图 7-29-6 洞口防护

在水平方向的楼面、屋面、平台等上面短边小于25cm（大于2.5cm）的称为孔，短边尺寸等于或大于25cm的称为洞。在垂直于楼面、地面的垂直面上，高度小于75cm的称为孔，高度等于或大于75cm、宽度大于45cm的均称为洞。凡深度在2m及2m以上的桩孔、人孔、沟槽与管道等孔洞边沿上的高处作业都属于洞口作业范围。进行洞口作业及在因工程和工序需要而产生的、使人与物体有坠落危险和人身安全的其他洞口进行高处作业时，必须设置防护设施，见图7-29-6。

29.3.2 洞口防护设施设置场合

1) 各种板与墙的洞口，按其大小和性质分别设置牢固的盖板、防护栏杆、安全网或其他防坠落的防护设施。

2) 电梯井口应设置防护门，其高度不应小于 1.5m，防护门底端距地面高度不应大于 50mm，并应设置挡脚板。电梯井内每隔两层或最多 10m 设置一道安全平网（安全平网上的建筑垃圾应及时清除），也可以按当地习惯，在井口设置固定的格栅或采取砌筑坚实的矮墙等措施（图 7-29-7）。

3) 钢管桩、钻孔桩等桩孔口，柱基、条基等上口，未填土的坑、槽口，以及天窗和化粪池等处，都要作为洞口，采取符合有关规范的防护措施。

4) 施工现场与场地通道附近的各类洞口与深度在 2m 以上的敞口等处除设置防护设施与安全标志外，夜间还应设红灯示警。

5) 物料提升机上料口，应装设有联锁装置的安全门，同时采用断绳保护装置或安全停靠装置；通道口走道板应平行于建筑物满铺并固定牢靠，两侧边应设置符合要求的防护栏杆和挡脚板，并用密目式安全网封闭两侧。

6) 墙面等处的竖向洞口，凡落地的洞口应设置防护门或绑防护栏杆，下设挡脚板。低于 80cm 的竖向洞口，应加设 1.2m 高的临时护栏。

29.3.3 洞口安全防护措施要求

洞口作业时根据具体情况采取设置防护栏杆、加盖件、张挂安全网与装栅门等措施，见图 7-29-8。

> ➤ 电梯井口必须设高度不低于1.2m的金属防护门
> ➤ 在电梯施工前，电梯井道内应每隔2层且不大于10m加设一道安全平网。电梯井内的施工层上部，应设置隔离防护设施

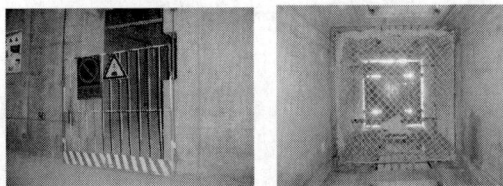

图 7-29-7　电梯井口防护　　　　图 7-29-8　主要出入口防护

1) 楼板面的洞口，可用竹、木等作盖板，盖住洞口。盖板须能保持四周搁置均衡，并有固定其位置的措施。

2) 短边小于 25cm（大于 2.5cm）的孔，应设坚实盖板并能防止挪动移位。

3) （2.25cm×25cm）～（50cm×50cm）的洞口，应设置固定盖板，保持四周搁置均衡，并有固定其位置的措施。

4) 短边边长为 50～150cm 的洞口，必须设置以扣件扣接钢管而成的网格，并在其上满铺竹笆或脚手板；也可采用贯穿于混凝土板内的钢筋构成防护网，钢筋网格间距不得大于 20cm。

5) 1.5m×1.5m 以上的洞口，四周必须搭设围护架，并设双道防护栏杆，洞口中间支挂水平安全网，网的四周拴挂牢固、严密。

6）墙面等处的竖向洞口，凡落地的洞口应加装开关式、工具式或固定式的防护门，门栅网格的间距不应大于 15cm，也可采用防护栏杆，下设挡脚板(笆)。

7）下边沿至楼板或底面低于 80cm 的窗台等竖向的洞口，若侧边落差大于 2m，则应加设 1.2m 高的临时护栏。

8）垃圾井道和烟道，应随楼层的砌筑或安装而消除洞口，或参照预留洞口做防护。管道井施工时，除按上述要求办理外，还应加设明显的标志。若有临时性拆移，则须经施工负责人核准，工作完毕后必须恢复防护设施。

9）位于车辆行驶道旁的洞口、深沟与管道坑、槽，所加盖板应能承受不小于当地额定卡车后轮有效承载力 2 倍的载荷。

10）下边沿至楼板或底面低于 80cm 的窗台等竖向洞口，若侧边落差大于 2m，则应加设 1.2m 高的临时护栏。

11）对邻近的人与物有坠落危险的其他竖向的孔口、洞口，均应加以防护，并有固定其位置的措施。

12）洞口应按规定设置照明装置的安全标志。

13）洞口防护栏杆的杆件及其搭设、防护栏杆的力学计算和防护设施的构造形式应符合《建筑施工高处作业安全技术规范》(JGJ 80—2016)的规定。

29.4　安全帽、安全带与安全网

建筑施工现场是高危险的作业场所，由于建筑行业的特殊性，高处作业中发生的高处坠落、物体打击事故的比例最大。许多事故都说明，正确佩戴安全帽、安全带或按规定架设安全网，可以避免伤亡事故，所以要求进入施工现场的人员必须戴安全帽，登高作业必须系安全带，必须按规定架设安全网。事实证明，使用安全帽、安全带、安全网是减少和防止高处坠落和物体打击这类事故发生的重要措施。建筑工人称安全帽、安全带、安全网为救命"三宝"(图 7-29-9)。目前，这 3 种防护用品都有产品标准。在使用时，应选择符合建筑施工要求的产品。

29.4.1　安全帽

安全帽是对人体头部受外力伤害(如物体打击)起防护作用的帽子(图 7-29-10)。使用时要注意以下几点。

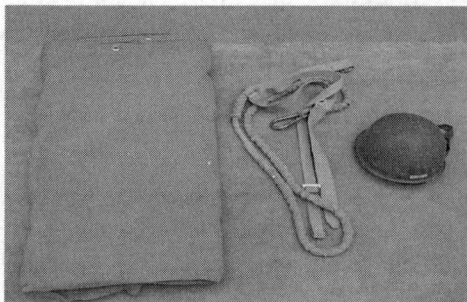

安全帽　很重要
现场纪律是首条
无论职务有多高
必须戴好不动摇

图 7-29-9　救命"三宝"　　　　图 7-29-10　安全帽

1）进入施工现场者必须戴安全帽。施工现场的安全帽应分色佩戴。

2）正确使用安全帽，不准使用缺帽衬及破损的安全帽。

3）安全帽应符合《头部防护　安全帽》(GB 2811—2019)的规定。应当选用经有关部门检验合格，其上有"安检"标志的安全帽。

4）戴帽前先检查外壳是否破损、有无合格帽衬、帽带是否齐全，如果不符合要求，则立即更换。

5）调整好帽箍、帽衬，系好帽带。

29.4.2　安全带

安全带是高处作业人员、悬空作业人员预防坠落伤亡的防护用品，建筑施工中的高处作业、攀登作业、悬空作业等操作人员都应系安全带。使用时要注意以下几点。

1）选用经有关部门检验合格、其上有"安鉴"标志的安全带，并保证在使用有效期内。

2）安全带严禁打结、续接。

3）使用中，要可靠地挂在牢固的地方，高挂低用，而且要防止摆动；安全带上的各种部件不得任意拆掉，避免明火和刺割。

4）2m 以上的悬空作业，必须使用安全带。

5）安全带使用不超过 1 年，使用单位应按购进批量的大小，选择一定比例的数量，做一次抽检，用 80kg 的沙袋做自由落体试验，若未破断可继续使用，但抽检的样带应更换新的挂绳才能使用；若试验不合格，购进的这批安全带就应报废。

6）安全带外观有破损或发现异味时，应立即更换。

7）安全带使用 3～5 年即应报废。

8）在无法直接挂设安全带的地方，应设置挂安全带的安全拉绳、安全栏杆等。

29.4.3　安全网

安全网是用来防止人、物坠落或用来避免、减轻坠落及物体打击伤害的网具（图 7-29-11）。目前，建筑工地所使用的安全网，按形式及作用可分为平网和立网两种。由于这两种网使用中的受力情况不同，它们的规格、尺寸和强度要求等也有所不同。平网是指其安装平面平行于水平面，主要用来承接人和物的坠落；立网是指其安装平面垂直于水平面，主要用来阻止人和物的坠落。

（1）安全网的构造和材料　安全网的材料要求比重小、强度高、耐磨性好、延伸率大和耐久性较强，还应有一定的耐气候性能，受潮、受湿后其强度下降不太大。目前，安全网以化学纤维为主要材料。同一张安全网上所有的网绳，都要采用同一材料，所有材料的湿干强力比不得低于75%。通常，多采用维纶和尼龙等合成化纤作网绳。丙纶由于性能不稳定，禁止使用。此外，只要符合国际有关规定的要求，也可采用棉、麻、

安全网　规定挂

高处有它才不怕

及时清除网中物

落物坠人可保驾

图 7-29-11　安全网

棕等植物材料作原料。不论用何种材料，每张安全平网的重量一般不宜超过 15kg，并要能承受 800N 的冲击力。

(2)密目式安全网　《建筑施工安全检查标准》(JGJ 59—2011)实施后，P-3×6 大网眼的安全平网就只能在电梯井里、外脚手架的跳板下面、脚手架与墙体间的空隙等处使用。密目式安全网(图 7-29-12)的目数为在网上任意一处的 $100cm^2$(10cm×10cm)的面积上，大于 2000 目。目前，生产密目式安全网的厂家很多，品种也很多，产品质量也参差不齐，为了能使用合格的密目式安全网，施工单位采购收货以后，可以做现场试验，除外观、尺寸、重量、目数等的检查以外，还要做以下两项试验。

1)贯穿试验。将 1.8m×6m 的安全网与地面呈 30°夹角放好，四边拉直固定。在网中心的上方 3m 的地方，用一根 φ48×3.5 的 5kg 重的钢管，自由落下，网不贯穿，即为合格；网贯穿，则为不合格。

2)冲击试验。将密目式安全网水平放置，四边拉紧固定。在网中心上方 1.5m 处，将一个 100kg 重的沙袋自由落下，网边撕裂的长度小于 200mm 即为合格。

用密目式安全网对在建工程外围及外脚手架的外侧全封闭，使施工现场从大网眼的平网作水平防护的敞开式防护、用栏杆或小网眼立网作防护的半封闭式防护，实现全封闭式防护。

(3)安全网防护　具体要求如下。

1)高处作业点下方必须设安全网。凡无外架防护的工程项目，必须在高度 4～6m 处设一层水平投影外挑宽度不小于 6m 的固定的安全网，应沿所施工建筑物每 3 层或高度不大于 10m 处设置一层水平防护，并同时设一道随墙体逐层上升的安全网。

2)施工现场应积极使用密目式安全网，架子外侧、楼层邻边井架等处用密目式安全网封闭栏杆，安全网放在杆件里侧，见图 7-29-13。

图 7-29-12　密目式安全网　　　　　　　图 7-29-13　电梯井内安全网防护

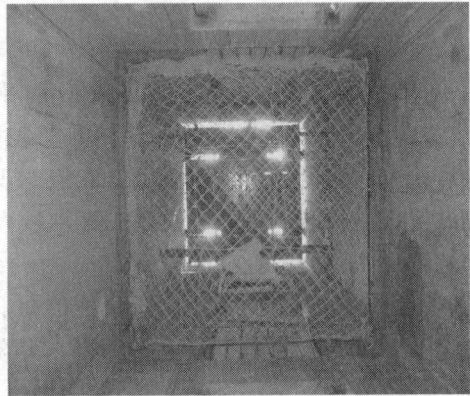

3)单层悬挑架一般只搭设一层脚手板为作业层，故须在紧贴脚手板下部挂一道平网作防护层，若在脚手板下挂平网有困难，也可沿外挑斜立杆的密目式安全网里侧斜挂一道平网，作为人员坠落的防护层。

4)单层悬挑架包括防护栏杆及斜立杆部分，全部用密目式安全网封严。多层悬挑架上搭设的脚手架，用密目式安全网封严。

5)架体外侧用密目式安全网封严。

6)安全网作防护层必须封挂严密牢靠，密目式安全网用于立网防护、水平防护时必须采用平网，不准用立网代替平网。

7)安全网应绷紧扎牢拼接严密，不使用破损的安全网。

8)安全网必须有产品生产许可证和质量合格证，不准使用无证、不合格产品。

9)安全网若有破损、老化应及时更换。

10)安全网与架体连接不宜绷得太紧，系结点要沿边分布均匀、绑牢。

29.5　职业卫生防护

建筑行业常见的职业危害有粉尘危害、锰中毒、苯中毒、放射性伤害、振动伤害和噪声伤害等。为保护职工的身体健康，消除职业危害，防止职业病的发生，必须针对具体情况，采取相应的职业卫生防护措施，把现场作业场所的危害降低到国家标准的限值以内。

29.5.1　降(防)尘措施

在建筑施工中，材料的搬运使用、石材的加工、建筑物的拆除等均可产生大量的矿物性粉尘，长期吸入这样的粉尘可发生硅肺病。施工现场粉尘主要是含游离的二氧化硅粉尘、水泥尘(硅酸盐)、石棉尘、木屑尘、电焊尘、金属粉尘引起的粉尘；主要受危害的工种有混凝土搅拌司机、水泥上料工、材料试验工、平刨机工、金属除锈工、石工、风钻工、电(气)焊等。

(1)作业场所防护措施　具体如下。

1)水泥除尘措施。在搅拌机拌筒出料口处安装胶皮护罩，挡住粉尘外扬；在拌筒上方安装吸尘罩，将拌筒进料口飞起的粉尘吸走；在地面料斗侧向安装吸尘罩，将加料时扬起的粉尘吸走，通过风机将上述空气吸走的粉尘先后送入旋风滤尘器，再通过滤尘器内水浴将粉尘降落，用水冲入蓄积池。

2)木屑除尘措施。在每台加工机械尘源上方或侧向安装吸尘罩，通过风机作用，将粉尘吸入输送管道，再送到蓄料仓内，可达到各作业点的粉尘浓度降至 $2mg/m^3$ 以下。

3)金属除尘措施。用抽风机或通风机将粉尘抽至室外，净化处理后排放。

(2)个人防护措施　具体如下。

1)落实相关岗位的持证上岗，给施工作业人员提供扬尘防护口罩，杜绝施工操作人员的超时工作。

2)检查措施：在检查项目工程安全的同时，检查工人作业场所的扬尘防护措施的落实，检查个人扬尘防护措施的落实，每月不少于一次，并指导施工作业人员减少扬尘的操作方法和技巧。

29.5.2　防生产性毒物措施

建筑施工过程中经常接触到多种有机溶剂，如防水施工中经常接触到苯、甲苯、二甲苯、苯乙烯等；喷漆作业除经常接触到苯、苯系物外，还可接触到醋酸乙酯、氨类、甲苯二氰酸等。这些有机溶剂的沸点低，极易挥发，在使用过程中挥发到空气中的浓度可以达到很高，极易发生急性中毒和中毒死亡事故。主要受危害的工种有防水工、油漆工、喷漆工、电焊工、气焊工等。

(1)作业场所防护措施　具体如下。

1)防铅毒措施。允许浓度：铅烟为 $0.03mg/m^3$，铅尘为 $0.05mg/m^3$。超标时须采取措施。采用抽风机或鼓风机升压将铅烟、铅尘抽至室外，进行净化处理后排放。以无毒、低毒物物料代替铅丹，消除铅源。

2)防锰中毒措施。集中焊接场所，用抽风机将锰尘吸入管道，过滤净化后排放；分散焊接点，可设置移动式锰烟除尘器，将吸尘罩设在焊接作业人员上方，及时吸走焊接时产生的锰烟尘，见图 7-29-14。

图 7-29-14　现场防毒

3)防苯毒措施。允许浓度：苯为 $40mg/m^3$ 以下，甲苯和二甲苯为 $100mg/m^3$ 以下。超标时须应采取措施。喷漆，可采用密闭喷漆间，工人在喷漆间外操纵微机控制，用机械手自动作业，以达到质量好且对人无危害的目的；通风不良的地下室、污水池内涂刷各种防腐涂料等作业，必须根据场地大小，用多台抽风机把苯等有害气体抽出室外，减少连续配料时间，防止苯中毒和铅中毒；涂刷冷沥青，凡在通风不良的场所和容器内涂刷冷沥青时，必须采取机械送风、送氧及抽风措施，不断稀释空气中的毒物浓度。

(2)个人防护措施　具体如下。

1)作业时佩戴有害气体防护口罩、眼睛防护罩，杜绝违章作业，采取轮流作业，杜绝施工操作人员超时工作。

2)在检查项目工程安全的同时，检查落实工人作业场所的通风情况及个人防护用品的佩戴，及时制止违章作业。

3)提高中毒事故中职工自救与救人的能力。

29.5.3　噪声与振动

建筑施工中使用的机械工具及一些动力机械可以产生较强的噪声和局部的振动，长期接触噪声可损害人的听力，严重时可造成噪声性耳聋。施工现场噪声主要来源于钻孔机、电锯、振捣器、搅拌机、电动机、空压机、钢筋加工机械、木工加工机械等；主要受危害的工种有混凝土振动棒工、打桩工、推土机工、平刨工等。

预防措施包括在各种机械设备排气口安装消声器、在室内用多孔材料进行吸声或对发声的物体、场所与周围进行隔绝。

施工现场振动主要产生自钻孔机、电锯、振捣器、混凝土振动棒、风钻、打桩机、推土机、挖掘机等；主要受危害的工种有混凝土振动棒工、风钻工、打桩机司机、推土机司机、挖掘机司机等。

(1)作业场所防护措施　具体如下。

1)在作业区设置防职业病警示标志。

2)在振源与需要防振的设备之间，安装具有弹性性能的隔振装置，使振源产生的大部分振动被隔振装置所吸收。

3)改革生产工艺，降低噪声。

4)有些手持振动工具的手柄应包扎泡沫塑料等隔振垫，工人操作时戴好专用防振手套，也可减少振动的危害。

(2)个人防护措施 具体如下。

1)为施工操作人员提供劳动防护耳塞，采取轮流作业，杜绝施工操作人员超时工作。

2)直接操作振动机械可能引起的手臂振动病的机械操作工，要持证上岗，使用振动机械防护手套，采取延长换班休息时间，杜绝作业人员超时工作。

3)在检查工程安全的同时，检查落实警示标志的悬挂、作业场所的降噪声措施、工人佩戴防护耳塞与防振手套、工作时间不超时等情况。

29.5.4 高温中暑的预防控制措施

(1)作业场所防护措施 具体如下。

1)调整作息时间，避免高温期间作业，对有条件的作业场地可搭设遮阳棚等防护设施。

2)在高温期间，为工人备足饮用水或绿豆汤、防中暑药品及相关器材。

(2)个人防护措施 具体如下。

1)减少工人工作时间，尤其是延长中午休息时间。

2)夏季施工，在检查工程安全的同时，检查落实饮用水、防中暑物品的配备，工人劳逸是否适宜。

3)提高中暑情况发生时工人自救与救人的能力。

复习思考题

1. 高处作业的含义是什么？如何分级？

2. 什么是临边作业和洞口作业？它们的主要防护措施有哪些？

3. 试述救命"三宝"的使用要求。

4. 施工现场常见的职业伤害有哪几种？应如何防范？

单元 8

施工机械与安全用电管理

本单元主要介绍塔式起重机、物料提升机、施工升降机等常用施工机械的安全技术管理要求；建筑工程施工安全用电与现场临时用电的管理、检查与验收要求。

30 垂直运输机械安全技术管理

【知识目标】

了解常用塔式起重机、物料提升机、施工升降机的性能；熟悉起重吊装、塔式起重机、物料提升机、施工升降机专项施工方案编制的相关知识；熟悉塔式起重机、物料提升机、施工升降机的安全装置；掌握塔式起重机、物料提升机、施工升降机安装、验收及拆除安全技术要求；掌握塔式起重机、物料提升机、施工升降机安全管理知识；熟悉常用的起重吊装机械，掌握起重吊装安全管理知识；熟悉常用施工机械的安全使用及安全防护知识。

【能力目标】

能阅读和参与编写、审查塔吊安装与拆除专项施工方案，并能提出自己的见解和意见；能阅读和参与编写、审查物料提升机与外用电梯的安装与拆除施工专项施工方案，并能提出自己的见解和意见；能阅读和编写、审查起重吊装专项施工方案，并能提出自己的见解和意见。

垂直运输机械在建筑施工中担负施工现场垂直运(输)送材料设备和人员上下的重要工作，它是施工安全技术措施中不可缺少的重要环节。垂直运输设施种类繁多，一般归纳为塔式起重机、物料提升机、施工升降机、混凝土泵和小型提升机械五大类。

爬升式塔式起重机的爬升过程　　　　　　把杆施工

30.1　塔式起重机

塔式起重机是一种塔身直立、起重臂铰接在塔帽下部、能够作360°回转的起重机，通常用于房屋建筑和设备安装等场所，具有适用范围广、起升高度高、回转半径大、工作效率高、操作简便、运转可靠等特点(图8-30-1)。

由于塔式起重机机身较高，其稳定性较差，并且拆、装、转移较频繁及技术要求较高，也给施工安全带来一定影响，操作不当或违章装、拆，极有可能发生塔机倾覆的机毁人亡事故，造成严重的人身伤亡和经济损失。因此，机械操作、安装、拆卸人员和机械管理人员必须全面掌握塔式起重机的

图 8-30-1　塔式起重机

技术性能，在思想上引起高度重视，在业务上掌握正确的安装、拆卸、操作方法，保证塔式起重机的正常运行，确保安全生产。

30.1.1　塔式起重机的安全装置

为了确保安全作业，防止发生意外，塔式起重机配备了各类安全防护装置（图 8-30-2）。其安全防护装置主要有以下几类。

图 8-30-2　塔式起重机的安全防护装置

(1)起重力矩限制器　其主要作用是防止塔式起重机超载，避免发生塔式起重机由于严重超载而倾覆或折臂等恶性事故。

(2)起重量限制器　用以防止塔式起重机的吊物重量超过最大额定载荷，避免发生机械损坏事故。

(3)起升高度限制器　用来限制吊钩接触到起重臂头部或与载重小车之前，或是下降到最低点（地面或地面以下若干米）以前，使起升机构自动断电并停止工作。

(4)幅度限位器　动臂式塔式起重机的幅度限制器用以防止臂架在变幅时，变幅到仰角极限位置时切断变幅机构的电源，使其停止工作，同时还设有机械止挡，以防臂架因起幅中的惯性而后翻。小车运行变幅式塔式起重机的幅度限制器用来防止运行小车超过最大或最小幅度的两个极限位置。一般来说，小车变幅限位器安装在臂架小车运行轨道的前后两端，用行程开关控制。

(5)行走限制器　是行走式塔式起重机的轨道两端尽头所设的止挡缓冲装置，利用安装在台车架上或底架上的行程开关碰撞到轨道两端前的挡块切断电源来达到塔式起重机停止行走，防止脱轨造成塔式起重机倾覆事故。

(6)钢丝绳防脱槽装置　主要用来防止当传动机构发生故障时，造成钢丝绳不能够在卷筒上顺排，以致越过卷筒端部凸缘，发生咬绳等事故。

(7)回转限制器　有些上回转的塔式起重机安装了回转不能超过 270° 或 360° 的限制器，防止电源线扭断，造成事故。

(8)风速仪　自动记录风速，当风速超过六级时自动报警，操作司机可及时采取必要的防范措施，如停止作业、放下吊物等。

(9)电气控制中的零位保护和紧急安全开关　所谓零位保护,是指塔机操纵开关与主令控制器连锁,只有在全部操纵杆处于零位时,开关才能接通,从而防止无意操作。紧急安全开关是一种能及时切断全部电源的安全装置。

(10)夹轨钳　装设在台车金属结构上,用以夹紧钢轨,防止塔式起重机在大风情况下被风吹动而行走造成塔式起重机出轨倾翻事故。

(11)吊钩保险　是安装在吊钩挂绳处的一种防止起重千斤绳由于角度过大或挂钩不妥时,造成起吊千斤绳脱钩、吊物坠落事故的装置。吊钩保险一般采用机械卡环式,用弹簧来控制挡板,阻止千斤绳脱钩。

30.1.2　塔式起重机的安装与拆卸

(1)施工方案与资质管理　特种设备(塔式起重机、井架、龙门架、施工电梯等)的安装与拆卸必须编制具有针对性的施工方案,内容应包括工程概况、施工现场情况、安装前的准备工作及注意事项、安装与拆卸的具体顺序和方法、安装和指挥人员组织、安全技术要求及安全措施等。

塔式起重机装拆企业,必须具备装拆作业的资质,作业人员必须经过专门培训并取得上岗证。

塔式起重机安装调试完毕,还必须进行自检、试车及验收,按照检验项目和要求注明检验结果。检验项目应包括特种设备主体结构组合、安全装置的检测、起重钢丝绳与卷筒、吊物平台篮或吊钩、制动器、减速器、电器线路、配重块、空载试验、额定载荷试验、110%的载荷试验、经调试后各部位运转情况、检验结果等。塔机验收合格后,才能交付使用。

(2)安装拆卸的安全注意事项　具体如下。

1)对装拆人员的要求:①参加塔式起重机装拆的人员,必须经过专业培训考核,持有效的操作证上岗;②装拆人员严格按照塔式起重机的装拆方案和操作规程中的有关规定、程序进行装拆;③装拆作业人员严格遵守施工现场安全生产的有关制度,正确使用劳动保护用品。

2)对塔式起重机装拆的管理要求:①装拆塔式起重机的施工企业,必须具备装拆作业的资质,并且按装拆塔式起重机资质的等级进行装拆相应的塔式起重机;②施工企业必须建立塔式起重机的装拆专业班组,并且配有起重工(装拆工)、电工、起重指挥、塔式起重机操作司机和维修钳工等;③进行塔式起重机装拆,施工企业必须编制专项的装拆安全施工组织设计和装拆工艺要求,并经过企业技术主管领导的审批;④塔式起重机装拆前,必须向全体作业人员进行装拆方案和安全操作技术的书面和口头交底,并履行签字手续。

30.1.3　塔式起重机使用安全要求

使用前必须制定特种设备管理制度,包括设备经理的岗位职责、起重机管理员的岗位职责、起重机安全管理制度、起重机驾驶员岗位职责、起重机械安全操作规程、起重机械的事故应急措施救援预案、起重机械装拆安全操作规程等。

1)起重机的安装、顶升、拆卸必须按照原厂规定进行,并制定安全作业措施,由专业队(组)在队(组)长统一指导下进行,并要有技术人员和安全人员在场监护。

2)起重机安装后,在无载荷情况下,塔身与地面的垂直度偏差值不得超过 3/1000。

3)起重机专用的临时配电箱,宜设置在轨道中部附近,电源开关应符合要求。电缆卷筒必须运转灵活、安全可靠,不得拖缆。

4)起重机轨道应进行接地、接零。塔吊的重复接地应在轨道的两端各设一组,对较长的轨道,每隔不大于 30m 再加一组接地装置。其中两条轨道之间应用钢筋或扁铁等作环形电气连接,轨道与轨道的接头处应用导线跨接形成电气连接。塔吊的保护接零和接地线必须分开。

5)起重机必须安装行走、变幅、吊钩高度等限位器和力矩限制器等安全装置,并保证灵敏可靠。对有升降式驾驶室的起重机,断绳保护装置必须可靠。

6)起重机的塔身上不得悬挂标语牌。

7)轨道应平直、无沉陷,轨道螺栓无松动,排除轨道上的障碍物,松开夹轨器并向上固定好。

8)作业前重点检查:①机械结构的外观情况,各传动机构正常;②各齿轮箱、液压油箱的油位应符合标准;③主要部位螺栓连接应无松动;④钢丝绳磨损情况及穿绕滑轮应符合规定;⑤供电电缆应无破损(图 8-30-3)。

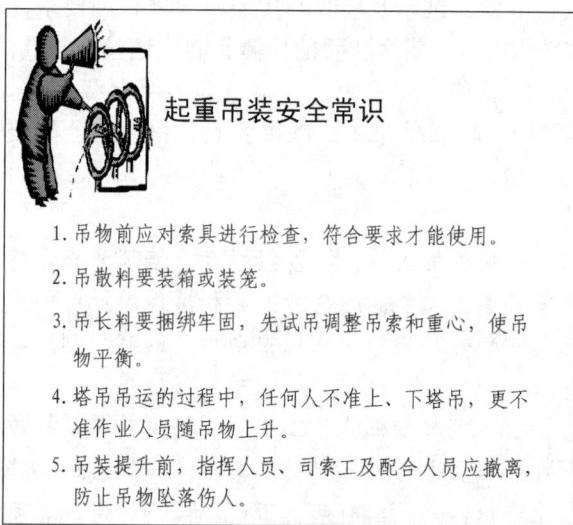

起重吊装安全常识

1.吊物前应对索具进行检查,符合要求才能使用。

2.吊散料要装箱或装笼。

3.吊长料要捆绑牢固,先试吊调整吊索和重心,使吊物平衡。

4.塔吊吊运的过程中,任何人不准上、下塔吊,更不准作业人员随吊物上升。

5.吊装提升前,指挥人员、司索工及配合人员应撤离,防止吊物坠落伤人。

图 8-30-3　起重机吊装安全常识

9)在中波无线电广播发射天线附近施工时,与起重机接触的人员,应穿戴绝缘手套和绝缘鞋。

10)检查电源电压达到 380V,其变动范围不得超过 20V、-10V,送电前启动控制开关应在零位。接通电源,检查金属结构部分无漏电方可上机。

11)空载运转,检查行走、回转、起重、变幅等各机构的制动器、安全限位、防护装置等确认正常后,方可作业。

12)操纵各控制器时应依次逐级操作,严禁越挡操作。在变换运转方向时,应将控制器转到零位,待电动机停止转动后,再转向另一方向。操作时力求平稳,严禁急开急停。

13)吊钩提升接近臂杆顶部、小车行至端点或起重机行走接近轨道端部时,应减速缓行至停止位置。吊钩距臂杆顶部不得小于 1m,起重机距轨道端部不得小于 2m。

14)动臂式起重机的起重、回转、行走 3 种动作可以同时进行,但变幅只能单独进行。每次变幅后应对变幅部位进行检查。允许带载变幅的小车变幅式起重机在满载荷或接近满载荷时,只能朝幅度变小的方向变幅。

15)提升重物后,严禁自由下降。重物就位时,可用微动机构或使用制动器使之缓慢下降。

16)提升的重物平移时,应高出其跨越的障碍物 0.5m 以上。

17) 两台或两台以上塔吊靠近作业时，应保证两机之间的最小防碰安全距离：①移动塔吊，任何部位(包括起吊的重物)之间的距离不得小于 5m；②两台同是水平臂架的塔吊，臂架与臂架的高差至少应不小于 6m；③处于高位的起重机(吊钩升至最高点)与低位的起重机之间，在任何情况下，其垂直方向的间距不得小于 2m。

18) 当因场地作业条件的限制，施工不能满足要求时，应同时采取两种措施。①组织措施：对塔吊作业及行走路线进行规定，由专设的监护人员进行监督执行。②技术措施：应设置限位装置缩短臂杆、升高(下降)塔身等措施，防止塔吊因误操作而造成的超越规定的作业范围，发生碰撞事故。

19) 旋转臂架式起重机的任何部位或被吊物边缘于 10kV 以下的架空线路边线最小水平距离不得小于 2m，塔式起重机活动范围应避开高压供电线路，相距应不小于 6m，当塔吊与架空线路之间小于安全距离时，必须采取防护措施，并悬挂醒目的警告标志牌，夜间施工应用 36V 彩色灯泡(或红色灯泡)照明。当起重机作业半径在架空线路上方经过时，其线路的上方也应有防护措施。

20) 主卷扬机不安装在平衡臂上的上旋式起重机作业时，不得顺一个方向连续回转。

21) 装有机械式力矩限制器的起重机，在每次变幅后，必须根据回转半径和该半径时的允许载荷，对超载荷限位装置的吨位指示盘进行调整。

22) 弯轨路基必须符合规定要求，起重机转弯时应在外轨轨面上撒上沙子，内轨轨面及两翼涂上润滑脂，配重箱转至转弯外轮的方向；严禁在弯道上进行吊装作业或吊重物转弯。

23) 作业后，起重机应停放在轨道中间位置，臂杆应转到顺风方向，并放松回转制动器。小车及平衡重应移到非工作状态位置。吊钩提升到离臂杆顶端 2~3m 处。

24) 将每个控制开关拨至零位，依次断开各路开关，关闭操作室门窗，下机后切断电源总开关，打开高空指示灯。

25) 锁紧夹轨器，使起重机与轨道固定，遇八级大风时，应另拉缆风绳与地锚或建筑物固定。

26) 任何人员上塔帽、吊臂、平衡臂的高空部位检查或修理时，必须佩戴安全带。

27) 塔式起重机司机属特种作业人员，必须经过专门培训，取得操作证。司机学习塔型与实际操纵的塔型应一致，严禁未取得操作证的人员操作塔吊。

28) 塔式起重机司机及指挥人员必须遵守塔式起重作业操作规程，坚持起重作业"十不准吊"原则(图 8-30-4)。

起重作业"十不准吊"

1. 被吊物重量超过机械性能允许范围不准吊。
2. 吊物下方有人不准吊。
3. 信号不清楚不准吊。
4. 吊物上站人不准吊。
5. 埋在地下物不准吊。
6. 斜拉斜牵物不准吊。
7. 散物捆扎不牢不准吊。
8. 零小物无容器不准吊。
9. 吊物重量不明、吊索具不符合规定不准吊。
10. 六级以上强风不准吊。

图 8-30-4 起重作业"十不准吊"

29)指挥人员必须经过专门培训，取得指挥证，严禁无证人员指挥。

30)高塔作业应结合现场实际改用旗语或对讲机进行指挥。

31)塔式起重机司机必须严格按照操作规程的要求和规定执行，上班前例行保养、检查，一旦发现安全装置不灵敏或失效必须进行整改，符合安全使用要求后方可作业。

30.2　物料提升机

物料提升机包括井式提升架(简称"井架")、龙门式提升架(简称"龙门架")、塔式提升架(简称"塔架")和独杆升降台等，都是较为常见的垂直提升设备。

塔架是一种采用类似塔式起重机的塔身和附墙构造、两侧悬挂吊笼或混凝土斗、可自升的物料提升架。此外，还有一种用于烟囱等高耸构筑物施工的、随作业平台升高的井架式物料提升机，同时供人员上下使用，在安全设施方面须相应加强，如增加限速装置和断绳保护等，以确保人员上下的安全。

30.2.1　物料提升机安全防护装置

(1)安全停靠装置　当吊篮运行到位时，该装置应能可靠地将吊篮定位，并能承担吊篮自重、额定荷载及运卸料人员和装卸物料时的工作荷载。此时，起升钢丝绳应不受力。安全停靠装置的形式不一，有机械式、电磁式、自动型或手动型等。

(2)断绳保护装置　吊篮在运行过程中发生钢丝绳突然断裂或钢丝绳尾端固定点松脱，吊篮会从高处坠落，严重的将造成机毁人亡的后果。断绳保护装置就是当上述情况发生时，此装置立即启动，将吊篮卡在架体上，使吊篮不坠落，避免发生严重的事故。断绳保护装置的形式较多，常见的是弹闸式，另外还有偏心夹棍式、杠杆式和挂钩式等。无论哪种形式，都应能可靠地将吊篮在下坠时固定在架体上，其最大滑落行程，在吊篮满载时不得超过 1m。

(3)吊篮安全门　吊篮的上下料口处应装设安全门，此门应制成自动开启型。当吊篮落地或停层时，安全门能自动打开，而在吊篮升降运行中此门处于关闭状态，成为一个四边都封闭的"吊篮"，以防止所运载的物料从吊篮中滚落。

(4)楼层口通道安全门　物料提升机与各楼层进料口一般均搭设运料通道。在楼层进料口与运料通道的结合处必须设置通道安全门，此门在吊篮上下运行时应处于常闭状态，只有在卸运料时才能打开，以保证施工作业人员不在此处发生高处坠落事故。此门的设置应设在楼层口，与架体保持一段距离，不能紧靠物料提升机架体。门高度宜在 1.8m，其强度应能承受 $1kN/m^2$ 水平的荷载。

(5)上料口防护棚　物料提升机地面进料口是运料人员经常出入和停留的地方，吊篮在运行过程中易发生落物伤人事故，因此搭设上料口防护棚是防止落物伤人的有效措施。

上料口防护棚应设在提升机地面进料口的上方，其宽度应大于提升机架体最外部尺寸，两边对称，长度不得小于 1m；低架提升机应大于 3m，高架提升机应大于 5m。其顶部材料强度应能承受 10kPa 的均布载荷。采用 50mm 厚木板架设，或采用两层竹笆、上下竹笆间距应不小于 600mm。

上料口防护棚的搭设应形成一相对独立的架体，不得借助提升机架体或脚手架立杆作为防护棚的传力杆件，以避免提升机或脚手架产生附加力矩，保证提升机或脚手架的稳定。

(6)上极限限位器　是为防止司机误操作或机械、电气故障而引起吊篮上升高度失控造成事故而设置的安全装置。该装置应能有效控制吊篮允许提升的最高极限位置，此极限位置应控制在天梁最低处以下。当吊篮上升达到极限位置时，限位器立即启动，切断电源，使吊篮只能下降，不能上升。

(7)紧急断电开关　应设在司机便于操作的位置，在紧急情况下，能及时切断提升机的总控制电源。

(8)信号装置　该装置由司机控制，能与各楼层进行简单的音响或灯光联络，以确定吊篮的需求情况。

高架提升机除应满足上述安全装置外，还应满足以下要求。

1) 下极限限位器：该装置是控制吊篮下降最低极限位置的装置。在吊篮下降到最低限定位置时，即吊篮下降至尚未碰到缓冲器之前，此限位器自动切断电源，并使吊篮在重新启动时只能上升，不能下降。

2) 缓冲器：在架体底部坑内设置的，为缓解吊篮下坠或下极限限位器失灵时产生的冲击力的一种装置。该装置应能承受并吸收吊篮满载时和规定速度下所产生的相应冲击力。缓冲器可采用弹簧或弹性实体。

3) 超载限制器：此装置是为保证物料提升机在额定载重量之内安全使用而设置的。当载荷达到额定载荷时，即发出报警信号，提醒司机和运料人员注意。当载荷超过额定载荷时，该装置应能切断电源，使吊篮不能启动。

4) 通信装置：由于架体高度较高，吊篮停靠楼层数较多，司机不能清楚地看到楼层上人员需要或分辨不清哪层楼面发出信号时，必须装设通信装置。通信装置必须是一个闭路的双向电气通信系统，司机应能听到或看清每一站的需求联系，并能与每一站人员通话。当低架提升机的架设是利用建筑物内部垂直通道(如采光井、电梯井、设备或管道井)时，在司机不能看到吊篮运行情况下，也应该装设通信装置。

30.2.2　物料提升机的安装与拆除

(1)物料提升机安装前的准备工作　具体如下。

1) 根据施工现场工作条件及设备情况编制架体的安装方案。

2) 安装与拆除作业前，应对作业人员根据方案进行安全技术交底，确定指挥人员。提升人员必须持证上岗。

3) 划定安全警戒区域，指定监护人员，非工作人员不得进入警戒区域。

4) 厂家生产的提升机应有产品铭牌，标明额定起重量、最大提升速度、最大架设高度、制造单位、产品编号及出厂日期。物料提升机出厂前，应按规定进行检验，并附合格证，经建筑安全监督管理部门核验，颁发产品准用证，方可出厂。

5) 提升机架体实际安装高度不得超出设计所允许的最大高度，并做好以下检查：①金属结构的成套性和完好性；②提升机构是否完整良好，电气设备是否齐全可靠；③基础位置和做法是否符合要求；④地锚位置、连墙杆(附墙杆)连接埋件的位置是否正确和埋设牢靠；⑤提升机周围环境条件有无影响作业安全的因素，尤其是缆风绳是否跨越或靠近外电线路及其他架空输电线路。必须靠近时，应保证最小安全操作距离并采取相应的安全防护措施。其最小安全操作距离如表 8-30-1 所示。

表 8-30-1　缆风绳距外电线路最小安全操作距离

外电线路电压/kV	1 以下	1～10	35～110	154～220	330～500
最小安全操作距离/m	4	6	8	10	15

(2)架体安装

1)每安装 2 个标准节(一般不大于 8m)，应采取临时支撑或临时缆风绳固定。

2)安装龙门架时，两边立柱应交替进行，每安装 2 节，除将单肢柱进行临时固定外，尚应将两立柱横向连接成一体。

3)装设摇臂把杆时，应符合以下要求：①把杆不得装在架体的自由端；②把杆底座要高出工作面，其顶部不得高出架体；③把杆与水平面夹角应在 45°～70°之间，转向时不得碰到缆风绳；④把杆应安装保险钢丝绳。起重吊钩应采用符合规定的吊具并设置吊钩上极限限位装置。

4)架体安装完毕后，企业必须组织有关职能部门和人员对提升机进行试验和验收，检查验收合格，并挂上验收合格牌后，方能交付使用。

(3)安装精度　应符合以下规定。

1)新制作的物料提升机架体安装的垂直偏差，最大不应超过架体高度的 1.5‰；多次使用过的提升机，在重新安装时，其偏差不应超过 3‰，并不得超过 200mm。

2)井架截面内，两对角线长度公差不得超过最大边长的名义尺寸的 3‰。

3)导轨接点截面错位不大于 1.5mm。

4)吊篮导靴与导轨的安装间隙，应控制在 5～10mm 以内。

(4)架体拆除　具体要求如下。

1)拆除前应做必要的检查，其内容包括：①查看物料提升机与建筑物的连接情况，是否有脚手架连接的现象；②查看物料提升机架体有无其他牵拉物；③临时缆风绳及地锚的设置情况；④架体或地梁与基础的连接情况。

2)在拆除缆风绳或附墙架前，应先设置临时缆风绳或支撑，确保架体自由高度不得大于 2 个标准节(一般不大于 8m)。

3)拆除作业中，严禁从高处向下抛掷物件。

4)拆除作业宜在白天进行，夜间确须作业的，应有良好的照明。因故中断作业时，应采取临时稳固措施。

30.2.3　物料提升机的安装验收管理

物料提升机的安装验收管理包括以下几个方面的内容。

1)井架的安装应采取分段验收的方式进行，即必须符合《龙门架及井架物料提升机安全技术规范》(JGJ 88—2010)和专项安装施工方案的要求。

2)基础验收。①高架井架的基础应符合设计和产品使用规定。②低架井架基础必须达到下列要求：土层压实后的承载力不小于80kPa，混凝土强度不小于C20，厚度不小于300mm，浇注后基础表面应平整，水平度偏差不大于10mm。③基础地梁（或基础杆件）与基础（及预埋件）安装连接验收。

3) 龙门架、井架安装验收范围，包括：结构的连接、垂直度、附着装置或缆风绳，安全装置，吊篮，层楼通道、防护门、电气控制系统等。井架初次安装后如须升节，则每次升节后必须重新组织验收。

4) 龙门架、井架专项安装施工方案的编制人员必须参与各阶段的验收，确认符合要求，并签署意见后，方可进行后续安装及投入使用。

5) 检查验收中如发现龙门架、井架不符合设计或有关规范规定的，必须落实整改。对检查验收的结果及整改情况，应按时记录，并由参加验收人员签名留档保存。

6) 龙门架、井架的基础及预埋件应按"隐蔽工程验收"程序进行验收，基础的混凝土应有强度实验报告，并将这些资料存入安全保障体系管理资料中；井架的其他验收，应严格以《龙门架及井架物料提升机安全技术规范》(JGJ 88—2010)为指导，按照"施工现场安全生产保证体系"中对龙门架与井架搭设的验收内容进行验收及扩项验收。

7) 龙门架、井架采用租赁形式或由专业施工单位进行安装的，安装单位除必须履行上述分段安装验收手续以外，使用前必须办理验收和移交手续，由安装单位和使用单位双方进行签字认可。

8) 龙门架、井架验收合格后，应在架体醒目处悬挂验收合格牌、限载牌和安全操作规程牌。

30.2.4　物料提升机的安全使用与管理

1) 物料提升机安装后，应由主管部门组织有关人员按有关规范和设计要求进行检查验收，验收单位应有量化验收内容，并有定量记录。参加验收的有关责任人应在验收合格单上签字，确定合格后出具使用证，方可交付使用。

2) 施工单位应根据物料提升机的类型制定安全操作规程，建立设备技术档案，建立管理制度及检修保养制度，由专职机构和专职人员管理提升机。

3) 物料提升机司机应经专门培训，持证上岗。物料提升机司机要相对稳定，而且每班开机前，应对卷扬机、钢丝绳、地锚、缆风绳进行检查，并进行空车运行，确认安全装置安全可靠后方能投入工作。

4) 每月进行一次定期检查。

5) 钢丝绳应经常进行维护保养，防止钢丝绳锈蚀、缺油，钢丝绳磨损超过报废标准的不得继续使用。钢丝绳过路段不得外露，应采用挖沟盖板等保护措施。钢丝绳运行时与地面应保持一定距离，避免钢丝绳外层绳股磨损。

6) 在任何情况下，严禁人员攀登、穿越提升机架体和乘坐吊篮上下。

7) 物料在吊篮内应均匀分布，不得超出吊篮，严禁超载使用。

8) 设置灵敏可靠的通信装置，司机在联络信号不明时不得开机，作业中不论任何人发出紧急停车信号，均应立即执行。

9) 闭合主电源前或作业中突然断电，应将所有开关拨回零位。在重复作业前，应在确认提升机动作正常后方可继续使用。

10）发现安全装置、通信装置失灵时，应立即停机修复。作业中不得随意使用极限限位装置。

11）装设摇臂把杆的物料提升机，吊篮与摇臂把杆不得同时使用。

12）提升机在工作状态下，不得进行保养、维修、排除故障等工作，若要进行则应切断电源并在醒目处挂"有人检修、禁止合闸"的标志牌，必要时应设专人监护。

13）卷扬机应安装在平整坚实的位置上，宜远离危险作业区，视野应良好。因施工条件限制，卷扬机安装位置距施工作业区较近时，其操作棚的顶部应按规定的防护棚要求架设。

14）作业结束时，司机应降下吊篮，切断电源，锁好控制电箱门，防止其他无证人员擅自启动提升机。

30.3　施工升降机

施工升降机又称为施工电梯，是高层建筑施工中运送施工人员及建筑材料和工具设备的重要的垂直运输设施。它是一种使工作笼（吊笼）沿导轨做垂直（或倾斜）运动的机械。它在中、高层建筑施工中采用较为广泛，另外还可作为仓库、码头、船坞、高塔、高烟囱长期使用的垂直运输机械。

30.3.1　施工升降机的安全装置

(1)限速器　齿条驱动的建筑施工升降机，为了防止吊笼坠落，均装有锥鼓式限速器，并可分为单向式和双向式两种，单向限速器只能沿吊笼下降方向起限速作用，双向限速器则可以沿吊笼的升降两个方向起限速作用（图 8-30-5）。

当齿轮达到额定限制转速时，限速器内的离心块在离心力与重力作用下，推动制动轮并逐渐增大制动力矩，直到将工作笼制动在导轨架上为止。在限速器制动的同时，导向板切断驱动电动机的电源。限速器每次动作后，必须进行复位，也就是使离心块与制动轮的凸齿脱开，并确认传动机构的电磁制动作用可靠，方能重新工作。限速器应按规定期限进行性能检测。

(2)缓冲弹簧　在建筑施工升降机底笼的底盘上装有缓冲弹簧，以便当吊笼发生坠落事故时，减轻吊笼的冲击，同时保证吊笼和配重下降着地时呈柔性接触，缓冲吊笼和配重着地时的冲击。缓冲弹簧有圆锥卷弹簧和圆柱螺旋弹簧两种。一般情况下，每个吊笼对应的底架上装有两个圆锥卷弹簧（图 8-30-6），也有采用 4 个圆柱螺旋弹簧的。

(3)上、下限位器　是为防止吊笼上、下时超过需停位置，因司机误操作和电气故障等原因继续上行或下降引发事故而设置的装置。它安装在吊轨架和吊笼上，属于自动复位型装置。

(4)上、下极限限位器　上、下极限限位器是当上、下限位器不起作用时，在吊笼运行超过限位开关和越程后，能及时切断电源使吊笼停车。极限限位器是非自动复位型装置，动作后只能手动复位才能使吊笼重新启动。极限限位器安装在导轨器或吊笼上。

(5)安全钩　安全钩是为防止吊笼到达预先设定位置，上限位器和上极限限位器因各种原因不能及时动作，吊笼继续向上运行，冲击导轨架顶部引发倾翻坠落事故而设置的。安

（a）单向限速器

（b）双向限速器

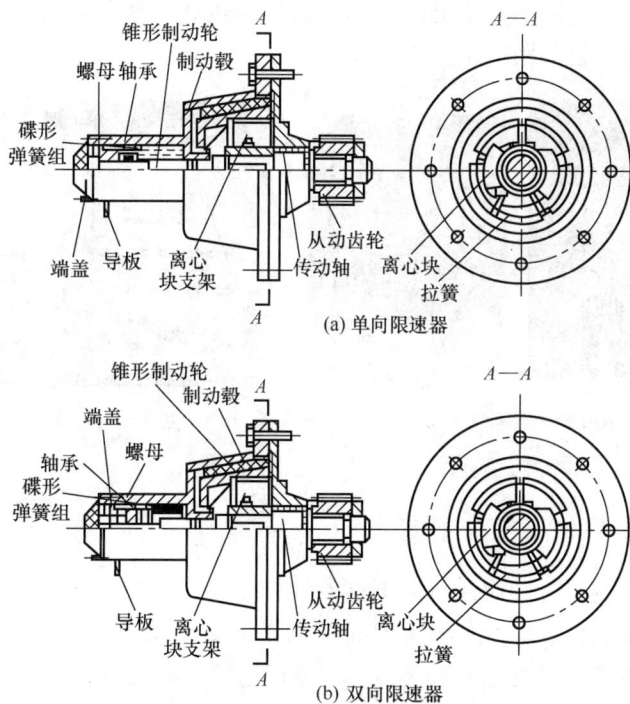

图 8-30-5 锥鼓式限速器

全钩是安装在吊笼上部重要的也是最后一道安全装置，它能使吊笼上行到导轨架顶部的时候，钩住导轨架，保证吊笼不引发倾翻坠落事故。

图 8-30-6 圆锥卷弹簧

(6)急停开关 当吊笼在运行过程中发生紧急情况时，司机能在任何时候按下急停开关，使吊笼停止运行。急停开关必须是非自行复位的安全装置，安装在吊笼顶部。

(7)吊笼门、底笼门联锁装置 施工升降机的吊笼门、底笼门均装有电气联锁开关，它们能有效防止因吊笼门或底笼门未关闭就启动运行而造成人员坠落和物料滚落，只有当吊笼门或底笼门完全关闭时才能启动运行，见图 8-30-7。

(8)楼层通道门 施工升降机与各楼层均搭设了供运料和人员进出的通道，在通道口与升降机结合部必须设置楼层通道门。此门在吊笼上下运行时处于常闭状态，只有在吊笼停靠时才能由吊笼内的人打开。应做到楼层内的人员无法打开此门，以确保通道口处在封闭的条件下。楼层通道门的净高度应不低于 1.8m，门的下沿离通道面不应超过 50mm。

(9)通信装置 由于司机的操作室位于吊笼内，无法知道各楼层的需求情况和分辨不清哪个层面发出信号，因此必须安装一个闭路的双向电气通信装置，司机应能听到或看到每一层的需求信号（图 8-30-8）。

(10)地面出入口防护棚 升降机在安装完毕时，应及时搭设地面出入口的防护棚。防护棚搭设的材质要选用普通脚手架钢管。防护棚的长度不应小于 5m，有条件的可与地面通

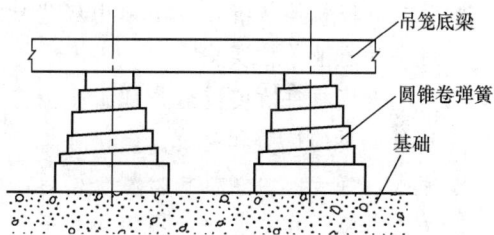

道防护棚连接起来。宽度应不小于升降机底笼最外部尺寸。其顶部材料可采用 50mm 厚木板或两层竹笆，上下竹笆间距应不小于 600mm。

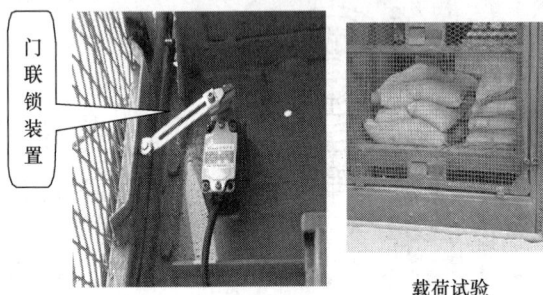

图 8-30-7　外用电梯的各种安全装置　　　　图 8-30-8　外用电梯通信装置

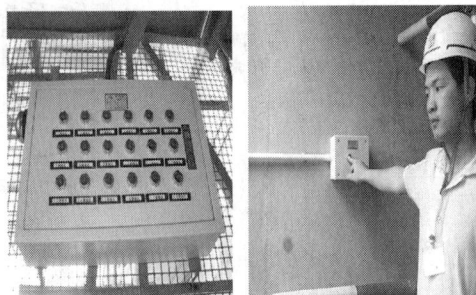

30.3.2　施工升降机的安装与拆卸

施工升降机的安装与拆卸应注意以下事项。

1) 施工升降机每次安装与拆卸作业之前，应根据施工现场工作环境及辅助设备情况编制安装拆卸方案，经企业技术负责人审批同意后方能实施。

2) 每次安装或拆除作业之前，应对作业人员按不同的工种和作业内容进行详细的技术、安全交底。参与装拆作业的人员必须持有专门的资格证书。

3) 施工升降机的装拆作业必须由经当地建设行政主管部门认可、持有相应的装拆资质证书的专业单位实施。

4) 施工升降机每次安装后，施工企业应当组织有关职能部门和专业人员对施工升降机进行必要的试验和验收。确认合格后应当向当地建设行政主管部门认定的检测机构申报，经专业检测机构检测合格后，才能正式投入使用。

5) 施工升降机在安装作业前，应对升降机的各部件做以下检查：①导轨架、吊笼等金属结构的成套性和完好性；②传动系统的齿轮、限速器的装配精度及其接触长度；③电气设备主电路和控制电路是否符合国家规定的产品标准；④基础位置和做法是否符合该产品的设计要求；⑤附墙架设处的混凝土强度和螺栓孔是否符合安装条件；⑥各安全装置是否齐全，安装位置是否正确牢固，各限位开关动作是否灵敏、可靠；⑦升降机安装作业环境有无影响作业安全的因素。

6) 安装作业应严格按照预先制定的安装方案和施工工艺要求实施，安装过程中由专人统一指挥，划出警戒区域，并安排专人监控。

7) 安装与拆卸工作宜在白天进行，遇恶劣天气应停止作业。

8) 作业人员应按高处作业的要求，系好安全带。

9) 拆卸时严禁将物体从高处向下抛掷。

30.3.3　施工升降机的安全使用和管理

1) 施工企业必须建立健全施工升降机的各类管理制度，落实专职机构和专职管理人员，明确各级安全使用和管理责任制。

2)驾驶升降机的司机应经有关行政主管部门培训合格,严禁无证操作。

3)司机应做好日常检查工作,每班首次运行时,应分别做空载和满载试运行,将梯笼升高离地面设计高度处停车,检查制动器的灵敏性和可靠性,确认正常后方可投入使用。

4)建立和执行定期检查和维修保养制度,每周或每旬对升降机进行全面检查,对查出的隐患按"三定"原则(即定人、定机、定岗责任制)落实整改。整改后须经有关人员复查确认符合安全要求后方能使用。

5)梯笼乘人、载物时,应尽量使荷载均匀分布,严禁超载使用。

6)升降机运行至最上层和最下层时,严禁以碰撞上、下限位开关来实现停车。

7)司机因故离开吊笼及下班时,应将吊笼降至地面,切断总电源并锁上电箱门,以防止其他无证人员擅自开动吊笼。

8)风力达六级以上,应停止使用升降机,并将吊笼降至地面。

9)各停靠层的运料通道两侧必须有良好的防护。楼层门应处于常闭状态,其高度应符合有关规范要求,任何人不得擅自打开或将头伸出门外,当楼层门未关闭时,司机不得开动电梯。

10)确保通信装置完好,司机应当在确认信号后方能开动升降机。作业中无论任何人在任何楼层发出紧急停车信号,司机都应当立即执行。

11)升降机应按规定单独安装接地保护和避雷装置。

12)严禁在升降机运行状态下进行维修保养工作。若须维修,则必须切断电源,并在醒目处挂上"有人检修、禁止合闸"的标志牌,并由专人监护。

30.4　起重吊装安全技术

吊装作业是指建筑施工中的结构安装和设备安装工程。由于起重吊装作业是专业性较强且危险性较大的工作,稍有疏忽就极易发生伤亡事故,因此《危险性较大工程安全专项施工方案编制及专家论证审查办法》规定,起重吊装及安装拆卸工程,即属于以下重吊装及安装拆卸范围的工程,施工前编制专项方案:①采用非常规起重设备、方法,且单件起吊重量在10kN及以上的起重吊装工程;②采用起重机械进行安装的工程;③起重机械设备自身的安装、拆卸。对于达到以下起重量或高度的工程,施工单位应当组织专家对专项方案进行论证:①采用非常规起重设备、方法,且单件起吊重量在100kN及以上的起重吊装工程;②起重量300kN及以上的起重设备安装工程;③高度200m及以上内爬起重设备的拆除工程。另外,《建筑施工安全检查标准》(JGJ 59—2011)增加了"起重吊装安全检查评分表"这一项内容,意在加强和重视吊装作业的安全工作。

30.4.1　施工方案

起重吊装包括结构吊装和设备吊装,其作业属高处危险作业,作业条件多变,专业性强,施工技术也比较复杂,施工前应根据工程实际编制专项施工方案。其内容应包括现场环境、工程概况、施工工艺、起重机械的选型依据、起重扒杆的设计计算、地锚设计、钢丝绳及索具的设计选用、地耐力及道路的要求、构件堆放就位图及吊装过程中的各种安全防护措施和应急救援预案等。

作业方案必须对工程状况和现场实际具有指导性，并经上级技术部门审批确认符合要求。

30.4.2　起重机械

(1)起重机　具体要求如下。

1)起重机械按施工方案要求选型，运到现场重新组装后，应进行试运转试验和验收，确认符合要求，做好记录并签字。

2)起重机经检测合格后，可以继续使用并持有有关部门定期核发的准用证。

3)经检查确认，安全装置(包括超高限位器、力矩限制器、臂杆幅度指示器及吊钩保险装置)均符合要求。当起重机说明书中尚有其他安全装置时，应按说明书规定进行检查。

(2)起重扒杆　具体要求如下。

1)起重扒杆的选用应符合作业工艺要求，其规格尺寸通过设计计算确定，设计计算应按照有关标准、规范进行并经上级技术部门审批。

2)起重扒杆选用的材料、截面及组装形式，必须按设计图纸要求进行，组装后应经有关部门检验确认符合要求。

3)起重扒杆与钢丝绳、滑轮、卷扬机等组合好后，应先进行检查、试吊，确认符合设计要求，并做好试吊记录。

30.4.3　钢丝绳与地锚

钢丝绳与地锚有以下几个方面的要求。

1)钢丝绳的结构形式、规格、强度要符合机型要求。钢丝绳在卷筒上要连接牢固，并按顺序整齐排列。当钢丝绳全部放出时，筒上至少要留 3 圈。起重钢丝绳磨损、断丝超标，按《起重机械安全规程》的规定检查报废。

2)扒杆滑轮及地面导向滑轮的选用，应与钢丝绳的直径相适应，其直径比值不应小于15，各组滑轮必须用钢丝绳牢靠固定，滑轮出现翼缘破损等缺陷时应及时更换。

3)缆风绳应使用钢丝绳，其安全系数 K 为 3.5，规格应符合施工方案要求，缆风绳应与地锚牢固连接。

4)地锚的埋设方法应经计算确定，地锚的位置及埋深应符合施工方案要求和扒杆作业时的实际角度。当移动扒杆时，也必须使用经过设计计算的正式地锚，不准随意拴在电杆、树木和构件上。

30.4.4　吊点

对于吊点，有以下几个方面的要求。

1)根据重物的外形、重心及工艺要求选择吊点，并在方案中进行规定。

2)吊点是在重物起吊、翻转、移位等作业中都必须使用的，其应与重物的重心在同一垂直线上，且吊点应在重心之上(吊点与重物重心的连线和重物的横截面垂直)。在操作中，应使重物垂直起吊，禁止斜吊。

3)当采用几个吊点起吊时，应使各吊点的合力作用点在重物重心的位置之上。

30.4.5　吊索

1)必须正确计算每根吊索的长度,使重物在吊装过程中始终保持稳定状态。
2)当构件无吊鼻需用钢丝绳捆绑时,必须对棱角处采取保护措施,防止切断钢丝。
3)钢丝绳做吊索时,其安全系数 K 的取值范围为6~8。

30.4.6　司机与指挥

对于司机与指挥,有以下几个方面的要求。

1)起重机司机属特种作业人员,应经正式培训考核并取得合格证书。合格证书或培训内容,必须与司机所驾驶起重机类型相符。
2)汽车吊、轮胎吊必须由起重机司机驾驶,严禁同车的汽车司机与起重机司机相互替代。司机持有两种资格证书的除外。
3)起重机的信号指挥人员应经正式培训考核并取得合格证书。其所学信号应符合《起重机　手势信号》(GB/T 5082—2019)的规定。
4)起重机在地面、吊装作业在高处作业的条件下,必须专门设置信号传递人员,以确保司机清晰准确地看到和听到指挥信号。

30.4.7　地耐力

起重机作业时,对地耐力有以下几点要求。

1)起重机作业区路面的地耐力应符合该起重机说明书要求,并应对相应的地耐力报告结果进行审查。
2)作业道路平整坚实,一般情况纵向坡度不大于3‰,横向坡度不大于1‰。行驶或停放时,应与沟渠、基坑保持5m以外,且不得停放在斜坡上。
3)当地面平整与地耐力不能满足要求时,应采用路基箱、垫木等铺垫措施,以确保起重机车的作业条件。

30.4.8　起重作业

在进行起重作业时,应注意以下几点。

1)起重机司机应对施工作业中起吊的重物重量落实清楚,并有交底记录。
2)司机必须熟知该起重机车起吊高度及幅度情况下的实际起吊重量,并清楚起重机车中各装置正确使用方法,熟悉操作规程,做到不超载作业。
3)作业面应平整坚实,支脚全部伸出垫牢,机车平稳不倾斜。
4)不准斜拉、斜吊,重物启动上升时应缓慢进行,不得突然起吊形成超载。
5)不得起吊埋于地下和粘在地面或其他物体上的重物。
6)多台起重机共同工作,必须随时掌握各起重机起升的同步性,单机负载不得超过该机额定起重量的80%。
7)起重机首次起吊或重物重量发生变化后首次起吊时,应先将重物吊离地面200~300mm后停住,检查起重机的工作状态,在确认起重机稳定、制动可靠、重物吊挂平衡牢固后,方可继续起升。

30.4.9　高处作业

在进行高处作业时，应注意以下几点。

1）起重吊装于高处作业时，应按规定设置安全措施防止高处坠落，包括各洞口盖严盖牢，临边作业应搭设防护栏杆、封挂密目网等。结构吊装时，可设置移动式节间安全平网，随节间吊装，平网可平移到下一节间，以防护节间高处作业人员的安全。高处作业规范规定：屋架吊装以前，应预先在下弦挂设安全网，吊装完毕后，即将安全网铺设固定。

2）吊装作业人员在高空移动和作业时，必须系牢安全带。独立悬空作业人员除有安全网的防护外，还应以安全带作为防护措施的补充。例如，在屋架安装过程中，屋架的上弦不允许作业人员行走，在下弦行走时，必须将安全带系牢在屋架上的脚手杆(这些脚手杆是在屋架吊装之前临时绑扎的)上；在行车梁安装过程中，作业人员从行车梁上行走时，其一侧护栏可采用钢索，作业人员将安全带扣牢在钢索上随人员滑行，确保作业人员移动安全。

3）作业人员上下应有专用爬梯或斜道，不允许攀爬脚手架或建筑物上下。对爬梯的制作和设置应符合高处作业规范"攀登作业"的有关规定。

30.4.10　作业平台

在进行高处作业时，应设置作业平台，并满足以下要求。

1）高处作业规范规定：悬空作业处应有牢靠的立足处，并必须视具体情况，配置防护栏网、栏杆或其他安全设施。高处作业人员必须站在符合要求的脚手架或平台上作业。

2）脚手架或作业平台应有搭设方案，临边应设置防护栏杆和封挂密目网。

3）脚手架的选材和铺设应严密、牢固并符合脚手架的搭设规定。

30.4.11　构件堆放

在作业中，构件的堆放应满足以下要求。

1）构件堆放应平稳，底部按设计位置设置垫木。楼板堆放高度一般不应超过1.6m。

2）构件多层叠放时，柱子不超过两层；梁不超过3层；大型屋面板、多孔板为6～8层；钢屋架不超过3层。各层的支承垫木应在同一垂直线上，各堆放构件之间应留不小于0.7m宽的通道。

3）重心较高的构件(如屋架、大梁等)，除在底部设垫木外，还应在两侧加设支撑，或将几榀大梁用铁丝将其连成一体，提高其稳定性，侧向支撑沿梁长度方向不得少于3道。墙板堆放架应经设计计算确定，并确保地面满足抗倾覆要求。

30.4.12　警戒

起重吊装作业前，应根据施工组织设计要求划定危险作业区域，设置醒目的警示标志，防止无关人员进入。

除设置标志外，还应视现场作业环境，专门设置监护人员，防止高处作业或交叉作业时造成落物伤人事故发生。

30.4.13　操作工

起重吊装作业人员包括起重工、电焊工等，均属特种作业人员，必须经有关部门培训考核并发给合格证书方可操作。

起重吊装工作属专业性强、危险性大的工作，其工作应由有关部门认证的专业队伍进行，工作时应由有经验的人员担任指挥。

30.4.14 常用起重机械的使用安全

(1)起重机械安全使用的一般要求 具体如下。

1)司机和指挥人员要经过专业培训，考核合格后持证上岗。

2)操作人员对起吊的构件重量不明时要进行核实，不能盲目起吊。

3)起重机在输电线路近旁作业时，应采取安全保护措施。起重机与架空输电导线间的安全距离应符合施工现场外电线路的安全距离的要求。

4)起重机司机一般设有两个人，一人在机上进行操作，一人在机车周围监护。在进行构件安装时可设高空和地面两个指挥人员。

5)起重机使用的钢丝绳，其结构、形式、规格和强度要符合该机型的要求。

(2)履带式起重机的安全使用要求 具体如下。

1)当履带式起重机在接近满负荷作业时，要避免将起重机的臂杆回转至与履带成垂直方向的位置，以防失稳，造成起重机倾覆。

2)在满负荷作业时，不得行车。如果需要短距离移动，则吊车所吊的负荷不得超过允许吊起重量的70%，同时所吊重物要在行车的正前方，重物离地不大于500mm，并拴好溜绳，控制重物的摆动，缓慢行驶，方能安全作业。

3)履带式起重机作业时的臂杆仰角，一般不超过78°。臂杆的仰角过大，易造成起重机后倾或发生将构件拉斜的现象。

4)起重作业后应将臂杆降至40°~60°，并转至顺风方向，以防遇大风将臂杆吹向后仰，发生翻车和折杆的事故。

5)正确安装和使用安全装置。履带式起重机的安全装置有重量限位器、超高限位器、力矩限制器、防臂杆后仰装置和防背杆支架。

(3)轮胎式起重机的安全使用要求 具体如下。

1)在不打开支腿的情况下作业或吊重行走，须减少起重量。

2)道路应平整坚实，轮胎的气压要符合要求。

3)载荷要按原机车性能的规定进行，禁止带负荷长距离行走。

4)重物吊离地面不得超过500mm，并拴好溜绳缓慢行驶。

5)轮胎式起重机的安全装置与履带式起重机相同。

(4)汽车式起重机使用的安全要求 具体如下。

1)作业时利用水平气泡将支承回转面调平，若在地面松软不平或斜坡上工作，一定要在支腿垫盘下面垫以木块或铁板，也可以在支腿垫盘下备有定型规格的铁板，将支腿位置调整好。

2)一般情况下，汽车式起重机在车前作业区不允许吊装作业。

3)操作中严禁侧拉，防止臂杆侧向受力。

4)在吊装柱子作业时，不宜采用滑行法起吊。

5)起重机在吊物时，若用于吊重物下降，则其重量应小于额定负荷的1/5~1/3。

30.4.15　吊装作业的事故隐患及安全技术

(1)吊装作业的事故隐患及原因分析　具体如下。

1)没有根据工程情况编制具有针对性的作业方案，或虽然有方案但是过于简单，不能具体指导作业，而且未经企业技术负责人的审批。

2)对选用的起重机械或起重扒杆没有进行检查和试吊，使用中无法满足起吊要求，若强行起吊必然发生事故。

3)司机、指挥和起重工未经培训、无证上岗，不懂专业知识。

4)钢丝绳选用不当或地锚埋设不合理。

5)高处作业时无防护措施，造成人员从高处坠落或落物伤人。

6)吊装作业时违章操作，不遵守"十不准吊"的要求。

(2)吊装作业的安全技术要求　具体如下。

1)吊装作业前，应根据施工现场的实际情况，编制有针对性的施工方案，并经上级主管部门审批同意后方能施工；作业前，应向参与作业的人员进行安全技术交底。

2)司机、指挥和起重工必须经过培训，经有关部门考核合格后，方能上岗作业。高空作业时必须按高处作业的要求挂好安全带，并做好必要的防护工作。

3)对吊装区域不安全因素和不安全的环境，要进行检查、清除或采取保护措施。例如，对输电线路的妨碍，如何确保与高压线路的安全距离；作业周围是否涉及主要通道、警戒线的范围、场地的平整度；作业中如遇大风采取什么措施等。总之，作业中的不利条件都要准备好对策措施。

4)做好吊装作业前的准备工作是十分重要的，如检查起吊用具和防护设施；对辅助用具的准备、检查；确定吊物回转半径范围、吊物的落点等情况。

5)吊装中要掌握捆绑技术及捆绑的要点。应根据形状找重心、吊点的数目和绑扎点，捆绑中要考虑吊索间的夹角，起吊过程中必须做到"十不准吊"。各地区对"十不准吊"的理解和提法不一样，但绝大部分是保证起重吊装作业的安全要求，参与吊装作业的指挥、司机要严格遵守。

6)严禁任何人在已起吊的构件下停留或穿行，已吊起的构件不准长时间在空中停留。

7)起重作业人员在吊装过程中要选择安全位置，防止吊物冲击、晃动乃至坠落伤人事故的发生。

8)起重指挥人员必须坚守岗位，准确、及时传递信号；司机要对指挥发出的信号、吊物的捆绑情况、运行通道、起降的空间，确认无误后才能进行操作。多人捆扎时，只能由一人负责指挥。

9)采用桅杆吊装时，四周应不准有障碍物；缆风绳不准跨越架空线，如相距过近时，必须要搭设防护架。

10)起吊作业前，应对机械进行检查，安全装置要完好、灵敏。起吊满载或接近满载时，应先将吊物吊起离地500mm处停机检查，检查起重设备的稳定性、制动器的可靠性、吊物的平稳性、绑扎的牢固性。确认无误后方可再行起吊。吊运中起降要平稳，不能忽快忽慢和突然制动。

11)对自制或改装的起重机械、桅杆起重设备，在使用前，要认真检查和试验、鉴定，确认合格后方可使用。

30.5　常用施工机具

30.5.1　木工机械

木工机械种类繁多，涉及的安全问题主要是用电安全和机械安全。这里仅介绍平刨和圆盘锯的安全措施，其他木工机械在施工时，可参照相应情况考虑其安全问题。

(1)平刨　其安全措施具体如下。

1)平刨在施工现场应置于木工作业区内，并搭设防护棚；若位于塔吊作业范围内的，应搭设双层防坠棚，且在施工组织设计中予以策划和标志，同时在木工棚内落实消防措施、安全操作规程及其责任人。

2)平刨在进入施工现场前，必须经过建筑安全管理部门验收，确认符合要求时，发给准用证或有验收手续方能使用。设备应挂上合格牌。

3)施工用电必须符合有关规范要求，要有保护接零(TN-S供电系统)和漏电保护器。

4)平刨、电锯、电钻等多用联合机械在施工现场严禁使用。

5)每台木工平刨上必须装有安全防护装置(护手安全装置及传动部位防护罩，见图8-30-9)，并配有刨小薄料的压板或压棍。

6)机械运转时，不得进行维修，更不得移动或拆除护手安全装置进行刨削。

7)操作人员衣袖要扎紧，不准戴手套。

8)刨料时应保持身体平稳、双手操作。刨大面时，手应按在斜面上；刨小面时，手指不得低于料高的一半并不得小于3cm。不得用手在料后推送。

9)每次刨削量不得超过1.5mm，进料速度应均匀，经过刨口时用力要轻，不得在刨刃上方回料。

图8-30-9　现场圆盘锯作业

10)厚度小于1.5cm或长度小于30cm的木料不得用平刨机加工。

11)遇有结疤、戗槎应减慢速度，不得将手按在结疤上推料。刨旧料时必须将铁钉、泥沙等清理干净。

12)换刀片时应切断电源或摘掉皮带。

(2)圆盘锯　其安全措施具体如下。

1)圆盘锯在进入施工现场前，必须经过建筑安全管理部门验收，确认符合要求，发给准用证或有验收手续方能使用。设备应挂上合格牌。

2)操作前应检查机械是否完好、电器开关等是否良好、熔丝是否符合规格，并检查锯片是否有断裂现象，并装好防护罩，运转正常后方能投入使用。

3)圆盘锯必须装设分料器，锯片上方应有防护罩、挡板和滴水设备。开料锯和截料锯不得混用。作业前应检查，要求锯片不得有裂口、螺钉必须拧紧。锯片不得连续断齿两个，裂纹长度不得超过2cm，有裂纹则应在其末端冲上裂孔(阻止裂纹进一步发展)。

4)操作人员必须戴防护眼镜。作业时应站在锯片一侧，不得与锯片站在同一直线上，以防木料弹出伤人。手臂不得跨越锯片。

5)必须紧贴靠山送料,不得用力过猛,必须待出料超过锯片15cm方可用手接料,不得用手硬拉。木料锯到接近端头时,应由下手拉料接锯,上手不得用手直接送料,应用木板推送。锯料时不得将木料左右搬动或高抬,送料不宜用力过猛,遇硬结疤应慢推,防止木节弹出伤人。

6)短窄料应用推棍,接料使用刨钩。严禁锯小于50cm长的短料。

7)木料走偏时,应立即逐渐纠正或切断电源,停车调正后再锯,不得猛力推进或拉出。锯片必须平整,锯口要适当,锯片与主动轴匹配、紧牢。

8)锯片运转时间过长应用水冷却,直径60cm以上的锯片工作时应喷水冷却。

9)必须随时清除锯台面上的遗料,保持锯台整洁。清除遗料时,严禁直接用手清除。清除锯末及调整部件,必须先切断电源,待机械停止运转后方可进行。

10)木料若卡住锯片应立即切断电源,待机械停止运转后方可进行处理。严禁使用木棒或木块制动锯片的方法停止机械运转。

11)施工用电必须有保护接零和漏电保护器。操作必须采用单向开关,不得安装倒顺开关,无人操作时断开电源。

12)用电采用三级配电二级保护、三相五线保护接零系统。定期进行检查,注意熔丝的选用,严禁采用其他金属丝作为代替用品。

30.5.2 搅拌机

1)搅拌机在使用前,必须经过有关部门验收,确认符合要求,方能使用。设备应挂上合格牌。

2)临时施工用电应做好保护接零,配备漏电保护器,具备三级配电两级保护。

3)搅拌机应设防砸、防雨、防噪声、防污染棚;若机械设置在塔吊运转作业范围内的,必须搭设双层安全防坠棚,见图8-30-10。

4)搅拌机的传动部位应设置防护罩,见图8-30-11。

搅拌机使用前应固定,不得用轮胎代替支撑。移动时必须先切断电源。启动装置、离合器、制动器、保险链、防护罩应齐全完好,使用安全可靠。停止使用料斗时,必须挂好上料斗的保险挂钩。维修、保养、清理时必须切断电源,设专人监护

保险装置

图 8-30-10 搅拌机安全防护措施

传动部位防护罩

图 8-30-11 搅拌机传动部位防护

5)搅拌机安全操作规程应张贴在醒目位置，明确设备责任人，定期进行安全检查、设备维修和保养。

6)安装搅拌机的地方应平整夯实，机械安装要平稳牢固。

7)各类搅拌机(除反转出料搅拌机外)，均为单向旋转进行搅拌，因此在接电源时应注意搅拌筒转向要符合搅拌筒上的箭头方向。

8)开机前，先检查电气设备的绝缘和接地是否良好(如采用保护接地时)，皮带轮保护罩是否完整。

9)工作时，机械应先启动进行试运转，待机械运转正常后再加料搅拌，要边加料边加水，若遇中途停机停电，则应立即将料卸出；不允许中途停机后，再重载启动。

10)砂浆搅拌机加料时，不准用脚踩或用铁锹、木棒在筒口往下拨、刮拌和料，工具不能碰撞搅拌叶，更不能在转动时，把工具伸进料斗里扒浆。搅拌机料斗下方不准站人，起斗停机时，必须挂上安全钩。

11)非操作人员，严禁开动机械。

12)操作手柄应有保险装置；料斗应有保险挂钩。

13)作业后，要进行全面冲洗，筒内料要出净，料斗降落到坑内最低处。

30.5.3 钢筋加工机械

钢筋工程包括钢筋基本加工(除锈、调直、切断、弯曲)、钢筋冷加工，以及钢筋焊接、绑扎和安装等工序。在工业发达国家的现代化生产中，钢筋加工则由自动生产线连续完成。钢筋加工机械主要包括电动除锈机、机械调直机、钢筋切断机、钢筋弯曲机、钢筋冷加工机械(冷拉机具、拔丝机)、对焊机等。

(1)钢筋机械的种类及安全要求 具体如下。

1)钢筋除锈机械。使用要点如下：使用电动除锈机除锈，要先检查钢丝刷固定螺钉有无松动，检查封闭式防护罩装置及排尘设备的完好情况，防止发生机械伤害；使用移动式除锈机，要注意检查电气设备的绝缘及接地是否良好；操作人员要将袖口扎紧，并戴好口罩、手套等防护用品，特别是要戴好安全保护眼镜，防止圆盘钢丝刷上的钢丝甩出伤人；送料时，操作人员要侧身操作，严禁在除锈机的正前方站人，长料除锈需要两人互相呼应，紧密配合。

2)钢筋调直机械。直径小于12mm的盘状钢筋，使用前必须经过放圈、调直工序；局部曲折的直条钢筋，也需调直后使用。工作量大时，则采用带有剪切机构的自动调直机，不仅生产率高、体积小、劳动条件好，而且能够同时完成钢筋的清刷、矫直和剪切等全部工序，还能矫直高强度钢筋(图8-30-12)。钢筋调直方法有3种，即人工拉伸调直、手工调直和机械调直。① 人工拉伸调直，其安全要求如下：用人工绞磨调直钢筋时，绞磨地锚必须牢固，严禁将地锚绳拴在树干、下水井及其他不坚固的物体或建筑物上；人工推转绞磨时，要步调一致，稳步进行，严禁任意撒手；钢筋端头应用夹具夹牢，卡头不得小于100mm；钢筋产生应力并调直到预定程度后，应缓慢回车卸下钢筋，防止机械伤人。② 手工调直，其安全要求：必须在牢固的操作台上进行。③ 机械调直，其安全要求如下：用机械冷拉调直钢筋，必须将钢筋卡紧，防止断折或脱扣，机械的前方必须设置铁板加以防护；机械开动后，人员应在两侧各 1.5m 以外，不准靠近钢筋行走，以防钢筋折断或脱扣弹出伤人。

3）钢筋切断机。钢筋的切断方法，应视钢筋直径大小而定，直径 20mm 以下的钢筋用手动机床切断，大直径的钢筋则必须用专用机械。手动切断装置一般有固定部分与活动部分。该装置两侧各装一个刀片。当刀片产生相对运动后，即可切断钢筋。直径 12mm 以下的钢筋，一名工人即可切断；直径 12～20mm 的钢筋，则需要两人才能切断。机动切断设备的工作原理与手动切断装置相同，也有固定刀片和活动刀片，后者装在滑块上，靠偏心轮轴的转动获得往复运动，装在机床内部的曲轴连杆机构，推动活动刀片切断钢筋（图 8-30-13）。这种切断机生产率约为每分钟切断 30 根。直径 40mm 以下的钢筋均可切断。切割直径 12mm 以下的钢筋时，每次可切 5 根。其机械切断操作的安全要求如下：切断机切钢筋，料最短不得小于 1m，一次切断的根数，必须符合机械的性能，严禁超量进行切割；断料时料要握紧，并在活动刀片向后退时，将钢筋送进刀口，以防止钢筋末端摆动或钢筋蹦出伤人；不要在活动刀片已开始向前推进时向刀口送料，这样常因措手不及，不能断准尺寸，往往还会发生机械或人身安全事故。

图 8-30-12　钢筋调直现场作业

图 8-30-13　钢筋机动切断装置

4）钢筋弯曲机。其安全要求如下：在机械正式操作前，应检查机械各部件，并进行空载试运转正常后，方能正式操作；操作时注意力要集中，要熟悉工作盘旋转的方向，钢筋放置要与挡架、工作盘旋转方向相配合，不能放反；操作时，钢筋必须放在插头的中下部，严禁弯曲超截面尺寸的钢筋，回转方向必须准确，手与插头的距离不得小于 200mm；机械运行过程中，严禁更换芯轴、销子和变换角度等，不准加油和清扫；转盘换向时，必须待停机后再进行。

5）钢筋对焊机。钢筋对焊的原理是利用对焊机产生的强电流，使钢筋两端在接触时产生热量，待钢筋两端部出现熔融状态时，通过对焊机加压顶锻，将钢筋连接成一体。它适用于焊接直径 10～40mm 的Ⅰ～Ⅲ级钢筋。根据焊接过程和操作方法的不同，对焊机可分为电阻焊和闪光焊两种。施焊作业时，在对焊机的闪光区域内须设置铁皮挡隔，焊接时其他人员应停留在闪光范围之外，以防火花灼伤；在对焊机上安置活动顶罩，对防止飞溅的火花灼伤操作人员有较好的效果。另外，对焊机工作地点应铺设木板或其他绝缘垫，焊工操作时应站在木板或绝缘垫上，从而与地面相隔离。焊机及金属工作台还应有保护接地装置。对焊机操作的安全要求如下：焊工必须经过专门安全技术和防火知识培训，经考核合格，持证者方准独立操作；徒工操作必须由师傅带领指导，不准独立操作；焊工施焊时必须穿戴白色工作服、工作帽、绝缘鞋、手套、面罩等，并要时刻预防电弧光伤害，并及时通知周围无关人员离开作业区，以防伤害眼睛（图 8-30-14）；钢筋焊接工作房，应尽可能采用防火材料搭建，在焊接机械四周严禁堆放易燃物品，以免引起火灾，工作棚应备有灭火器材；遇六级以上大风天气时，应停止高处作业，雨雪天应停止露天作业，雨雪过后，应先清除操作地点的积水或积雪，否则不准作业；进行大量焊接生产时，焊接变压器不得超负荷，变压

图 8-30-14　特种作业安全防护

器升温不得超过 60℃，因此，要特别注意遵守焊机暂载率规定，以免过热而损坏；焊接过程中，如果焊机有不正常响声，变压器绝缘电阻过小、导线破裂、漏电等，则应立即停止使用，进行检修；对焊机断路器的接触点、电极（铜头），要定期检查修理，冷却水管应保持畅通，不得漏水和超过规定温度。

(2)钢筋加工机械安全事故的预防措施　具体如下。

1)钢筋加工机械在使用前，必须经过调试运转正常，并经建筑安全管理部门验收，确认符合要求，发给准用证或有验收手续后，方可正式使用。设备应挂上合格牌。

2)钢筋机械应由专人使用和管理，安全操作规程应张贴在醒目位置，明确责任人。

3)施工用电必须符合规范要求，做好保护接零，配置相应的漏电保护器。

4)钢筋冷作业区与对焊作业区必须有安全防护设施。

5)钢筋机械各传动部位必须有防护装置。

6)在塔吊作业范围内，钢筋作业区必须设置双层安全防坠棚。

30.5.4　手持电动工具

在建筑施工中，手持电动工具常用于木材加工中的锯割、钻孔、刨光、磨光、剪切及混凝土浇捣过程的振捣作业等，见图 8-30-15。电动工具按其触电保护分为以下 3 类：Ⅰ类工具在防止触电保护方面不仅依靠基本绝缘，而且包含一个附加的安全预防措施，使可触及的、可导电的零件在基本绝缘损坏的事故中不成为带电体；Ⅱ类工具在防止触电保护方面不仅依靠基本绝缘，而且提供双重绝缘或加强绝缘的附加安全预防措施和没有保护接地或依赖安装条件的措施；Ⅲ类工具在防止触电保护方面依靠由安全特低电

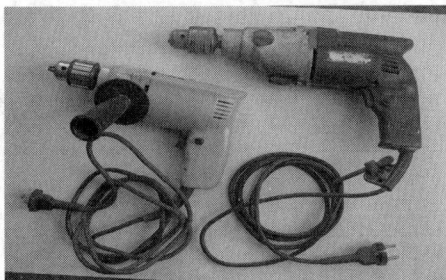

图 8-30-15　手持电动工具

压供电和在工具内部不会产生比安全特低电压高的高压,其电压一般为 36V。

(1)安全隐患　手持电动工具的安全隐患主要存在于电气方面,易发生触电事故:

1)未设置保护接零和两级漏电保护器,或保护失效。

2)电动工具绝缘层破损而产生漏电。

3)电源线和随机开关箱不符合要求。

4)工人违反操作规定或未按规定穿戴绝缘用品。

(2)安全要求　具体如下。

1)工具上的接零或接地要齐全有效,随机开关灵敏可靠。

2)电源进线长度应控制在标准范围,以符合不同的使用要求。

3)必须按 3 类手持式电动工具来设置相应的二级漏电保护,而且末级漏电动作电流分别不大于:Ⅰ类手持电动工具(金属外壳)为 30mA(绝缘电阻≥2mΩ);Ⅱ类手持电动工具(绝缘外壳)为 15mA(绝缘电阻=7mΩ);Ⅲ类手持电动工具(采用安全电压36V 以下)为 15mA。

4)使用Ⅰ类手持电动工具必须按规定穿戴绝缘用品或站在绝缘垫上。

5)手持电动工具不适宜在含有易燃、易爆或腐蚀性气体及潮湿等特殊环境中使用,并应存放于干燥、清洁和没有腐蚀性气体的环境中。对于非金属壳体的电机、电器,在存放和使用时应避免与汽油等溶剂接触。

(3)预防措施　具体如下。

1)手持电动工具在使用前,必须经过建筑安全管理部门验收,确定符合要求,发给准用证或有验收手续方能使用。设备应挂上合格牌。

2)一般场所选用Ⅱ类手持电动工具,并装设额定动作电流不大于 15mA、额定漏电动作时间小于 0.1s 的漏电保护器。若采用Ⅰ类手持电动工具还必须做保护接零。露天、潮湿场所或在金属构架上操作时,必须选用Ⅱ类手持电动工具,并装设防溅的漏电保护器。严禁使用Ⅰ类手持电动工具。狭窄场所(锅炉、金属容器、地沟、管道内等),宜选用带隔离变压器的Ⅲ类手持电动工具;若选用Ⅱ类手持电动工具,必须装设防溅的漏电保护器,把隔离变压器或漏电保护器装设在狭窄场所外面,工作时应有人监护。

3)手持电动工具的负荷线必须采用耐气候型的橡皮护套铜芯软电缆,并不得有接头。

4)手持电动工具的外壳、手柄、负荷线、插头、开关等必须完好无损,使用前必须做空载试验,运转正常方可投入使用。

5)电动工具在使用中不得任意调换插头,更不能不用插头,而将导线直接插入插座内。当电动工具不用或须调换工作头时,应及时拔下插头,但不能拉着电源线拔下插头。插插头时,开关应在断开位置,以防突然起动。

6)使用过程中要经常检查,如发现绝缘损坏、电源线或电缆护套破裂、接地线脱落、插头插座开裂、接触不良及断续运转等故障时,应立即修理,否则不得使用。移动手持电动工具时,必须握持工具的手柄,不能用拖拉橡皮软线来搬动工具,并随时注意橡皮软线擦破、割断和轧坏现象,以免造成人身事故。

7)长期搁置未用的手持电动工具,使用前必须用 500V 兆欧表测定绕阻与机壳之间的绝缘电阻值,应不得小于 7mΩ,否则必须进行干燥处理。

30.5.5　打桩机械

桩基础是建筑物及构筑物的基础形式之一，当天然地基的强度不能满足设计要求时，往往采用桩基础。桩基础通常由若干根单桩组成，在单桩的顶部用承台连接成一个整体，构成桩基础。桩基工程施工所用的机械主要是桩机。

桩根据其工艺特点分为预制桩和灌注桩，预制桩根据施工工艺不同，又分为打入桩、静力压桩、振动沉桩等；灌注桩根据成孔的施工工艺不同，又分为钻孔、冲击成孔、冲抓成孔、套管成孔和人工挖空等。

桩的施工机械种类繁多，配套设施也较多，施工安全问题主要涉及用电、机械、安全操作、空中坠物等诸多因素。这里只介绍打桩机的施工安全要求及预防措施。

打桩机一般由桩锤、桩架及动力装置组成。桩锤的作用是对桩施加冲击，将桩打入土中；桩架的作用是将桩吊到打桩位置，并在打入过程中引导桩的方向，保证桩沿着所要求的方向冲击；动力装置及辅助设备的作用是驱动桩锤，辅助打桩施工。

(1)安全使用要求　具体如下。

1)桩机使用前应全面检查机械及相关部件，并进行空载试运转，严禁设备带"病"工作。

2)各种桩机的行走道路必须平整坚实，以保证移动桩机时的安全。

3)起动电压降一般不超过额定电压的10%，否则要加大导线截面。

4)雨天施工，电机应有防雨措施。遇到大风、大雾和大雨时，应停止施工。

5)设备应定期进行安全检查和维修保养。

6)高处检修时，不得向下乱丢物件。

(2)安全事故预防措施　具体如下。

1)打桩机械在使用前，必须经过建筑安全管理部门验收，确认符合要求，发给准用证或有验收手续方能使用。设备应挂上合格牌。

2)临时施工用电应符合规范要求。

3)打桩机应设有超高限位装置。

4)打桩作业要有施工方案。

5)打桩安全操作规程应上牌，并认真遵守，明确责任人。

6)具体操作人员应经培训教育和考核合格，持证并经安全技术交底后，方能上岗作业。

30.5.6　气瓶使用安全知识

(1)事故隐患　气瓶爆炸，引发火灾和人员伤亡。

(2)安全使用要求　具体如下。

1)焊接设备的各种气瓶均应有不同的安全色标，如氧气瓶(天蓝色瓶、黑字)、乙炔瓶(白色瓶、红字)、氢气瓶(绿色瓶、红字)、液化石油气瓶(银灰色瓶、红字)。

2)不同类的气瓶，瓶与瓶之间的间距不小于5m；气瓶与明火距离不小于10m。当不满足安全距离要求时应用非燃烧体或难燃烧体砌成的墙进行隔离防护。

3)乙炔瓶使用或存放时只能直立，不能平放。乙炔瓶瓶体温度不能超过40℃。

4)施工现场的各种气瓶应集中存放于具有隔离措施的场所，存放环境应符合安全要求，管理人员应经培训，存放处有安全规定和安全警示标志，见图8-30-16。班组使用过

图 8-30-16　安全警示标志

程中,不能存放在住宿区和靠近油料和火源的地方。存放区应配备灭火器材。氧气瓶与其他易燃气瓶、油脂和其他易燃易爆物品应分别存放,不得同车运输。氧气瓶与乙炔瓶不得存放在同一仓库内。

5)使用和运输时应随时检查气瓶防振圈的完好情况,为保护瓶阀,应装好气瓶防护帽。

6)禁止敲击、碰撞气瓶,以免损伤和损坏气瓶;夏季要防止阳光暴晒。

7)冬天瓶阀冻结时,宜用热水或其他安全的方式解冻,不准用明火烘烤,以免气瓶材质的机械特性变坏和气瓶内压增高。

8)瓶内气体不能用尽,必须留有剩余压力。可燃气体和助燃气体的余压宜控制在 0.49MPa(5kgf/cm^2)左右,其他气体气瓶的余压可低些。

9)不得用电磁起重机搬运气瓶,以免失电时气瓶从高空坠落而致气瓶损坏和爆炸。

10)盛装易起聚合反应气体的气瓶,不得置于有放射性射线的场所。

30.5.7　电焊机使用安全知识

(1)事故隐患　焊接作业可能发生的安全事故主要是机械伤害、火灾、触电、灼伤和中毒等。

(2)安全使用要求　具体如下。

1)交、直流电焊机应空载合闸启动,直流发电机式电焊机应按规定的方向旋转,带有风机的要注意风机旋转方向是否正确。

2)电焊机在接入电网时须注意电压应相符,多台电焊机同时使用应分别接在三相电网上,尽量使三相负载平衡(图 8-30-17)。

3)电焊机需要并联使用时,应将一次侧电源线并联接入同一相位电路;二次侧也需同相相连,对二次侧空载电压不等的焊机,应经调整相等后才可使用,否则不能并联使用。

4)电焊机二次侧电缆线、地线要有良好的绝缘特性,柔性好,导电能力要与焊接电流相匹配,宜使用 YHS 型橡胶皮护套铜芯多股软电缆,长度不大于 30m,操作时电缆不宜呈盘状,否则将影响焊接电流。

5)多台电焊机同时使用,当需要拆除某台时,应先断电后在其一侧验电,在确认无电后方可进行拆除工作。

6)所有交、直流电焊机的金属外壳,都必须采取保护接地或接零。接地、接零电阻应小于 4Ω。

7)焊接的金属设备、容器本身有接地、接零保护时,电焊机的二次绕组禁止没有接地或接零。

图 8-30-17　电焊机专用保护箱

8)多台电焊机的接地、接零线不得串接接入接地体,每台电焊机应设独立的接地、接零线,其接点应用螺钉压紧。

9)每台电焊机须设专用断路开关,并有与电焊机相匹配的过流保护装置;一次侧电源线与电源接点不宜用插销连接,其长度不得大于5m,且须双层绝缘。

10)电焊机二次侧电缆线、地线需要接长使用时,应保证搭接面积,接点处用绝缘胶带包裹好,接点不宜超过两处;严禁使用管道、轨道及建筑物的金属结构或其他金属物体串接起来作为地线使用。

11)电焊机的一次侧、二次侧接线端应有防护罩,且一次侧接线端需要用绝缘带包裹严密;二次侧接线端必须使用线卡子压接牢固。

12)电焊机应放置在干燥和通风的地方(水冷式除外),露天使用时其下方应防潮且高于周围地面,上方应设有防雨棚和防砸措施,见图8-30-18。

13)焊接操作及配合人员必须按规定穿戴劳动防护用品。

图8-30-18　电焊机棚

14)高空焊接或切割时,必须系好安全带,焊接周围和下方应采取防火措施,并有专人监护。

15)施焊压力容器、密闭容器等危险容器时,应严格按操作规程执行。

30.5.8　潜水泵使用安全知识

(1)事故隐患　潜水泵保护装置不灵敏、使用不合理,造成漏电伤亡事故。

(2)安全要求　具体如下。

1)潜水泵外壳必须做保护接零(接地),开关箱中装设漏电保护设施(15mA×0.1s),工作地点周围30m水面以内不得有人、畜进入。

2)潜水泵的保护装置应稳固灵敏。潜水泵应放在坚固的篮筐里放入水中,或在潜水泵的四周设立坚固的防护围网,潜水泵应直立于水中,水深不得小于0.5m,不得在含有泥沙的浑水中使用。潜水泵放入水中或提出水面时,应先切断电源,严禁拉拽电缆或出水管。

复习思考题

1. 塔式起重机有哪些安全装置?
2. 简述塔式起重机安装和拆卸的注意事项。
3. 龙门架与井架有哪些安全防护装置?
4. 简述龙门架与井架的常见安全隐患及原因。
5. 简述外用电梯的事故隐患及原因。
6. 钢丝绳的可用程度应如何判断?
7. 简述地锚的埋设和正确使用方法。

8. 简述起重机械安全使用的一般要求。

9. 搅拌机械的安全使用注意事项有哪些?

10. 钢筋加工机械的安全使用注意事项有哪些?

11. 钢筋焊接机械的安全使用注意事项有哪些?

12. 简述打桩机械的安全要求与安全事故的预防措施。

13. 手持电动工具分为哪几类?

14. 简述手持电动工具的安全隐患、安全要求与安全事故的预防措施。

15. 简述吊装作业的事故隐患及安全技术。

16. 简述起重机械安全使用的一般要求。

施工安全用电管理

【知识目标】

　　了解施工现场临时用电管理要求及原则；熟悉施工现场安全用电常识、安全用电防护技术、施工现场的防雷接地要求；熟悉施工现场线路、配电箱与配电开关、配电室及自备电源的安全管理。

【能力目标】

　　能根据《建筑施工安全检查标准》(JGJ 59—2011)中的施工用电安全检查评分表对施工用电组织安全检查和评分。

31.1　建筑施工安全用电管理要求

建筑施工安全用电管理要求包括以下几个方面。

1)施工现场必须按工程特点编制施工临时用电施工组织设计(或方案)，并由主管部门审核后实施，见图 8-31-1。临时用电施工组织设计必须包括以下内容：用电机具明细表及负荷计算书；现场供电线路及用电设备布置图，布置图应注明线路架设方式、导线、开关电器、保护电器、控制电器的型号及规格；接地装置的设计计算及施工图；发、配电房的设计计算，发电机组与外电联锁方式；大面积的施工照明，150 人及以上居住的生活照明用电的设计计算及施工图纸；安全用电检查制度及安全用电措施(应根据工程特点有针对性地编写，见图 8-31-2)。

图 8-31-1　临时用电施工组织设计

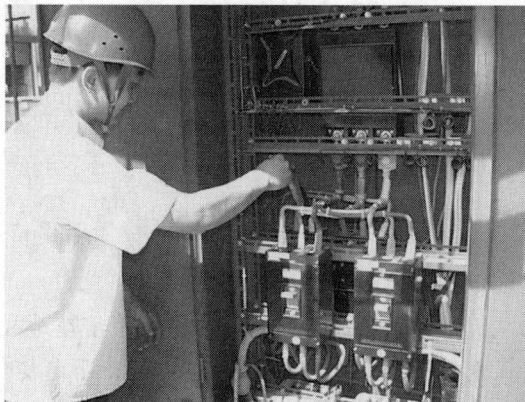

图 8-31-2　临时用电安全检查

2)施工现场必须设置一名电气安全负责人，应由技术好、责任心强的电气技术人员或工人担任，其责任是负责该现场日常安全用电管理。

3）施工现场的一切电气线路、用电设备的安装和维护必须由持证电工负责，并严格执行施工组织设计的规定。

4）施工现场应视工程量大小和工期长短，必须配备足够的（不少于 2 名）持有设区的市劳动安全监察部门核发电工证的电工。

5）施工现场使用的大型机电设备，进场前应通知主管部门派员鉴定合格后才允许运进施工现场安装使用，严禁不符合安全要求的机电设备进入施工现场。

6）一切移动式电动机具（如潜水泵、振动器、切割机、手持电动工具等）的机身必须写上编号，检测绝缘电阻，检查电缆外绝缘层、开关、插头及机身是否完整无损，并列表报主管部门检查合格后才允许使用。

7）施工现场严禁使用明火电炉（包括电工室和办公室）、多用插座及分火灯头，220V 的施工照明灯具必须使用护套线。

8）施工现场应设专人负责临时用电的安全技术档案管理工作。临时用电安全技术档案的内容应包括临时用电施工组织设计、临时用电安全技术交底、临时用电安全检测记录和电工维修工作记录。

31.2　施工现场临时用电检查与验收

31.2.1　外电防护

外电防护应注意以下几个方面。

1）在建工程不得在高、低压线路下方施工、搭设作业棚、生活设施和堆放构件、材料等。在架空线路一侧施工时，在建工程（含脚手架）的外缘应与架空线路边线之间保持安全操作距离。

2）旋转臂式起重机的任何部位或被吊物边缘与 10kV 以下的架空线路边缘的最小距离不得小于 2m。

3）施工现场开挖非热力管道沟槽的边缘与埋地外电缆沟槽之间的距离不得小于 0.5m。

4）施工现场不能满足规定的最小距离时，必须按现行行业规范的规定搭设防护设施并设置警告标志。在架空线路一侧或上方搭设或拆除防护屏障等设施时，必须停电后再作业，并设置监护人员。

31.2.2　配电线路

在配电线路方面应注意以下几点。

1）施工用电电缆线路。电缆线路应采用埋地或架空敷设，不得沿地面明设；埋地敷设深度不应小于 0.7m，并应在电缆上下各均匀铺设不小于 50mm 厚的细沙，然后铺设砖等硬质保护层；穿越建筑物、道路等易受损伤的场所时，应另加防护套管；架空敷设时，应沿墙或电杆做绝缘固定，电缆最大弧垂处距地面不得小于 2.5m；在建工程内的电缆线路应采用电缆埋地穿管引入，沿工程竖井、垂直孔洞，逐层固定，电缆水平敷设高度不应小于 1.8m，如图 8-31-3 和图 8-31-4 所示。

图 8-31-3 架空线安全使用要求

图 8-31-4 输电线路直埋敷设

2）照明线路上的每一个单相回路上，灯具和插座数量不宜超过 25 个，并应装设熔断电流为 15A 及其以下的熔断保护器。

31.2.3 施工现场临时用电的接地与防雷

人身触电事故的发生，一般分为两种：一是人体直接触及或过分靠近电气设备的带电部分（搭设防护遮栏、栅栏等属于防止直接触电的安全技术措施）；二是人体碰触平时不带电、因绝缘损坏而带电的金属外壳或金属架构。针对这两种人身触电事故，必须从电气设备本身采取措施，以及从事电气工作时采取妥善的保证人身安全的技术措施和组织措施。

（1）保护接地和保护接零 电气设备的保护接地和保护接零是防止人身触及绝缘损坏的电气设备所引起的触电事故而采取的技术措施。接地和接零保护方式是否合理，关系到人身安全，影响到供电系统的正常运行。因此，正确运用接地和接零保护是电气安全技术中的重要内容。

接地，通常是用接地体与土壤接触来实现的。将金属导体或导体系统埋入土壤中，就构成一个接地体。在建筑工程中，接地体除专门埋设外，有时还利用兼作接地体的已有各种金属构件、金属井管、钢筋混凝土建（构）筑物的基础、非燃物质用的金属管道和设备等，这种接地称为自然接地体。用作连接电气设备和接地体的导体，如电气设备上的接地螺栓、机械设备的金属构架，以及在正常情况下不载流的金属导线等称为接地线。接地体与接地线的总和称为接地装置（图 8-31-5）。

接地包括以下几种类型。

1）工作接地。在电气系统中，因运行需要的接地（如三相供电系统中，电源中性点的接地）称为工作接地。在工作接地的情况下，大地被当作一根导线，而且能够稳定设备导电部分对地电压。

2）保护接地。在电力系统中，因漏电保护的需要，将电气设备正常情况下不带电的金属外壳和机械设备的金属构件（架）接地，称为保护接地。

3）重复接地。在中性点直接接地的电力系统中，为了保证接地的作用和效果，除在中性点处直接接地外，在中性线上的一处或多处再接地，称为重复接地（图 8-31-6）。

4）防雷接地。防雷装置（避雷针、避雷器、避雷线等）的接地，称为防雷接地。防雷接地设置的主要作用是雷击防雷装置时，将雷击电流泄入大地。

图 8-31-5　专用保护线

- 为了确保用电系统的安全可靠，规定要求在 TN-S系统中首、中、末端均须设置可靠的重复接地
- 材质：标准钢钎和 4×40镀锌扁铁

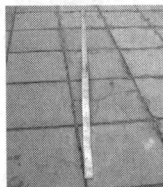

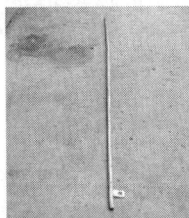

图 8-31-6　合理设置重复接地

(2)施工用电基本保护系统　施工用电应采用中性点直接接地的 380/220V 三相五线制低压电力系统，其保护方式应符合下列规定：施工现场由专用变压器供电时，应将变压器低压侧中性点直接接地，并采用 TN-S 接零保护系统；施工现场由专用发电机供电时，必须将发电机的中性点直接接地，并采用 TN-S 接零保护系统且应独立设置；当施工现场直接由市电(电力部门变压器)等非专用变压器供电时，其基本接地、接零方式应与原有市电供电系统保持一致；在同一供电系统中，不得一部分设备做保护接零，另一部分设备做保护接地。

在供电端为三相五线供电的接零保护(TN)系统中，应将进户处的中性线(N线)重复接地，并同时由接地点另引出保护零线(PE线)，形成局部 TN-S 接零保护系统。

(3)施工用电保护接零与重复接地　在接零保护系统中，电气设备的金属外壳必须与保护零线(PE线)连接。保护零线应符合下列规定：保护零线应自专用变压器、发电机中性点处，或配电室、总配电箱进线处的中性线(N线)上引出；保护零线的统一标志为绿/黄双色绝缘导线，在任何情况下不得使用绿/黄双色线做负荷线；保护零线(PE线)必须与工作零线(N线)相隔离，严禁保护零线与工作零线混接、混用。保护零线上不得装设控制开关或熔断器；保护零线的截面不应小于对应工作零线截面。与电气设备相连接的保护零线截面不应小于 2.5mm² 的多股绝缘铜线。保护零线的重复接地点不得少于 3 处，应分别设置在配电室或总配电箱处，以及配电线路的中间处和末端处(图 8-31-7)。

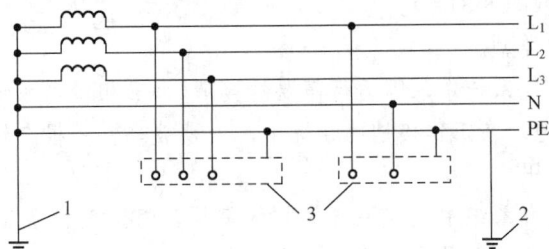

1. 工作接地；2. 重复接地；3. 电气设备外露导电部分；
L₁、L₂、L₃. 相线；N. 工作零线；PE. 保护零线。

图 8-31-7　具有专用保护零线的中性点直接接地系统示意

(4)施工用电接地电阻 接地电阻包括接地线、接地体本身的电阻及流散电阻。由于接地线和接地体本身的电阻很小(因导线较短,接地良好)可忽略不计。因此,一般认为接地电阻就是散流电阻。它的数值等于对地电压与接地电流之比。接地电阻分为冲击接地电阻、直接接地电阻和工频接地电阻,在用电设备保护中一般采用工频接地电阻。

电力变压器或发电机的工作接地电阻值不应大于 4Ω。在 TN 接零保护系统中,重复接地应与保护零线连接,每处重复接地电阻值不应大于 10Ω。

(5)施工现场的防雷保护 多层与高层建筑施工应充分重视防雷保护。由于多层与高层建筑施工其四周的起重机、龙门架、井架、脚手架突出建筑很高,材料堆积也多,万一遭受雷击,不但给施工人员的生命安全带来威胁,而且容易引起火灾,造成严重事故。

多层与高层建筑施工期间,应注意采取以下防雷措施。

1)建筑物四周的起重机,最上端必须装设避雷针,并应将起重机钢架连接于接地装置上。接地装置应尽可能利用永久性接地系统。如果是水平移动的塔式起重机,其地下钢轨必须可靠地接到接地系统上。起重机上装设的避雷针应能保护整个起重机及其电力设备,见图 8-31-8。

图 8-31-8 防雷接地

2)沿建筑物四角和四边竖起的木、竹架子上,做数根避雷针并接到接地系统上,针长最小应高出木、竹架子 3.5m,避雷针之间的间距以 24m 为宜。对于钢脚手架,应注意连接可靠并要可靠接地。如果施工阶段的建筑物当中有突出高点,则应加装避雷针。在雨期施工,应随脚手架的接高加高避雷针。

3)建筑工地的井架、龙门架等垂直运输架上,应将一侧的中间立杆接高,高出顶墙 2m,作为接闪器,并在该立杆下端设置接地线,同时应将卷扬机的金属外壳可靠接地。

4)应随时将每层楼的金属门窗(钢门窗、铝合金门窗)和现浇混凝土框架(剪刀墙)的主筋可靠连接。

5)施工时应按照正式设计图纸的要求,先做完接地设备。同时,应当注意跨步电压的问题。

6)在开始架设结构骨架时,应按图纸规定,随时将混凝土柱子的主筋与接地装置连接,以防施工期间遭到雷击而被破坏。

7)应随时将金属管道及电缆外皮在建筑物的进口处与接地设备连接,并应把电气设备的铁架及外壳连接在接地系统上。

8)防雷装置的避雷针(接闪器)可采用 φ20 钢筋，长度应为 1~2m；当利用金属构架做引下线时，应保证构架之间的电气连接；防雷装置的冲击接地电阻值不得大于 30Ω。

31.2.4　配电箱及开关箱

配电箱及开关箱在使用中，应注意以下几个方面。

1)配电箱与开关箱的设置原则：施工现场应设总配电箱(或配电室)，总配电箱以下设分配电箱，分配电箱以下设开关箱，开关箱以下是用电设备。

2)施工用电配电箱、开关箱中应装设电源隔离开关、短路保护器、过载保护器，其额定值和动作整定值应与其负荷相适应。总配电箱、开关柜中还应装设漏电保护器。

3)施工用电动力配电与照明配电宜分箱设置；当合置在同一箱内时，动力配电与照明配电应分路设置。

4)施工用电配电箱、开关箱应采用铁板(厚度为 1.2~2.0mm)或阻燃绝缘材料制作。不得使用木质配电箱、开关箱及木质电器安装板。

5)施工用电配电箱、开关箱应装设在干燥、通风、无外来物体撞击的地方，其周围应有足够二人同时工作的空间、通道和防护，见图 8-31-9 和图 8-31-10。

6)施工用电移动式配电箱、开关箱应装设在坚固的支架上，严禁在地面上拖拉。

7)施工用电开关箱应实行"一机一闸"制，不得设置分路开关。开关箱中必须设置漏电保护器，实行"一漏一箱"制(图 8-31-11)。

图 8-31-9　配电箱防护棚　　　　　　图 8-31-10　配电箱安全防护棚

图 8-31-11　箱盘面布置

8)施工用电漏电保护器的额定漏电动作参数选择应符合下列规定：在开关箱(末级)内的漏电保护器，其额定漏电动作电流不应大于 30mA，额定漏电动作时间不应大于

0.1s；在潮湿场所使用时，其额定漏电动作电流应不大于 15mA，额定漏电动作时间不应大于 0.1s。总配电箱内的漏电保护器，其额定漏电动作电流应大于 30mA，额定漏电动作时间应大于 0.1s。但其额定漏电动作电流（I）与额定漏电动作时间（t）的乘积不应大于 30mA·s。

9)加强对配电箱、开关箱的管理，防止误操作造成危害，所有配电箱、开关箱应在其箱门处标注编号、名称、用途和分路情况。

31.2.5 现场照明

现场照明用电、用具应注意以下几个方面。

1)单相回路的照明开关箱内必须装设漏电保护器（图 8-31-12）。

2)照明灯具的金属外壳必须做保护接零。

3)施工照明室外灯具距地面不得低于 3m，室内灯具距地面不得低于 2.4m。

4)一般场所，照明电压应为 220V。隧道、人防工程及高温、有导电粉尘和狭窄场所，照明电压不应大于 36V。

5)潮湿和易触及照明线路场所，照明电压不应大于 24V。特别潮湿、导电良好的地面、锅炉或金属容器内，照明电压不应大于 12V。

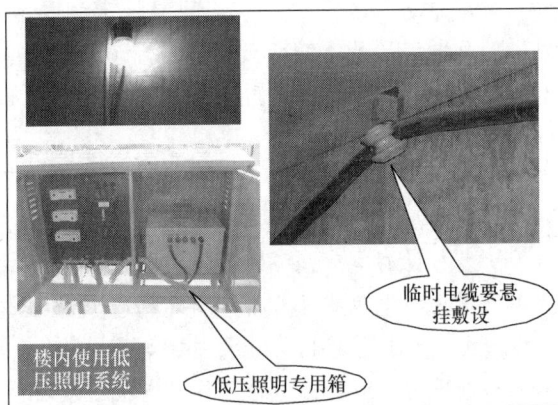

图 8-31-12 临时用电照明系统

6)手持灯具应使用 36V 以下电源供电。灯体与手柄应坚固、绝缘良好并耐热和耐潮湿。

7)施工用电照明器具的形式和防护等级应与环境条件相适应。

8)需要夜间或暗处施工的场所，必须配置应急照明电源。

9)夜间可能影响行人、车辆、飞机等安全通行的施工部位或设施、设备，必须设置红色警戒照明。

31.2.6 电气装置

对于电气装置，应注意以下几点。

1)闸具、熔断器参数与设备容量应匹配。手动开关电气只允许用于直接控制照明电路和容量不大于 5.5kW 的动力电路。容量大于 5.5kW 的动力电路应采用自动开关电气或降压启动装置控制。各种开关的额定值应与其控制用电设备的额定值相适应。

2)更换熔断器的熔体时，严禁使用不符合原规格的熔体。

31.2.7 变配电装置

在设置变配电装置时，应注意以下几点。

1)配电室应靠近电源，并应设在无灰尘、无蒸汽、无腐蚀介质及无振动的地方。成列的配电屏（盘）和控制屏（台）两端应与重复接地线及保护零线做电气连接（图 8-31-13）。

2)配电室和控制室应能自然通风，并应采取防止雨雪和动物出入措施。

图 8-31-13 配电室

3)配电室应符合下列要求：配电屏(盘)正面的操作通道宽度，单列布置不小于 1.5m，双列布置不小于 2.0m；配电屏(盘)后的维护通道宽度不小于 0.8m(个别地点有建筑物结构凸出的部分，此点通道的宽度可不小于 0.6m)；配电屏(盘)侧面的维护通道宽度不小于 1m；配电室的天棚距地面不低于 3m；在配电室内设值班室或检修室，该室距配电屏(盘)的水平距离大于 1m，并采取屏蔽隔离措施；配电室的门向外开，并配锁；配电室内的裸母线与地面垂直距离小于 2.5m 时，采用遮栏隔离，遮栏下面通行道的高度不小于 1.9m；配电室的围栏上端与垂直上方带电部分的净距，不小于 0.075m；配电装置的上端距天棚不小于 0.5m；母线均应涂刷有色油漆[以屏(盘)的正面方向为准]，其涂色应符合《施工现场临时用电安全技术规范》(JGJ 46—2005)中母线涂色表的规定。

4)配电室的建筑物和构筑物的耐火等级应不低于 3 级，室内应配置沙箱和绝缘灭火器。配电屏(盘)应装设有功电度表和无功电度表，并应分路装设电流表和电压表。电流表与计费电度表不得共用一组电流互感器。配电屏(盘)应装设短路、过负荷保护装置和漏电保护器。配电屏(盘)上的各配电线路应编号，并标明用途。配电屏(盘)或配电线路维修时，应悬挂停电标志牌。停、送电必须由专人负责。

5)电压为 400/230V 的自备发电机组及其控制室、配电室、修理室等，在保证电气安全距离和满足防火要求的情况下可合并设置，也可分开设置。发电机组的排烟管道必须伸出室外。发电机组及其控制配电室内严禁存放储油桶。发电机组电源应与外电线路电源联锁，严禁并列运行。发电机组应采用三相四线制中性点直接接地系统，并须独立设置，其接地电阻阻值不得大于 4Ω。

31.2.8 安全用电知识

在建筑工程中，施工人员应掌握以下安全用电知识。

1)进入施工现场，不要接触电线、供配电线路及工地外围的供电线路。遇到地面有电线或电缆时，不要用脚去踩踏，以免意外触电。

2)看到下列标志牌时，要特别留意，以免触电：当心触电；禁止合闸；止步，高压危险。配电箱围栏安全标志见图 8-31-14。

3)不要擅自触摸、乱动各种配电箱、开关箱、电气设备等，以免发生触电事故。

4)不能用潮湿的手去扳开关或触摸电气设备的金属外壳。

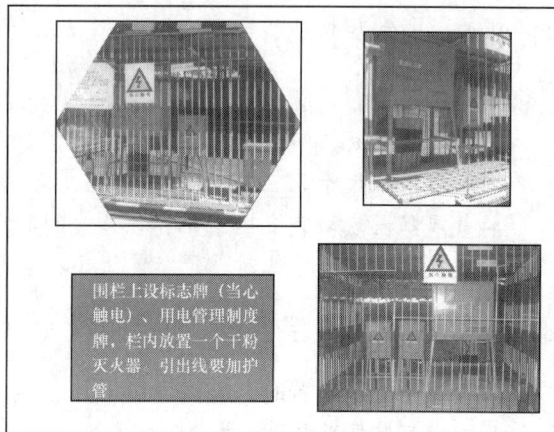

围栏上设标志牌(当心触电)、用电管理制度牌，栏内放置一个干粉灭火器，引出线要加护管

图 8-31-14 配电箱围栏安全标志

5）衣物或其他杂物不能挂在电线上。

6）施工现场的生活照明应尽量使用荧光灯。使用灯泡时，不能紧挨着衣物、蚊帐、纸张、木屑等易燃物品，以免发生火灾。施工中使用手持行灯时，要用 36V 以下的安全电压。

7）使用电动工具以前要检查外壳、导线、绝缘皮，如有破损要请专职电工检修。

8）电动工具的线不够长时，要使用电源拖板。

9）使用振捣器、打夯机时，不要拖拽电缆，要有专人收放。操作者要戴绝缘手套、穿绝缘靴等防护用品。

10）使用电焊机时要先检查拖把线的绝缘好坏，电焊时要戴绝缘手套、穿绝缘靴等防护用品。不要直接用手去碰触正在焊接的工件。

11）使用电锯等电动机械时，要有防护装置，防止受到机械伤害。

12）电动机械的电缆不能随地拖放，如果无法架空只能放在地面时，要加盖板保护，防止电缆受到外界的损伤。

13）开关箱周围不能堆放杂物，拉合闸刀时，旁边要有人监护。收工后要锁好开关箱。

14）使用电器时，如遇跳闸或熔丝熔断，不要自行更换或合闸，要由专职电工进行检查。

复习思考题

1. 临时用电的施工组织设计应包括哪些内容？
2. 什么是保护接地？什么是保护接零？
3. 施工用电的接地电阻是如何规定的？
4. 什么是"三级配电两级保护"？什么是"一漏一箱"？
5. 施工临时用电的配电箱和开关箱应符合哪些要求？
6. 施工照明用电的供电电压是如何规定的？
7. 临时用电定期检查制度的基本内容是什么？
8. 施工用电检查评分表包括哪些保证项目？
9. 选择一施工现场，要求列出施工现场电动施工机具明细表，内容填写齐全。

单元 9

安全文明施工

本单元主要介绍治安防范管理制度；文明施工、施工现场场容管理、施工现场消防安全管理、施工现场环境卫生与环境保护的要求。

32

文明施工管理

【学习目标】

掌握施工现场管理与文明施工的主要内容；熟悉施工现场大气污染、施工噪声污染、水污染、固体废弃物污染、建筑施工照明污染的防治；熟悉施工现场环境卫生防疫管理；掌握施工现场平面布置的消防安全要求、焊接机具与燃气具的安全管理、消防设施与器材的布置，特殊工种、地下工程与高层建筑施工、季节性施工的防火要求，防火检查、施工现场灭火。

【能力目标】

具有编制施工现场、场容场貌与料具堆放方案的能力；能对场容场貌及料具堆放进行检查验收；具有对环境保护与环境卫生进行安全检查验收的能力，能根据《建筑施工安全检查标准》(JGJ 59—2011)中的文明施工安全检查评分表对文明施工组织安全检查和评分；具有参与编制施工现场消防专项施工方案的能力，能组织施工现场消防安全检查；具有收集与记录有关安全管理档案资料的能力。

32.1 文明施工

文明施工是指在建设工程施工过程中以一定的组织机构为依托，建立文明施工管理系统，采取相应措施，保持施工现场良好的作业环境、卫生环境和工作秩序，避免对作业人员身心健康及周围环境产生不良影响的活动过程。为了规范建设工程施工现场的文明施工，改善作业人员的工作环境和生活条件，减少和防止安全事故的发生，防止施工过程对环境造成污染和各类疾病的发生，保障建设工程的顺利进行，现行法律法规要求建筑施工企业，必须建立健全文明施工管理及监督检查制度，扎实抓好文明施工的各项工作。

工程开工前，施工单位必须将文明施工纳入施工组织设计，编制文明施工专项方案，制定相应的文明施工措施，并确保文明施工措施经费的投入。文明施工专项方案应由工程项目技术负责人组织人员编制，送施工单位技术部门的专业技术人员审核，报施工单位技术负责人审批，经项目总监理工程师(建设单位项目负责人)审查同意后执行。

(1)文明施工专项方案的内容 具体如下。

1)施工现场平面布置图，包括临时设施、现场交通、现场作业区、施工设备机具、安全通道、消防设施及通道的布置、成品、半成品、原材料的堆放等。大型工程平面布置因施工期变动较大，可按基础、主体和装修三个阶段进行施工平面图设计。

2）施工现场围挡的设计。

3）临时建筑物、构筑物、道路场地硬化等单体的设计。

4）现场污水排放、现场给水(含消防用水)系统设计。

5）粉尘、噪声控制措施。

6）现场卫生及安全保卫措施。

7）施工区域内及周边地上建筑物、构筑物及地下管网的保护措施。

8）制定并实施防高处坠落、物体打击、机械伤害、坍塌、触电、中毒、防台风、防雷、防汛、防火灾等应急救援预案(包括应急网络)。

(2)文明施工保证体系　文明施工是施工企业、建设单位、监理单位、材料供应单位等参建各方的共同目标和共同责任，建筑施工企业是文明施工的主体，也是主要责任者。要想搞好文明施工工作，除施工前做好周密的计划工作外，还必须做好以下工作，以保证文明施工计划的实施，见图 9-32-1。

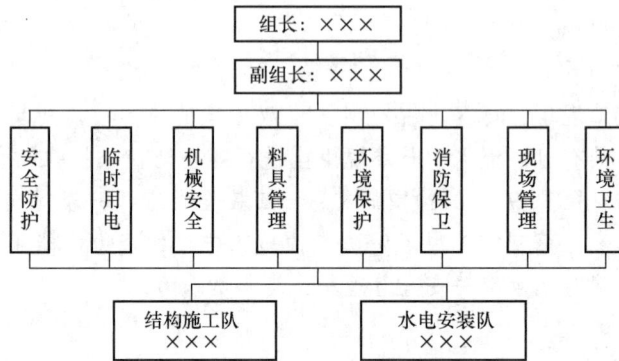

图 9-32-1　文明施工保证体系

1）施工单位应当根据不同施工阶段和周围环境及季节、气候的变化，在施工现场采取相应的文明施工措施。施工现场暂时停止施工的，施工单位应做好现场的封闭管理，所需费用由责任方承担，或按照合同约定执行。

2）建设单位组织监理单位、施工单位对围挡、临建设施进行验收，验收合格后方可使用，并建立巡查制度和验收、巡查档案。恶劣天气条件下必须进行重点检查，确保围挡、临建设施的稳固安全。

3）施工现场应悬挂质量管理、安全生产和文明施工等方面的标语，危险区域须设置明显的安全警示标志。标语要规范、整齐、美观，安全警示标志须符合国家标准。

4）施工现场应设置宣传栏、读报栏、黑板报，及时更换宣传内容。设置报栏应牢固美观，并有防雨措施。

5）建设工程完工后，施工单位应在 1 个月内拆除工地围墙、安全防护设施和其他临时设施，并将工地及四周环境清理整洁，做到工完、料净、场地洁。

32.2　施工现场场容管理

施工现场场容是体现文明施工的重要方面，做好场容管理与施工相结合，只有这样才能确保场容整洁，保证施工井然有序，改变脏乱差的面貌，对提高投资效益和保证工程质量具有深远意义。

32.2.1 现场场容管理

(1)施工现场的平面布置与划分 施工现场平面布置图是施工组织设计的重要组成部分，必须科学合理地规划、绘制，在施工实施阶段按照施工总平面布置图要求，设置道路、组织排水、搭建临时设施、堆放物料和设置机械设备等。

施工现场按照功能可划分为施工作业区、辅助作业区、材料堆放区和办公生活区。施工现场的办公生活区应当与施工作业区分开设置，并保持安全距离。办公生活区应当设置于在建建筑物坠落半径之外，与作业区之间设置防护措施，进行明显的划分隔离，以免人员误入危险区域；办公生活区如果设置在建筑物坠落半径之内，则必须采取可靠的防砸措施。功能区的规划设置还应考虑交通、水电、消防和卫生、环保等因素。

(2)场容场貌 具体包括以下几个方面。

1)施工场地，包括：①施工现场的场地应当整平，清除障碍物，无坑洼和凹凸不平，雨季不积水，暖季应适当绿化(图 9-32-2)；②施工现场应具有良好的排水系统，设置排水沟及沉淀池，不应有跑、冒、滴、漏等现象，现场废水不得直接排入市政污水管网和河流；③现场存放的油料、化学溶剂等应设有专门的库房，地面应进行防渗漏处理；④地面应当经常洒水，对粉尘源进行覆盖遮挡；⑤施工现场应设置密闭式垃圾站，建筑垃圾、生活垃圾应分类存放，并及时清运出场；⑥建筑物内外的零散碎料和垃圾渣土应及时清理；⑦楼梯踏步、休息平台、阳台等处不得堆放料具和杂物；⑧建筑物内施工垃圾的清运必须采用相应容器或管道运输，严禁凌空抛掷；⑨施工现场严禁焚烧各类垃圾及有毒有害物质；⑩禁止将有毒、有害废弃物作土方回填；⑪施工机械应按照施工总平面图规定的位置和线路布置，不得侵占场内外道路，保持车容机貌整洁，及时清理油污和施工造成的污染；⑫施工现场应设吸烟处与饮水棚(图 9-32-3)，严禁在现场随意吸烟。

现场道路硬化

现场道路洒水降尘

现场季节性绿化

图 9-32-2　场容场貌保持清洁

图 9-32-3　施工现场员工饮水棚

2)道路，包括：①施工现场的道路应畅通，应当有循环干道，满足运输、消防要求；②主干道应当平整坚实，且有排水措施，硬化材料可以采用混凝土、预制块或用石屑、焦砟等压实整平，保证不沉陷、不扬尘，防止将泥土带入市政道路；③道路应当中间起拱，两侧设排水设施，主干道宽度不宜小于 3.5m，载重汽车转弯半径不宜小于 15m，如因条件限制，应当采取措施（图 9-32-4）；④道路的布置要与现场的材料、构件、仓库等料场、吊车位置相协调、配合；⑤施工现场主要道路应尽可能利用永久性道路，或先建好永久性道路的路基，在土建工程结束之前再铺路面。

3) 现场围挡，包括：①施工现场必须设置封闭围挡，围挡高度不得低于 1.8m，其中各地级市区主要路段和市容景观道路及机场、码头、车站广场的工地围挡的高度不得低于 2.5m；②围挡须沿施工现场四周连续设置，不得留有缺口，做到坚固、平直、整洁、美观（图 9-32-5）；③围挡应采用砌体、金属板材等硬质材料，禁止使用彩条布、竹笆、石棉瓦、安全网等易变形材料；④围挡应根据施工场地地质、周围环境、气象、材料等进行设计，确保围挡的稳定性、安全性，禁止用于挡土、承重，禁止依靠围挡堆放物料、器具等；⑤砌筑围墙厚度不得小于 180mm，应砌筑基础大放脚和墙柱，基础大放脚埋地深度不小于 500mm（在水泥路或沥青路上有坚实基础的除外），墙柱间距不大于 4m，墙顶应做压顶，墙面应采用砂浆批光抹平、涂料刷白（图 9-32-6）；⑥板材围挡底里侧应砌筑 300mm 高、不小于 180mm 厚砖墙护脚，外立压型钢板或镀锌钢板通过钢立柱与地面可靠固定，并刷上与周围环境协调的油漆和图案，围挡应横不留隙、竖不留缝，底部用直角扣牢；⑦施工现场设置的防护栏杆应牢固、整齐、美观，并应涂上红白或黄黑相间的警戒油漆；⑧雨后、大风后及春融季节应当检查围挡的稳定性，发现问题及时处理。

现场道路平整、畅通，有排水措施

图 9-32-4　现场道路建设

施工现场大门和围挡牢固整齐

图 9-32-5　现场封闭管理

4) 封闭管理，包括：①施工现场应有一个以上的固定出入口，出入口应设置大门，门高度不得低于 2m；②大门应庄重美观，门扇应做成密闭不透式，主门口应立门柱，门头设置企业标志；③大门处应设门卫室，实行人员出入登记和门卫人员交接班制度，禁止无关人员进入施工现场，见图 9-32-7；④施工现场人员均应佩戴证明其身份的证卡，管理人员和施工作业人员应戴（穿）按颜色区别的安全帽（工作服）。

施工现场围墙应封闭严密、坚固，高度不得低于1.8m，围墙材质应使用专用金属定型材料或砌块砌筑，不得使用黏土砖或软质材料

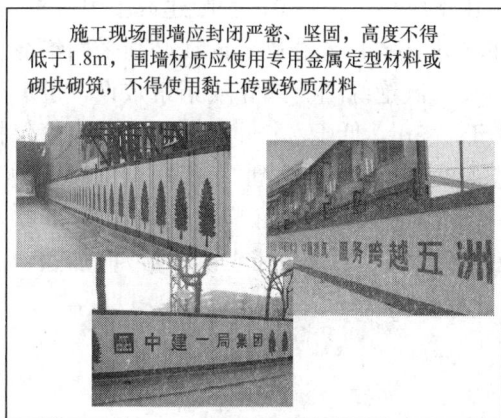

图 9-32-6 施工现场围墙封闭要求

图 9-32-7 某施工现场门卫

5) 临建设施。施工现场的临时设施较多，这里主要指施工期间临时搭建、租赁的各种房屋及临时设施。临时设施必须合理选址、正确用材，确保使用功能和安全、卫生、环保、消防要求。临时设施主要有办公设施、生活设施、生产设施、辅助设施，包括道路、现场排水设施、围墙、大门、供水处、吸烟处。临时房屋的结构类型可采用活动式临时房屋(如钢骨架活动房屋、彩钢板房)、固定式临时房屋(主要为砖木结构、砖石结构和砖混结构)。

临时设施的选址 办公生活临时设施的选址首先应考虑与作业区相隔离，保持安全距离；其次周边环境必须具有安全性，如不得设置在高压线下，也不得设置在沟边、崖边、河流边、强风口处、高墙下，以及滑坡、泥石流等灾害地质带上和山洪可能冲击到的区域。安全距离是指在施工坠落半径和高压线防电距离之外。建筑物高度为 2~5m，坠落半径为 2m；高度为 30m，坠落半径为 5m(如因条件限制，办公区和生活区设置在坠落半径区域内，必须有防护措施)。1kV 以下裸露输电线，安全距离为 4m；330~500kV，安全距离为 15m(最外线的投影距离)。

临时设施的布置方式 具体包括：①生活性临时房屋布置在工地现场以外，生产性临时设施按照生产的需要在工地选择适当的位置，行政管理的办公室等应靠近工地或是工地现场出入口；②生活性临时房屋设在工地现场以内时，一般布置在现场的四周或集中于一侧；③生产性临时房屋，如混凝土搅拌站、钢筋加工厂、木材加工厂等，应全面分析比较，然后确定位置。

临时设施搭设的一般要求 包括：①施工现场的办公区、生活区和施工区须分开设置，并采取有效隔离防护措施，保持安全距离，办公区、生活区的选址应符合安全性要求，尚未竣工的建筑物禁止用于办公或设置员工宿舍；②施工现场临时用房应进行必要的结构计算，符合安全使用要求，所用材料应满足卫生、环保和消防要求，宜采用轻钢结构拼装活动板房，或使用砌体材料砌筑，搭建层数不得超过二层，严禁使用竹棚、油毡、石棉瓦等柔性材料搭建，装配式活动房屋应具有产品合格证，应符合国家和所在省份的相关规定要求；③临时用房应具备良好的防潮、防台风、通风、采光、保温、隔热等性能，室内净高不得低于 2.6m，墙壁应批光抹平刷白，顶棚应抹灰刷白或吊顶，办公室、宿舍、食堂等窗

地面积比不应小于1∶8，厕所、淋浴间窗地面积比不应小于1∶10；④临建设施内应按《施工现场临时用电安全技术规范》(JGJ 46—2005)的要求架设用电线路，配线必须采用绝缘导线或电缆，应根据配线类型采用瓷瓶、瓷(塑料)夹、嵌绝缘槽、穿管或钢索敷设，过墙处应穿管保护，非埋地明敷干线距地面高度不得小于2.5m，低于2.5m的必须采取穿管保护措施，室内配线必须有漏电保护、短路保护和过载保护，用电应达到"三级配电两级保护"，未使用安全电压的灯具距地高度应不低于2.4m；⑤生活区和施工区应设置饮水桶(或饮水器)，供应符合卫生标准的饮用水，饮水器具应定期消毒。饮水桶(或饮水器)应加盖、上锁、有标志，并由专人负责管理。

32.2.2　临时设施的搭设与使用管理

(1)办公室　办公室应建立卫生值日制度，保持卫生整洁、明亮美观，文件、图纸、用品、图表摆放整齐。

(2)职工宿舍　具体要求如下(图 9-32-8)。

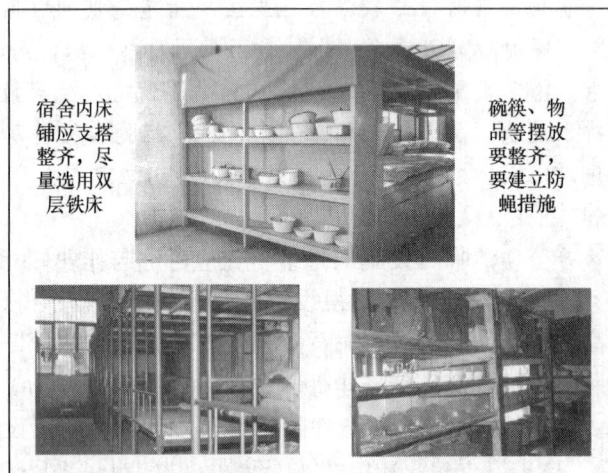

宿舍内床铺应支搭整齐，尽量选用双层铁床

碗筷、物品等摆放要整齐，要建立防蝇措施

图 9-32-8　施工现场临时设施应完善

1)不得在尚未竣工的建筑物内设置员工集体宿舍。

2)宿舍应当选择在通风、干燥的位置，防止雨水、污水流入。

3)宿舍在炎热季节应有防暑降温和防蚊虫叮咬措施，设有盖垃圾桶，不乱泼乱倒，保持卫生清洁。房屋周围道路平整，排水沟涵畅通。

4)宿舍必须设置可开启式窗户，设置外开门。

5)宿舍内应保证有必要的生活空间，室内净高不得小于2.5m，通道宽度不得小于0.9m，每间宿舍居住人员不应超过16人。

6)宿舍内的单人铺不得超过2层，严禁使用通铺，床铺应高于地面0.3m，人均床铺面积不得小于1.9m×0.9m，床铺间距不得小于0.3m。

7)宿舍内应设置生活用品专柜，有条件的宿舍宜设置生活用品储藏室；宿舍内严禁存放施工材料、施工机具和其他杂物。

8)宿舍周围应当搞好环境卫生，应设置垃圾桶、鞋柜或鞋架，生活区内应为作业人员提供晾晒衣物的场地，房屋外应道路平整，晚间有充足的照明。

9）寒冷地区冬季宿舍应有保暖措施、防煤气中毒措施，火炉应当统一设置、管理，炎热季节应有消暑和防蚊虫叮咬措施。

10）应当制定宿舍管理责任制度，轮流负责卫生和使用管理或安排专人管理。

11）宿舍区内严禁私拉乱接电线，严禁使用电炉、电饭锅、热得快等大功率设备和使用明火。

（3）食堂 具体要求如下（图9-32-9）。

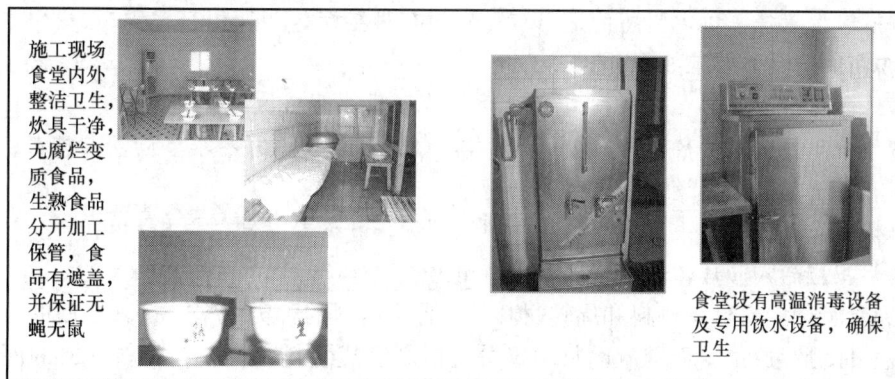

图9-32-9 施工现场、临时厨房卫生要求

1）食堂应当选择在通风、干燥的位置，防止雨水、污水流入，应当保持环境卫生，远离厕所、垃圾站、有毒有害场所等污染源，装修材料必须符合环保、消防要求。

2）食堂应设置独立的制作间、储藏间。

3）食堂应配备必要的排风设施和冷藏设施，安装纱门纱窗，室内不得有蚊蝇，门下方应设不低于0.2m的防鼠挡板。

4）食堂的燃气罐应单独设置存放间，存放间应通风良好并严禁存放其他物品。

5）食堂制作间灶台及其周边应贴瓷砖，瓷砖的高度不宜小于1.5m；地面应做硬化和防滑处理，按规定设置污水排放设施。

6）食堂制作间的刀、盆、案板等炊具必须生熟分开，食品必须有遮盖，遮盖物品应有正反面标志，炊具宜存放在封闭的橱柜内。

7）食堂内应有存放各种作料和副食的密闭器皿，并应有标志，粮食存放台距墙和地面应大于0.2m。

8）食堂外应设置密闭式泔水桶，并应及时清运，保持清洁。

9）应当制定并在食堂张挂食堂卫生责任制，责任落实到人，加强管理。

（4）厕所 具体要求如下（图9-32-10）。

1）厕所大小应根据施工现场作业人员的数量设置。

2）高层建筑施工超过8层以后，每隔4层宜设

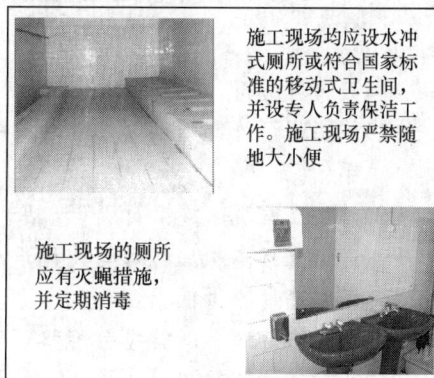

图9-32-10 施工现场临时厕所卫生要求

置临时厕所。

3）施工现场应设置水冲式厕所或移动式厕所，厕所地面应硬化，门窗齐全。蹲坑间宜设置搁板，搁板高度不宜低于 0.9m。

4）厕所应设置三级化粪池，化粪池必须进行抗渗处理，污水通过化粪池后方可接入市政污水管线。

5）施工现场应保持卫生，不准随地大小便。

6）厕所应有专人负责清扫、消毒，化粪池应及时清掏。

7）厕所应设置洗手盆，厕所的进出口处应设有明显标志。

(5) 淋浴间　具体要求如下（图 9-32-11）。

1）施工现场应设置男女淋浴间与更衣间，淋浴间地面应做防滑处理，淋浴喷头数量应按不少于住宿人员数量的 5% 设置，排水、通风良好，寒冷季节应供应热水。更衣间应与淋浴间隔离，设置挂衣架、橱柜等。

2）淋浴间照明器具应采用防水灯头、防水开关，并设置漏电保护装置。

3）淋浴室应专人管理，经常清理，保持清洁。

(6) 料具管理　料具是材料和周转材料的统称。材料的种类繁多，按其堆放的方式分为露天堆放和库棚存放。露天堆放的材料又分为散料、袋装料和块料；材料存放的库棚分为单一材料库和混用库。施工现场料具存放的规范化、标准化，是促进场容场貌的科学管理和现场文明施工的一个重要方面，见图 9-32-12。

图 9-32-11　淋浴间应符合卫生要求

存放定型钢材、管材应整齐、稳固，做到一头齐、一条线。砖应成丁、成行，高度不得超过1.5m，砌块材料码放高度不得超过1.8m。沙石等散料要成堆，不得混杂

图 9-32-12　施工现场材料堆放应符合要求

料具管理应符合下列要求。

1）施工现场外临时存放施工材料，必须经有关部门批准，并应按规定办理临时占地手续。

2）建设工程现场施工材料（包括料具和构配件）必须严格按照平面图确定的场地码放，并设立标志牌。材料码放整齐，不得妨碍交通和影响市容，堆放散料时应进行围挡，围挡高度不得低于 0.5m。

3）施工现场各种料具应分规格码放整齐、稳固，做到一头齐、一条线。砖应成垛、成行，高度不得超过 1.5m；砌块码放高度不得超过 2m；沙、石和其他散料应成堆，界限清楚，不得混杂。

4)预制圆孔板、大楼板、外墙板等大型构件和大模板存放时，场地应平整夯实，有排水措施，并设 1.2m 高的围栏进行防护。

5)施工大模板需要搭插放架时，插放架的两个侧面必须做剪刀撑。清扫模板或刷隔离剂时，必须将模板支撑牢固，两模板之间有不少于 60cm 的走道。

6)施工现场的材料保管，应依据材料性能采取必要的防雨、防潮、防晒、防冻、防火、防爆、防损坏等措施。贵重物品及易燃、易爆和有毒物品应及时入库，专库专管，加设明显标志，并建立严格的领退料手续。

7)施工中使用的易燃易爆材料，严禁在结构内部存放，并严格以当日的需求量发放。

8)施工现场应有用料计划，按计划进料，使材料不积压，减少退料。同时，做到钢材、木材等料具合理使用，长料不短用，优材不劣用。

9)材料进、出现场应有查验制度和必要手续。现场用料应实行限额领料，领退料手续齐全。

10)施工组织设计(方案)应有节约能源技术措施。施工现场应节约用水用电，消灭长流水和长明灯。

11)施工现场剩余料具(包括容器)应及时回收，堆放整齐并及时清退。水泥库内外散落灰必须及时清用，水泥袋认真打包、回收。

12)砖、沙、石和其他散料应随用随清，不留料底。工人操作应做到活完、料净、脚下清。

13)搅拌机四周、拌料处及施工现场内无废弃砂浆和混凝土。运输道路和操作面落地料及时清用。砂浆、混凝土倒运时，应用容器或铺垫板。浇筑混凝土时，应采取防撒落措施。

14)施工现场应设垃圾站，及时集中分拣、回收、利用、清运。垃圾清运出现场必须到批准的消纳场地倾倒，严禁乱倒、乱卸。

32.2.3　施工标牌与安全标志

(1)施工标牌("六牌二图"与"两栏一报")　具体包括以下内容。

1)施工现场在明显处，应有必要的安全内容的标语及"六牌二图"(工程概况牌、管理人员名单监督电话牌、消防保卫牌、安全生产牌、文明施工牌、入场须知牌、施工现场平面图、施工现场立面图)。工程概况牌要标明工程规模、性质、用途、发包人、设计人、承包人、监理单位名称和开工日期、竣工日期、施工许可证批准文号。施工现场周围设围挡，并涂刷宣传画或标语。

2)工地内要设立"两栏一报"(宣传栏、读报栏、黑板报)，针对施工现场情况，并适当更换内容，确实起到鼓舞士气，表扬先进的作用，见图 9-32-13 和图 9-32-14。

(2)安全警示标志及其设置与悬挂　具体包括以下内容。

1)安全警示标志。安全警示标志是指提醒人们注意的各种标牌、文字、符号及灯光等。一般来说，安全警示标志包括安全色和安全标志：安全色分为红、黄、蓝和绿 4 种颜色，分别表示禁止、警告、指令和提示；安全标志分为禁止标志、警告标志、指令标志和提示标志。安全警示标志的图形、尺寸、颜色、文字说明和制作材料等，均应符合国家标准规定。

2)安全警示标志的设置与悬挂。根据有关规定，施工现场入口处、施工起重机械、临时用电设施、脚手架、安全通道(图9-32-15)、楼梯口、电梯井口、孔洞口、桥梁口、隧道口、基坑边沿、爆破物及有害危险气体和液体存放处等属于危险部位，应当设置明显的安全警示标志，并根据危险部位的性质不同，设置不同的安全警示标志。安全警示标志设置后应当进行统计记录，并填写施工现场安全警示标志登记表。

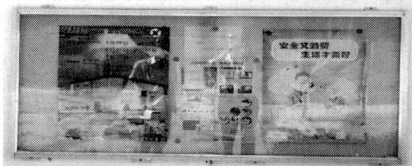

图 9-32-13　宣传栏　　　　　图 9-32-14　读报栏　　　　　图 9-32-15　安全通道

32.3　施工现场消防安全管理

32.3.1　施工现场的防火要求

施工现场的防火要求包括以下几个方面。

1)各单位在编制施工组织设计时，施工总平面图、施工方法和施工技术均要符合消防安全要求。

2)施工现场应明确划分用火作业区、易燃可燃材料堆场、仓库、易燃废品集中站和生活区等区域。

3)施工现场夜间应有照明设备；保持消防通道畅通无阻，并要安排力量加强值班巡逻并组织进行消防演练(图9-32-16)。

消防器械使用培训

消防设施检查

消防实战训练

图 9-32-16　施工现场消防演练

4)施工作业期间须搭设临时性建筑物，必须经施工企业技术负责人批准，施工结束应及时拆除。不得在高压架空下面搭设临时性建筑物或堆放可燃物品。

5)施工现场应配备足够的消防器材，指定专人维护、管理，定期更新，保证完整好用。

6)在土建施工时，应先将消防器材和设施配备好，有条件的，应敷设好室外消防水管和消防栓。

7)焊、割作业点与氧气瓶、电石桶和乙炔发生器等危险物品的距离不得少于10m，与易燃易爆物品的距离不得少于30m；如果达不到上述要求，则应执行动火审批制度，并采取有效的安全隔离措施(图9-32-17)。

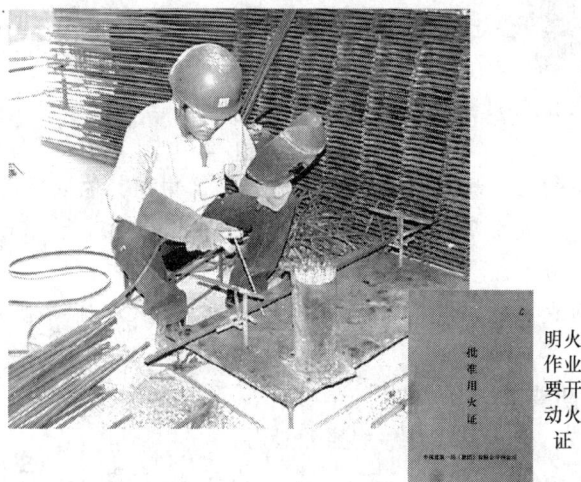

图9-32-17　特种工须持证上岗

8)乙炔发生器和氧气瓶的存放之间距离不得小于2m；使用时，二者的距离不得小于5m。

9)氧气瓶、乙炔发生器等焊割设备上的安全附件应完整有效，否则不准使用。

10)施工现场的焊、割作业，必须符合防火要求，严格执行预防火灾措施的相关规定。

11)冬季施工采用保温加热措施时，应符合以下要求：①采用电热器加温，应设电压调整器控制电压，导线应绝缘良好，连接牢固，并在现场设置多处测量点；②采用锯末生石灰蓄热，应选择安全配方比，并经工程技术人员同意后方可使用；③采用保温或加热措施前，应进行安全教育，施工过程中，应安排专人巡逻检查，发现隐患及时处理。

12)施工现场的动火作业，必须执行审批制度：①一级动火作业由所在单位行政负责人填写动火申请表，编制安全技术措施方案，报公司保卫部门及消防部门审查批准后，方可动火；②二级动火作业由所在工地、车间的负责人填写动火申请表，编制安全技术措施方案，报本单位主管部门审查批准后，方可动火；③三级动火作业由所在班组填写动火申请表，经工地、车间负责人及主管人员审查批准后，方可动火；④古建筑和重要文物单位等场所动火作业，按一级动火作业手续上报审批。

32.3.2　施工现场平面布置的消防安全要求

建筑施工企业须严格依照有关建设工地消防管理的法律法规和规范性文件，建立和执行施工现场防火管理制度，建立健全消防管理组织，制定防火应急预案及消防平面布置图，

图 9-32-18 施工现场消防器材

明确各区域消防责任人，定期组织消防培训及消防演习。

临时设施搭设和电气设备的安装使用必须符合消防要求，应合理配备消防设施，并保持完好的备用状态(图 9-32-18)。

(1)防火间距要求 施工现场的平面布局应以施工工程为中心，要明确划分出用火作业区、禁火作业区(易燃、可燃材料的堆放场地)、仓库区和现场生活区、办公区等区域。设立明显的标志，将火灾危险性大的区域布置在施工现场常年主导风向的下风侧或侧风向，各区域之间的防火间距应符合消防技术规范和有关地方法规的要求。具体要求如下。

1)禁火作业区距离生活区应不小于 15m，距离其他区域应不小于 25m。

2)易燃、可燃材料的堆料场及仓库距离修建的建筑物和其他区域应不小于 20m。

3)易燃废品的集中场地距离修建的建筑物和其他区域应不小于 30m。

4)防火间距内，不应堆放易燃、可燃材料。

5)临时设施最小防火间距，要符合《建筑设计防火规范(2018 年版)》(GB 50016—2014)的规定。

(2)现场道路及消防要求 具体如下。

1)施工现场的道路，夜间要有足够的照明设备。

2)施工现场必须建立消防通道，其宽度应不小于 4m，禁止占用场内消防通道堆放材料，保证其在工程施工的任何阶段都必须通行无阻。施工现场的消防水源处，还要筑有消防车能驶入的道路，如果不可能修建通道，则应在水源(池)一边铺砌停车和回车空地。

3)临时性建筑物、仓库及正在修建的建(构)筑物的道路旁，都应该配置适当种类和一定数量的灭火器，并布置在明显和便于取用的地点。冬期施工还应对消防水池、消火栓和灭火器等做好防冻工作。

(3)临时设施要求 作业棚和临时生活设施的规划和搭建，必须符合下列要求。

1)临时生活设施应尽可能搭建在距离正在修建的建筑物 20m 以外的地区，禁止搭设在高压架空电线的下面，距离高压架空电线的水平距离不应小于 6m。

2)临时宿舍与厨房、锅炉房、变电所和汽车库之间的防火距离应不小于 15m。

3)临时宿舍等生活设施，距离铁路的中心线及少量易燃品储藏室的间距不小于 30m。

4)临时宿舍距离火灾危险性大的生产场所不得小于 30m。

5)为储存大量的易燃物品、油料、炸药等所修建的临时仓库，与永久工程或临时宿舍之间的防火间距应根据所储存的数量，按照有关规定来确定。

6)在独立的场地上修建成批的临时宿舍时，应当分组布置，每组最多不超过 2 幢，组与组之间的防火距离，在城市市区不小于 20m，在农村应不小于 10m。作为临时宿舍的简易楼房的层高应当控制在两层以内，且每层应当设置两个安全通道。

7)生产工棚包括仓库，无论有无用火作业或取暖设备，室内最低高度一般不应小于 2.8m，其门的宽度要大于 1.2m，并且要双扇向外。

(4)消防用水要求　施工现场要设有足够的消防水源(给水管道或蓄水池)，对有消防给水管道设计的工程，应在施工时，先敷设好室外消防给水管道与消火栓。

施工现场应设消防给水管网，配备消防栓。给水干管直径不小于 100mm。较大工程要分区设置消防栓；施工现场消防栓处日夜要设明显标志，配备足够水带，周围 3m 内，不准存放任何物品。消防泵房应用非燃材料建造，设在安全位置，消防泵专用配电线路，应引自施工现场总断路器的上端，要保证连续不间断供电(图 9-32-19)。

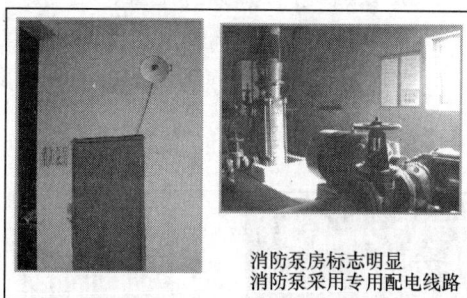

消防泵房标志明显
消防泵采用专用配电线路

图 9-32-19　消防水源应满足消防要求

32.3.3　消防设施、器材的布置

建筑施工现场根据灭火的需要，必须配置相应种类、数量的消防器材、设备、设施，如消防水池(缸)、消防梯、沙箱(池)、消防栓、消防桶、消防锹、消防钩(安全钩)及灭火器。

(1)消防器材的配备　具体要求如下。

1)一般临时设施区域内，每 100m² 配备 2 支 10L 灭火器。

2)大型临时设施总面积超过 1200m²，应备有专供消防用的积水桶(池)、沙池等器材、设施，上述设施周围不得堆放物品，并留有消防车道。

3)临时木工间、油漆间、木具间、机具间等每 25m² 配备 1 支种类合适的灭火器，油库、危险品仓库应配备足够数量、种类合适的灭火器。

4)仓库或堆料场内，应根据灭火对象的特征，分组布置酸碱、泡沫、清水、二氧化碳等灭火器，每组灭火器不应少于 4 支，每组灭火器之间的距离不应大于 30m。

5)24m 以上的高层建筑施工现场，应设置具有足够扬程的高压水泵或其他防火设备和设施。

6)施工现场的临时消火栓应分设于各明显且便于使用的地点，并保证消火栓的充实水柱能达到工程内任何部位。

7)室外消火栓应沿消防车道或堆料场内交通道路的边缘设置，消火栓之间的距离不应大于 50m。

8)采用低压给水系统，管道内的压力在消防用水量达到最大时，不低于 0.1MPa；采用高压给水系统，管道内的压力应保证两支水枪同时布置在堆场内最远和最高处的要求，水枪充实水柱不小于 13m，每支水枪的流量不应小于 5L/s。

(2)灭火器的设置地点　灭火器不得设置在环境温度超出其使用温度范围的地点，其使用温度范围，见表 9-32-1。

表 9-32-1　灭火器的使用温度范围

灭火器类型		使用温度范围/℃	灭火器类型		使用温度范围/℃
清水灭火器		4~55	干粉灭火器	储气瓶式	−10~55
酸碱灭火器		4~55		储压式	−20~55
化学泡沫灭火器		4~55	卤代烷式灭火器		−20~55
二氧化碳灭火器		−10~55			

(3)消防器材的日常管理　具体要求如下。

1)各种消防梯经常保持完整、完好。

2)水枪经常检查，保持开关灵活，畅通，附件齐全无锈蚀。

3)水带充水防骤然折弯，不被油脂污染，用后清洗晒干，收藏时单层卷起，竖直放在架上。

4)各种管接头上和阀盖应接装灵便，松紧适度，无渗漏，不得与酸碱等化学品混放，使用时不得撞压。

5)消防栓按室内外(地上、地下)的不同要求定期进行检查，及时加注润滑液，消防栓上应经常清理。

6)工地设有火灾探测和自动报警灭火系统时，应设专人管理，保持处于完好状态。

7)消防水池与建筑物之间的距离，一般不得小于 10m，在水池的周围留有消防车道。在冬季或寒冷地区，消防水池应有可靠的防冻措施，见图 9-32-20。

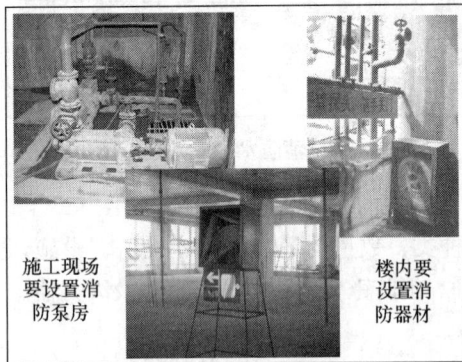

图 9-32-20　消防器材日常维护应符合规定

32.3.4　施工防火、灭火

(1)高层建筑防火　高层建筑区施工人员多而复杂，建筑材料多、电气设备多且用电量大，交叉作业动火点多，以及通信设备差、不易及时救火等特点，一旦发生火灾，其造成的经济损失和社会影响都非常大，因此施工中必须从实际出发，始终贯彻"预防为主、防消结合"的消防工作方针，因地制宜地进行科学的管理。

1)施工单位各级领导应重视施工防火安全，始终将防火工作放在首要位置，按照"谁主管谁负责"的原则，从上到下建立多层次的防火管理网络，成立义务消防队，并每月召开一次安全防火会议。

2)每个工地都应制定消防管理制度，以及施工材料和化学危险品仓库管理制度；建立各工种的安全操作责任制，明确工程各部位的动火等级，严格动火申请和审批手续。

3)对参加高层建筑施工的外包队伍，要与每支队伍领队签订防火安全协议书，并对其进行安全技术措施的交底。

4)严格控制火源和执行动火过程中的安全技术措施，施工现场应严格禁止吸烟，并且设置固定的吸烟点。焊割工要持操作证和动火证上岗；监护人员要持动火证，在配有灭火器材的情况下进行监护，并严格执行相应的操作规程和预防火灾措施的相关规定。

5)施工现场应按规定配置消防器材，并有醒目的防火标志。20 层(含 20 层)以上的高层建筑应设置专用的高压水泵，每个楼层应安装防火栓和消防水龙带，大楼底层设蓄水池(不小于 20m³)。当因层次高而水压不足时，在楼层中间应设接力泵，并且每个楼层按面积每 100m² 设 2 个灭火器，同时备有通信报警装置，便于及时报告险情。

6)工程技术人员在制定施工组织设计时，要考虑防火安全技术措施，及时征求防火管理人员的意见，尽量做到安全、合理。

(2)地下工程防火　地下工程施工中除遵守正常施工中的各项防火安全管理制度和要求外，还应遵守以下防火安全要求。

1)施工现场的临时电源线不宜直接敷设在墙壁或土墙上，应用绝缘材料架空安装。配电箱应采取防水措施，潮湿地段或渗水部位照明灯具应采取相应措施或安装防潮灯具。

2)施工现场应有不少于两个出入口或坡道，施工距离长，应适当增加出入口的数量。施工区面积不超过50m²，且施工人员不超过20人时，可只设一个直通地上的安全出口。

3)安全出入口、疏散走道和楼梯的宽度应按其通过人数每100人不小于1m的净宽计算。每个出入口的疏散人数不宜超过250人。安全出入口、疏散走道、楼梯的最小净宽不应小于1m。

4)疏散走道、楼梯及坡道内，不宜设置突出物或堆放施工材料和机具。

5)疏散走道、安全出入口、疏散马道(楼梯)、操作区域等部位，应设置火灾事故照明灯。火灾事故照明灯在上述部位的最低照度应不低于5lx。

6)疏散走道及其交叉口、拐弯处、安全出口处应设置疏散指示标志灯。疏散指示标志灯的间距不宜过大，距地面高度应为1～1.2m，标志灯正前方0.5m处的地面照度不应低于1lx。

7)火灾事故照明灯和疏散指示灯工作电源断电后，应能自动投合。

8)地下工程施工区域应设置消防给水管道和消火栓，消防给水管道可以与施工用水管道合用。特殊地下工程不能设置消防用水时，应配备足够数量的轻便消防器材。

9)大面积油漆粉刷和喷漆应在地面施工，局部的粉刷可在地下工程内部进行，但一次粉刷的量不宜过多，同时在粉刷区域内禁止一切火源，加强通风。

10)禁止中压式乙炔发生器在地下工程内部使用及存放。

11)制订应急的疏散计划。

(3)施工现场灭火　如果发生火灾，现场灭火的组织工作十分重要。有时往往由于组织不力和灭火方法不当而蔓延成重大火灾，因此必须认真做好灭火现场的组织工作。发现起火时，首先判明起火的部位和燃烧的物质，组织迅速扑救。如果火势较大，则应立即用电话等快速方法向消防队报警。报警时应详细说明起火的确切地点、部位和燃烧的物质。在消防队没有到达前，现场人员应根据不同的起火物质，采用正确有效的灭火方法，如切断电源，撤离周围的易燃易爆物质，根据现场情况，正确选择灭火用具。灭火现场必须指定专人统一指挥，并保持高度的组织性、纪律性，行动必须统一、协调、一致，防止现场混乱。灭火时应注意防止发生触电、中毒、窒息、倒塌、坠落伤人等事故。为了便于查明起火原因，认真吸取教训，在灭火过程中，要尽可能地注意观察起火的部位、物质、蔓延方向等特点。在灭火后，要特别注意保护好现场的痕迹和遗留的物品，以便查找失火原因。

起火必须具备3个条件：存在能燃烧的物质，不论固体、液体、气体，凡能与空气中的氧气或其他氧化剂起剧烈反应的物质，一般都称为可燃物质，如木材、汽油、酒精等；

要有助燃物，凡能帮助和支持燃烧的物质都称为助燃物，如空气、氧气等；有能使可燃物燃烧的着火源，如明火焰、火星、电火花等。只有这 3 个条件同时具备，并相互作用才能起火。目前，主要的灭火方法包括以下几种。

1) 窒息灭火法。各种可燃物的燃烧都必须在其最低氧气浓度上进行，否则燃烧不能持续进行。窒息灭火法就是阻止空气流入燃烧区，或用不燃物质(气体)冲淡空气，降低燃烧物周围的氧气浓度，使燃烧物质断绝氧气的助燃作用而使火熄灭。

2) 冷却灭火法。对一般可燃物来说，能够持续燃烧的条件之一就是它们在火焰或热的作用下达到了各自的着火温度。冷却灭火法是扑救火灾常用的方法，即将灭火剂直接喷撒在燃烧物体上，使可燃物质的温度降低到燃点以下，从而终止燃烧。

3) 隔离灭火法。这种方法就是将燃烧物体与附近的可燃物质与火源隔离或疏散开，使燃烧失去可燃物质而停止。该方法适用于扑救各种固体、液体或气体火灾。

4) 抑制灭火法。这种方法与前 3 种灭火方法不同，它使灭火剂参与燃烧反应过程，并使燃烧过程中产生的游离基消失，从而形成稳定分子或低活性的游离基，这样燃烧反应就将停止。目前，抑制灭火法常用的灭火剂有 1211、1202 和 1301 等。

上述 4 种灭火方法所采用的具体灭火措施是多种多样的。在实际灭火中，应根据可燃物质的性质、燃烧特点、火场具体条件及消防技术装备性能情况等，选择不同的灭火方法。

32.4 环境卫生与环境保护

32.4.1 施工现场的卫生与防疫

(1)卫生保健 具体要求如下。

1) 施工现场应设置医务室，配备保健药箱、常用药及绷带、止血带、颈托、担架等急救器材，小型工程可以用办公用房兼作医务室(图 9-32-21)。

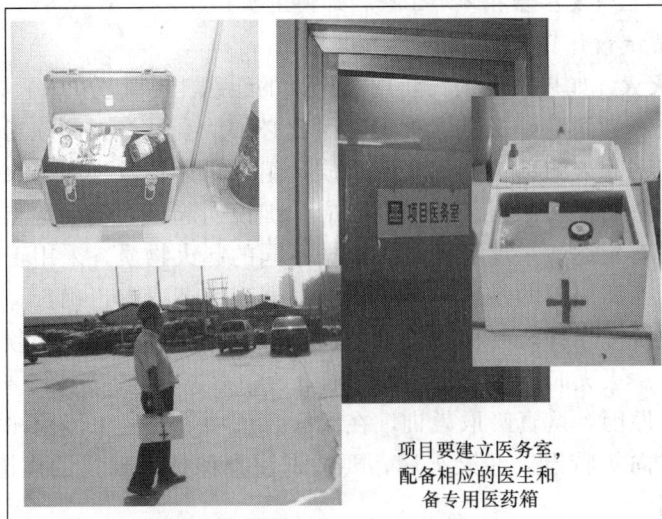

图 9-32-21 项目部需要建立医务室

2）施工现场应当配备兼职或专职急救人员，处理伤员和职工保健，对生活卫生进行监督和定期检查食堂、饮食等卫生情况。

3）要利用板报等形式向职工介绍防疫知识和方法，针对季节性流行病、传染病等，做好对施工现场作业人员卫生防疫的宣传教育工作。

4）当施工现场作业人员发生法定传染病、食物中毒、急性职业中毒时，必须在 2h 内向事故发生所在地建设行政主管部门和卫生防疫部门报告，并应积极配合调查处理。

5）现场施工人员患有法定传染病或有病原携带者时，应及时进行隔离，并由卫生防疫部门进行处置。

(2)保洁 办公区和生活区应设专职或兼职保洁员，负责卫生清扫和保洁，应有灭杀鼠、蚊、蝇、蟑螂等措施，并应定期投放和喷洒药物。

(3)食堂卫生 具体要求如下（图 9-32-22）。

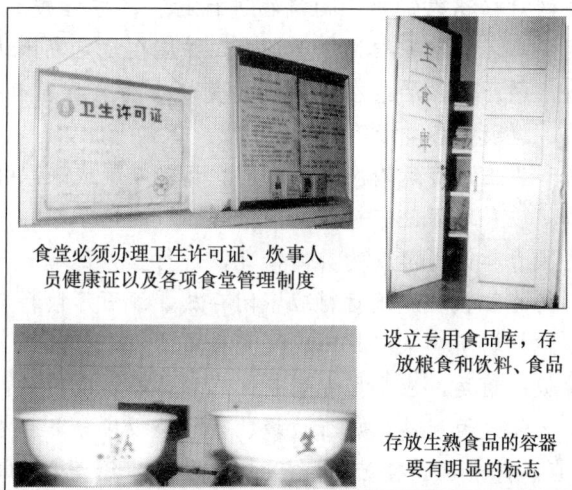

图 9-32-22 食堂卫生条件应符合卫生防疫要求

1）食堂必须有卫生许可证。

2）炊事人员必须持有身体健康证，上岗应穿戴洁净的工作服、工作帽和口罩，并应保持个人卫生。

3）炊具、餐具和饮水器具必须及时清洗消毒。

4）必须加强食品、原料的进货管理，做好进货登记，严禁购买无照、无证商贩经营的食品和原料，施工现场的食堂严禁出售变质食品。

(4)社区服务 施工现场应当建立不扰民措施，由责任人管理和检查。应当与周围社区定期联系，听取意见，对合理意见应当及时采纳处理。工作应当有记录。

32.4.2 环境保护

(1)环境保护 环境保护是我国的一项基本国策。环境，是指影响人类生存和发展的各种天然的和经过人工改造的自然因素的总体。目前，防治环境污染、保护环境已成为世界各国普遍关注的问题。为了保护和改善生产环境与生态环境，防治污染和其他公害，保障人体健康，促进社会主义现代化建设的发展，我国于 2014 年修订了《环境保护法》，提高了环境保护的法治治理。

在建筑工程施工过程中，由于使用的设备大型化、复杂化，往往会给环境造成一定的影响和破坏，特别是大中城市，由于施工对环境造成影响而产生的矛盾尤其突出。为了保护环境，防止环境污染，有关法规规定，建设单位与施工单位在施工过程中要保护施工现场周围的环境，防止对自然环境造成不应有的破坏；防止和减轻粉尘、噪声、振动对周围居住区的污染和危害。建筑业企业应当遵守有关环境保护和安全生产方面的法律、法规的规定，采取控制施工现场的各种粉尘、废气、废水、固体废弃物及噪声、振动对环境的污染和危害的措施。

(2)防治大气污染　具体要求如下。

1)施工现场宜采取硬化措施，其中主要道路、料场、生活办公区域必须进行硬化处理，土方应集中堆放。裸露的场地和集中堆放的土方应采取覆盖、固化或绿化等措施。

2)使用密目式安全网对在建建筑物、构筑物进行封闭，防止施工过程扬尘；拆除旧建筑物时，应采用隔离、洒水等措施防止扬尘，并应在规定期限内将废弃物清理完毕；不得在施工现场熔融沥青，严禁在施工现场焚烧含有有毒、有害化学成分的装饰废料、油毡、油漆、垃圾等各类废弃物。

3)从事土方、渣土和施工垃圾运输应采用密闭式运输车辆或采取覆盖措施。

4)施工现场出入口处应采取保证车辆清洁的措施。

5)施工现场应根据风力和大气湿度的具体情况，进行土方回填、转运作业。

6)水泥和其他易飞扬的细颗粒建筑材料应密闭存放，沙石等散料应采取覆盖措施。

7)施工现场混凝土搅拌场所应采取封闭、降尘措施。

8)建筑物内施工垃圾的清运，应采用专用封闭式容器吊运或传送，严禁凌空抛撒。

9)施工现场应设置密闭式垃圾站，施工垃圾、生活垃圾应分类存放，并及时清运出场。

10)城区、旅游景点、疗养区、重点文物保护地及人口密集区的施工现场应使用清洁能源。

11)施工现场的机械设备、车辆的尾气排放应符合国家环保排放标准要求。

(3)防治水污染　具体要求如下。

1)施工现场应设置排水沟及沉淀池，现场废水不得直接排入市政污水管网和河流。

2)现场存放的油料、化学溶剂等应设有专门的库房，地面应进行防渗漏处理。

3)食堂应设置隔油池，并应及时清理。

4)厕所的化粪池应进行抗渗处理。

5)食堂、盥洗室、淋浴间的下水管线应设置隔离网，并应与市政污水管线连接，保证排水通畅。

(4)防治施工噪声污染　具体要求如下。

1)施工现场应按照国家标准《建筑施工场界环境噪声排放标准》(GB 12523－2011)制定降噪措施，并应对施工现场的噪声值进行监测和记录。

2)施工现场的强噪声设备宜设置在远离居民区的一侧。

3)控制强噪声作业的时间：凡在人口稠密区进行强噪声作业时，须严格控制作业时间，一般 22 点到次日 6 点之间停止强噪声作业。确系特殊情况必须昼夜施工时，尽量采取降低噪声措施，并会同建设单位找当地居委会、村委会或当地居民协调，张贴安民告示，取得群众谅解。

4）夜间运输材料的车辆进入施工现场，严禁鸣笛，装卸材料应做到轻拿轻放。

5）对产生噪声和振动的施工机械、机具的使用，应当采取消声、吸声、隔声等有效控制和降低噪声。

(5)防治施工照明污染　具体要求如下。

1）根据施工现场情况照明强度要求选用合理的灯具，"越亮越好"并不科学，也减少浪费。

2）建筑工程尽量多采用高品质、遮光性能好的荧光灯。其工作频率在 20kHz 以上，使荧光灯的闪烁度大幅度下降，改善视觉环境，有利于身体健康。少采用黑光灯、激光灯、探照灯、空中玫瑰灯等不利光源。

3）施工现场应采取遮蔽措施，限制电焊眩光、夜间施工照明光、具有强反光性建筑材料的反射光等污染光源外泄，使夜间照明只照射施工区域而不影响周围居民休息。

4）施工现场大型照明灯应采用俯视角度，不应将直射光线射入空中。利用挡光、遮光板或利用减光方法将投光灯产生的溢散光和干扰光降到最低的限度。

5）加强个人防护措施，对紫外线和红外线等看不见的辐射源，必须采取必要的防护措施，如电焊工要佩戴防护镜和防护面罩。防护镜有反射型防护镜、吸收型防护镜、反射-吸收型防护镜、光电型防护镜、变色微晶玻璃型防护镜等，可依据防护对象选择相应的防护镜。例如，可配戴黄绿色镜片的防护眼镜来预防雪盲和防护电焊发出的紫外光；绿色玻璃既可防护紫外线(气体放电)，又可防护可见光和红外线，而蓝色玻璃对紫外线的防护效果较差，所以在紫外线的防护中要考虑防护镜的颜色对防护效果的影响。

6）对有红外线和紫外线污染及应用激光的场所制定相应的卫生标准并采取必要的安全防护措施，注意张贴警告标志，禁止无关人员进入禁区内。

(6)防治施工固体废弃物污染　施工车辆运输沙石、土方、渣土和建筑垃圾，采取密封、覆盖措施，避免泄漏、遗撒，并在指定地点倾卸。

复习思考题

1. 文明施工的含义是什么？
2. 文明施工专项方案的内容有哪些？
3. 简述施工现场临时设施的搭设与使用要求。
4. 施工现场的场容管理主要包括哪些内容？
5. 简述施工现场防治大气污染的措施。
6. 常用的灭火剂和灭火器有哪些？

附录　建筑工程事故案例分析

附 A　高处坠落事故

高处坠落事故

案例一　"3·7"高处坠落事故

某年 3 月 6 日，施工现场劳务队包工头李某将同乡原在家务农人员宋某介绍到某工地工作。时处开春，当日施工现场有六级阵风。由建筑公司承建的某工程，正由作业人员在南区四层进行脚手架搭设作业，作业高度将近 13m。新进场工人宋某在未接受三级安全教育的情况下即被安排与其他作业人员进行现场作业。虽然施工单位已配发安全帽，但是宋某未按要求规范佩戴；另外，为图方便，宋某未将安全带按要求高挂低用，而是将安全带系在腰间。10 时 46 分，塔吊将一摞脚手板吊运到脚手架上，宋某在摘除吊钩的卡环过程中，身体失稳，由于当时他身上所佩戴的安全带没有进行拴挂，不慎从落差 12m 的脚手架上坠落到地面。后经送医院抢救无效死亡(图 A-1)。事后经现场勘查，宋某所在作业面的脚手架板未按要求进行搭设，并存在探头板。

坠落发生点

(a)

宋某坠落位置血迹

(b)

图 A-1　"3·7"事故现场

思考

1. 试分析此事故发生的原因。

2. 此事故中，相关责任人有哪些不规范操作？

3. 如何预防此类事故的再次发生？

案例二 "5·21"高处坠落事故

某年 5 月 21 日，某公司施工人员武某，在××广场 A2 住宅楼九层 B20-23/BK-BC 轴厨房间阳台施工楼面进行管道两侧抹水泥砂浆作业，为施工方便，武某将阳台防护栏杆拆除；施工作业完毕后，武某未将阳台防护栏杆安装复原。当日 15 时 40 分左右，施工人员王某在作业时，须从该阳台到旁边卧室作业。王某想走捷径，本应从室内绕行进入卧室，但其却试图从阳台直接翻越窗户进入，但未扶稳，不慎从无防护栏的阳台处坠落至首层室外采光井上，被采光井竖向两根钢筋穿过身体的胸侧面和右脚踝处，王某坠落处上方没有挂设任何安全防护网(图 A-2)。王某经医院抢救无效死亡。

图 A-2 "5·21"事故现场

思考

1. 试分析此事故发生的原因。
2. 如何预防此类事故的再次发生？

附 B 物体打击事故

案例 "3·25"物体打击事故

某年 3 月 25 日 20 时 50 分，某工程施工人员何某，晚饭饮酒后，未佩戴安全帽，在施工现场照明不足的条件下，便进行槽内清理工作。从其上方掉下一根 1m 长的 5cm×10cm 的方木，砸在施工人员何某头部，致其死亡。经调查，该方木为新进场的施工人员李某(未进行岗前安全教育)因不按安全要求操作，在拆除模板外侧方木时，将方木掉落；李某的作业面处于王某的正上方，且何某作业上方的水平安全网已破损(图 B-1。)

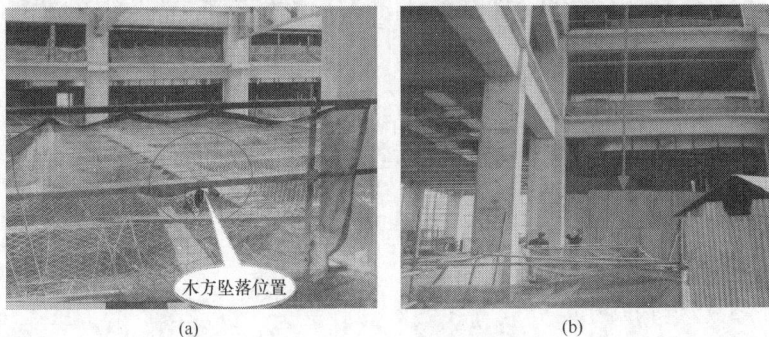

图 B-1 "3·25"事故现场

思考

1. 试分析此事故发生的原因。

2. 该安全事故责任人有哪些? 如何避免此类安全事故的再次发生?

附 C 触电事故

触电事故

案例一 "4·6"触电事故

某年 4 月 6 日下午,施工单位电气班长张某安排刘某、王某、马某负责电气二次配管施工,王某在施工时,从窗口拖拽电焊线时,发生触电,致其死亡(图 C-1)。

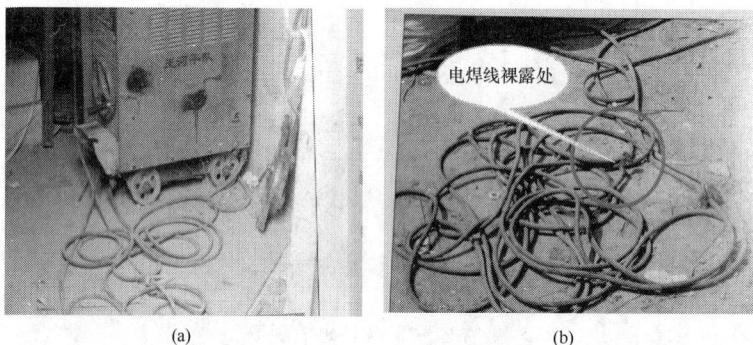

图 C-1 "4·6"事故现场

思考

1. 试分析此事故发生的原因。

2. 施工现场临时用电的接地要求有哪些?

案例二 "7·18"触电死亡事故

某年 7 月 18 日,某施工单位水电班长王某安排赵某和吕某在工程二楼 206 房间的卫生间施工,利用水钻开孔作业,当时地面存有积水,赵某脚穿拖鞋作业,手上没戴绝缘手套。作业时将楼板内预先敷设的照明电源线钻破,芯线外露,导致水钻外壳带电,赵某触电倒地死亡(图 C-2)。

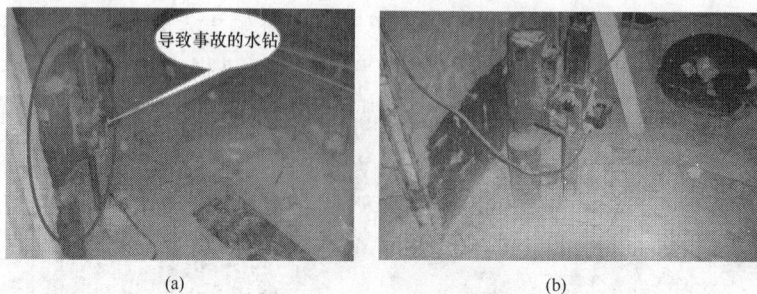

图 C-2 "7·18"事故现场

思考

1. 试分析此事故发生的原因。

2. 事故人应如何操作才符合相关规定?

附 D 机械伤害事故

起重伤害事故

案例 "2·27"起重伤害事故

某年 2 月 27 日,由某施工单位承建的某市政工程正在进行暗挖施工,某分包单位的作业人员梅某、陆某、徐某、马某、潘某 5 人进入导洞施工,其中陆某、徐某、马某在一竖井底部从事向井外清运土方作业,牟某操作起重机。2 时 45 分左右,施工现场使用的电动单梁起重机在提升过程中发生冲顶,吊钩滑轮组与电动葫芦的护板发生严重撞击,电动葫芦钢丝绳断裂,料斗从井口处坠落至井底,将在井底进行清土作业的陆某、徐某、马某三人当场砸死(图 D-1)。

被压在料斗下的作业人员

图 D-1 "2·27"事故现场

思考

1. 试分析此事故发生的原因。
2. 如何预防此类事故的再次发生?

附 E 坍塌事故

高支模坍塌事故　　基坑坍塌事故

案例 "5·10"墙体坍塌事故

某年 5 月 10 日,在某市场旧建筑物拆除工地,施工单位现场负责人赵某安排胡某作业队在没有对拟拆墙体进行支架保护的情况下开始实施拆除施工。胡某作业队的周某站在墙上开挖倒墙口,8 时 30 分左右,东西两侧均已开口的独立墙体突然倾倒,周某下跳到地面时,与正在旁边捡砖的董某一起被倒下的墙体砸中,两人当场死亡(图 E-1)。

周某进行拆除的作业面

(a)　　　　　　　　　　　　　　　　(b)

图 E-1 "5·10"事故现场

思考

1.试分析此事故发生的原因。

2.如何预防此类事故的再次发生?

附 F 中毒事故

案例 "8·5"中毒事故

某年 8 月 5 日 8 时 50 分左右,某路段改扩建及雨水、绿化等工程,施工单位作业人员杨某在该路中段新建地下污水管道检查井内进行抹灰作业。此时,井内北侧一根直径 50cm 的铸铁旧污水管道因锈蚀老化,加之雨水聚积过多,导致管道内压力过大突然发生爆裂。管道内的污水与硫化氢气体同时涌出,正在井内作业的杨某瞬间被硫化氢气体熏倒掉进污水井中。一同作业的孙某、王某、马某 3 人先后下到井内救人,均被熏倒。后经众人及时营救和 999 急救中心的救护,陈某、王某、马某 3 人全部脱离危险。杨某被污水冲入新建下水管道。3 个小时后,救援人员在下流第三个污水检查井内找到杨某,发现他已死亡,见图 F-1。

(a)   (b)

图 F-1 "8·5"事故现场

思考

1.事故发生的直接原因是什么?

2.建筑施工过程中主要防毒措施有哪些?

附 G 模板坍塌事故

案例 "9·5"坍塌事故

某年 9 月 5 日,北京××工程当楼盖浇筑快接近完成时,从楼盖中部偏西南部位突然发生凹陷式坍塌,造成死亡 8 人、重伤 21 人的重大事故,见图 G-1 和图 G-2。现场人员当时看到,楼板形成 V 形下折情况和支架立杆发生多波弯曲并迅速扭转后,随即整个楼盖连同布料机一起垮塌下来,落砸在地下一层顶板(首层底板)上,塌落的混凝土、钢筋、模板和支架绞缠在一起,形成 0.5~2.0m 高的堆集,使找人和清理异常困难,至 10 日凌晨才挖出最后一名遇难者。中庭楼盖的坍塌也招致邻跨的钢筋和模板向中庭下陷，粗大的梁筋被从柱子中拉出达 1m 多；在冲砸之下，首层底板局部严重损坏、相应框架梁下沉、破损、开裂，支架严重变形。地下二层顶板和支架的相应部位也有明显的损伤和变形。图 G-3～图 G-6 分别展示了坍塌现场全貌、局部、清理场面和支架变形情况。该工程的承建单位××建设公司在模板施工中不按有关模板施工的法规和规范编制专项施工方案，不按有关法律规定履行审批手续就违章指挥施工。更为严重的是，在北京市为期一个月的安全大检查中，不按大检查要求检查模板施工的方案编制和方案的审批及专项施工的检查验收要求，最终导致这起重大事故的发生。该工程的监理公司××公司在对该工程实施监理时，不按法律规定认真对模板专项施工方案审核查验，对在模板方案未审批就开始施工的行为不予制止。最为严重的是，在浇筑混凝土前本应由监理签字方可浇筑，但这一重要环节该监理公司也没有按规定实施。

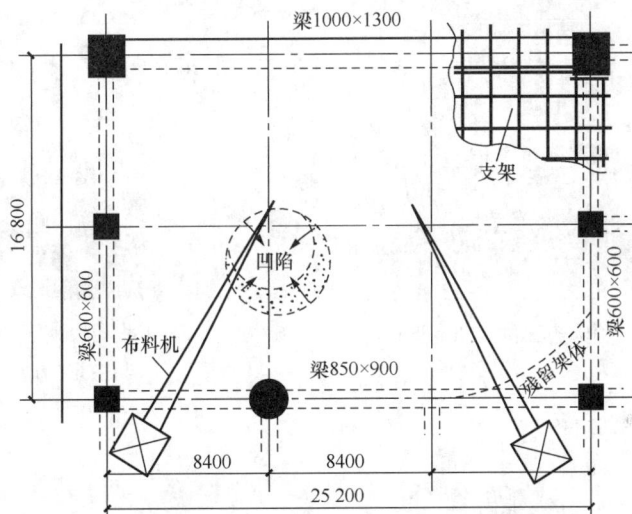

图 G-1　北京××工程施工平面和破坏起始位置

图 G-2　××工程坍塌现场全貌

图 G-3 ××工程坍塌现场局部

图 G-4 ××工程坍塌现场清理情况

图 G-5 ××工程临边部位支架变形情况

图 G-6 ××工程相应地下结构的支架受损与变形情况

思考

1. 试分析造成该事故的直接原因。
2. 试分析造成该事故的间接原因。
3. 编制模板支架设计方案时应注意哪些因素？
4. 应采取何种措施预防此类事故的再次发生？

参 考 文 献

本书编委会，2007. 建筑节能工程施工与质量验收[M]. 北京：中国建筑工业出版社.

本书编委会，2007. 建筑节能设计手册[M]. 北京：中国计划出版社.

本书编委会，2008. 质量员一本通[M]. 北京：中国建材工业出版社.

本书编委会，2013. 质量员一本通[M]. 2版. 北京：中国建材工业出版社.

郝培亮，2006. 山西省工程建设建筑节能系列标准[S]. 太原：山西人民出版社.

建设部工程质量安全监督与行业发展司，2008. 建设工程安全生产管理[M]. 2版. 北京：中国建筑工业出版社.

建筑工程施工手册编写组，2012. 建筑工程施工手册：1册[M]. 5版. 北京：中国建筑工业出版社.

李光，2007. 建筑工程资料管理实训[M]. 北京：中国建材工业出版社.

鲁辉，詹亚民，2007. 建筑工程施工质量检查与验收[M]. 北京：人民交通出版社.

全国建筑施工企业项目经理培训教材编写委员会，2001. 施工项目质量与安全管理[M]. 修订版. 北京：中国建筑工业出版社.

吴兴国，2003. 建筑施工验收[M]. 北京：中国环境科学出版社.

曾跃飞，2004. 建筑工程质量检验与安全管理[M]. 北京：高等教育出版社.

中国建筑第八工程局，2005. 建设工程施工技术标准：1册[M]. 北京：中国建筑工业出版社.

中国建筑第八工程局，2005. 建设工程施工技术标准：2册[M]. 北京：中国建筑工业出版社.

中华人民共和国住房和城乡建设部，2011. 建筑施工安全检查标准[M]. 北京：中国建筑工业出版社.

中华人民共和国住房和城乡建设部，2012. 屋面工程质量验收规范[M]. 北京：中国建筑工业出版社.

中华人民共和国住房和城乡建设部，2019. 建筑节能工程施工质量验收标准[M]. 北京：中国建筑工业出版社.

住房和城乡建设部工程质量安全监管司，2008. 建设工程安全生产技术[M]. 2版. 北京：中国建筑工业出版社.

住房和城乡建设部工程质量安全监管司，2014. 建设工程安全生产管理[M]. 2版. 北京：中国城市出版社.

住房和城乡建设部工程质量安全监管司，2014. 建设工程安全生产技术[M]. 北京：中国城市出版社.